现代数学基础丛书·典藏版 24

拟共形映射及其在黎曼曲面论中的应用

李 忠 著

科学出版社

北 京

内 容 简 介

本书阐述有关平面拟共形映射的基本理论及其在 Riemann 曲面论中的应用, 尤其是在模问题中的应用. 全书共分十二章, 内容包括拟共形映射的基本性质、存在定理与表示定理、偏差定理与拟圆周、具有拟共形扩张的单叶函数、Teichmüller 空间与 Teichmüller 极值问题、Teichmüller 空间的 Bers 嵌入等等. 本书的特点是在取材上反映最新研究成果, 全书系统而完整, 读者不需过多的预备知识即可阅读.

本书可供大学数学系高年级学生、研究生、教师以及数学工作者阅读和参考.

图书在版编目(CIP)数据

拟共形映射及其在黎曼曲面论中的应用/李忠著. —北京: 科学出版社, 1988.1 (2016.6 重印)

(现代数学基础丛书·典藏版; 24)

ISBN 978-7-03-000124-5

I. ①拟… II. ①李… III. ①拟共形映射－应用－黎曼面 IV. ①O174.51

中国版本图书馆 CIP 数据核字(2016) 第 113112 号

责任编辑: 张 扬 / 责任校对: 林青梅
责任印制: 徐晓晨 / 封面设计: 王 浩

科学出版社 出版
北京东黄城根北街 16 号
邮政编码: 100717
http://www.sciencep.com
北京厚诚则铭印刷科技有限公司印刷
科学出版社发行 各地新华书店经销
*
1988 年 1 月第 一 版 开本: B5(720×1000)
2016 年 6 月印 刷 印张: 20 1/4
字数: 254 000
定价: 138.00 元
(如有印装质量问题, 我社负责调换)

序　　言

拟共形映射的理论已有五十多年的历史了.它的创始人 Lavrenti'ev 与 Ahlfors 分别在研究空气动力学问题与 Nevanlinna 值分布的几何意义时推广了共形映射的概念，开始探讨拟共形映射理论. 起初人们的注意力集中在拟共形映射的基本概念与基本性质上，后来转向它的应用，尤其是它在 Riemann 曲面论中的应用. 实际上，早在三十年代末与四十年代初，Teichmüller 就应用拟共形映射研究了经典的 Riemann 曲面模问题.不过他的深奥的思想当时未被普遍接受，直到五十年代 Ahlfors 重新提出这个问题后才得到广泛的注意. 在 Ahlfors 与 Bers 等人的影响下，Teichmüller 空间（即紧致曲面或有限型曲面上附带一定拓扑条件的复解析结构所组成的空间）被广泛深入地进行了研究，并取得了令人注目的进展，成为单复函数论中一个十分活跃的分支. 这种研究不仅影响到经典函数论的许多其它问题（如单值化与 Klein 群），而且与其它数学分支建立了联系. 例如，拟共形映射与 Teichmüller 空间理论在 Thurston 关于三维流形的几何与拓扑及 Sullivan 关于复解析动力体系的著名研究中得到了重要应用.

本书的前身是北京大学的两本油印讲义：《拟共形映射》与《Teichmüller 空间引论》. 作者在 1982 年至 1986 年间曾两度在北京大学为研究生讲授这两门课程，并在另外的三所大学作过短期讲学. 这次编写中，除删去了原讲义的部分内容外，主要是结合教学经验对于某些章节进行了改写.

这本书的主要目的是介绍平面拟共形映射的基本理论及其在 Riemann 曲面论中的应用，尤其是在模问题中的应用. 全书共有十二章，这两部分内容各占六章. 这里我们将不涉及高维空间的拟共形映射理论.

第一章叙述了两种共形不变量：共形模与极值长度，并讨论了模的三种极值问题．虽然这些内容属经典解析函数的范畴，但是对于拟共形映射理论与方法而言，它们是极为重要的基础．

在第二章中，在给出了拟共形映射的几何定义之后，主要讨论了拟共形映射的分析性质，并在最后给出了与几何定义等价的分析定义．从拟共形映射的发展历史上看，曾经出现过各式各样的定义，最后统一为几何的定义与分析的定义，并且证明了它们等价．这是五十年代许多人共同努力的结果．

拟共形映射的一个基本问题就是给定复特征之后拟共形映射的存在性问题．这个问题跟许多问题有关，如曲面等温坐标系的问题以及椭圆型偏微方程化标准形问题等．在第三章中给出这个基本问题的一种解法，这种解法主要是基于 Hilbert 变换及 Zygmunt-Caldéron 不等式．

像单叶解析函数论一样，对于拟共形映射来说也存在形形色色的偏差定理．在本书中我们不可能对于各种偏差定理作出介绍，只挑选了与我们今后讨论有直接联系的几个偏差定理（一个是著名的 Mori（森）定理，另外两个是 Teichmüller 的偏差定理），在第四章中作了论述．

单位圆周在全平面拟共形同胚下的像被称为拟圆周．这类曲线是介于圆周与一般 Jordan 闭曲线之间的一类曲线，它可以是不可求长的，其 Hausdorff 维数可以是 $[1,2)$ 中的任意值．这类曲线及其所围成的区域有许多特殊的函数论性质．第五章中讨论了这类曲线的几何特征与分析特征．

第六章用来讨论解析函数的单叶性问题．经典的 Nehari 定理被推广到拟圆周所围成的区域．这是拟共形映射在经典函数论中的一个重要应用．

自第七章开始讨论 Riemann 曲面上的拟共形映射．第七章本身除了叙述 Riemann 曲面上拟共形映射的基本概念之外，还证明了 Bers 同时单值化定理．我们可以从中看到拟共形映射在研究 Riemann 曲面及单值化问题时所起的特殊作用．

闭 Riemann 曲面之间的拟共形映射的极值问题在 Teichmüller 研究 Riemann 曲面模问题时占有特殊的地位． 第八章中叙述了 Teichmüller 关于这种极值问题的经典结果． 全纯二次微分在描述极值映射的特征上起着重要的作用，因此这一章开头就讨论了这种微分所诱导的度量的种种性质．此外，在这一章中引进了 Teichmüller 空间 $T_g(g>1)$ 的定义，并证明了它同胚于 $\boldsymbol{R}^{6g-6}$ 中的单位球内部．

第九章讨论了 Riemann 曲面的模空间与上述 Teichmüller 空间之间的关系，并且证明了模群作用的间断性，从而将第八章的结果解释为关于 Riemann 曲面模问题的结果．

第十章将上述结果推广到有限型 Riemann 曲面的情况．

Ahlfors 首先给出了 Teichmüller 空间以自然的复结构，Bers 进一步证明了 $T_g(g>1)$ 可以全纯嵌入到 $\boldsymbol{C}^{3g-3}$ 中的一个有界域．第十一章叙述 Bers 的这个嵌入定理，以及 Bers 纤维空间的概念．

最后一章讨论了有关开 Riemann 曲面上的拟共形映射的极值问题，其中主要叙述了 Hamilton, Reich 与 Strebel 等人的结果．

这本书在编写过程中，有关拟共形映射的某些基本定理，参考了 Ahlfors 的书及 Lehto 的书． 但大多数材料直接取材于现代文献．为了把这些材料组织成为一本可读的书，作者不得不用一种统一的形式加以改写和简化．当然这样做可能会有考虑不周或处理不当之处，作者恳切希望读者给予批评指正．

这本书付印前曾由复旦大学何成奇教授与南京师范大学陈怀惠教授审阅，他们分别审阅前六章与后六章，提出了许多宝贵的意见，并改正了若干错误．作者在此对他们表示衷心的感谢．

作　者

1986 年 8 月于北京

目　　录

第一章　共形模与极值长度 …… 1
§1　拓扑四边形的共形模 …… 1
1.1　拓扑四边形的概念 …… 1
1.2　拓扑四边形的共形等价类 …… 2
1.3　拓扑四边形的共形模 …… 3
§2　双连通区域的共形模 …… 4
2.1　双连通区域的典型区域 …… 4
2.2　双连通区域的共形模 …… 6
§3　极值长度 …… 7
3.1　极值长度的一般概念 …… 7
3.2　比较原理与合成原理 …… 9
§4　极值长度与模的关系 …… 11
4.1　用极值长度描述拓扑四边形的模 …… 11
4.2　Rengel 不等式 …… 13
4.3　极值度量 …… 14
4.4　模的单调性与次可加性 …… 15
4.5　模的连续性 …… 17
4.6　双连通域的模与极值长度 …… 18
§5　模的极值问题 …… 21
5.1　双连通区域模的极值问题的提法 …… 21
5.2　Grötzsch 极值问题 …… 21
5.3　Teichmuller 极值问题 …… 22
5.4　Mori（森）极值问题 …… 25
5.5　函数 $\mu(r)$ …… 27
第二章　拟共形映射的基本性质 …… 29
§6　经典拟共形映射 …… 29
6.1　形式微商 …… 29

6.2 可微同胚的复特征与伸缩商 …………………………… 30
6.3 经典拟共形映射的定义 …………………………… 31
6.4 Beltrami 方程 …………………………… 32
6.5 复合映射的复特征与伸缩商 …………………………… 33
6.6 四边形的模在经典拟共形映射下的变化 …………………………… 34
6.7 最大伸缩商与 Grötzsch 问题 …………………………… 35
§7 一般拟共形映射的几何定义 …………………………… 37
7.1 K 拟共形映射 …………………………… 37
7.2 保模映射 …………………………… 38
7.3 在拟共形映射下双连通域的模的拟不变性 …………………………… 39
§8 K 拟共形映射的紧致性 …………………………… 40
8.1 K-q. c. 映射的正常族 …………………………… 40
8.2 K-q. c. 映射序列的极限 …………………………… 42
§9 拟共形映射的分析性质 …………………………… 44
9.1 线段上的绝对连续性 …………………………… 44
9.2 可微性 …………………………… 46
9.3 广义导数 …………………………… 50
9.4 绝对连续性 …………………………… 56
§10 拟共形映射的分析定义 …………………………… 58
10.1 拟共形映射的分析定义 …………………………… 58
10.2 拟共形映射作为 Beltrami 方程的广义同胚解 …………………………… 60
第三章 拟共形映射的存在性定理 …………………………… 62
§11 两个积分算子 …………………………… 62
11.1 积分算子 $T(\omega)$ …………………………… 62
11.2 Pompeiu 公式 …………………………… 64
11.3 Hilbert 变换 …………………………… 66
11.4 $T(\omega)$ 的偏导数 …………………………… 68
11.5 关于算子 H 的范数 …………………………… 69
§12 存在性定理 …………………………… 74
12.1 奇异积分方程 …………………………… 74
12.2 Beltrami 方程的同胚解 …………………………… 74
§13 表示定理与相似原理 …………………………… 79

13.1 表示定理…… 79
13.2 相似原理…… 80
13.3 边界对应定理及唯一性定理…… 82
13.4 拟共形映射的 Hölder 连续性 …… 83
13.5 拟共形延拓…… 83
13.6 拟共形映射的 Riemann 映射定理 …… 84
13.7 全平面上给定复特征的映射…… 85
13.8 规范拟共形映射对参数的依赖性…… 87
第四章 偏差定理…… 89
§ 14 Poincaré 度量与模函数 …… 89
14.1 单位圆上的 Poincaré 度量 …… 89
14.2 穿孔球面的 Poincaré 度量 …… 91
14.3 椭圆模函数…… 93
§ 15 几个偏差定理 …… 98
15.1 圆盘的拟共形映射的偏差…… 98
15.2 森定理…… 99
15.3 平面拟共形映射的偏差…… 101
15.4 圆周的偏差…… 105
第五章 拟圆周…… 111
§ 16 拟圆周与拟共形反射 …… 111
16.1 拟圆周的概念…… 111
16.2 拟共形反射…… 112
16.3 共形映射的粘合…… 113
§ 17 边界值问题 …… 114
17.1 拟共形映射的边界值…… 114
17.2 Beurling-Ahlfors 定理…… 115
17.3 Beurling-Ahlfors 扩张的拟保距性…… 118
§ 18 拟圆周的几何特征 …… 120
18.1 有界折转的概念…… 120
18.2 拟圆周的有界折转性…… 120
第六章 解析函数的单叶性与拟共形延拓…… 125
§ 19 Schwarz 导数与 Nehari 定理 …… 125

19.1 Schwarz 导数 …… 125
19.2 单叶函数的 Schwarz 导数 …… 127
19.3 区域的单叶性外径 …… 128
§ 20 Schwarz 区域 …… 130
20.1 Schwarz 区域的定义 …… 130
20.2 单位圆的单叶性内径 …… 131
20.3 单位圆内解析函数的拟共形延拓 …… 134
20.4 拟圆是 Schwarz 区域 …… 135
20.5 局部连通性 …… 142
20.6 Schwarz 区域是拟圆 …… 145
§ 21 万有 Teichmüller 空间 …… 146
21.1 定义 …… 146
21.2 T 空间的连通性 …… 149
21.3 T 到 $A(L)$ 的嵌入 …… 149
21.4 万有 Teichmüller 空间与单叶函数 …… 153
第七章 Riemann 曲面上的拟共形映射 …… 156
§ 22 Riemann 曲面 …… 156
22.1 基本概念 …… 156
22.2 基本群与覆盖曲面 …… 157
22.3 单值化定理 …… 160
22.4 闭 Riemann 曲面 …… 162
22.5 微分形式与 Riemann-Roch 定理 …… 162
22.6 分式线性变换群 …… 164
§ 23 Riemann 曲面上的拟共形映射 …… 165
23.1 定义与基本概念 …… 165
23.2 拟共形映射的提升 …… 167
23.3 同伦映射的提升 …… 169
§ 24 拟 Fuchs 群与同时单值化定理 …… 172
24.1 拟 Fuchs 群 …… 172
24.2 同时单值化定理 …… 173
第八章 闭 Riemann 曲面上的极值问题 …… 177
§ 25 半纯二次微分 …… 177

25.1 若干基本概念 …… 177
25.2 二次微分所诱导的度量 …… 183
25.3 全纯二次微分所组成的线性空间 …… 190
§ 26 Teichmüller 唯一性定理 …… 191
26.1 Teichmüller 极值问题 …… 191
26.2 Teichmüller 形变 …… 194
26.3 Teichmüller 映射 …… 197
26.4 唯一性定理 …… 199
§ 27 Teichmüller 存在性定理 …… 204
27.1 标记 Riemann 曲面 …… 204
27.2 存在性定理 …… 212
第九章 Riemann 曲面的模问题与 Teichmüller 空间 …… 218
§ 28 Riemann 曲面的模问题 …… 218
28.1 Riemann 曲面的模 …… 218
28.2 模群 …… 220
§ 29 Teichmüller 度量 …… 221
29.1 Teichmüller 度量的定义 …… 221
29.2 Teichmüller 度量的完备性 …… 226
29.3 模变换的保距性 …… 226
§ 30 模群的间断性 …… 227
30.1 长度谱的概念 …… 227
30.2 若干引理 …… 227
30.3 紧曲面的长度谱的离散性 …… 232
30.4 由长度谱确定 Riemann 曲面 …… 233
30.5 模群作用的间断性 …… 237
30.6 R_{g},是 Hausdorff 空间 …… 240
第十章 有限型 Riemann 曲面上的极值问题 …… 241
§ 31 有限型 Riemann 曲面 …… 241
31.1 基本概念 …… 241
31.2 允许二次微分 …… 242
§ 32 有限型曲面的 Teichmüller 定理 …… 244
32.1 (g, n) 型曲面的情况 …… 244

32.2 (g, n, m) $(m \neq 0)$ 型曲面的情况 …………………… 247
32.3 有限型曲面的 Teichmüller 空间 …………………… 249
第十一章 Bers 有界嵌入定理 …………………… 253
§ 33 Bers 嵌入 …………………… 253
33.1 T_g 空间的几个模型 …………………… 253
33.2 Fuchs 群的 Teichmüller 空间 …………………… 257
33.3 Bers 嵌入的定义 …………………… 258
33.4 Bers 嵌入定理 …………………… 259
§ 34 Bers 纤维空间 …………………… 264
34.1 全纯族的概念与 Bers 纤维空间 …………………… 264
34.2 Bers 定理 …………………… 265
第十二章 开 Riemann 曲面上的极值问题 …………………… 269
§ 35 圆盘上的 Teichmüller 映射 …………………… 269
35.1 二次微分的边界性质 …………………… 269
35.2 主要不等式 …………………… 273
35.3 具有给定边界对应的拟共形映射的极值问题 …………………… 276
35.4 极值映射的充要条件 …………………… 279
35.5 极值 Teichmüller 映射的存在性 …………………… 284
§ 36 Hamilton 定理 …………………… 288
36.1 模边界同伦 …………………… 288
36.2 Hamilton 定理的叙述与推论 …………………… 290
36.3 Hamilton 定理的证明 …………………… 291
参考文献 …………………… 300

第一章 共形模与极值长度

拟共形映射是使得某些共形不变量具有某种拟不变性的映射．因此，在我们正式讨论拟共形映射理论之前，先来讨论两个重要的共形不变量——拓扑四边形及双连通域的共形模和曲线族的极值长度．此外，本章中还将讨论某些极值问题．虽然本章的内容都属于经典解析函数论的范畴，但是它们对拟共形映射的理论而言，是必不可少的．

§1 拓扑四边形的共形模

1.1 拓扑四边形的概念

在扩充复平面 $\bar{C}=C\cup\{\infty\}$ 上任意一条 Jordan 闭曲线所围成的区域，我们称之为 Jordan 区域．我们约定一个 Jordan 区域的边界的正向是指使得区域局部地落在左侧的回转方向．尽管这个直观的说法不甚严格，但对我们今后的讨论已经足够了．

定义 1.1 若 Q 是一个 Jordan 区域，并且在它的边界上按照边界的正向依次指定了四个不同点 z_1, z_2, z_3, z_4，则区域 Q 连同这四个有序的边界点一起被称作一个拓扑四边形（有时简称为四边形），记为 $Q(z_1, z_2, z_3, z_4)$． 所指定的四个边界点被称为这个拓扑四边形的顶点．

这里需要指出，在今后的讨论中，我们要把 $Q(z_1, z_2, z_3, z_4)$ 与 $Q(z_2, z_3, z_4, z_1)$ 看作是两个不同的拓扑四边形，虽然它们有相同的区域与顶点．

今后，我们把拓扑四边形 $Q(z_1, z_2, z_3, z_4)$ 的边界弧 (z_1, z_2) 与 (z_3, z_4) 称作第一组对边，而把边界弧 (z_2, z_3) 与 (z_4, z_1) 称作第二组对边．

1.2 拓扑四边形的共形等价类

设有两个拓扑四边形 $Q(z_1, z_2, z_3, z_4)$ 与 $\widetilde{Q}(w_1, w_2, w_3, w_4)$. 若存在一个共形映射 $f: Q \to \widetilde{Q}$, 使得 $\widetilde{Q} = f(Q)$ 且有 $w_j = f(z_j)$, $j = 1, 2, 3, 4$; 则我们说这两个拓扑四边形是共形等价的. 将全体拓扑四边形按照共形等价关系加以分类就得到了拓扑四边形的共形等价类的概念.

在每一个拓扑四边形的共形等价类中都可以选择一个矩形作为代表. 换句话说, 每一个拓扑四边形都共形等价于某个矩形. 这个事实可以由下面的定理推出:

定理 1.1 对任意给定的一个拓扑四边形 $Q(z_1, z_2, z_3, z_4)$, 都存在一个矩形 $R(0, a, a+bi, bi)$ (其中 $R = \{x + iy: 0 < x < a, 0 < y < b\}$) 与它共形等价, 并且,所有的这种矩形之间仅相差一个相似变换.

证 根据 Riemann 映射定理,存在一个共形映射 φ 把区域 Q 映为上半平面 $U = \{z: \operatorname{Im} z > 0\}$. 因为 Q 是 Jordan 区域,故由边界对应定理可知, φ 可以同胚扩充到 $\bar{Q} = Q \cup \partial Q$, 并建立了 ∂Q 与实轴的点的一一对应. 设 $x_j = \varphi(z_j)$, $j = 1,2,3,4$. 我们取一个 U 到自身的分式线性变换 ϕ, 使得点 x_1, x_2, x_3, x_4 依次对应于实轴上的点

$$-\frac{1}{k},\ -1,\ 1,\ \frac{1}{k},$$

这里 $k < 1$ 是由点 x_1, x_2, x_3, x_4 的交比唯一确定的. 这样,复合映射 $\phi\circ\varphi$ 把 $Q(z_1, z_2, z_3, z_4)$ 共形映射为 $U(-1/k, -1, 1, 1/k)$ 并保持了顶点依次对应. 再由 Christoffel-Schwarz 公式, 函数

$$w = \int_{-\frac{1}{k}}^{z} \frac{d\zeta}{\sqrt{(1-\zeta^2)(1-k^2\zeta^2)}}$$

把 U 变成一个矩形 $R = \{x + yi: 0 < x < a, 0 < y < b\}$, 并把点 $-1/k$, -1, 1, $1/k$ 依次对应于0, a, $a+bi$, bi, 其中

$$a = \int_{-\frac{1}{k}}^{-1} \frac{dx}{\sqrt{(1-x^2)(1-k^2x^2)}},$$

$$b = \int_{-1}^{1} \frac{dx}{\sqrt{(1-x^2)(1-k^2x^2)}}.$$

这样,我们证明了 $Q(z_1, z_2, z_3, z_4)$ 共形等价于一个矩形 $R(0, a, a+bi, bi)$.

假定 $Q(z_1, z_2, z_3, z_4)$ 还共形等价于另外一个矩形 $R'(0, a', a'+b'i, b'i)$. 那么,矩形 $R(0, a, a+bi, bi)$ 与 $R'(0, a', a'+b'i, b'i)$ 共形等价. 设 g 是 R 到 R' 的共形映射,且把点 $0, a, a+bi, bi$ 依次对应于点 $0, a', a'+b'i, b'i$. 显然,由对称开拓原理,我们可以逐次地沿水平边解析开拓函数 g, 最后使 g 成为带形域 $\{z=x+yi: 0<x<a\}$ 到带形域 $\{w=u+vi: 0<u<a'\}$ 的共形映射. 然后再沿纵边把 g 开拓为全平面,成为 $\boldsymbol{C}\to\boldsymbol{C}$ 的共形映射. 显然,这个共形映射是分式线性变换并使 0 与∞不变,因而只能是相似变换. 定理证毕.

1.3 拓扑四边形的共形模

从定理 1.1 可知,在拓扑四边形的同一个共形等价类中的矩形 $R(0, a, a+bi, bi)$ 所决定的比值 a/b 是唯一确定的. 因此,很自然地想到用这个比值来代表这个拓扑四边形的共形等价类.

定义 1.2 若拓扑四边形 $Q(z_1, z_2, z_3, z_4)$ 共形等价于矩形 $R(0, a, a+bi, bi)$, 则称 a/b 为拓扑四边形 $Q(z_1, z_2, z_3, z_4)$ 的共形模(今后简称为模)并记之为 $M(Q(z_1, z_2, z_3, z_4))$.

根据这个定义,显然有

定理 1.2 $M(Q(z_1, z_2, z_3, z_4)) = 1/M(Q(z_2, z_3, z_4, z_1))$.

定理 1.3 拓扑四边形的模是共形不变量,即若 $Q(z_1, z_2, z_3, z_4)$ 共形等价于 $\widetilde{Q}(w_1, w_2, w_3, w_4)$, 则 $M(Q(z_1, z_2, z_3, z_4)) = M(\widetilde{Q}(w_1, w_2, w_3, w_4))$.

定理 1.2 表明拓扑四边形的模不仅依赖于区域及其顶点,而且还依赖于第一组对边的选取，这一点须提醒读者注意.

§2 双连通区域的共形模

2.1 双连通区域的典型区域

一个区域 B 被称为 n 连通的 $(n>1)$，如果它的补集 $\bar{C}-B$ 有 n 个分支(最大连通闭集). 2 连通区域被称为双连通区域.

定理 2.1 设 B 是任意给定的一个双连通区域. 则 B 可以被共形映射为下列三种典型区域之一:

i) C-$\{0\}$, 即 $\{z: 0<|z|<\infty\}$;

ii) $\{z: 0<|z|<1\}$;

iii) $\{z: r_1<|z|<r_2\}$ (其中 $0<r_1<r_2<\infty$);

并且只能共形映射为这三种典型区域之一.

证. 若 B 的补集 $\bar{C}-B=\{a, b\}$ 由两个点 a 与 b 组成，则通过分式线性变换可以把 a 与 b 分别变为 0 与∞. 这样的分式线性变换即把区域 B 共形映射为第一种典型区域.

若在 $\bar{C}-B$ 的分支中只有一个分支由一个点 a 组成，则 $B\cup\{a\}$ 是一个单连通区域，并且其边界点多于一个点. 应用 Riemann 映射定理，可将区域 $B\cup\{a\}$ 共形映射为单位圆. 设点 a 在单位圆的像为 z_0. 那么再通过分式线性变换

$$w=(z-z_0)/(1-\bar{z}_0 z)$$

即把点 z_0 变成原点. 这样 B 最后变成第二种典型区域.

现在讨论第三种情况: $\bar{C}-B$ 的两个分支中每一个分支都多于一点. 设 $\bar{C}-B$ 的两分支分别是 C_1 与 C_2, 那么 $B_1=B\cup C_2$ 是一个单连通区域. 我们将 B_1 共形映射单位圆 $\{|w|<1\}$, 其中 C_2 的像记为 C_2', B 的像记为 B'. 然后，我们再将 $\bar{C}-C_2'$ 通过一个共形映射变成单位圆的外部 $\{|\zeta|>1\}$ 并保持∞不动. 这样，单位圆周 $\{|w|=1\}$ 在这个映射下的像是 ζ 平面上的一条解析 Jordan 曲线，而 B' 的像是这条曲线与单位圆周 $\{|\zeta|=1\}$ 所围成的区域，记之为 B''.

对于区域 B'' 作变换 $z=\log\zeta$，则 B'' 变成 z 平面上的一个带形区域：它的一条边是整个虚轴，而另一条边是在虚轴右侧的一条无限曲线．由于 $z=\log\zeta$ 的多值性，每一个点 $\zeta\in B''$ 对应 z 平面上无穷多个点，而这些像点之差为 $2n\pi i$ (n 为整数)．由此可见这个带形区域是"周期波浪式"的，即若 z 是在带形域内，则 $z+2n\pi i$ 也在该带形域内．我们记这个带形域为 Σ．它是一个单连通域，总可以通过一个共形映射变成带形域 $\Sigma'=\{z'=x'+y'i: 0<x'<d\}$ 并且该映射保持 0, $i\infty$ 及 $-i\infty$ 不动[1]．我们设这样的共形映射为 $z'=f(z)$．不失一般性，可以假定 $f(2\pi i)=2\pi i$．因为否则总可以通过一个相似变换达到目的．

现在我们来证明

$$f(z+2\pi i)=f(z)+2\pi i,\quad \forall z\in\Sigma.$$

事实上，映射 $z\longmapsto z'=\tilde{f}(z)\equiv f(z+2\pi i)-2\pi i$ 也是区域 Σ 到 Σ' 的共形映射，同时也保持了 0, $i\infty$ 与 $-i\infty$ 不动．因此，映射的唯一性推出 $\tilde{f}=f$，也即 $f(z+2\pi i)=f(z)+2\pi i$．

由此可见，多值映射 $\zeta\longmapsto f(\log\zeta)$ 将 B'' 中的每一点 ζ 对应于 Σ' 中的可列个点，而这些像的实坐标相同，纵坐标相差 2π 的整数倍．换句话说，映射 $\zeta\longmapsto \exp(f(\log\zeta))$ 是单值映射．显然这个映射把 B'' 共形映射为环域 $\{z: 1<|z|<e^d\}$．总之，区域 B 共形等价于一个第三种典型区域．

现在证明任意给定的双连通域 B 不能共形等价于两种典型区域．为此只要证明三种典型区域中任意两个都不共形等价就够了．用反证法．若有一共形映射 φ 把 $\boldsymbol{C}-\{0\}$ 映为 $\{z:0<|z|<1\}$ 或 $\{z: r_1<|z|<r_2\}$ $(0<r_1<r_2<\infty)$，那么函数 φ 在 0 点是一个可去奇点，因而适当定义 φ 在 0 点的值之后，φ 成为 $\boldsymbol{C}$ 上的全纯函数，并且是有界函数．由 Liouville 定理推出 φ 是常数，这与它是共形映射矛盾．这证明了第一种典型区域不能共形等价于第二或第三种典型区域．此外，假若有一共形映射 ψ 把 $\{z:0<$

1) 这里我们把无穷远点作为 Σ 的两个边界元素，见[38]．

$|z|<1\}$ 映射为 $\{z: r_1<|z|<r_2\}$ $(0<r_1<r_2<\infty)$. 则由对称开拓原理可将 ϕ 开拓为 $\mathbf{C}-\{0\}$ 到 $\{z: r_1<|z|<r_2^2/r_1\}$ 或 $\{z: r_1^2/r_2<|z|<r_2\}$ 的共形映射. 我们已经证明了这种共形映射是不可能存在的. 因而第二种典型区域不共形等价于第三种典型区域. 定理证毕.

2.2 双连通区域的共形模

我们把全体能共形映射为某个双连通区域 B 的区域所组成的集合称为 B 的共形等价类. 定理 2.1 告诉我们,任何一个双连通区域的共形等价类中都包含一个典型区域.

我们感兴趣于那些包含环域 $\{z: r_1<|z|<r_2\}$ $(0<r_1<r_2<\infty)$ 的共形等价类. 如果在同一个共形等价类中包含着两个环域 $\{z: r_1<|z|<r_2\}$ 及 $\{z: r_1'<|z|<r_2'\}$, 那么这两个环域必定是相似的, 即 $r_2/r_1=r_2'/r_1'$. 这个事实的证明可以借助于解析开拓的办法,留给读者自己完成.

定义 2.1 设 B 是任意一个双连通区域. 若 B 共形等价于环域 $\{z: r_1<|z|<r_2\}$ $(0<r_1<r_2<\infty)$, 则我们定义 B 的共形模(今后简称为模)等于 $\log r_2/r_1$; 若 B 共形等价于 $\mathbf{C}-\{0\}$ 或 $\{z: 0<|z|<1\}$, 则定义 B 的共形模为∞.

今后,我们把区域 B 的模记为 $M(B)$.

显然,除去模为无穷的情况之外,每个模数都对应于双连通区域的一个共形等价类.

为什么用 $\log r_2/r_1$ 而不直接用 r_2/r_1 来定义双连通区域的模呢? 这在下一节中将看到它本质上的原因. 不过一个较简单的理由可以认为是为了使双连通区域的模与拓扑四边形的模有某种统一性. 我们设想将环域 $\{z: r_1<|z|<r_2\}$ 割去实轴上的区间 (r_1, r_2) 并把这条割线的两侧各自看成一条弧, 那么我们就得了一个拓扑四边形, 其第一组对边是割线 (r_1, r_2) 的两侧所代表的两条弧, 而第二组对边是环域原来的两条边界弧. 在这样的看法之下,这个拓扑四边形共形等价于矩形 $R(0, \log r_2/r_1, \log r_2/r_1+$

$2\pi i,\ 2\pi i)$. 这一点很容易通过对数映射再复合一个平移看出. 这就是说，这个拓扑四边形的模是 $(\log r_2/r_1)/2\pi$. 有些书籍或文章中就干脆用这个数来定义双连通区域的模. 它与我们的定义只相差一个 2π 的因子,没有实质性的区别.

定理 2.2 双连通区域的模是共形不变量.

这个定理的证明已经蕴含于前面的讨论之中.

§3 极 值 长 度

3.1 极值长度的一般概念

极值长度的概念源于经典的面积长度方法,有着广泛的应用,甚至超出了复分析的范围. 我们这里不打算全面介绍它的理论,而只涉及某些今后我们要用的基本事实.

设 D 是复平面上给定的一个区域. 又设 $\Gamma=\{\gamma\}$ 是一个曲线族,其中每条曲线 γ 在区域 D 的内部,并假定为局部可求长的.

设 $P=\{\rho\}$ 是区域 D 上非负 Borel 可测函数 ρ 的全体. 对于任意一个 $\rho\in P$, 我们都可以把它看作是一个度量密度. 在这个度量下,D 的 ρ 面积是

$$m_\rho(D)=\iint_D \rho^2 dxdy,$$

每一条曲线 $\gamma\in\Gamma$ 的 ρ 长度是

$$l_\rho(\gamma)=\int_\gamma \rho|dz|.$$

现在我们考虑 P 的一个子集

$$P_0=\{\rho\in P:\ 0<m_\rho(D)<\infty\},$$

并给出极值长度的定义:

定义 3.1 在上述记号下,曲线族 Γ 的极值长度定义为

$$\lambda_D(\Gamma)=\sup_{\rho\in P_0}\{\inf_{\gamma\in\Gamma} l_\rho^2(\gamma)/m_\rho(D)\}.$$

首先应当指出,曲线族 Γ 的极值长度不依赖于区域 D 的选取,只要区域 D 包含 Γ 的每条曲线就够了. 事实上，不难根据定义直

接验证，若区域 D_1 与 D_2 都包含了 Γ 的每条曲线，则有

$$\lambda_{D_1}(\Gamma)=\lambda_{D_2}(\Gamma)=\lambda_{D_1\cap D_2}(\Gamma).$$

（证明留给读者.）因此，今后我们可以用记号 $\lambda(\Gamma)$ 来代替 $\lambda_D(\Gamma)$.

定理 3.1 曲线族 Γ 的极值长度 $\lambda(\Gamma)$ 是共形不变量，确切地说，若 $w=f(z)$ 是区域 D 的一个共形映射，其中 D 包含 Γ 中的每一条曲线，则 Γ 与 $f(\Gamma)=\{f(\gamma):\ \gamma\in\Gamma\}$ 有相同的极值长度.

证. 除了集合 $P_0=\{\rho\in P:\ 0<m_\rho(D)<\infty\}$ 之外，我们还考虑集合 $\tilde{P}_0$，它是区域 $\tilde{D}=f(D)$ 内全体满足条件 $0<m_{\tilde{\rho}}(\tilde{D})<\infty$ 的非负 Borel 可测函数所组成的集合. 对于任意一个函数 $\rho\in P_0$，则函数 $(\rho\circ g)|g'|\in\tilde{P}_0$，其中 $g=f^{-1}$，并且不难看出：

$$m_{\tilde{\rho}}(\tilde{D})=m_\rho(D)\quad(\tilde{\rho}=\rho\circ g|g'|),$$

$$l_{\tilde{\rho}}(\tilde{\gamma})=l_\rho(g(\tilde{\gamma}))\quad(\tilde{\rho}=\rho\circ g|g'|),\ \forall\tilde{\gamma}\in f(\Gamma).$$

由此可见，$\lambda(\Gamma)\leqslant\lambda(f(\Gamma))$. 如果从 $\tilde{P}_0$ 中的函数 $\tilde{\rho}$ 出发，考虑它所对应的 P_0 中的函数 $(\tilde{\rho}\circ f)|f'|$，完全类似的讨论可以推出

$$\lambda(f(\Gamma))\leqslant\lambda(\Gamma).$$

证毕.

在实际应用中，下列的等式是常用的：

$$\lambda(\Gamma)=\sup_{\rho\in P_1}\{\inf_{\gamma\in\Gamma}l^2(\gamma)\},\tag{3.1}$$

其中

$$P_1=\{\rho\in P:0<m_\rho(D)\leqslant 1\}.\tag{3.2}$$

现在来证明这个等式. 首先容易看出

$$\inf_{\gamma\in\Gamma}l_\rho^2(\gamma)\leqslant\inf_{\gamma\in\Gamma}l_\rho^2(\gamma)/m_\rho(D),\ \forall\rho\in P_1.$$

由此推出

$$\begin{aligned}\sup_{\rho\in P_1}\{\inf_{\gamma\in\Gamma}l_\rho^2(\gamma)\}&\leqslant\sup_{\rho\in P_1}\{\inf_{\gamma\in\Gamma}l_\rho^2(\gamma)/m_\rho(D)\}\\&\leqslant\sup_{\rho\in P_0}\{\inf_{\gamma\in\Gamma}l_\rho^2(\gamma)/m_\rho(D)\}.\end{aligned}$$

另一方面，不难看出，若对每一个 $\rho\in P_0$，我们令 $\rho_1=\rho/m_\rho^{1/2}(D)$，则 $\rho_1\in P_1$，且有

$$l_{\rho_1}^2(\gamma)=l_\rho^2(\gamma)/m_\rho(D),\forall\gamma\in\Gamma.$$

因而

$$\inf_{\gamma\in\Gamma} l^2_{\rho_1}(\gamma) = \inf_{\gamma\in\Gamma} l^2_\rho(\gamma)/m_\rho(D).$$

当 ρ 跑遍 P_0 的一切元素时，$\rho_1 = \rho/m_\rho^{1/2}(D)$ 在 P_1 的子集中变化．因此，

$$\sup_{\rho\in P_1}\{\inf_{\gamma\in\Gamma} l^2_\rho(\gamma)\} \geqslant \sup_{\rho\in P_0}\{\inf_{\gamma\in\Gamma} l^2_\rho(\gamma)/m_\rho(D)\}.$$

前面已经证明了相反方向的不等式．因此，我们证明了等式(3.1)．

类似地讨论可以证明

$$\lambda(\Gamma) = (\inf_{\rho\in P_2} m_\rho(D))^{-1}, \tag{3.3}$$

其中

$$P_2 = \{\rho\in P_0: l_\rho(\gamma)\geqslant 1,\ \forall\gamma\in\Gamma\}; \tag{3.4}$$

以及

$$\lambda(\Gamma) = \sup_{\rho\in P_3}\{m_\rho(D)\}, \tag{3.5}$$

其中

$$P_3 = \{\rho\in P_0: \inf_{\gamma\in\Gamma} l_\rho(\gamma) = m_\rho(D)\}. \tag{3.6}$$

(3.3) 与 (3.5) 的证明完全类似于 (3.1) 的证明，只要注意到下述事实就够了：P_0 中的任何一个函数 ρ 乘以适当的常数(依赖于 ρ)就成为 P_2 或 P_3 中的一个函数．

上面所证明的 (3.1)，(3.3) 及 (3.5) 式可以看作是 Γ 的极值长度的等价定义．很明显，采用对 P_0 中函数 ρ 的其它规范条件，可以给出极值长度的另外的等价定义．

3.2 比较原理与合成原理

定理 3.2 设有两个局部可求长曲线族 Γ_1 与 Γ_2．如果 Γ_1 中每条曲线 γ_1 都包含 Γ_2 中的一条曲线 γ_2，那么 $\lambda(\Gamma_1)\geqslant\lambda(\Gamma_2)$．

证　取定一个区域 D，使之包含 Γ_1 与 Γ_2 中的一切曲线．设 P_1 是 D 上一切满足 $0 < m_\rho(D)\leqslant 1$ 的非负 Borel 可测函数 ρ 所组成的集合．对于任意一个函数 $\rho\in P_1$，显然有

$$\inf_{\gamma_1\in\Gamma_1} l^2_\rho(\gamma_1) \geqslant \inf_{\gamma_2\in\Gamma_2} l^2_\rho(\gamma_2).$$

再让 ρ 跑遍 P_1 中的一切元素并对不等式两端分别取上确界，就推出 $\lambda(\Gamma_1)\geqslant\lambda(\Gamma_2)$. 证毕.

这个定理告诉我们：曲线较长而曲线条数较少的曲线族，其极值长度较大. 这个定理被称为比较原理.

定理 3.3 设 Γ_1, Γ_2 与 Γ 是三个局部可求长曲线族，且 Γ_1 与 Γ_2 中的曲线分别包含于区域 D_1 与 D_2 之中，$D_1\cap D_2=\phi$. 那么

(i) 若 Γ_1 中的每条曲线 γ_1 与 Γ_2 中的每条曲线 γ_2 都包含 Γ 中的一条曲线 γ，则有

$$\frac{1}{\lambda(\Gamma)}\geqslant\frac{1}{\lambda(\Gamma_1)}+\frac{1}{\lambda(\Gamma_2)};\tag{3.7}$$

(ii) 若 Γ 中的每条曲线 γ 都包含 Γ_1 中一条曲线 γ_1 及 Γ_2 中的一条曲线 γ_2，则有

$$\lambda(\Gamma)\geqslant\lambda(\Gamma_1)+\lambda(\Gamma_2).\tag{3.8}$$

证 先证 (i). 我们任意取一个区域 D 使之包含 $D_1\cup D_2$，并考虑由 (3.4) 式定义的集合 P_2. 根据定义，对于每一个函数 $\rho\in P_2$ 及每一条曲线 $\gamma\in\Gamma$ 都有 $l_\rho(\gamma)\geqslant 1$. 由 (i) 中的条件可知：

$$l_\rho(\gamma_1)\geqslant 1,\quad \forall\rho\in P_2,\ \forall\gamma_1\in\Gamma_1;$$
$$l_\rho(\gamma_2)\geqslant 1,\quad \forall\rho\in P_2,\ \forall\gamma_2\in\Gamma_2.$$

根据 (3.3) 式(将其中的 Γ 换成 Γ_1 与 Γ_2)，我们有

$$m_\rho(D_1)\geqslant\frac{1}{\lambda(\Gamma_1)},\quad m_\rho(D_2)\geqslant\frac{1}{\lambda(\Gamma_2)},\ \forall\rho\in P_2.$$

于是，由 $D_1\cap D_2=\varnothing$ 得

$$\begin{aligned}m_\rho(D)&\geqslant m_\rho(D_1)+m_\rho(D_2)\\&\geqslant\frac{1}{\lambda(\Gamma_1)}+\frac{1}{\lambda(\Gamma_2)},\ \forall\rho\in P_2.\end{aligned}$$

命 ρ 跑遍 P_2 并对不等式左端取下确界，由 (3.3) 式即推出要证的不等式 (3.7).

现在证明 (ii). 我们仍然考虑包含 $D_1\cup D_2$ 的区域 D，并在 D_1 与 D_2 中分别选取一个非负 Borel 可测函数 ρ_1 与 ρ_2 使得它们满足下列规范条件：

$$\inf_{\gamma_1\in\Gamma_1}\{l_{\rho_1}(\gamma_1)\}=m_{\rho_1}(D_1),\tag{3.9}$$

$$\inf_{\gamma_2\in\Gamma_2}\{l_{\rho_2}(\gamma_2)\}=m_{\rho_2}(D_2).\tag{3.10}$$

命

$$\rho(z)=\begin{cases}\rho_1(z), & 当\ z\in D_1;\\ \rho_2(z), & 当\ z\in D_2;\\ 0, & 当\ z\in D-(D_1\cup D_2).\end{cases}$$

由 (ii) 的假定，显然有

$$l_\rho(\gamma)\geqslant l_{\rho_1}(\gamma_1)+l_{\rho_2}(\gamma_2),\ \forall\gamma\in\Gamma$$

其中 γ_1 与 γ_2 分别是 (ii) 的假定中 γ 所包含的 Γ_1 与 Γ_2 中的曲线．由 ρ_1 与 ρ_2 所满足的规范条件 (3.9) 与 (3.10) 即推出

$$l_\rho(\gamma)\geqslant m_{\rho_1}(D_1)+m_{\rho_2}(D)=m_\rho(D),\ \forall\gamma\in\Gamma.$$

因此，

$$\inf_{\gamma\in\Gamma}\{l_\rho(\gamma)\}\geqslant m_\rho(D).$$

由定义 3.1 我们有

$$\begin{aligned}\lambda(\Gamma)&\geqslant\inf_{\gamma\in\Gamma}\{l_\rho^2(\gamma)\}/m_\rho(D)\\&\geqslant m_\rho(D)=m_{\rho_1}(D_1)+m_{\rho_2}(D_2).\end{aligned}\tag{3.11}$$

由于 ρ_1 与 ρ_2 是满足规范条件 (3.9) 与 (3.10) 的任意函数，所以我们可以对 (3.11) 式右端两项取上确界．根据极值长度的等价定义 (3.5) 式，$m_{\rho_1}(D_1)$ 与 $m_{\rho_2}(D_2)$ 的上确界分别是 $\lambda(\Gamma_1)$ 与 $\lambda(\Gamma_2)$．这样就证明了 (3.8) 式．定理证毕．

定理 3.3 被称为合成原理．

§4 极值长度与模的关系

4.1 用极值长度描述拓扑四边形的模

定理 4.1 设 $Q(z_1, z_2, z_3, z_4)$ 是一个拓扑四边形．又设 Γ 是 Q 中第一组对边 (即弧 (z_1, z_2) 与 (z_3, z_4)) 之间的所有局部可求长的连线所组成的曲线族．则有

$$M(Q(z_1, z_2, z_3, z_4))=[\lambda(\Gamma)]^{-1}.\tag{4.1}$$

证　设 f 是一个共形映射，把 Q 映成矩形 $R=\{x+yi: 0<x<a,\ 0<y<b\}$，且把 Q 的顶点 z_1, z_2, z_3, z_4 依次映为 R 的顶点 $0, a, a+bi, bi$. 显然，$\gamma\in\Gamma$ 的像 $f(\gamma)$ 的长度大于或等于 b，也即

$$\int_\gamma |f'(z)||dz|\geqslant b,\quad \forall\gamma\in\Gamma. \tag{4.2}$$

另外，我们在 Q 中考虑任意非负 Borel 可测函数 ρ，满足条件

$$\int_\gamma \rho|dz|\geqslant 1,\quad \forall\gamma\in\Gamma. \tag{4.3}$$

命 $g=f^{-1}$，我们有

$$m_\rho(Q)=\iint_Q \rho^2 dxdy=\iint_R (\rho\circ g)^2|g'|^2 dudv$$

$$=\int_0^a du\int_0^b [(\rho\circ g)|g'|]^2 dv.$$

应用 Schwarz 不等式，我们又有

$$m_\rho(Q)\geqslant\frac{1}{b}\int_0^a du\left(\int_0^b (\rho\circ g)|g'|dv\right)^2. \tag{4.4}$$

注意到条件 (4.3)，

$$\int_0^b (\rho\circ g)|g'|dv=\int_\gamma \rho|dz|\geqslant 1,$$

其中 γ 是矩形中纵线段所对应的 Q 中的曲线. 因此，由 (4.4) 式推出

$$m_\rho(Q)\geqslant\frac{a}{b}=M(Q(z_1, z_2, z_3, z_4)).$$

这样，我们得到

$$\inf_\rho\{m_\rho(Q)\}\geqslant M(Q(z_1, z_2, z_3, z_4)). \tag{4.5}$$

其中 ρ 跑遍一切满足条件 (4.3) 的非负 Borel 可测函数. 根据 (3.3) 式，(4.5) 式的左端恰好就是 $\lambda(\Gamma)$ 的倒数. 另外一方面，由 (4.2) 可知，函数 $\rho_0=|f'|/b$ 满足条件 (4.3)，并且显然有

$$m_{\rho_0}(Q)=\frac{a}{b}=M(Q(z_1, z_2, z_3, z_4)).$$

这就是说，(4.5) 式中只能等号成立．于是我们证明了 (4.1)，定理证毕．

定理 4.1 给出了拓扑四边形的模的特征刻划．这种刻划使得我们得以估计拓扑四边形的模的大小，其重要性将在以后的讨论中逐渐显露出来．

4.2 Rengel 不等式

(4.5) 式提供了下述估计式

$$M(Q(z_1, z_2, z_3, z_4)) \leqslant m_\rho(Q), \tag{4.6}$$

其中 ρ 是 Q 中的非负 Borel 可测函数，使得 $Q(z_1, z_2, z_3, z_4)$ 的第一组对边的任意一条连线 γ 的 ρ 长度 $l_\rho(\gamma) \geqslant 1$.

在具体问题中，我们可以适当选取函数 ρ 而得到所要求的估计．下面的特殊取法导致了对拓扑四边形的模的重要估计式——Rengel 不等式.

设 $Q(z_1, z_2, z_3, z_4)$ 的第一组对边 (即弧 (z_1, z_2) 与 (z_3, z_4)) 在 Q 内的连线的欧氏长度的下确界为 d_1．我们命 $\rho = 1/d_1$．这时第一组对边的任意一条连线 $\gamma \subset Q$ 的 ρ 长度 $l_\rho(\gamma) \geqslant 1$．由 (4.6) 式有

$$M(Q(z_1, z_2, z_3, z_4)) \leqslant m(Q)/d_1^2, \tag{4.7}$$

其中 $m(Q)$ 表示 Q 的欧氏面积.

又设 d_2 是 $Q(z_1, z_2, z_3, z_4)$ 的第二组对边(即弧 (z_2, z_3) 与 (z_4, z_1)) 在 Q 内的连线的欧氏长度的下确界．则由 (4.7) 得到

$$M(Q(z_2, z_3, z_4, z_1)) \leqslant \frac{m(Q)}{d_2^2},$$

也即

$$M(Q(z_1, z_2, z_3, z_4)) \geqslant \frac{d_2^2}{m(Q)}. \tag{4.8}$$

合并 (4.7) 与 (4.8) 即有下面的定理.

定理 4.2 (Rengel 不等式) 对于任意的拓扑四边形 $Q(z_1, z_2, z_3, z_4)$ 成立下列估计式

$$\frac{d_2^2}{m(Q)} \leqslant M(Q(z_1, z_2, z_3, z_4)) \leqslant \frac{m(Q)}{d_1^2}. \tag{4.9}$$

4.3 极值度量

设曲线族 Γ 中的曲线全部包含于区域 D. 若 D 中的一个非负 Borel 可测函数 ρ_0 使得

$$\inf_{\gamma\in\Gamma} l_{\rho_0}^2(\gamma)/m_{\rho_0}(D) = \lambda(\Gamma),$$

则 ρ_0 被称极值度量.

当 Γ 是拓扑四边形 $Q(z_1, z_2, z_3, z_4)$ 的第一组对边在 Q 内的全部连线所组成的曲线族时,极值度量恰好就是 $|f'|$, 这里 f 是把 $Q(z_1, z_2, z_3, z_4)$ 映为矩形 $R(0, a, a+bi, bi)$ 并保持顶点依次对应的共形映射. 验证 $|f'|$ 是极值度量是容易的, 请读者自己完成. 问题是极值度量是否是唯一的. 答案是: 在忽略一个正的常数因子不计时, 极值度量是唯一的. 事实上, 若 ρ_0 是 Γ 的极值度量,则不难直接验证 $\tilde{\rho}_0 = (\rho_0\circ g)|g'|$ 是 $\tilde{\Gamma} = f(\Gamma)$ 的极值度量, 其中 $g = f^{-1}$. 由 Schwarz 不等式有

$$\begin{aligned} m_{\tilde{\rho}_0}(R) &= \int_0^a du \int_0^b [\tilde{\rho}_0(u+iv)]^2 dv \\ &\geqslant \frac{1}{b}\int_0^a du \left(\int_0^b \tilde{\rho}_0(u+iv)dv\right)^2 \\ &\geqslant \frac{a}{b}\int_0^a \inf_{\gamma\in\Gamma}\{l_{\tilde{\rho}_0}^2(\gamma)\}du. \end{aligned} \tag{4.10}$$

这样

$$\inf_{\gamma\in\Gamma}\{l_{\tilde{\rho}_0}^2(\gamma)\}/m_{\tilde{\rho}_0}(R) \leqslant \frac{b}{a} = \lambda(\tilde{\Gamma}), \tag{4.11}$$

这里最后一个等式用到了定理 4.1. 但是, $\tilde{\rho}_0$ 是 $\tilde{\Gamma}$ 的极值度量,所以 (4.11) 中不等式应成立等号. 由此推出 (4.10) 中所有不等式均应成立等号. (4.10) 中第一个不等式成立等号推出 $\tilde{\rho}_0(u+iv)$ 与 v 无关,即 $\tilde{\rho}_0$ 是 u 的函数. 而 (4.10) 中第二个不等式成立等号又要求 $\tilde{\rho}_0$ 与 u 无关. 于是 $\tilde{\rho}_0$ 是一个常数 c,即 $(\rho_0\circ g)|g'| = c$,也

即 $\rho_0 = c|f'|$.

今后,我们称拓扑四边形 $Q(z_1, z_2, z_3, z_4)$ 到某个矩形 $R(0, a, a+bi, bi)$ 并保持顶点依次对应的共形映射为标准共形映射.我们已经证明了

定理 4.3 设 Γ 是拓扑四边形 $Q(z_1, z_2, z_3, z_4)$ 内的一个局部可求长曲线族,由其第一组对边的连线组成. 那么关于 Γ 的极值度量唯一地是 $Q(z_1, z_2, z_3, z_4)$ 的标准共形映射的导函数的模,至多相差一个正的常数因子.

现在我们回到 Rengel 不等式.显然当拓扑四边形 $Q(z_1,z_2,z_3,z_4)$ 是以 z_1, z_2, z_3, z_4 为顶点的矩形时,不等式 (4.9) 中成立等号.反过来,若不等式 (4.9) 中有一个等号成立,则 Q 必定是以 z_1, z_2, z_3, z_4 为顶点的矩形. 这一点是定理 4.3 的推论. 事实上,若 (4.9) 中右方不等式成立等号,即有

$$[\lambda(\Gamma)]^{-1} = M(Q(z_1, z_2, z_3, z_4)) = \frac{m(Q)}{d_1^2},$$

其中 Γ 是 $Q(z_1, z_2, z_3, z_4)$ 中第一组对边连线的全体. 这表明欧氏度量(即 $\rho \equiv 1$)是 Γ 的极值度量. 于是 $Q(z_1, z_2, z_3, z_4)$ 到某个矩形的标准共形映射的导函数是一个常数. 因此这个标准共形映射必定是一个欧氏刚体运动复合一个相似变换,从而 Q 是以 z_1, z_2, z_3, z_4 为顶点的矩形. 对于 (4.9) 中左方不等式成立等号的情况,证明完全类似.

定理 4.4 Rengel 不等式 (4.9) 中成立等号的充要条件是 Q 是以 z_1, z_2, z_3, z_4 为顶点的矩形.

4.4 模的单调性与次可加性

定理 4.1 建立了拓扑四边形的模与极值长度之间的联系. 那么,有关极值长度的比较原理与合成原理反映在拓扑四边形的模上必有相应的定理.

现在我们设 $Q(z_1, z_2, z_3, z_4)$ 是一拓扑四边形. 在 Q 内引第一组对边的两条连线,使得它们与 Q 的第一组对边围成一个新的

四边形 Q_1，这两条连线的端点分别记为 w_4, w_1 与 w_2, w_3，其位置如图 4.1 所示：

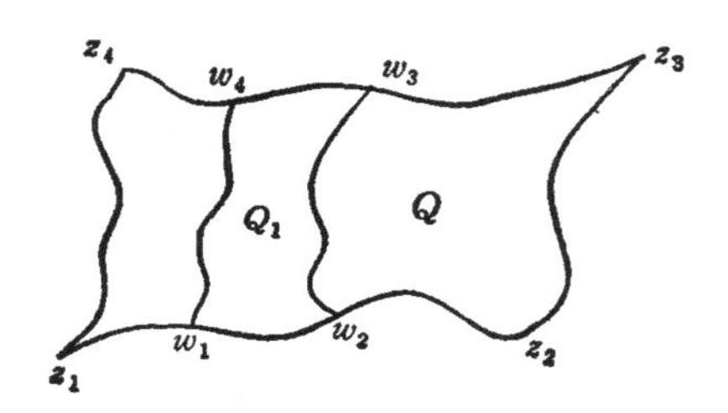

图 4.1

定理 4.5 $M(Q_1(w_1, w_2, w_3, w_4)) \leqslant M(Q(z_1, z_2, z_3, z_4))$.

证 取 Γ 是 Q 中第一组对边的全体局部可求长连线的集合. 命 $\Gamma_1 = \{\gamma \in \Gamma : \gamma \subset Q_1\}$. 根据比较原理 $\lambda(\Gamma) \leqslant \lambda(\Gamma_1)$，即

$$[\lambda(\Gamma_1)]^{-1} \leqslant [\lambda(\Gamma)]^{-1}.$$

再由定理 4.1 即证明了定理的结论.

较小的四边形模较小这个命题是有条件的，即必须要求较小的四边形的第一组对边分别是较大的四边形第一组对边的子弧. 否则命题不一定成立.

定理 4.6 设 $Q(z_1, z_2, z_3, z_4)$ 是一拓扑四边形，Q_1 与 Q_2 是包含于 Q 之中的两个拓扑四边形，它们彼此不交，并且其第一组对边分别是 Q 的第一组对边的子弧. 则

$$M(Q_1) + M(Q_2) \leqslant M(Q). \tag{4.12}$$

这个定理很容易从合成原理推出，请读者自己完成.

不等式 (4.12) 可推广到任意多个四边形的情况：设 $Q_n \subset Q$, $n = 1, 2, \cdots$；且 $Q_n \cap Q_m = \phi (\forall n \neq m)$，并且假设每个 Q_n 的第一组对边分别是 Q 的第一组对边的子弧. 这时

$$\sum_n M(Q_n) \leqslant M(Q). \tag{4.13}$$

这个不等式被称为模的次可加性.

我们感兴趣于 (4.12) 中何时成立等号. 下面的定理回答了这

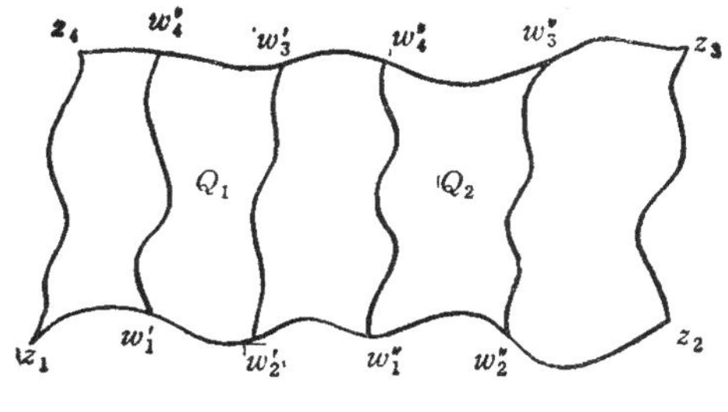

图 4.2

个问题.

定理 4.7 设 Q 是以 z_1, z_2, z_3, z_4 为顶点的矩形. Q_1 与 Q_2 满足定理 4.6 的条件, 则当且仅当 Q_1 与 Q_2 都是矩形, 且 $Q=Q_1\cup Q_2$ 时,

$$M(Q_1)+M(Q_2)=M(Q). \tag{4.14}$$

证. 当 Q_1 与 Q_2 都是矩形且 $Q=Q_1\cup Q_2$ 时, 上述等式显然成立. 现在证明仅当此时成立等式. 设 (4.14) 成立. 那么由 Rengel 不等式可知,

$$M(Q_1)\leqslant m(Q_1)/d_1^2,\ M(Q_2)\leqslant m(Q_2)/d_1^2, \tag{4.15}$$

其中 d_1 是矩形 Q 的第一组对边间的距离. 这样

$$\begin{aligned}M(Q)=M(Q_1)+M(Q_2)&\leqslant[m(Q_1)+m(Q_2)]/d_1^2\\&\leqslant m(Q)/d_1^2.\end{aligned} \tag{4.16}$$

由于 Q 是矩形, 故 $M(Q)=m(Q)/d_1^2$, 即 (4.16) 中等号成立. 因此, 我们有 $m(Q)=m(Q_1)+m(Q_2)$, 即 $Q=Q_1\cup Q_2$. 此外, (4.16) 式等号成立蕴含着 (4.15) 中两个不等式等号成立. 由定理 4.4 可知 Q_1 与 Q_2 是矩形. 证毕.

4.5 模的连续性

我们假定 $Q(z_1, z_2, z_3, z_4)$ 是一个有界的拓扑四边形, $Q_n(z_1^{(n)}, z_2^{(n)}, z_3^{(n)}, z_4^{(n)})$ 是 Q 内的拓扑四边形序列, $n=1, 2, \cdots$. 若

$$\lim_{n\to\infty} z_j^{(n)}=z_j,\ j=1, 2, 3, 4,$$

并且对于任意的 $\varepsilon>0$，存在N使得当 $n\geqslant N$时，任意一点 $z\in\partial Q_n$ 到 ∂Q 的距离 $d(z,\partial Q)<\varepsilon$，则我们称 Q_n 从Q的内部趋向于Q.

定理 4.8 若 $Q_n(z_1^{(n)}, z_2^{(n)}, z_3^{(n)}, z_4^{(n)})$ 从内部趋向于 $Q(z_1, z_2, z_3, z_4)$，则有

$$\lim_{n\to\infty} M(Q_n)=M(Q). \tag{4.17}$$

证. 设 $f:Q\to R$ 是 $Q(z_1,z_2,z_3,z_4)$ 到矩形 $R(0,a,a+bi,bi)$ 的标准共形映射. 显然 f 可以连续扩充到 $\bar{Q}$ 上，因而在 $\bar{Q}$ 上一致连续. 于是，不难由 Q_n 从内部趋向于Q的定义及 f 的一致连续性看出，对于任意给定的 $\eta>0$，存在一个 N，使得 $n\geqslant N$时，$d(\zeta,\partial R)<\eta$，$\forall\zeta\in\partial f(Q_n)$，并且 $f(z_j^{(n)})$ 到R的对应顶点的距离也小于 η，$j=1,2,3,4$. 这就是说，当 n 充分大时，$\partial f(Q_n)$ 就进入以 ∂R 为边的宽为 η 的“四方框”内(图 4.3).

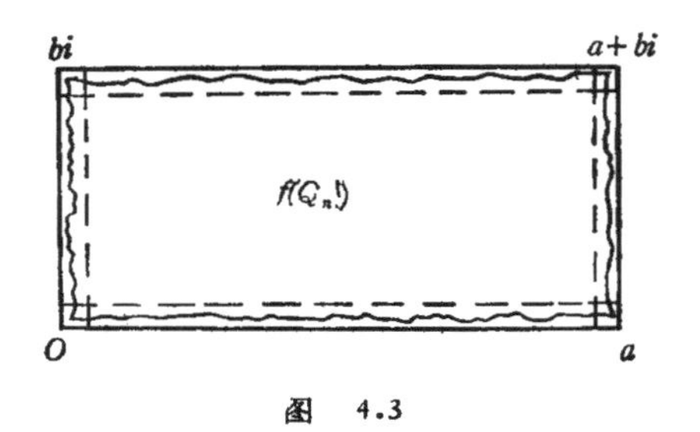

图 4.3

由 Rengel 不等式有

$$(a-2\eta)^2/m(f(Q_n))\leqslant M(f(Q_n))$$
$$\leqslant m(f(Q_n))/(b-2\eta)^2,\ \forall n\geqslant N.$$

因此，$(a-2\eta)^2/ab\leqslant M(Q_n)\leqslant ab/(b-2\eta)^2 (n\geqslant N)$，即得(4.17).

4.6 双连通域的模与极值长度

双连通域的模同样可以用一族曲线的极值描述. 设 B 是一个双连通区域，C_1 与 C_2 是 $\bar{\mathbf{C}}-B$ 的两个分支. 我们说闭曲线 γ 隔离了 C_1 与 C_2，如果 C_1 与 C_2 之间的任意一条连线都一定与 γ 相

交.

现在假定Γ是一切B内隔离C_1与C_2的闭曲线所组成的曲线族.

定理 4.9 在上述假定下,我们有

$$M(B)=2\pi/\lambda(\Gamma). \tag{4.18}$$

证. 因为$M(B)$与$\lambda(\Gamma)$都是共形不变量,所以我们不妨假定B是环域$\{z:r_1<|z|<r_2\}$,其中$r_1\geqslant 0$, $r_2\leqslant\infty$. 设ρ是一个非负 Borel 可测函数,满足

$$\int_\gamma \rho(z)|dz|\geqslant 1, \quad \forall\gamma\in\Gamma, \tag{4.19}$$

特别地,对于圆周$\{|z|=r\}(r_1<r<r_2)$上述不等式成立,即

$$r\int_0^{2\pi}\rho(re^{i\theta})d\theta\geqslant 1, \quad \forall r\in(r_1,r_2). \tag{4.20}$$

这时,由 Schwarz 不等式有

$$\begin{aligned} m_\rho(B) &= \int_{r_1}^{r_2} r\,dr\int_0^{2\pi}\rho^2(re^{i\theta})d\theta \\ &= \int_{r_1}^{r_2}\frac{dr}{r}\int_0^{2\pi} r^2\rho^2(re^{i\theta})d\theta \\ &\geqslant \frac{1}{2\pi}\int_{r_1}^{r_2}\frac{dr}{r}\left(\int_0^{2\pi} r\rho(re^{i\theta})d\theta\right)^2 \\ &\geqslant \frac{1}{2\pi}\log\frac{r_2}{r_1}=\frac{1}{2\pi}M(B). \end{aligned} \tag{4.21}$$

另外一方面,取$\rho_0=1/(2\pi|z|)$,则对任意$\gamma\in\Gamma$

$$\begin{aligned} \int_\gamma \rho_0(z)|dz| &= \frac{1}{2\pi}\int_\gamma\frac{|dz|}{|z|}\geqslant\frac{1}{2\pi}\left|\int_\gamma\frac{dz}{z}\right| \\ &\geqslant \frac{1}{2\pi}\left|\int_\gamma \mathrm{Im}\,\frac{dz}{z}\right|=\frac{1}{2\pi}\left|\int_\gamma d\arg z\right|. \end{aligned}$$

由于γ隔离 0 与∞,所以

$$\left|\int_\gamma d\arg z\right|\geqslant 2\pi.$$

这样ρ_0满足(4.19). 但是不难直接验证$m_{\rho_0}(B)=[\log(r_2/r_1)]/2\pi$, 即$\rho_0$使(4.21)等号成立. 因此

$$(\lambda(\Gamma))^{-1} = \inf m_\rho(B) = M(B)/2\pi.$$

证毕.

由定理 4.9 的证明过程可以看出，对于环域 $\{z: r_1 < |z| < r_2\}$ 中隔离边界分支的闭曲线族 Γ，其极值度量是 $1/(2\pi|z|)$. 对于一般双连通区域 B 而言，隔离边界分支的闭曲线族 Γ 的极值度量是 $|f'|/(2\pi|f|)$，f 是 B 到 $\{z: r_1 < |z| < r_2\}$ 的共形映射.

定理 4.9 提供了对双连通区域的模的一种估计:

$$M(B) \leqslant 2\pi \cdot m_\rho(B),$$

其中 ρ 是任意一个满足条件 (4.19) 的非负 Borel 可测函数. 特别地，当 B 的补集 $\bar{C} - B$ 的两个分支中分别包含 0 与∞时，$\rho_0 = 1/(2\pi|z|)$ 就满足条件 (4.19). 因此，这时

$$M(B) \leqslant 2\pi \iint_B \rho_0^2 dxdy \leqslant \frac{1}{2\pi} \iint_B \frac{dxdy}{|z|^2}. \tag{4.22}$$

这个不等式是 Rengel 不等式在双连通区域情况的对应物.

我们已经知道，当 B 是环域 $\{z: r_1 < |z| < r_2\}$ 时 (4.22) 中等号成立. 可以证明，(4.22) 式中等号仅当 B 是环域时成立. 由于证明完全类似于四边形的情形，故略去这个证明.

由定理 4.9 及比较原理与合成原理，不难推出双连通域的模单调性与次可加性.

定理 4.10 设 B 与 B_1 是两个双连通区域，B_1 包含在 B 的内部，且隔离 $\bar{C} - B$ 的两个分支. 则

$$M(B_1) \leqslant M(B). \tag{4.23}$$

定理 4.11 设 B, B_1, B_2 都是双连通区域，且 $B_1 \subset B$, $B_2 \subset B$, $B_1 \cap B_2 = \phi$, B_1 与 B_2 都隔离 $\bar{C} - B$ 的两个分支. 则

$$M(B_1) + M(B_2) \leqslant M(B). \tag{4.24}$$

特别地，当 B 是环域时，(4.24) 中的等号当且仅当 B_1 与 B_2 也是环域且 $B_1 \cup B_2 = B$ 时成立.

这两个定理的证明完全类似于拓扑四边形的情况，请读者自己完成.

§5 模的极值问题

5.1 双连通区域模的极值问题的提法

本节讨论三个著名的极值问题，它们在拟共形映射的偏差定理中起着关键的作用.

双连通区域的模的极值问题提法如下： 给定两个集合 E_1 与 E_2，并考虑这样的双连通区域 B 使得 $\bar{\boldsymbol{C}}-B$ 的两个分支分别包含 E_1 与 E_2. 问在这种区域 B 中哪个区域使 $M(B)$ 最大?

Grötzsch 问题：$E_1=\{z:|z|>1\}$，$E_2=\{0, r\}$，其中 $0<r<1$.

Teichmüller 问题：$E_1=\{R, \infty\}$，$E_2=\{0, -1\}$，其中 $R>0$.

Mori (森)问题：$E_1=\{0, \infty\}$，$\bar{\boldsymbol{C}}-B$ 的有界分支，与单位圆 $\{|z|\leqslant 1\}$ 的交集的直径 $\geqslant d>0$，d 是事先给定的.

5.2 Grötzsch 极值问题

Grötzsch 极值问题的解是单位圆 $\{|z|<1\}$ 割去实轴上 $[0, r]$ 区间所形成的双连通区域. 这个区域通常被称为 Grötzsch 区域，记作 B_r.

定理 5.1 在单位圆内任意一个隔离单位圆周 $\{|z|=1\}$ 与点偶 $\{0, r\}$ $(0<r<1)$ 的双连通区域 B 的模不超过 $M(B_r)$.

证. 设 φ 是把 B_r 变成环域 $\{w: 1<|w|<e^a\}$ 的共形映射且 $\varphi(r)=1$，这里 $a=M(B_r)$. 显然，由于 B_r 关于实轴的对称性，$\overline{\varphi(\bar{z})}$ 也是满足这样条件的共形映射. 由唯一性定理 $\varphi(z)=\overline{\varphi(\bar{z})}$，也就是说 φ 关于实轴对称. 由共形映射的边界对应定理可知，$\varphi(z)$ 可以连续开拓到 $(0, r)$ 的上下两侧，它们分别对应于单位圆 $\{|w|=1\}$ 的上下两个半圆弧. 因此 $\varphi(z)$ 可以从 $(0, r)$ 的一侧向另一侧解析延拓. 虽然，这种开拓的值与原来 φ 的值不同，但是 $|\varphi'/\varphi|$ 在 $(0, r)$ 上(除去 0 与 r 没有定义外)两侧的值相等. 这一点可以由 $\varphi(z)$ 关于实轴的对称性推出.

设 B 是任意满足定理要求的双连通区域，并考虑 B 中全体隔离 $\bar{C}-B$ 两个分支的局部可求长闭曲线族 Γ. 命 $\rho=|\varphi'/\varphi|/2\pi$，那么当 $\gamma\in\Gamma$ 与实轴上区间 $[0, r]$ 不相交时，

$$\int_\gamma \rho(z)|dz| = \frac{1}{2\pi}\int_\gamma \frac{|\varphi'(z)|}{|\varphi(z)|}|dz| \geqslant \frac{1}{2\pi}\left|\int_{\varphi(\gamma)}\frac{dw}{w}\right|$$
$$\geqslant \frac{1}{2\pi}\left|\int_{\varphi(\gamma)} d\arg w\right| \geqslant 1. \tag{5.1}$$

当 $\gamma\in\Gamma$ 与区间 $[0, r]$ 有交点时，我们把 γ 分成两个弧 γ_1 与 γ_2，它们的端点分别在区间 $(-1, 0)$ 与 $(r, 1)$ 之内. 将 γ_1 在实轴下方的点一律对实轴作镜面反射，而原来在实轴上方的点不动，这样得到一条弧 $\tilde{\gamma}_1$. 将 γ_2 在实轴上方的点对称反射到实轴下方而原来在实轴下方的点不动，这样得到一条弧 $\tilde{\gamma}_2$. 很容易看出，弧 $\tilde{\gamma}_1$ 与 $\tilde{\gamma}_2$ 之并 $\tilde{\gamma}\in\Gamma$，并且 $\varphi(\tilde{\gamma})$ 是一条隔离 0 与 ∞ 的闭曲线. 另外一方面，注意到 $\tilde{\gamma}$ 是经过对 γ 的部分子弧作实轴镜面反射得来，而度量 ρ 关于实轴对称，那么

$$\int_\gamma \rho|dz| = \int_{\tilde{\gamma}}\rho|dz| = \frac{1}{2\pi}\int_{\tilde{\gamma}}\frac{|\varphi'(z)|}{|\varphi(z)|}|dz|$$
$$\geqslant \frac{1}{2\pi}\left|\int_{\varphi(\tilde{\gamma})} d\arg w\right| \geqslant 1. \tag{5.2}$$

根据定理 4.9，

$$M(B) \leqslant 2\pi\cdot m_\rho(B) = \frac{1}{2\pi}\cdot\iint_B \left|\frac{\varphi'}{\varphi}\right|^2 dxdy$$
$$\leqslant \frac{1}{2\pi}\iint_{B_r}\left|\frac{\varphi'}{\varphi}\right|^2 dxdy = \frac{1}{2\pi}\iint_{1<|w|<e^a}\left(\frac{1}{|w|}\right)^2 dudv$$
$$= a = M(B_r).$$

证毕.

今后要常常用到 $M(B_r)$，有必要引进一个专门记号 $\mu(r)=M(B_r)$. 显然，由模的单调性可知，$\mu(r)$ 是递减函数.

5.3 Teichmüller 极值问题

Teichmüller 极值问题的答案是复平面 C 割去实轴上的区间

$[-1, 0]$ 及 $[R, \infty)$ 所形成的双连通区域. 我们把它称为 Teichmüller 区域,记为 T_R.

定理 5.2 隔离点偶 $\{-1, 0\}$ 与 $\{R, \infty\}$ 的双连通区域的模不超过 T_R 的模.

证. 设 B 是任意一个隔离点偶 $\{-1, 0\}$ 与 $\{R, \infty\}$ 的双连通区域. 记 $\bar{C} - B$ 的两个分支为 C_1 与 C_2, 并假定 $\{-1, 0\} \subset C_1$, $\{R, \infty\} \subset C_2$. 设 φ 是把 $B \cup C_1$ 变成单位圆的共形映射, $\varphi(0)=0$, $\varphi(-1) > 0$. 这时 $\varphi(B)$ 是一个隔离单位圆周及点偶 $\{0, \varphi(-1)\}$ 的区域. 定理 5.1 告诉我们

$$M(B) = M(\varphi(B)) \leqslant \mu(\varphi(-1)). \tag{5.3}$$

现在考虑 φ 的逆映射 ψ. 由 Koebe 的偏差定理,

$$|\psi(\zeta)| \leqslant |\psi'(0)| \frac{|\zeta|}{(1-|\zeta|)^2}.$$

特别地,当 $\zeta = \varphi(-1)$ 时,我们得到

$$1 \leqslant |\psi'(0)| \frac{\varphi(-1)}{[1-\varphi(-1)]^2}.$$

另外一方面,由 Koebe 的 1/4 掩蔽定理,映射 $\psi(\zeta)$ 掩盖了一个圆 $\{|z| < |\psi'(0)|/4\}$. 因此点 R 应在此圆之外,也即 $R \geqslant |\psi'(0)|/4$. 这样,

$$1 \leqslant 4R \frac{\varphi(-1)}{[1-\varphi(-1)]^2}. \tag{5.4}$$

于是

$$\varphi(-1) \geqslant 1 + 2R - \sqrt{4R + 4R^2} \tag{5.5}$$

注意到 $\mu(r)$ 的递减性,由 (5.3) 式有

$$M(B) \leqslant \mu(1 + 2R - \sqrt{4R + 4R^2}). \tag{5.6}$$

当 $B = T_R$ 时, φ 使得 (5.4) 式成立等号[1],因而 (5.5),(5.6) 均成立等号. 这样就证明了定理.

现在我们给出 $M(T_R)$ 的一个简单表达式:

---

1) 读者可以验证这个结论,办法是通过开方及分式线性变换将 T_R 变成 Grotzsch 区域 B_r, 这里 $r = 1 + 2R - \sqrt{4R + 4R^2}$.

$$M(T_R) = 2\mu\left(\sqrt{\frac{1}{1+R}}\right). \tag{5.7}$$

我们以 $z = -1$ 为中心,以 $b = \sqrt{1+R}$ 为半径作一个圆周 $\{z: |z+1| = b\}$. 不难看出,这个圆周把 T_R 分成两部分,并且在圆外的部分恰好是在圆内的部分的反演. 因此这两部分的模相等. 这两部分的模之和是否恰好就是 T_R 的模呢? 回答是肯定的. 事实上,首先把圆内部分共形映射为一个环域,然后对称开拓该共形映射,使之在 T_R 上有定义. 这样就得一个共形映射, 它把 T_R 变成一个环域,而圆周 $\{z: |z+1| = b\}$ 对应于环域的一个同心圆. 根据定理 4.11 可知: T_R 的圆内部分与圆外部分的模之和等于 T_R 的模. 总之, T_R 的模等于它在圆 $\{z: |z+1| = b\}$ 内部份的模的两倍,而 T_R 在圆内部分的模是 $\mu(1/\sqrt{1+R})$, 这就证明了(5.7)式.

因此,定理 5.2 可改写为下列形式:

定理 5.2′ 设 B 是一个隔离点偶 $\{-1, 0\}$ 与 $\{R, \infty\}$ 的双连通区域. 则

$$M(B) \leqslant 2\mu\left(\sqrt{\frac{1}{1+R}}\right). \tag{5.8}$$

Teichmüller 极值问题可以有更为一般的形式, 即将点偶 $\{0, -1\}$ 与 $\{R, \infty\}$ 分别换成 $\{0, z_1\}$ 与 $\{z_2, \infty\}$. 下面的定理被称为 Teichmüller 模定理.

定理 5.3 设 B 是一个隔离点偶 $\{0, z_1\}$ 与 $\{z_2, \infty\}$ 的双连通区域. 则

$$M(B) \leqslant 2\mu\left(\sqrt{\frac{|z_1|}{|z_1| + |z_2|}}\right). \tag{5.9}$$

证. 设 $\bar{C} - B$ 的两个分支分别为 C_1 与 C_2, 它们分别包含 $\{0, z_1\}$ 与 $\{z_2, \infty\}$. 首先作一个共形映射 $\zeta = \varphi(z)$ 把 $B \cup C_1$ 变成单位圆,且 $\varphi(0) = 0$, $\zeta_1 = \varphi(z_1) > 0$, 然后再复合映射

$$w = h(\zeta) = \frac{-4|z_2|\zeta}{(1-\zeta)^2}.$$

这时，$w = h\circ\varphi$ 就把 $B\cup C_1$ 变成了全平面割去实轴上区间$[|z_2|, \infty)$，而B的像是这个区域内的一个双连通区域，它隔离了点偶$\{|z_2|, \infty\}$与$\{0, w_1\}$，其中 $w_1 = -4|z_2|\zeta_1/(1-\zeta_1)^2 < 0$. 由定理 5.2′，

$$M(B) \leqslant 2\mu\left(\sqrt{\frac{-w_1}{-w_1+|z_2|}}\right). \tag{5.10}$$

设 $\psi(\zeta)$ 是 φ 的反函数. 由 Koebe 的偏差定理，

$$|z_1| \leqslant \frac{|\psi'(0)|\zeta_1}{(1-\zeta_1)^2}.$$

再由 Koebe 的 1/4 定理，$|\psi'(0)| \leqslant 4|z_2|$. 这样，

$$-w_1 = \frac{4|z_2|\zeta_1}{(1-\zeta_1)^2} \geqslant \frac{|\psi'(0)|\zeta_1}{(1-\zeta_1)^2} \geqslant |z_1|$$

注意到μ的递减性，由 (5.10) 即推出 (5.9). 证毕.

5.4 Mori（森）极值问题

图 5.1 所示的区域(其中的实线是割线)是 Mori 极值问题的极值区域. 我们把它记作 G_d.

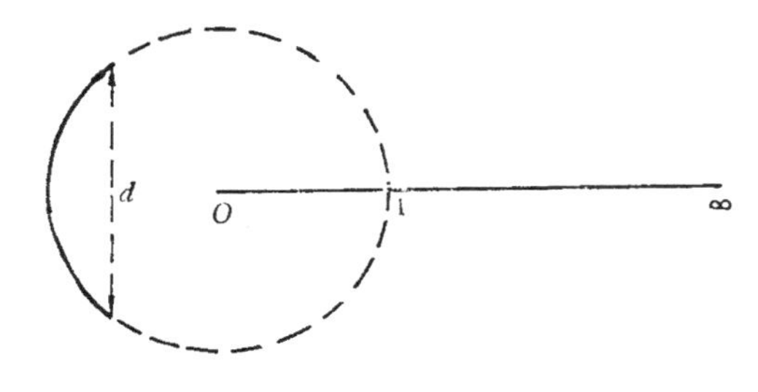

图 5.1

定理 5.4 设 B 是一个双连通区域，其补集 $\bar{C} - B$ 的一个分支包含$\{0, \infty\}$，另一个分支与单位圆 $\{|z| \leqslant 1\}$ 的交的直径$\geqslant d > 0$，则

$$M(B) \leqslant M(G_d). \tag{5.11}$$

证. 我们作变换 $\zeta = \sqrt{z}$. 这时区域 B 的像是两个双连通

区域 B^+ 与 B^-，它们以原点对称；而 $\bar{C}-B$ 的包含 $\{0,\infty\}$ 的分支变成一个以原点为对称的且包含 $\{0,\infty\}$ 的连通闭集，如图 5.2 所示. $\bar{C}-(B^+\cup B^-)$ 有三个分支，其中无界分支记为 C，两个有界分支分别记为 C^+ 与 C^-.

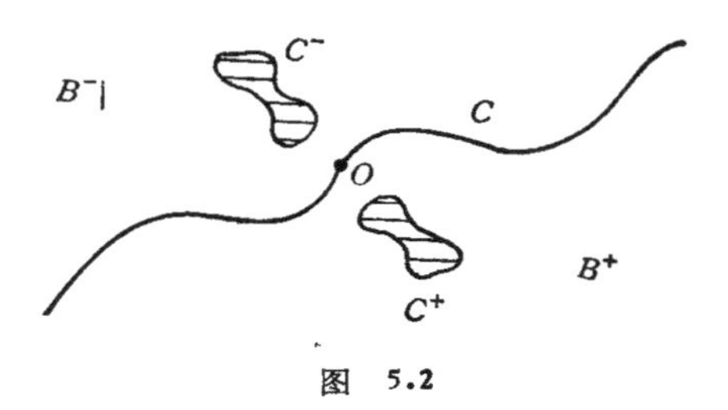

图 5.2

记 $B'=\bar{C}-(C^+\cup C^-)$，即 $B'=B^+\cup B^-\cup C$. 由定理 4.11，$M(B^+)+M(B^-)\leqslant M(B')$. 这样，

$$2M(B)\leqslant M(B'). \tag{5.12}$$

因此，我们把问题归结为讨论 B' 的模. 根据假定，在 $\bar{C}-B$ 的有界分支中存在两点 z_1 与 z_2，使得

$$|z_1-z_2|\geqslant d,\quad |z_1|\leqslant 1,\quad |z_2|\leqslant 1.$$

因此，存在 $\zeta_j=\sqrt{z_j}\in C^+$，$j=1,2$. 由对称性 $(-\zeta_j)\in C^-$，$j=1,2$. 我们作分式线性变换

$$w=\frac{\zeta+\zeta_1}{\zeta-\zeta_1}\cdot\frac{\zeta_1+\zeta_2}{\zeta_1-\zeta_2}.$$

这时 ζ_1，$-\zeta_1$，$-\zeta_2$ 分别变为 ∞，0，-1，而 ζ_2 变为 $w_0=-(\zeta_1+\zeta_2)^2/(\zeta_2-\zeta_1)^2$. 这样一来，$w(B')$ 将隔离点偶 $\{0,-1\}$ 与 $\{w_0,\infty\}$. 根据定理 5.3，

$$M(B')=M(w(B'))\leqslant 2\mu\left(\sqrt{\frac{1}{1+|w_0|}}\right). \tag{5.13}$$

余下的问题就是估计 w_0 的大小. 这是十分初等的运算. 因为

$$|z_1+z_2|^2=2(|z_1|^2+|z_2|^2)-|z_1-z_2|^2\leqslant 4-d^2,$$

所以

$$\frac{|z_1+z_2|^2}{|z_1-z_2|^2}\leqslant\frac{4-d^2}{d^2}.$$

另一方面，

$$\frac{\zeta_2+\zeta_1}{\zeta_2-\zeta_1}+\frac{\zeta_2-\zeta_1}{\zeta_2+\zeta_1}=2\frac{\zeta_2^2+\zeta_1^2}{\zeta_2^2-\zeta_1^2}=2\frac{z_2+z_1}{z_2-z_1},$$

因此，我们又有

$$\left|\frac{\zeta_2+\zeta_1}{\zeta_2-\zeta_1}\right|-\left|\frac{\zeta_2+\zeta_1}{\zeta_2-\zeta_1}\right|^{-1}\leqslant 2\left|\frac{z_2+z_1}{z_2-z_1}\right|\leqslant\frac{2\sqrt{4-d^2}}{d}.$$

此不等式表明

$$\left|\frac{\zeta_2+\zeta_1}{\zeta_2-\zeta_1}\right|\leqslant\frac{1}{d}(2+\sqrt{4-d^2}),$$

也即

$$|w_0|\leqslant\left(\frac{2+\sqrt{4-d^2}}{d}\right)^2. \tag{5.14}$$

由 (5.12)，(5.13) 及 (5.14) 我们最后得到

$$M(B)\leqslant\mu\left(\frac{d}{2\sqrt{2+\sqrt{4-d^2}}}\right). \tag{5.15}$$

不难直接验证，当 $B=G_d$ 时，不等式 (5.12)，(5.13) 及 (5.14) 均成立等号，于是 (5.15) 也成立等号．这就证明了 (5.11)．定理证毕．

5.5 函数 $\mu(r)$

三个极值问题中的极值区域的模都由 $\mu(r)$ 表出．现在对这个函数作一点讨论．

我们考虑上半平面 $\boldsymbol{H}=\{z:\operatorname{Im}z>0\}$ 及实轴上的点 $\infty, -1, 0$ 和 $\rho>0$．这样就给出了一个拓扑四边形 $\boldsymbol{H}(\infty, -1, 0, \rho)$．令

$$\Lambda(\rho)=M(\boldsymbol{H}(\infty, -1, 0, \rho)). \tag{5.16}$$

又设 T_ρ 是 Teichmüller 区域，即复平面 $\boldsymbol{C}$ 割去实轴上 $[-1, 0]$ 与 $[\rho, \infty)$ 的余集．将 T_ρ 共形映射为环域 $\{w: 1<|w|<e^a\}$ $(a=M(T_\rho))$ 且将点 $\infty, -1, 0, \rho$ 依次对应于点 $1, e^a, -e^a, -1$．由 T_ρ

关于实轴的对称性可以看出，在这个共形映射下，$\boldsymbol{H}(\infty,-1,0,\rho)$ 的像是 $A(1, e^a, -e^a, -1)$，其中 $A=\{w:1<|w|<e^a, \mathrm{Im}w>0\}$. 因此，

$$\Lambda(\rho)=M(T_\rho)/\pi, \tag{5.17}$$

也即

$$\Lambda(\rho)=\frac{2}{\pi}\mu\left(\sqrt{\frac{1}{1+\rho}}\right). \tag{5.18}$$

现在我们利用这个关系式推出

$$\mu\left(\sqrt{\frac{1}{1+\rho}}\right)\cdot\mu\left(\sqrt{\frac{\rho}{1+\rho}}\right)=\frac{\pi^2}{4}. \tag{5.19}$$

事实上，对于 $\boldsymbol{H}$ 作下述分式线性变换：

$$\zeta=\frac{z-\rho}{\rho(z+1)}$$

则点 $\infty,-1,0,\rho$ 依次变成 $1/\rho,\infty,-1,0$. 也就是说，$\boldsymbol{H}(-1, 0, \rho, \infty)$ 共形等价于 $\boldsymbol{H}(\infty, -1, 0, 1/\rho)$. 所以 $M(\boldsymbol{H}(-1, 0, \rho, \infty))=\Lambda(1/\rho)$. 但是，我们知道

$$M(\boldsymbol{H}(\infty, -1, 0, \rho))\cdot M(\boldsymbol{H}(-1, 0, \rho, \infty))=1.$$

因此，

$$\Lambda(\rho)\cdot\Lambda\left(\frac{1}{\rho}\right)=1. \tag{5.20}$$

由 (5.18) 及 (5.20) 即推出 (5.19).

在 (5.19) 中令 $\rho=1$，即得

$$\mu\left(\frac{1}{\sqrt{2}}\right)=\frac{\pi}{2}. \tag{5.21}$$

第二章　拟共形映射的基本性质

本章将从经典拟共形映射讲起，然后给出一般拟共形映射的几何定义．先讲经典拟共形映射的概念是为了使读者更容易直观了解一般拟共形映射的某些基本概念的几何意义．本章的另一部分内容是在拟共形映射的几何定义之下推出它的几乎处处可微性、绝对连续性、广义微商的存在性等等，从而给出拟共形映射的分析定义．

§6　经典拟共形映射

6.1　形式微商

设 $f(z)=u(x,y)+iv(x,y)$ 是一个二元连续可微复值函数，其中 $z=x+iy$．引入形式微商

$$\partial_z f=\frac{1}{2}(f'_x-if'_y),\quad \partial_{\bar z} f=\frac{1}{2}(f'_x+if'_y),\qquad (6.1)$$

其中 $f'_x=u'_x+iv'_x$，$f'_y=u'_y+iv'_y$．

若 $f=u+iv$ 作为 (x,y) 的函数在点 (x_0,y_0) 是可微的，则在 $z_0=x_0+iy_0$ 有下列展式：

$$f(z)=f(z_0)+A(z-z_0)+B(\bar z-\bar z_0)+o(|z-z_0|),$$
$$A=\partial_z f(z_0),\ B=\partial_{\bar z} f(z_0),\ z\to z_0.$$

由这个展式中可以看出 (6.1) 式所定义的形式微商在一阶近似中的意义．利用这个展式可以证明复合函数形式微商的链规则：若 $f\in C^1$，$g\in C^1$，则

$$\left.\begin{aligned}\partial_z(g\circ f)&=\partial_w g\cdot\partial_z f+\partial_{\bar w} g\cdot\partial_z\bar f,\\ \partial_{\bar z}(g\circ f)&=\partial_w g\cdot\partial_{\bar z} f+\partial_{\bar w} g\cdot\partial_{\bar z}\bar f.\end{aligned}\right\}\qquad (6.2)$$

从形式上看，这个规则相当于把 f 与 g 各自看成两个独立变量 z，

$\bar{z}$ 与 w, $\bar{w}$ 的函数.

此外,不难验证

$$\overline{(\partial_z f)} = \partial_{\bar{z}} \bar{f}, \quad \overline{(\partial_{\bar{z}} f)} = \partial_z \bar{f}. \tag{6.3}$$

形式微商使 Cauchy-Riemann 方程有一个非常简单的表示: $\partial_{\bar{z}} f = 0$. 在 f 全纯的条件下,

$$\partial_z f = f'.$$

因此,当 f 是全纯函数时,链规则(6.2)有较简单的形式:

$$\partial_z(g \circ f) = \partial_w g \cdot f', \ \partial_{\bar{z}}(g \circ f) = \partial_{\bar{w}} g \cdot \bar{f}'. \tag{6.4}$$

当 g 是全纯函数时,

$$\partial_z(g \circ f) = g' \cdot \partial_z f, \ \partial_{\bar{z}}(g \circ f) = g' \cdot \partial_{\bar{z}} f. \tag{6.5}$$

6.2 可微同胚的复特征与伸缩商

设 f 是区域 D 到 D' 的同胚,即双方单值且连续的映射,并假定它在点 $z_0 \in D$ 处作为实变量二元函数可微. 那么,这个映射在 z_0 附近的一阶近似是一个线性变换:

$$z \longmapsto w(z) = f(z_0) + \partial_z f(z_0)(z - z_0) + \partial_{\bar{z}} f(z_0)(\bar{z} - \bar{z}_0).$$

这个线性变换的 Jacobian 是 $J = |\partial_z f(z_0)|^2 - |\partial_{\bar{z}} f(z_0)|^2$. 由此可见,当 $|\partial_z f(z_0)| \neq |\partial_{\bar{z}} f(z_0)|$ 时,这个线性变换是非退化的. 特别地,当 $|\partial_z f(z_0)| > |\partial_{\bar{z}} f(z_0)|$ 时,它是保持定向的.

现在我们假定 $|\partial_{\bar{z}} f(z_0)| > |\partial_{\bar{z}} f(z_0)|$,并考虑一个充分小的圆周 $\{z: |z - z_0| = r\}$. 在上述变换 $w = w(z)$ 之下,这个圆周的像是一个椭圆,其参数方程为

$$w = f(z_0) + \partial_z f(z_0) \cdot re^{i\theta} + \partial_{\bar{z}} f(z_0) \cdot re^{-i\theta},$$

其中 θ 为实数. 由于

$$|w(z_0 + re^{i\theta}) - f(z_0)| = |\partial_z f(z_0) + \partial_{\bar{z}} f(z_0) e^{-2i\theta}| \cdot r,$$

所以不难看出,该椭圆上的点到中心 $f(z_0)$ 的距离的最大值与最小值分别是 $(|\partial_z f(z_0)| + |\partial_{\bar{z}} f(z_0)|) \cdot r$ 与 $(|\partial_z f(z_0)| - |\partial_{\bar{z}} f(z_0)|) \cdot r$. 因此,其长轴与短轴之比为

$$\frac{|\partial_z f(z_0)| + |\partial_{\bar{z}} f(z_0)|}{|\partial_z f(z_0)| - |\partial_{\bar{z}} f(z_0)|}.$$

又设 θ_0 是长轴与 x 轴的正向的夹角，$0 \leqslant \theta_0 < \pi$. 那么 θ_0 应使

$$|\partial_z f(z_0) + \partial_{\bar{z}} f(z_0) e^{-2i\theta_0}| = |\partial_z f(z_0)| + |\partial_{\bar{z}} f(z_0)|.$$

由此推出

$$\theta_0 = \frac{1}{2} \arg[\partial_{\bar{z}} f(z_0)/\partial_z f(z_0)].$$

由以上讨论可以看出量 $\partial_{\bar{z}} f(z_0)/\partial_z f(z_0)$ 完全刻划了变换 $w=f(z)$ 在 z_0 点一阶近似的特征. 因此我们称量

$$\mu_f(z_0) = \frac{\partial_{\bar{z}} f(z_0)}{\partial_z f(z_0)} \tag{6.6}$$

为 f 在 z_0 点的局部复特征，或简称为复特征. 用更直观的语言叙述前面的讨论，就是说，当 $|\partial_z f(z_0)| > |\partial_{\bar{z}} f(z_0)|$ 时，映射 $w=f(z)$ 近似地把以 z_0 为中心的圆变成为以 $f(z_0)$ 为中心的椭圆，该椭圆的长短轴之比为

$$D_f(z_0) = \frac{1 + |\mu_f(z_0)|}{1 - |\mu_f(z_0)|}, \tag{6.7}$$

而其长轴与 x 轴的正方向之夹角为 $[\arg\mu_f(z_0)]/2$. $D_f(z_0)$ 被称为 f 的伸缩商.

6.3 经典拟共形映射的定义

定义 6.1 设 f 是区域 D 到 D' 的 C^1 类同胚映射，且在 D 内处处满足下列条件:

(i) $|\partial_{\bar{z}} f(z)| < |\partial_z f(z)|$;

(ii) $D_f(z) \leqslant K$, K 是常数，

则称 f 为 D 内的一个经典拟共形映射，或 C^1 类拟共形映射.

这里条件 (i) 保证了映射 f 保持定向并且非退化. 条件 (ii) 的意义是要求变换的伸缩商有一个公共的上界. 这一点保证了拟共形映射具有共形映射的许多基本性质.

最简单的拟共形映射的例子是保持定向的仿射变换，其复形式是: $w = Az + B\bar{z} + C$, 其中 $|A| > |B|$. 在这个例子中复

特征 $\mu_w = B/A$，而其伸缩商为 $(|A| + |B|)/(|A| - |B|)$.

下面的例子说明了定义中条件 (ii) 的重要性：

$$w = f(z) = \frac{z}{1 - |z|^2}.$$

不难直接验证，$w = f(z)$ 在单位圆 $\{z: |z| < 1\}$ 内是一一映射，且有

$$\partial_z f = \frac{1}{(1 - |z|^2)^2}, \quad \partial_{\bar{z}} f = \frac{|z|^2}{(1 - |z|^2)^2}$$

因此其复特征 $\mu_f(z) = |z|^2$，其伸缩商为

$$D_f(z) = \frac{1 + |z|^2}{1 - |z|^2}.$$

可见 $w = f(z)$ 在任意一个圆 $\{z: |z| < r\}$ $(r < 1)$ 内都是拟共形映射，但在单位圆上不是.

在这例子中，映射 $w = f(z)$ 把单位圆变成了整个复平面. 从函数论的观点看来，单位圆与复平面有本质的差别，尽管它们是拓扑等价的. 条件 (ii) 把我们所研究的映射与一般可微拓扑映射区分开来.

6.4 Beltrami 方程

设 f 是一个 C^1 类的拟共形映射，$\mu = \mu_f$ 是它的复特征. 那么 $w = f(z)$ 就满足方程式

$$\partial_{\bar{z}} w = \mu \partial_z w, \quad |\mu| \leqslant k < 1.$$

这个方程式就是著名的 Beltrami 方程. 它是大家熟悉的 Cauchy-Riemann 方程的推广. 其实形式是

$$\begin{cases} (1 - a)u_x - (1 + a)v_y = b(u_y - v_x) \\ (1 - a)v_x + (1 + a)u_y = b(u_x + v_y) \end{cases}$$

其中 a 与 b 是 x, y 的函数，$a^2 + b^2 \leqslant k^2$. 当 a 与 b 都是零时，这个方程就是 Cauchy-Riemann 方程.

Beltrami 方程与二阶椭圆型方程化标准型有关. 在几何上，曲面等温坐标的存在性问题归结为 Beltrami 方程的同胚解的存在

性问题．此外，这类方程在流体力学及弹性力学的某些问题中有着广泛应用．因此历史上有许多数学家研究过它．第一个给出这种方程的局部同胚解的是 Gauss．

C^1 类拟共形映射 $w=f(z)$ 是 Beltrami 方程的同胚解．

6.5 复合映射的复特征与伸缩商

设 $f:D\to D'$ 与 $g:D_1\to D_1'$ 是两个 C^1 类拟共形映射，$f(D)\subset D_1$．由链规则

$$(g\circ f)_z=(g_w\circ f)f_z+(g_{\bar w}\circ f)\bar f_z,$$
$$(g\circ f)_{\bar z}=(g_w\circ f)f_{\bar z}+(g_{\bar w}\circ f)\bar f_{\bar z},$$

很容易看出，映射 $g\circ f$ 的复特征有如下公式：

$$\mu_{g\circ f}=\frac{\mu_f+(\mu_g\circ f)\tau}{1+\bar\mu_f\cdot(\mu_g\circ f)\tau},\quad \tau=\frac{\overline{(f_z)}}{f_z}. \tag{6.8}$$

特别地，若 g 是共形映射时，则 $\mu_g\equiv 0$，即有 $\mu_{g\circ f}=\mu_f$．若 f 是共形映射时，则 $\mu_f\equiv 0$，即有 $\mu_{g\circ f}=(\mu_g\circ f)\cdot\overline{(f_z)}/f_z$，因而 $|\mu_{g\circ f}|=|\mu_g\circ f|$．注意到伸缩商只依赖于复特征的模，我们就证明了下面的结论：C^1 类拟共形映射复合以共形映射其伸缩商不变．

现在，我们假定 $D_f(z)\leqslant K$，$\forall z\in D$；而 $D_g(w)\leqslant K_1$，$\forall w\in D_1$．那么，

$$D_f(z)=\frac{(|\partial_z f|+|\partial_{\bar z}f|)^2}{J_f}\leqslant K,\quad \forall z\in D;$$

$$D_g(w)=\frac{(|\partial_w g|+|\partial_{\bar w}g|)^2}{J_g}\leqslant K_1,\quad \forall w\in D_1.$$

由形式微商的链规则不难看出

$$(|\partial_z(g\circ f)|+|\partial_{\bar z}(g\circ f)|)^2$$
$$\leqslant(|\partial_w g|+|\partial_{\bar w}g|)^2(|\partial_z f|+|\partial_{\bar z}f|)^2,$$

其中 $w=f(z)$．注意到 $J_{g\circ f}=J_g(f)J_f$，立即推出

$$D_{g\circ f}(z)\leqslant K_1K,\quad \forall z\in D.$$

由此可见，两个 C^1 类拟共形映射的复合映射的伸缩商是有界

的.

由定义 6.1 可知，C^1 类拟共形映射的 Jacobian 是正的，因此，$J_f > 0$，$J_g > 0$. 而 $J_{g\circ f} = (J_g\circ f)J_f$，所以

$$J_{g\circ f} = |\partial_z(g\circ f)|^2 - |\partial_{\bar{z}}(g\circ f)|^2 > 0,$$

也即 $|\partial_z(g\circ f)| > |\partial_{\bar{z}}(g\circ f)|$.

总之，我们证明了 C^1 类拟共形映射的复合映射是 C^1 类拟共形映射.

6.6 四边形的模在经典拟共形映射下的变化

大家知道，拓扑四边形的模是共形不变量，也即它在共形映射下不变. 在拟共形映射下，模的变化如何呢？回答是模的变化不能太大也不能太小，具有某种拟不变性.

定理 6.1 设 $f:D\to D'$ 是 C^1 类拟共形映射，则对 D 内任意一个四边形 $Q = Q(z_1, z_2, z_3, z_4)$，$\bar{Q}\subset D$，成立

$$\frac{M(Q)}{K} \leqslant M(f(Q)) \leqslant KM(Q), \tag{6.9}$$

其中 $f(Q)$ 表示拓扑四边形 $f(Q)(w_1, w_2, w_3, w_4)$，$w_j = f(z_j)$ $(j = 1, 2, 3, 4)$；K 是 $D_f(z)$ 的上界.

证. 因为模是共形不变量而 $f(z)$ 复合以共形映射伸缩商不变，所以我们不妨设 Q 本身就是一个矩形 $R = \{z = x + yi:\ 0 < x < a, 0 < y < b\}$，其顶点 $z_1 = 0$，$z_2 = a$，$z_3 = a + bi$，$z_4 = bi$；并且依据同样的理由不妨设 $f(Q)$ 也是一个矩形 $R' = \{w = u + vi: 0 < u < a',\ 0 < v < b'\}$，$w_1 = 0$，$w_2 = a'$，$w_3 = a' + b'i$，$w_4 = b'i$.

我们考虑直线段 $l_y = \{z = x + yi:\ 0 < x < a\}$. 由于 $f(l_y)$ 的长度大于 a'，故得到

$$a' \leqslant \int_0^a |f'_x(x + yi)|dx,\quad \forall y: 0 < y < b. \tag{6.10}$$

不等式两边对 y 积分又得

$$a'b \leqslant \iint_R |f'_x(x + yi)|dxdy. \tag{6.11}$$

根据形式微商定义，我们有

$$|f'_x| \leqslant |\partial_z f| + |\partial_{\bar{z}} f|. \tag{6.12}$$

因此，

$$a'b \leqslant \iint_R (|\partial_z f| + |\partial_{\bar{z}} f|) dxdy. \tag{6.13}$$

注意到 f 的 Jacobi 行列式 $J_f = |\partial_z f|^2 - |\partial_{\bar{z}} f|^2$，并应用 Schwarz 不等式，立刻得到

$$\begin{aligned}(a'b)^2 &\leqslant \left\{\iint_R \frac{(|\partial_z f| + |\partial_{\bar{z}} f|)}{J_f^{\frac{1}{2}}} \cdot J_f^{\frac{1}{2}} dxdy\right\}^2 \\ &\leqslant \iint_R \frac{(|\partial_z f| + |\partial_{\bar{z}} f|)^2}{|\partial_z f|^2 - |\partial_{\bar{z}} f|^2} dxdy \cdot \iint_R J_f dxdy \\ &\leqslant K(ab) \cdot (a'b'). \end{aligned} \tag{6.14}$$

于是 $a'/b' \leqslant Ka/b$，即 $M(f(Q)) \leqslant KM(Q)$.

更换 Q 中第一组对边的取法就立即得出 (6.9) 式中另一端的不等式.

6.7 最大伸缩商与 Grötzsch 问题[37]

定义 6.2 设 $f: D \to D'$ 是 C^1 类拟共形映射. 我们称量

$$K = \sup_{z \in D} \{D_f(z)\}$$

为 f 的最大伸缩商，为了标明它对 f 的依赖性，有时记作 $K[f]$.

Grötzsch 提出并解决了这样的问题：在矩形 $R(0, a, a+bi, bi)$ 到 $R'(0, a', a'+b'i, b'i)$ 的 C^1 类拟共形映射中何时使 $K[f]$ 最小？答案是仿射变换. 下面的定理属于 Grötzsch.

定理 6.2 设 $f: R \to R'$ 是矩形 $R(0, a, a+bi, bi)$ 到 $R'(0, a', a'+b'i, b'i)$ 的 C^1 类拟共形映射，并且保持顶点依次对应，则

$$K[f] \geqslant \max\left(\frac{a'b}{ab'}, \frac{ab'}{a'b}\right), \tag{6.15}$$

并且当且仅当 f 是仿射变换时，这个不等式中的等号成立.

证. 令 $K = K[f]$，则由定理 6.1 有

$$\frac{a}{Kb} \leqslant \frac{a'}{b'} \leqslant K \cdot \frac{a}{b}.$$

于是有 (6.15).

当 f 是所要求的仿射变换时，它应有下列形式：

$$f(z) = \frac{1}{2}\left(\frac{a'}{a} + \frac{b'}{b}\right)z + \frac{1}{2}\left(\frac{a'}{a} - \frac{b'}{b}\right)\bar{z}.$$

这样

$$D_f(z) = \frac{\left|\frac{a'}{a} + \frac{b'}{b}\right| + \left|\frac{a'}{a} - \frac{b'}{b}\right|}{\left|\frac{a'}{a} + \frac{b'}{b}\right| - \left|\frac{a'}{a} - \frac{b'}{b}\right|} = \max\left(\frac{a'b}{ab'}, \frac{ab'}{a'b}\right),$$

即 (6.15) 成立等号.

反之，假定 (6.15) 等号成立，我们证明 f 必为仿射变换. 为了确定起见，不妨设

$$\frac{a'b}{ab'} \geqslant \frac{ab'}{a'b}. \tag{6.16}$$

这时 $K[f] = a'b/ab'$. 如果将 $K[f]$ 换为 K，那么这表明定理 6.1 的证明中的 (6.14) 式成立等号. 这就要求所有推导出 (6.14) 的不等式 (6.10) 至 (6.13) 都成立等号. 由 Schwarz 不等式成立等号的条件推出

$$\frac{|\partial_z f| + |\partial_{\bar{z}} f|}{J_f^{\frac{1}{2}}} = \lambda J_f^{\frac{1}{2}}, \tag{6.17}$$

其中 λ 为常数，而 (6.14) 中第三个不等式成立等号要求

$$\frac{|\partial_z f| + |\partial_{\bar{z}} f|}{|\partial_z f| - |\partial_{\bar{z}} f|} = \frac{a'b}{ab'}. \tag{6.18}$$

从 (6.17) 及 (6.18) 推出 $|\partial_z f|$ 与 $|\partial_{\bar{z}} f|$ 都是常数. 再由(6.12)成立等号可知 $\partial_{\bar{z}} f = c\partial_z f$，$c \geqslant 0$ 是常数. (6.10) 成立等号要求 $f(l_y)$ 是一条水平线段. 因此，f_x 应是一个非负实数. 注意到 $f'_x = \partial_z f + \partial_{\bar{z}} f = (1+c)\partial_z f$，可知 $\partial_z f \geqslant 0$，因而 $\partial_{\bar{z}} f = c\partial_z f \geqslant 0$. 我们

已经证得$|\partial_z f|$与$|\partial_{\bar{z}} f|$都是常数，所以现在可以断言$\partial_z f$与$\partial_{\bar{z}} f$都是常数，并且是非负实数．这样f是一个仿射变换．

如果(6.16)不成立，而是成立相反方向的不等式，那么在前述证明中将水平线段l_y改换为垂直线段，即同样可以证明(6.15)成立等号的必要条件是f为仿射变换．定理证毕．

最大伸缩商的概念在拟共形映射理论中起着重要作用．我们可以用$\log K[f]$这个量来刻划映射f对共形映射的偏差程度．在Grötzsch问题中，当R与R'不是相似矩形时，一般不存在一个共形映射把R变成R'并保持顶点依次对应．Grötzsch的解答告诉了我们，在R到R'的非共形映射中以仿射变换“最接近”共形映射．

§7 一般拟共形映射的几何定义

7.1 K拟共形映射

在历史上人们首先研究的是C^1类拟共形映射或者至多除去若干个孤立点不可微．人们很快就发现C^1类拟共形映射缺乏紧性，并且C^1类拟共形映射的序列的极限映射可以不再属于C^1类．这一点给整个拟共形映射理论研究带来困难．这促使人们考虑更广泛的定义．下面所要讲的几何定义是1951年A. Pfluger建议的(见[64])．后来Ahlfors系统使用了它(见[2])．

定义7.1 设f是区域D到D'的一个保持定向的同胚．如果存在一个常数K使得D中的任意一个拓扑四边形$Q=Q(z_1, z_2, z_3, z_4)$，$\bar{Q}\subset D$，都有$M(f(Q))\leqslant KM(Q)$，那么我们称f是一个拟共形映射．

这里$f(Q)$表示拓扑四边形$f(Q)(w_1, w_2, w_3, w_4)$，$w_j=f(z_j)$，$j=1, 2, 3, 4$．

这个定义中保留了C^1类拟共形映射保持模的拟不变特征，但是对映射f没有任何可微性要求．

在某些讨论中，我们须要强调定义7.1中的常数K，因此特别地把满足定义要求的映射 f 称作 K 拟共形映射，或简记 K-q.c. 映射.

显然，共形映射是 K-q.c. 映射，K 是任意一个不小于 1 的数. 特别地，共形映射是 1-q.c. 映射.

由定义 7.1 立即推出

定理 7.1 设 $f_1: D_1 \to D_1'$ 是 K_1-q.c. 映射，$f_2: D_2 \to D_2'$ 是 K_2-q.c. 映射，且 $D_1' \subset D_2$. 则 $f_2 \circ f_1$ 一定是 K_1K_2-q.c. 映射.

注意到关系式 $M(Q(z_1, z_2, z_3, z_4)) = 1/M(Q(z_2, z_3, z_4, z_1))$，不难看出若 f 是 K-q.c. 映射，则

$$M(Q(z_1, z_2, z_3, z_4))/K \leqslant M(f(Q)(w_1, w_2, w_3, w_4)),$$

其中 $w_j = f(z_j)$, $j = 1, 2, 3, 4$. 这样，我们证明了

定理 7.2 K-q.c. 映射的逆是 K-q.c. 映射.

7.2 保模映射

我们知道，共形映射是 1-q.c. 映射. 现在要问是否所有 1-q.c. 映射都是共形的呢？换句话说，每一个保持模不变的映射是否是共形映射？回答是肯定的.

定理 7.3 若 $f: D \to D'$ 是 1-q.c. 映射，则 f 一定是共形映射.

证. 设 $Q(z_1, z_2, z_3, z_4)$ 是 D 内任意一个四边形，$\bar{Q} \subset D$. 记 $\tilde{Q} = f(Q)$, $w_j = f(z_j)$, $j = 1, 2, 3, 4$. 又设 φ 与 ψ 分别是 $Q(z_1, z_2, z_3, z_4)$ 与 $\tilde{Q}(w_1, w_2, w_3, w_4)$ 到矩形 $R(0, a, a+bi, bi)$ 与 $R'(0, a', a'+b'i, b')$ 的标准共形映射. 那么根据定理 7.1, $\psi \circ f \circ \varphi^{-1}$ 是 R 到 R' 的 1-q.c. 映射，也即保模映射. 设 $\zeta = s + ti$ 是 R 内任意一点，过 ζ 点作一条垂直线段 l_s 把 R 分成两个矩形 R_1 与 R_2. 由于 $\psi \circ f \circ \varphi^{-1}$ 是保模的，所以 R_1 与 R_2 的像 R_1' 与 R_2' 应当分别与 R_1 与 R_2 的模相等. 因此，

$$M(R_1') + M(R_2') = M(R_1) + M(R_2). \tag{7.1}$$

由于 $R_1 \cup R_2 = R$ 且 R_1 与 R_2 都是矩形，所以 $M(R_1) + M(R_2) = M(R)$. 但是，由 $\psi \circ f \circ \varphi^{-1}$ 的保模性，$M(R) = M(R')$. 这样，

由 (7.1) 得 $M(R_1')+M(R_2')=M(R')$. 根据定理 4.7, R_1' 与 R_2' 都是矩形,也即 $f(l_s)$ 是 R' 内的垂直线段. 同样的讨论,可以证明 $\phi\circ f\circ\varphi^{-1}$ 把每一条水平线段变为水平线段. 因此,这个变换是仿射变换. 再注意到 $a/b=a'/b'$, 则证明 $\phi\circ f\circ\varphi^{-1}$ 一定是一个相似变换; 记为 h. 这样, $f=\phi^{-1}\circ h\circ\varphi$ 是共形映射. f 在每一个四边形上是共形的, 因而在整个区域 D 上是共形的. 定理证毕.

值得注意的是,在这个定理中没有任何附加可微性的要求,其结论却断言映射是解析的. 这是十分有趣的.

7.3 在拟共形映射下双连通域的模的拟不变性

定理 7.4 设 $f:D\to D'$ 是 K-q.c. 映射, B 是 D 内任意一个双连通域, $\bar{B}\subset D$. 则

$$M(B)/K\leqslant M(f(B))\leqslant KM(B). \tag{7.2}$$

证. 因为模是共形不变量,所以不妨设 B 与 $f(B)$ 都是环域: $B=\{z:1<|z|<e^a\}$, $f(B)=\{w:1<|w|<e^b\}$, 其中 $a=M(B)$, $b=M(f(B))$.

我们将 B 割去实轴上的区间$(1, e^a)$得到一个单连通域.然后,通过一个对数映射 $\zeta=\log z$, 把这个单连通域变成矩形 $R(0, a, a+2\pi i, 2\pi i)$. 另一方面,我们在区域 $f(B)$ 中割去弧 $f((1, e^a))$. 并同样地通过变换 $\zeta'=\log w$ 变成一个四边形 Q. 该四边形有两条边是垂直于实轴的, 其间宽度为 b, 而其另外两条边(我们规定为第一组对边)可能是弯曲的, 但其中一条是另一条平移 2π 的距离. 这样,映射 $\zeta'=\log f(e^\zeta)$ 是 $R\to Q$ 的 K-q.c. 映射. 所以

$$M(Q)\leqslant KM(R). \tag{7.3}$$

注意到 Q 的欧氏面积为 $2\pi\cdot b$, 而其第二组对边之间的连线长度 $\geqslant b$. 由 Rengel 不等式,

$$M(Q)\geqslant b^2/2\pi b=M(f(B))/2\pi.$$

再注意到 $M(R)=a/2\pi=M(B)/2\pi$, 于是由 (7.3) 式推出: $M(f(B))\leqslant KM(B)$. 此外 f^{-1} 也是 K-q.c. 映射,对 f^{-1} 应用已经证明的这一结果即推出: $M(B)\leqslant KM(f(B))$. 定理证毕.

若映射 $f:D\to D'$ 是保向同胚，且使D内任意一双连通区 $B(\bar{B}\subset D)$ 都成立 (7.2) 式，试问：

映射 f 是否是 K-q.c. 映射？回答是肯定的，其证明见 Lehto 的书[54].

§8 K 拟共形映射的紧致性

8.1 K-q.c. 映射的正常族

大家知道，一个解析函数族如果其中所有的函数是一致有界的，则函数族是正常族，也就是说，其中的任意一个函数序列必有一个内闭一致收敛子序列.

对于 K-q.c. 映射族而言，同样的命题也成立. 这一点在拟共形映射的基础理论中是重要的.

定理 8.1 设 $F=\{f\}$ 是有界区域D上的一个 K-q.c. 映射族，其中所有映射 f 一致有界：

$$|f(z)|\leqslant M,\quad \forall z\in D,$$

其中M是常数，则F是一个正常族.

证. 在F中任取一个序列 $\{f_n\}$, $n=1,2,\cdots$. 显然，我们只须证明序列 $\{f_n\}$ 同等连续就够了.

设 $z_0\in D$ 是任意一点. 取 $\delta_0>0$ 充分小，使得圆 $\{z:|z-z_0|<\delta_0\}\subset D$. 我们考虑环域

$$B_\delta=\{z:\delta<|z-z_0|<\delta_0\},\ \delta>0.$$

那么，由于 f_n 是 K-q.c. 映射，我们有

$$\frac{1}{K}\log\frac{\delta_0}{\delta}=\frac{1}{K}M(B_\delta)\leqslant M(f_n(B_\delta)). \tag{8.1}$$

现在我们估计模 $M(f_n(B_\delta))$. 设 ε_n 是集合

$$\{f_n(z):|z-z_0|\leqslant\delta\}=E_n$$

的直径，并设 w_n', $w_n''\in E_n$ 使得 $|w_n'-w_n''|=\varepsilon_n$. 我们用直线段连结 w_n' 与 w_n''，并在 w_n'' 点向外延长该直线段使之与圆周 $|w|=M$ 相交于点 w_n，这里M是定理假设中的常数. 取

$$\zeta_n = \frac{1}{2}(w_n + w_n''), \quad \Delta_n = \frac{1}{2}|w_n - w_n''|,$$

并考虑环域

$$A_n = \{w: \Delta_n < |w - \zeta_n| < \varepsilon_n + \Delta_n\}.$$

设 $G_n = \{w: |w| < M\} - E_n$，则有

$$M(f_n(B_\delta)) \leqslant M(G_n). \tag{8.2}$$

又设 $\Gamma_n = \{\gamma\}$ 是隔离 G_n 的两个边界分支的全体局部可求长闭曲线族．那么，不难看出[1]：

$$\int_\gamma |dw| \geqslant 2\varepsilon_n, \quad \forall \gamma \in \Gamma_n. \tag{8.3}$$

取一个函数 ρ_n，在 A_n 上定义为 $1/2\varepsilon_n$，而在其它点定义为零．这样由 (8.3) 有

$$\int_\gamma \rho_n |dw| \geqslant 1, \quad \forall \gamma \in \Gamma_n.$$

由定理 4.9，

$$M(G_n) \leqslant 2\pi m_{\rho_n}(G_n) \leqslant 2\pi m_{\rho_n}(A_n).$$

很容易算出

$$m\rho_n(A_n) \leqslant \frac{\pi}{4}\left(1 + \frac{2\Delta_n}{\varepsilon_n}\right) \leqslant \frac{\pi}{4}\left(1 + \frac{2M}{\varepsilon_n}\right).$$

于是

$$M(G_n) \leqslant \frac{\pi^2}{2}\left(1 + \frac{2M}{\varepsilon_n}\right).$$

由 (8.1) 及 (8.2) 推出

$$\frac{1}{K}\log\frac{\delta_0}{\delta} \leqslant \frac{\pi^2}{2}\left(1 + \frac{2M}{\varepsilon_n}\right),$$

也即当 δ 充分小时，

$$\varepsilon_n \leqslant \pi^2 M\left(\frac{1}{K}\log\frac{\delta_0}{\delta} - \frac{\pi^2}{2}\right)^{-1}. \tag{8.4}$$

这表明当 δ 充分小时，ε_n 对 n 一致的小．回忆 ε_n 的定义，即可看

---

1) 任意 $\gamma \in \Gamma_n$ 都要穿越环 A_n 两次或两次以上．

出 (8.4) 式表明 f_n 同等连续. 定理的条件中已经假定了 f_n 的一致有界性，所以由 Arzela 定理推出序列 $\{f_n\}$ 中有一子序列内闭一致收敛. 证毕.

8.2 K-q.c. 映射序列的极限

在共形映射理论中，若区域 D 上的共形映射序列 $\{\varphi_n\}$ 内闭一致收敛于一个函数，那么极限函数要么是常数要么是一个共形映射. 对拟共形映射而言，这个命题同样成立.

定理 8.2 设 f_n 是有界区域 D 上的 K-q.c. 映射序列，$n=1, 2, \cdots$. 若当 $n\to\infty$ 时 f_n 在 D 中内闭一致收敛于函数 f，则 f 要么是常数要么是一个 K-q.c. 映射.

注：这里应提醒读者注意定理结论中的常数 K 与条件中的 K 是相同的. 这就是说，K-q.c. 映射类中的序列的极限如果不是常数则仍属于 K-q.c. 映射类.

证. 证明分作两步，第一步先证 f 要么是常数要么是同胚；第二步证明如果 f 是同胚，则必是 K-q.c. 映射.

我们用反证法完成第一步证明. 设 f 既不是常数也不是同胚. 因为 f 的连续性是显而易见的，所以不是同胚就意味着映射 f 不是一一对应的. 因此至少在 D 内有三点 z_1, z_2, z_3 使得

$$f(z_1)\neq f(z_2)=f(z_3),\quad z_2\neq z_3. \tag{8.5}$$

作一个 Jordan 区域 G，$\overline{G}\subset D$，使得 G 包含点 z_1, z_2, z_3. 在 G 内用弧 α 把 z_1 与 z_2 连结起来，同时用 G 内的弧 β 把 z_3 与 G 的边界 ∂G 连结起来. 将双连通域 $G-\{\alpha\cup\beta\}$ 记为 B.

设 $B_n=f_n(B)$，$\alpha_n=f_n(\alpha)$，$\beta_n=f_n(\beta)$. 因为 f_n 是 K-q.c. 映射，所以我们有

$$M(B)\leqslant KM(B_n),\quad n=1, 2, \cdots. \tag{8.6}$$

直观上不难看出，由于 $f(z_2)=f(z_3)$，所以当 n 趋于无穷时，α_n 的一个端点与 β_n 的一个端点的距离趋于零，因而 $M(B_n)$ 趋于零. 这与 (8.6) 式矛盾. 这是证明的基本思想.

现在我们来证明 $M(B_n)\to 0(n\to\infty)$. 设

$$w_n = \frac{1}{2}[f_n(z_2) + f_n(z_3)],$$

$$d_n = \frac{1}{2}|f_n(z_1) - w_n|,$$

$$\Delta_n = \frac{1}{2}|f_n(z_2) - f_n(z_3)|.$$

因为当 $n \to \infty$ 时，$f_n(z_1) \to f(z_1)$，$f_n(z_2) \to f(z_2) \neq f(z_1)$，$f_n(z_3) \to f(z_3) = f(z_2)$，所以当 $n \to \infty$ 时，$\Delta_n \to 0$ 而 $d_n \to |f(z_1) - f(z_2)|/2$. 因此，当 n 充分大时，$d_n > 2\Delta_n$. 这时我们考虑环域

$$E_n = \{w: \Delta_n < |w - w_n| < d_n - \Delta_n\}.$$

设 Γ_n 是 B_n 中全体隔离 B_n 的两个边界分支的局部可求长闭曲线. 那么当 $d_n > 2\Delta_n$ 时，每一条 $\gamma \in \Gamma_n$ 都要至少两次穿越 E_n 的内外边界. 命

$$\rho_n = \begin{cases} t_n/|w - w_n|, & \text{当 } w \in E_n; \\ 0, & \text{其它 } w, \end{cases}$$

其中 $t_n > 0$ 为待定常数. 这样,

$$\int_\gamma \rho_n |dw| \geqslant 2t_n \log \frac{d_n - \Delta_n}{\Delta_n}, \quad \forall \gamma \in \Gamma_n.$$

取 $t_n = (2\log(d_n - \Delta_n)/\Delta_n)^{-1}$，则有

$$\int_\gamma \rho_n |dw| \geqslant 1, \quad \forall \gamma \in \Gamma_n. \tag{8.7}$$

由定理 4.9，

$$\begin{aligned} M(B_n) &= 2\pi/\lambda(\Gamma_n) \leqslant 2\pi \cdot m_{\rho_n}(B_n) \\ &\leqslant 2\pi \cdot m_{\rho_n}(E_n) \leqslant 4\pi^2 t_n^2 \log \frac{d_n - \Delta_n}{\Delta_n} \\ &\leqslant \pi^2 \left(\log \frac{d_n - \Delta_n}{\Delta_n}\right)^{-1}. \end{aligned}$$

由此推出 $M(B_n) \to 0 (n \to \infty)$. 这与 (8.6) 式矛盾. 这就证明了 f 要么是常数要么是同胚.

现在进行第二步证明：假定 f 是一个同胚，证明它必为 K-q.c.

映射. 这一证明主要基于四边形模的连续性.

任意取定一个拓扑四边形 $Q, \bar{Q} \subset D$. 在 Q 中取一串拓扑四边形 Q_m, $m = 1, 2, \cdots$, 使得 Q_m 从内部趋于 Q. 另一方面, 由于 f_n 在 $\bar{Q}$ 一致收敛于 f, 所以对于任意固定的 m, 都可以找到一个整数 n_m 使得 $f_{n_m}(Q_m) \subset f(Q)$, 并且使得 $f_{n_m}(Q_m)$ 的顶点到 $f(Q_m)$ 的对应顶点距离 $< 1/m$, 而且 $f_{n_m}(Q_m)$ 的边界上每一点到 $f(Q_m)$ 的距离 $< 1/m$. 注意 $f(Q_m)$ 从内部趋于 $f(Q)$, 不难看出 $f_{n_m}(Q_m)$ 从内部趋于 $f(Q)$. 由 f_n 的 K 拟共形性有

$$M(f_{n_m}(Q_m)) \leqslant KM(Q_m).$$

令 $m \to \infty$, 由定理 4.8 即推出 $M(f(Q)) \leqslant KM(Q)$. 定理证毕.

§9 拟共形映射的分析性质

9.1 线段上的绝对连续性

定义 9.1 设 f 是定义在区域 D 内的复值连续函数. 如果对于任意一个矩形 $R = \{x + yi : a < x < b; c < y < d\}$, $\bar{R} \subset D$, 函数 $f(x + iy)$ 对几乎所有的 $x \in (a, b)$ 是 y 的绝对连续函数, 而对几乎所有的 $y \in (c, d)$, $f(x + iy)$ 是 x 的绝对连续函数, 则我们称 f 在区域 D 内线段上绝对连续 (absolutely continuous on lines), 简称为 f 具有 A. C. L. 性质.

这里在区间上定义的复值函数的绝对连续性是指它的实部与虚部都是绝对连续的. 也可以按照下面的方式直接定义: 设 $\varphi(t)$ 是定义在 (a, b) 上的复值函数. 若对任意给定的 $\varepsilon > 0$, 都存在 $\delta > 0$, 使得 (a, b) 中任意有穷多个互不重叠的小区间 (t'_k, t''_k), $k = 1, 2, \cdots, n$; 都有

$$\sum_{k=1}^{n} |\varphi(t'_k) - \varphi(t''_k)| < \varepsilon, \quad \text{只要} \sum_{k=1}^{n} |t'_k - t''_k| < \delta.$$

像实值函数一样, 复值函数 $\varphi(t)$ 在 (a, b) 上绝对连续的充要条件是 φ 在 (a, b) 内几乎处处可微, 且对任意的 x 与 $y \in (a, b)$ 都有

$$\int_x^y \varphi'(t)dt = \varphi(y) - \varphi(x).$$

定理 9.1 设 $w=f(z)$ 是区域 D 上的拟共形映射. 则 f 在 D 内具有 A. C. L. 性质.

证. 设 f 是 K-q.c. 映射, $R=\{x+yi: a<x<b; c<y<d\}$ 是 D 内任意一个矩形, $\bar{R}\subset D$. 不失一般性, 我们假定 $f(R)$ 是有界区域. 命

$$g(t) = m(f(R_t)),$$

其中 $R_t=\{x+yi: a<x<b; c<y<t\}$, $m(f(R_t))$ 表示 $f(R_t)$ 的面积. 显然, $g(t)$ 是递增函数. 所以, $g(t)$ 在几乎所有的 $t\in(c,d)$ 处可微. 设 $g'(t_0)$ 存在, $t_0\in(c,d)$. 我们下面证明 $f(x+it_0)$ 在区间 (a,b) 上绝对连续.

取 $\delta>0$, 使得 $t_0+\delta<d$. 我们在 (a,b) 中任意考虑一组互不重叠的小区间 (x'_k, x''_k), $k=1,2,\cdots,n$. 命 $R_\delta^{(k)}=\{x+yi: x'_k<x<x''_k; t_0<y<t_0+\delta\}$, 并把两条水平边取成第一组对边. 这时,

$$M(R_\delta^{(k)}) = (x''_k - x'_k)/\delta, \quad k=1,2,\cdots,n.$$

设 $d_\delta^{(k)}$ 表示 $R_\delta^{(k)}$ 的第二组对边 (即两条垂直边) 所对应的 $f(R_\delta^{(k)})$ 的两边之间的距离. 这时, 由 Rengel 不等式有

$$M(f(R_\delta^{(k)})) \geqslant (d_\delta^{(k)})^2/m(f(R_\delta^{(k)})).$$

这样, 由 f 的 K 拟共形性, 我们有

$$\frac{(d_\delta^{(k)})^2}{m(f(R_\delta^{(k)}))} \leqslant K\frac{x''_k - x'_k}{\delta}, \quad k=1,2,\cdots,n.$$

对 k 求和即有

$$\sum_{k=1}^n \frac{(d_\delta^{(k)})^2}{m(f(R_\delta^{(k)}))} \leqslant \frac{K}{\delta}\sum_{k=1}^n |x''_k - x'_k|.$$

由 Schwarz 不等式,

$$\left(\sum_{k=1}^n d_\delta^{(k)}\right)^2 \leqslant \sum_{k=1}^n \frac{(d_\delta^{(k)})^2}{m(f(R_\delta^{(k)}))}\sum_{k=1}^n m(f(R_\delta^{(k)})).$$

因此,

$$\frac{\left(\sum_{k=1}^{n} d_\delta^{(k)}\right)^2}{\sum_{k=1}^{n} m(f(R_\delta^{(k)}))} \leqslant \frac{K}{\delta} \sum_{k=1}^{n} |x_k'' - x_k'|.$$

注意到 $\sum_{k=1}^{n} m(f(R_\delta^{(k)})) \leqslant g(t_0 + \delta) - g(t_0)$，我们又得

$$\left(\sum_{k=1}^{n} d_\delta^{(k)}\right)^2 \leqslant K \frac{g(t_0 + \delta) - g(t_0)}{\delta} \sum_{k=1}^{n} |x_k'' - x_k'|.$$

命 $\delta \to 0$，对上式两端取极限就有

$$\left(\sum_{k=1}^{n} |f(x_k'' + it_0) - f(x_k' + it_0)|\right)^2 \leqslant Kg'(t_0) \sum_{k=1}^{n} |x_k'' - x_k'|.$$

这表明 $f(x + it_0)$ 在 (a, b) 上是绝对连续的.

完全类似地可以证明 $f(x + iy)$ 对于几乎所有的 $x \in (a, b)$ 是 y 在 (c, d) 上的绝对连续函数. 因此，f 在 D 内具有 A. C. L. 性质. 证毕.

由这个定理立刻推出

定理 9.2 拟共形映射几乎处处存在偏导数.

9.2 可微性

拟共形映射作为实变量的二元函数，不仅几乎处处有偏导数，而且几乎处处可微.

事实上，任何一个几乎处处有偏导数的同胚，都必定几乎处处可微. 这个定理最早是由 Menchoff[60] 证明的[1].

引理 9.1 若 f 是区域 D 到 D' 的同胚，且在 D 内几乎处处有偏导数 f'_x 与 f'_y，则 f 在 D 内几乎处处可微.

证. 为方便起见，不妨假定 D 是一个矩形：

$$D = \{x + iy : a < x < b; c < y < d\}.$$

---

1) Menchoff 的定理的形式要比这里叙述的广泛得多. 陈怀惠的工作[26]对 Menchoff 的定理作了进一步推广.

令

$$g_n(z) = \sup_{0<s<\frac{1}{n}} \left| \frac{f(z+s)-f(z)}{s} - f'_x(z) \right|$$

$$h_n(z) = \sup_{0<t<\frac{1}{n}} \left| \frac{f(z+it)-f(z)}{t} - f'_y(z) \right|$$

显然，对于几乎所有的 $z \in D$，$g_n(z) \to 0\ (n \to \infty)$ 且 $h_n(z) \to 0\ (n \to \infty)$． 根据 Egoroff 定理，存在一个可测集 $E \subset D$，使得 $D - E$ 的测度小于给定的正数，而当 $n \to \infty$ 时，

$$g_n(z) \xrightarrow{\text{一致}} 0, \quad h_n(z) \xrightarrow{\text{一致}} 0, \quad \forall z \in E$$

由此推出，当实变量 s 及 t 趋于零时，

$$\frac{f(z+s)-f(z)}{s} \xrightarrow{\text{一致}} f'_x(z), \quad \forall z \in E; \tag{9.1}$$

$$\frac{f(z+it)-f(z)}{t} \xrightarrow{\text{一致}} f'_y(z), \quad \forall z \in E. \tag{9.2}$$

显然，我们只须证明 f 在 E 中几乎处处可微就够了．

设 $\chi(z)$ 是集合 E 的特征函数．又设 $l_y = \{x + iy : a < x < b\}$．由 E 的可测性可知，集合 $E \cap l_y$ 对于几乎所有的 $y \in (c, d)$ 是一维可测集．设 $E \cap l_{y_0}$ 是一维可测的，那么函数

$$F(s) = \int_a^s \chi(\sigma + iy_0) d\sigma$$

是绝对连续的．因此，对几乎所有的 $s \in (a, b)$，$F'(s) = \chi(s + iy_0)$． 这也就是说，对于几乎所有的 $E \cap l_{y_0}$ 中的点 $s + iy_0$ 有 $F'(s) = 1$，或者说集合 E 在 $E \cap l_{y_0}$ 上的几乎所有点处沿水平方向的线密度为 1．而这样的 y_0 又是几乎处处的，所以我们可以断言，集合 E 在几乎所有的点处沿水平方向的线密度为 1．同样可以说明集合 E 在几乎所有的点处沿垂直方向的线密度为 1．因此，集合 E 在几乎所有的点处沿水平与垂直两个方向线密度都是 1． 设 $z_0 = x_0 + iy_0$ 是这样的点． 我们下边证明映射 f 在 z_0 点可微．

由 (9.1) 与 (9.2) 式中收敛的一致性可知，f'_x 与 f'_y 在 E 中连

续. 设 ε 是任意给定的正数. 那么,存在一个数 $\delta_1>0$, 使得

$$|f'_x(z_0+z)-f'_x(z_0)|<\varepsilon,\ 只要|z|<\delta_1, z_0+z\in E;$$

$$|f'_y(z_0+z)-f'_y(z_0)|<\varepsilon,\ 只要|z|<\delta_1, z_0+z\in E.$$

另一方面, (9.1) 与 (9.2) 式中收敛的一致性又告诉我们, 对于上述 $\varepsilon>0$, 存在 $\delta_2>0$ 使得

$$\left|\frac{f(z+s)-f(z)}{s}-f'_x(z)\right|<\varepsilon,\ 只要|s|<\delta_2, z\in E;$$

$$\left|\frac{f(z+it)-f(z)}{t}-f'_y(z)\right|<\varepsilon,\ 只要|t|<\delta_2, z\in E.$$

这样,若取 $\delta=\min(\delta_1/\sqrt{2},\delta_2)$, 则有

$$\begin{aligned}&|f(z_0+s+it)-f(z_0)-f'_x(z_0)s-f'_y(z_0)t|\\&\quad\leqslant|f(z_0+s+it)-f(z_0+s)-f'_y(z_0)t|\\&\qquad+|f(z_0+s)-f(z_0)-f'_x(z_0)s|\\&\quad\leqslant|f(z_0+s+it)-f(z_0+s)-f'_y(z_0+s)t|\\&\qquad+|f'_y(z_0+s)-f'_y(z_0)||t|+|f(z_0+s)\\&\qquad-f(z_0)-f'_x(z_0)s|\leqslant 3\varepsilon(|t|+|s|),\\&\qquad\quad 只要|s|<\delta, |t|<\delta, z_0+s\in E.\end{aligned}\tag{9.3}$$

显然,当 $z_0+it\in E$ 时上式同样成立,只要 $|s|<\delta$, $|t|<\delta$. 为了证明 f 在 z_0 点可微, 只要证明上式对于一切的充分小的 s 与 t 都成立即可. 换句话说, 应当去掉 $z_0+it\in E$ 或 $z_0+s\in E$ 的条件. 下面利用 f 的同胚性及集合 E 在 z_0 处水平与垂直两个方向线密度为 1 的条件证明这一点.

命 $m(s)$ 是集合 $E\cap(z_0-s, z_0+s)$ 的一维测度,即

$$m(s)=\int_{-s}^{s}\chi(x_0+\sigma+iy_0)d\sigma,\ s>0.$$

那么, $m(s)/2s\to 1(s\to+0)$. 因此,对于上述给定的 $\varepsilon>0$, 存在一个数 $\delta_0>0$ 使得

$$m(s)>\frac{2+\varepsilon}{1+\varepsilon}s,\ 只要\ 0<s<\delta_0.\tag{9.4}$$

由此推出

$$E\cap\left(z_0+\frac{s}{1+\varepsilon},\ z_0+s\right)\neq\phi，\text{只要}\ 0<s<\delta_0. \tag{9.5}$$

事实上，如果此式不成立，则有

$$m(s)\leqslant s+\frac{s}{1+\varepsilon}=\frac{2+\varepsilon}{1+\varepsilon}s.$$

与 (9.4) 式矛盾.

(9.5) 式告诉我们，只要 $0<s<\delta_0$ 就可以找到一个 ξ_1: $s/(1+\varepsilon)<\xi_1<s$，使得 $z_0+\xi_1\in E$. 在 (9.5) 式中用 $(1+\varepsilon)s$ 代替其中的 s，而用 $\delta_0/(1+\varepsilon)$ 代其中的 δ_0，这样又可推出，存在 ξ_2: $s<\xi_2<(1+\varepsilon)s$，使得 $z_0+\xi_2\in E$.

同样的讨论适用于 s 是负的情况；也适用于参数 t.

为讨论方便起见，我们只考虑 z_0+s+it, $s>0$, $t>0$，至于 s 或 t 是负值的情况完全类似. 上边的讨论表明当 $|s+it|<\delta_0/(1+\varepsilon)$ 时，存在着四个点 $z_0+\xi_1$，$z_0+\xi_2$，$z_0+i\eta_1$，$z_0+i\eta_2$，它们都属于 E，并且满足下列条件：

$$\frac{s}{1+\varepsilon}<\xi_1<s<\xi_2<(1+\varepsilon)s, \tag{9.6}$$

$$\frac{t}{1+\varepsilon}<\eta_1<t<\eta_2<(1+\varepsilon)t. \tag{9.7}$$

对于每个点 z_0+s+it，我们考虑矩形

$$R=\{x+iy: x_0+\xi_1<x<x_0+\xi_2; y_0+\eta_1<y<y_0+\eta_2\}.$$

由于 f 是同胚，所以对于 $f-c$ 成立最大模原理，其中 c 是任意常数. 因此，当 $\zeta\in R$ 时，

$$\begin{aligned}&|f(\zeta)-f(z_0)-f'_x(z_0)s-f'_y(z_0)t|\\&\quad\leqslant\max_{\tilde\zeta\in\partial R}|f(\tilde\zeta)-f(z_0)-f'_x(z_0)s-f'_y(z_0)t|.\end{aligned}$$

特别地，当 $\zeta=z_0+s+it\in R$ 时，存在 $\tilde\xi+i\tilde\eta$ 使得

$$\begin{aligned}&|f(z_0+s+it)-f(z_0)-f'_x(z_0)s-f'_y(z_0)t|\\&\quad\leqslant\max_{\tilde\zeta\in\partial R}|f(\tilde\zeta)-f(z_0)-f'_x(z_0)s-f'_y(z_0)t|\\&\quad=|f(z_0+\tilde\xi+i\tilde\eta)-f(z_0)-f'_x(z_0)s-f'_y(z_0)t|\\&\quad\leqslant|f(z_0+\tilde\xi+i\tilde\eta)-f(z_0)-f'_x(z_0)\tilde\xi-f'_y(z_0)\tilde\eta|\end{aligned}$$

$$+(|f'_x(z_0)|+|f'_y(z_0)|)(|\xi-s|+|\eta-t|), \qquad (9.8)$$

其中 $z_0+\xi+i\eta\in\partial R$. 事先把 δ_0 取成 $\delta_0<\delta$, 这里 δ 是(9.3)中的,那么 (9.3) 中将 s, t 分别换成 ξ, η 依然成立,也即

$$|f(z_0+\xi+i\eta)-f(z_0)-f'_x(z_0)\xi-f'_y(z_0)\eta|$$
$$\leqslant 3\varepsilon(|\xi|+|\eta|).$$

注意到 (9.6) 及 (9.7), 我们又有

$$|f(z_0+\xi+i\eta)-f(z_0)-f'_x(z_0)\xi-f'_y(z_0)\eta|$$
$$\leqslant 3(1+\varepsilon)\varepsilon(|s|+|t|),$$
$$|\xi-s|+|\eta-t|<\left[(1+\varepsilon)-\frac{1}{1+\varepsilon}\right](|s|+|t|)$$
$$<2\varepsilon(|s|+|t|).$$

这样,由 (9.8) 式即推出,只要$|s|$与$|t|$充分小,

$$|f(z_0+s+it)-f(z_0)-f'_x(z_0)s-f'_y(z_0)t|$$
$$<(3(1+\varepsilon)+2|f'_x(z_0)|+2|f'_y(z_0)|)\varepsilon(|s|+|t|).$$

这表明 f 作为二元实变量函数是可微的. 证毕.

定理 9.3 拟共形映射作为二元实变量函数是几乎处处可微的.

9.3 广义导数

拟共形映射不仅几乎处处可微, 而且具有 L_p 广义导数, $p\geqslant 2$.

广义导数有许多等价的定义,我们这里采用下面的定义.

定义 9.2 设 f, g, h 是区域 D 内的三个复值函数, g 与 h 在 D 内 L_p 局部可积, $p\geqslant 1$. 若存在一个函数序列 $f_n\in C^1$, $n=1, 2,\cdots$, 在 D 中内闭一致收敛于 f, 且 $(f_n)'_x$ 与 $(f_n)'_y$ 局部依 L_p 的范数分别收敛于 g 与 h,则称 g 与 h 分别是 f 对 x 与 y 的 L_p 广义偏导数,并记为 f'_x 与 f'_y.

由于 $f_n\in C^1$ 内闭一致收敛于 f, 所以函数 f 有广义导数的必要条件是它在 D 内连续. 下面我们还会进一步看到, f 有 L_p 广义偏导数则几乎处处有经典的偏导数,这些偏导数局部 p 方可积,但

是反过来不对．为了使得几乎处处有经典导数的函数具有广义导数，还须要求 f 具有 A. C. L. 性质．

引理 9.2 若 f 在区域 D 内具有A. C. L. 性质，且其偏导数 f'_x 与 f'_y 局部 L_p 可积，$p \geq 1$，则 f 具有 L_p 广义偏导． 反之亦然．

证．设 f 在 D 内具有 A. C. L. 性质．我们先证明对于这样的函数可以应用 Green 公式．

在 D 内任意取一个矩形 $R=\{x+iy: a<x<b; c<y<d\}$，$\bar{R}\subset D$．由 f 的 A. C. L. 性质可知

$$f(x+ic)-f(x+id)=\int_c^d f'_y(x+iy)dy,\quad \text{a.a.}x\in(a,b).$$

两边再对 x 积分，

$$\int_a^b [f(x+ic)-f(x+id)]dx=\int_a^b dx\int_c^d f'_y(x+iy)dy.$$

上式左端恰好就是

$$-\int_{\partial R} f(x+iy)dx,$$

而其右端由 f'_y 的局部 p 方可积性及 Fubini 定理可知，它等于 f'_y 在矩形 R 上的重积分．所以，我们有

$$\int_{\partial R} f(x+iy)dx=-\iint_R f'_y(x+iy)dxdy. \tag{9.9}$$

同样可以证明，

$$\int_{\partial R} f(x+iy)dy=\iint_R f'_x(x+iy)dxdy. \tag{9.10}$$

现在我们进一步证明 f 具有 L_p 广义偏导数． 命 $\Omega_n(z)=\lambda_n\exp\left\{1\Big/\left(|z|^2-\left(\frac{1}{n}\right)^2\right)\right\}$，当 $|z|<1/n$ 时；$\Omega_n(z)=0$，当 $|z|\geq 1/n$ 时，其中 λ_n 是常数，使得

$$\iint \Omega_n(z)dxdy=1.$$

命 f_n 是 f 关于 Ω_n 的卷积，即

$$f_n(z)=\iint f(\zeta)\Omega_n(z-\zeta)d\xi d\eta,\quad \zeta=\xi+i\eta.$$

显然，$f_n \in C^\infty$，且

$$\frac{\partial}{\partial x} f_n(z) = \iint f(\zeta) \frac{\partial}{\partial x} \Omega_n(z-\zeta) d\xi d\eta$$

$$= -\iint f(\zeta) \frac{\partial}{\partial \xi} \Omega_n(z-\zeta) d\xi d\eta. \quad (9.11)$$

现在仍然考虑上述任意取定的矩形 R，然后再取一个较大矩形 $R_1 = \{x+iy: a-\delta < x < b+\delta; c-\delta < y < d+\delta\}$，其中 $\delta > 0$ 取得充分小，使得 $\bar{R}_1 \subset D$.

当我们把点 z 限制在 $\bar{R}$ 内时，那么只要当 $n > 1/\delta$ 时 $\Omega_n(z-\zeta) = 0$，对于一切 $\zeta \in \partial R_1$. 显然，$f(\zeta)\Omega_n(z-\zeta)$ 对于 ζ 而言具有 A. C. L. 性质，因而可以应用 Green 公式. 注意到当 $n > 1/\delta$ 时这个函数在 ∂R_1 为零，那么在 R_1 上应用 Green 公式即得

$$\iint_{R_1} \left[f(\zeta) \frac{\partial}{\partial \xi} \Omega_n(z-\zeta) + f'_\xi(\zeta)\Omega_n(z-\zeta) \right] d\xi d\eta = 0$$

$$(n > 1/\delta, \ z \in R).$$

这样，再由 (9.11) 又得

$$\frac{\partial}{\partial x} f_n(z) = \iint f'_\xi(\zeta)\Omega_n(z-\zeta) d\xi d\eta.$$

由 f'_x 的局部 L_p 可积性及卷积性质立即推出

$$\|(f_n)'_x - f'_x\|_{L_p(R)} \to 0 \ (n \to \infty).$$

同理可证

$$\|(f_n)'_y - f'_y\|_{L_p(R)} \to 0 \ (n \to \infty).$$

由于 f 是连续的(这一点包含在 A. C. L. 定义之中)，所以它的卷积 f_n 内闭一致收敛于它.

这样，我们证明了 f 有 L_p 广义偏导数，并且广义偏导数就是它的经典偏导数.

反过来，我们假定 f 有 L_p 广义导数，要证明 f 具有 A. C. L. 性质，并且其经典偏导数 f'_x 与 f'_y 局部 p 方可积.

设 $f_n \in C^1$ 在 D 中内闭一致收敛于 f，且 $(f_n)'_x$ 与 $(f_n)'_y$ 局部依 L_p 范数分别收敛于 g 与 h，这里 g 与 h 是 f 的两个广义偏导数.

在D中任意取一个矩形 $R=\{x+iy:a<x<b;c<y<d\}$，$\bar{R}\subset D$. 由经典的 Green 公式有

$$\int_{\partial R} f_n(x+iy)dx=-\iint_R \frac{\partial}{\partial y} f_n(x+iy)dxdy.$$

取极限即得

$$\int_{\partial R} f(x+iy)dx=-\iint_R h(x+iy)dxdy.$$

由 Fubini 定理，我们可将上式右端化成累次积分. 因此，我们有

$$\int_a^b [f(x+ic)-f(x+id)]dx=-\int_a^b dx\int_c^d h(x+iy)dy.$$

由于这个公式对于D中一切矩形都成立，特别地，

$$\int_a^\xi [f(x+ic)-f(x+i\eta)]dx=-\int_a^\xi dx\int_c^\eta h(x+iy)dy,$$

其中 $\xi\in(a,b)$，$\eta\in(c,d)$ 是任意值.

在 (c,d) 中取一个稠密的点列 $\{\eta_n\}$. 对于每个固定的 η_n，一定存在一个集合 $E_n\subset(a,b)$，其测度为 $b-a$，且使得当 $\xi\in E_n$ 时，

$$f(\xi+i\eta_n)-f(\xi+ic)=\int_c^{\eta_n} h(\xi+iy)dy.$$

命 $E=\bigcap_{n=1}^{\infty} E_n$，那么$E$的测度也是 $b-a$，而对一切 n 都有

$$f(\xi+i\eta_n)-f(\xi+ic)=\int_c^{\eta_n} h(\xi+iy)dy,\quad \forall\xi\in E.$$

由于 $\{\eta_n\}$ 在 (c,d) 上稠密，所以由上式不难推出对于任何的 $\eta\in(c,d)$ 都有

$$f(\xi+i\eta)-f(\xi+ic)=\int_c^{\eta} h(\xi+iy)dy,\quad \forall\xi\in E.$$

这表明 f 对几乎所有的 $\xi\in(a,b)$ 是 η 的绝对连续函数.

同理可证 f 对几乎所有的 $\eta\in(c,d)$ 是 ξ 的绝对连续函数. 因此，f 具有 A.C.L. 性质. 另外，从上述证明中，不难看出几乎处处有 $f'_x=g$，$f'_y=h$. 定理证毕.

我们已经知道拟共形映射具有 A.C.L. 性质. 因此为了证明

拟共形映射具有 L_2 广义导数，我们只须证明其偏导数局部平方可积就够了. 为此我们先证明下述定理:

定理 9.4 若 f 在区域 D 内是 K-$q.c.$ 映射，则其偏导数在 D 内几乎处处满足下列不等式

$$|\partial_z f(z)| + |\partial_{\bar{z}} f(z)| \leqslant K(|\partial_z f(z)| - |\partial_{\bar{z}} f(z)|). \tag{9.12}$$

证. 因为 f 是几乎处处可微的，所以只要证明在其可微点处的偏导数满足这个不等式即可. 设 f 在 $z_0 \in D$ 可微，即当 $z \to z_0$ 时，

$$f(z) = f(z_0) + \partial_z f(z_0)(z - z_0) + \partial_{\bar{z}} f(z_0)(\bar{z} - \bar{z}_0) + o(|z - z_0|).$$

因为变换 $e^{i\beta} f(z_0 + e^{i\gamma}(z - z_0))$ 并不改变形式微商的模而适当的选取 β 与 γ 总可以使形式微商都变成非负实数，所以不失一般性，我们可以假定 $\partial_z f(z_0) \geqslant 0$, $\partial_{\bar{z}} f(z_0) \geqslant 0$. 在这样的假定下，上述展开式可以写成

$$\begin{aligned} f(z) - f(z_0) = & (|\partial_z f(z_0)| + |\partial_{\bar{z}} f(z_0)|)(x - x_0) \\ & + i(|\partial_z f(z_0)| - |\partial_{\bar{z}} f(z_0)|)(y - y_0) \\ & + o(|z - z_0|) \quad (z \to z_0) \end{aligned} \tag{9.13}$$

取正方形 $R_\delta = \{x + iy: |x - x_0| < \delta; |y - y_0| < \delta\}$ 并考虑其像 $f(R_\delta)$. 我们规定 R_δ 的水平边及 $f(R_\delta)$ 相应的边分别为这两个四边形的第一组对边. 这时，由 f 的 K 拟共形性有

$$M(f(R_\delta)) \leqslant KM(R_\delta) = K. \tag{9.14}$$

由 (9.13) 可以看出，$f(R_\delta)$ 的第二组对边之间的距离为 $2\delta(|\partial_z f(z_0)| + |\partial_{\bar{z}} f(z_0)|) + o(\delta)$，而 $f(R_\delta)$ 的面积为

$$4\delta^2(|\partial_z f(z_0)|^2 - |\partial_{\bar{z}} f(z_0)|^2) + o(\delta^2).$$

这样，由 Rengel 不等式有

$$\frac{|\partial_z f(z_0)| + |\partial_{\bar{z}} f(z_0)| + o(1)}{|\partial_z f(z_0)| - |\partial_{\bar{z}} f(z_0)| + o(1)} \leqslant M(f(R_\delta)), \quad \delta \to 0.$$

再由 (9.14) 式即得

$$\frac{|\partial_z f(z_0)| + |\partial_{\bar{z}} f(z_0)| + o(1)}{|\partial_z f(z_0)| - |\partial_{\bar{z}} f(z_0)| + o(1)} \leqslant K, \quad \delta \to 0. \tag{9.15}$$

当$|\partial_z f(z_0)| > |\partial_{\bar z} f(z_0)|$时，对(9.15)式取极限即有(9.12)式. 而当$|\partial_z f(z_0)| = |\partial_{\bar z} f(z_0)|$时,则必定有$|\partial_z f(z_0)| = |\partial_{\bar z} f(z_0)| = 0$,因为否则(9.15)式分子极限不为零而分母极限为零,(9.15)式的左端将趋于无穷,矛盾. $|\partial_z f(z_0)| = |\partial_{\bar z} f(z_0)| = 0$时,(9.12)式自然成立. 定理证毕.

现在,由不等式(9.12)推出拟共形映射的偏导数局部平方可积. 这要借助于集函数的知识.

设$F(\sigma)$是平面 Borel 集σ的一个非负完全可加集函数，即$F(\sigma) \geqslant 0$（所有 Borel 集σ）且$F\left(\bigcup_n \sigma_n\right) = \sum_n F(\sigma_n)$，只要 Borel 集$\sigma_i \cap \sigma_j = \phi$，$\forall i \neq j$. 我们称集函数$F(\sigma)$在一点$z_0$是可微的,如果极限

$$F'(z_0) = \lim_{m(R)\to 0} F(R)/m(R)$$

存在，这里R是一切包含z_0的正方形，$m(R)$表示R的面积. 关于集函数的一般理论告诉我们，非负完全可加集函数$F(\sigma)$如果几乎处处有导数$F'(z)$,则对任意一个 Borel 集合σ，成立不等式

$$\iint_\sigma F'(z)dxdy \leqslant m(\sigma), \tag{9.16}$$

$m(\sigma)$表示σ的测度.

任意一个拟共形映射$f:D \to D'$都诱导了一个非负完全可加集函数$F(\sigma) = m(f(\sigma \cap D))$. 很容易根据(9.13)式推出,在$f$的可微点$z_0$处$F(\sigma)$有导数,并且$F'(z_0) = |\partial_z f(z_0)|^2 - |\partial_{\bar z} f(z_0)|^2 = J_f(z_0)$. 因为$f$几乎处处可微,所以$F(\sigma)$几乎处处可微且

$$F'(z) = J_f(z) \quad (\text{a.a.} z \in D).$$

根据(9.16)式,对于任意一个矩形R, $\bar R \subset D$, 都有

$$\iint_R J_f(z)dxdy \leqslant m(f(R)). \tag{9.17}$$

另一方面,由(9.12)式,$(|\partial_z f| + |\partial_{\bar z} f|)^2 \leqslant KJ_f$. 所以,

$$\iint_R (|\partial_z f| + |\partial_{\bar z} f|)^2 dxdy \leqslant Km(f(R)).$$

注意到$|f'_x|^2$与$|f'_y|^2$都不超过$(|\partial_z f|+|\partial_{\bar{z}} f|)^2$,上式即表明$f$的偏导数局部平方可积. 这样,我们证明了

定理 9.5 拟共形映射具有L_2广义偏导数.

9.4 绝对连续性

前面我们从(9.17)式看到拟共形映射的 Jacobi 行列式J_f的积分不超过集合σ的像的测度. 我们自然就会问一个问题: 对于拟共形映射而言, (9.17)式是否总成立等号呢? 回答是肯定的. 这就涉及到集函数$F(\sigma)=m(f(\sigma\cap D))$的绝对连续性问题.

我们称一个非负完全可加集函数$F(\sigma)$是绝对连续的, 如果对于任意的$\varepsilon>0$都存在一个数$\delta>0$, 使得只要$m(\sigma)<\delta$则$F(\sigma)<\varepsilon$. 我们称一个映射$f:D\to D'$是绝对连续的, 如果它诱导的集函数$F(\sigma)=m(f(\sigma\cap D))$是绝对连续的.

一般说来, 一个非负完全可加集函数$F(\sigma)$是绝对连续的充要条件是$F'(z)$几乎处处存在,并且对任意的 Borel 集σ有

$$\iint_\sigma F'(z)dxdy=m(\sigma).$$

因此,为了证明拟共形映射是绝对连续的,只须证明对于任意一个 Borel 集$\sigma\subset D$都有

$$\iint_\sigma J_f(z)dxdy=m(f(\sigma)).\tag{9.18}$$

显然, 我们只须对于任意矩形R, $\bar{R}\subset D$, 证明上式成立也就足够了.

设f是D上的拟共形映射. 由定理9.5可知存在$f_n\in C^1$使得f_n在任意一个矩形$\bar{R}(\bar{R}\subset D)$上一致收敛,且当$n\to\infty$时

$$\iint_R|\partial_z f_n-\partial_z f|^2dxdy\to 0,\quad \iint_R|\partial_{\bar{z}} f_n-\partial_{\bar{z}} f|^2dxdy\to 0.$$

由此推出,当$n\to\infty$时,

$$\iint_R|\partial_z f_n|^2-|\partial_{\bar{z}} f_n|^2dxdy\to\iint_R J_f(z)dxdy.$$

另一方面,在R上对 $f_n = u_n + iv_n$ 使用 Green 公式有

$$\int_{\partial R} u_n dv_n = \iint_R |\partial_z f_n|^2 - |\partial_{\bar{z}} f_n|^2 dxdy. \tag{9.19}$$

现在我们进一步假定 f 在 R的四条边上作为一元实变量函数是绝对连续的,并设 $f = u + iv$. 这时,

$$\int_{\partial R} u_n dv_n - \int_{\partial R} udv = \int_{\partial R} (u_n - u)dv + \int_{\partial R} u_n d(v_n - v).$$

由于 f_n 在 $\bar{R}$ 上一致收敛于 f,所以上式右端第一项积分趋于零.而第二项积分

$$\left|\int_{\partial R} u_n d(v_n - v)\right| = \left|\int_{\partial R} (v - v_n)du_n\right|$$
$$\leqslant \max_{\partial R}|v - v_n| \int_{\partial R} |du_n|. \tag{9.20}$$

u_n 在 $\bar{R}$ 上一致收敛于 u, 而 u 作为 ∂R 上的一元函数是绝对连续的,故 u_n 在 ∂R 上的全变差是有界的. 因此, 由 (9.20) 式立即推出

$$\int_{\partial R} u_n d(v_n - v) \to 0 \ (n \to \infty).$$

这样,我们证明了

$$\int_{\partial R} u_n dv_n \to \int_{\partial R} udv \ (n \to \infty).$$

对 (9.19) 式取极限即得

$$\int_{\partial R} udv = \iint_R J_f dxdy,$$

也即

$$\iint_R J_f(z) dxdy = m(f(R)). \tag{9.21}$$

这等式成立的条件是要求 f 在 ∂R 上作为一元实变量函数是绝对连续的. 由于 f 在D内具有 A. C. L. 性质, 所以这个附加要求自然满足. 因此 (9.21) 式对于任意矩形 $R(\bar{R} \subset D)$ 都成立. 我们证明了

定理 9.6 拟共形映射关于二维测度是绝对连续的.

推论 1 拟共形映射把零测集变为零测集.

证. 设 f 是 D 上的拟共形映射. 又设 $e\subset D$ 是任意一个零测集. 则存在一个 Borel 零测集 $\sigma\subset D$ 使得 $e\subset\sigma$. 而由 (9.18) 可知,

$$m(f(\sigma))=\iint_{\sigma}J_f(z)dxdy=0.$$

但 $f(e)\subset f(\sigma)$, 所以 $m(f(e))=0$. 证毕.

推论 2 设 $f: D\rightarrow D'$ 是拟共形映射. 则 f 的 Jacobi 行列式 J_f 在 D 内几乎处处大于零.

证. 设 $E=\{z\in D:J_f(z)=0\}$. 则 E 是可测集,并且有

$$m(f(E))=\iint_{E}J_f(z)dxdy=0.$$

另一方面, f^{-1} 是拟共形映射且把 $f(E)$ 变成 E, 已经知道 $f(E)$ 是零测集,那么由推论 1 可知 E 也是零测集. 证毕.

§ 10 拟共形映射的分析定义

10.1 拟共形映射的分析定义

从上节的整个讨论中可以看出, 拟共形映射有两条基本的分析特征: 一是 A. C. L. 性质, 一是其偏导数在定义域内几乎处处满足不等式:

$$|\partial_z f|+|\partial_{\bar z} f|\leqslant K(|\partial_z f|-|\partial_{\bar z} f|). \tag{10.1}$$

其它分析性质都是由这两条推出的. 本节的目的是要进一步证明, 具有这两条性质的同胚必为拟共形映射.

定理 10.1 设 f 是区域 D 到 D' 的同胚. 则 f 是 K-q. c. 映射的充要条件是: (i) f 在 D 内具有 A. C. L. 性质; 并且 (ii) 在 D 内几乎处处满足 (10.1).

证. 上节已经证明了这两个条件的必要性, 下面只须证明其充分性. 为此, 我们在 D 内任意取一个拓扑四边形 $Q(z_1, z_2, z_3, z_4)$, $\bar{Q}\subset D$. 令 $Q'=f(Q)$, $w_j=f(z_j)$, $j=1, 2, 3, 4$. 现在,

我们只要证明

$$M(Q'(w_1, w_2, w_3, w_4)) \leqslant KM(Q(z_1, z_2, z_3, z_4))$$

也就足够了.

设 φ 与 ψ 分别是把 $Q(z_1, z_2, z_3, z_4)$ 与 $Q'(w_1, w_2, w_3, w_4)$ 映射为矩形 $R(0, a, a+i, i)$ 与 $R'(0, a', a'+i, i)$ 的标准共形映射,其中 $a = M(Q)$, $a' = M(Q')$. 那么复合映射 $\psi\circ f\circ\varphi^{-1}$ 是矩形 R 到 R' 的同胚.

由 § 9.3 的讨论可以看出条件 (i) 与 (ii) 保证了同胚 f 具有 L_2 广义偏导数(尽管在 § 9.3 中假定了 f 的 K 拟共形性,但是实际上只用到了条件 (i) 与 (ii)). 根据广义导数的定义不难直接验证 $\psi\circ f\circ\varphi^{-1}$ 也有 L_2 广义偏导数. 由链规则有

$$\left.\begin{aligned}\partial_\zeta(\psi\circ f\circ\varphi^{-1}) &= \psi'(w)\cdot\partial_z f\cdot(\varphi^{-1})',\\ \partial_{\bar\zeta}(\psi\circ f\circ\varphi^{-1}) &= \psi'(w)\cdot\partial_{\bar z} f\cdot\overline{(\varphi^{-1})'}.\end{aligned}\right\} \tag{10.2}$$

其中 $w = f\circ\varphi^{-1}(\zeta)$, $z = \varphi^{-1}(\zeta)$. 令 $g = \psi\circ f\circ\varphi^{-1}$, 那么,由条件 (ii) 及 (10.2) 有

$$|\partial_\zeta g| + |\partial_{\bar\zeta} g| \leqslant K(|\partial_\zeta g| - |\partial_{\bar\zeta} g|),\ \text{a.a.}\zeta\in R.$$

在 § 9.4 中我们实际上已经证明了具有 L_2 广义导数的同胚映射是关于二维测度绝对连续的. 因此,可以用 g 的 Jacobi 行列式计算像集合的测度:

$$a' = m(R') = \iint_R J_g(\zeta)d\xi d\eta,\ \zeta = \xi + i\eta.$$

但是,

$$J_g(\zeta) = |\partial_\zeta g|^2 - |\partial_{\bar\zeta} g|^2 \geqslant \frac{1}{K}(|\partial_\zeta g| + |\partial_{\bar\zeta} g|)^2$$

$$\geqslant \frac{1}{K}|\partial_\zeta g + \partial_{\bar\zeta} g|^2 = \frac{1}{K}|\partial_\xi g|^2.$$

因此,应用 Fubini 定理及 Schwarz 不等式,

$$a' \geqslant \frac{1}{K}\int_0^1 d\eta\int_0^a |g'_\xi|^2 d\xi \geqslant \frac{1}{Ka}\int_0^1 d\eta\left(\int_0^a |g'_\xi| d\xi\right)^2$$

$$\geqslant \frac{1}{Ka}\int_0^1 d\eta\left|\int_0^a g'_\xi d\xi\right|^2. \tag{10.3}$$

g 具有 L_2 广义导数蕴含着 g 具 A. C. L. 性质. 因此，对于几乎所有的 $\eta \in (0, 1)$，我们有

$$\int_0^a g'_\xi(\xi + i\eta)d\xi = g(a + i\eta) - g(0 + i\eta)$$

也即

$$\left|\int_0^a g'_\xi(\xi + i\eta)d\xi\right| \geqslant a'.$$

将此不等式代入 (10.3) 即得 $a' \geqslant (a')^2/Ka$，也即 $a' \leqslant Ka$. 由此推出 $M(f(Q)) \leqslant KM(Q)$. 证毕.

这个定理实际上给出了拟共形映射的一个分析定义，它与几何定义等价.

我们应当指出，去掉 f 具有 A. C. L. 性质这一条件，只要求它几乎处处有偏导数(甚至可微)，并且满足不等式 (10.1)，这不能保证 f 是拟共形的. 很容易举出这种例子.

10.2 拟共形映射作为 Beltrami 方程的广义同胚解

我们已经看到 C^1 类拟共形映射是 Beltrami 方程的经典同胚解. 现在进一步说明一般的拟共形映射总是某个 Beltrami 方程的 L_2 广义同胚解，反之亦然.

设 f 是区域 D 上的一个 K-q.c. 映射. 由定理 9.6 的推论 2 知道，在 D 内几乎处处有

$$J_f = |\partial_z f|^2 - |\partial_{\bar{z}} f|^2 > 0.$$

这蕴含着在 D 内几乎处处 $|\partial_z f| > 0$. 因此，函数 $\mu = \mu_f = \partial_{\bar{z}} f/\partial_z f$ 在 D 内除去一个零测集之外处处有定义.

定义 10.1 若 f 是一个拟共形映射，则称 $\mu_f = \partial_{\bar{z}} f/\partial_z f$ 是它的复特征，并且称

$$K[f] = \operatorname*{ess\,sup}_{z \in D} \frac{|\partial_z f| + |\partial_{\bar{z}} f|}{|\partial_z f| - |\partial_{\bar{z}} f|}$$

是 f 在区域 D 内的最大伸缩商.

若 f 是区域 D 上的 K-q.c. 映射，则显然有

$$K[f] \leqslant K, \quad |\mu_f| \leqslant (K - 1)/(K + 1).$$

命 $\mu(z)=\mu_f(z)$, $w=f(z)$,则 w 是下述 Beltrami 方程

$$\partial_{\bar z}w=\mu(z)\partial_z w,\quad |\mu|\leqslant k<1 \tag{10.4}$$

的一个 L_2 广义同胚解,其中 $k=(K-1)/(K+1)$. 也就是说, $w=f(z)$ 是一个具有 L_2 广义导数的同胚,其广义偏导数几乎处处满足 (10.4).

反过来,若 $w=f(z)$ 是 (10.4) 的一个 L_2 广义同胚解,那么 f 具有 A. C. L. 性质,且

$$|\partial_{\bar z}f|/|\partial_z f|\leqslant k<1,$$

也即

$$|\partial_z f|+|\partial_{\bar z}f|\leqslant\frac{1+k}{1-k}(|\partial_z f|-|\partial_{\bar z}f|).$$

于是 f 是拟共形映射. 这样,我们证明了

定理 10.2 区域 D 上的复值函数 f 是拟共形映射的充要条件是它是 Beltrami (10.4) 的 L_2 广义同胚解.

*　　*　　*　　*

注 1: 在拟共形映射理论的发展历史中还出现过许多其它等价的定义,其中苏联数学家 M. A. Lavrent'yev 给过十分著名的一个定义. 假定在区域 D 上给定了一个有界可测函数 $p(z)\geqslant 1$, 并在 $p(z)>1$ 的点给定可测函数 $\theta(z)$. 我们用 $E_r(p,\theta,z)$ 表示平面上以 z 点为中心的一个椭圆,其短半轴为 r 而长半轴为 $p\cdot r$, 长半轴与实轴正向的夹角为 θ. 如果 f 是 D 到 D' 的同胚,且在 D 内几乎所有的点 z 都有

$$\lim_{r\to 0}\frac{\max\{|f(\zeta)-f(z)|:\zeta\in E_r(p(z),\theta(z),z)\}}{\min\{|f(\zeta)-f(z)|:\zeta\in E_r(p(z),\theta(z),z)\}}=1,$$

则称 f 为以 $p(z)$ 与 $\theta(z)$ 为特征的拟共形映射,并把上式成立这一事实称为映射 f 把特征为 p 与 θ 的无穷小椭圆变成无穷小圆.这里在 $p(z)=1$ 的点, $\theta(z)$ 可以取为任意值.

注 2: 许多人讨论过拟共形映射的分析性质. 拟共形映射的线段上的绝对连续性是由 K. Strebel 在 1955 年证明的[71]. 本书中的证明方法是 A. Pfluger[65]在 1959 年给出的.

关于拟共形性的分析定义,似乎最早是由 Yujobo 在 1956 年给出的. 1957 年 Bers[10] 把满足 Beltrami 方程的 L_2 广义同胚解看作是拟共形性的分析定义. 后来, Pfluger[65] 指出这里的 L_2 可以换成 L_1. 1959年 Gehring 与 Lehto[39] 进一步把分析的定义简化成现在本书叙述的形式(定理 10.1).

第三章　拟共形映射的存在性定理

具有给定复特征的拟共形映射的存在性问题是拟共形映射理论中基本问题之一．本章的主要目的是讨论这个问题．此外，我们还将在此基础之上，给出拟共形映射的表示定理及相似原理．这些定理在今后的讨论中都是十分基本的．

§11　两个积分算子

11.1　积分算子 $T(\omega)$

设 ω 在复平面上有定义，具有紧致的支集，并且 p 方可积，$p>2$．我们引进算子

$$T(\omega)=-\frac{1}{\pi}\iint_{C}\frac{\omega(\zeta)}{\zeta-z}d\xi d\eta,\ \zeta=\xi+i\eta. \tag{11.1}$$

有时为了强调 $T(\omega)$ 在某点 z 处的值，我们也把 $T(\omega)$ 写成 $T\omega(z)$．

这个积分算子及下一段引进的另一个积分算子是本章讨论的主要工具．现在我们讨论算子 $T(\omega)$ 的一些性质．

引理 11.1　设 $\omega\in L_p$，$p>2$ 且在圆 $\{z:|z|\leqslant r\}$ 之外为零．则 $T\omega(z)$ 在全平面上是有界函数并有估计式

$$|T\omega(z)|\leqslant M_1\|\omega\|_p, \tag{11.2}$$

其中 M_1 是依赖于 p 与 r 的常数．

证．对于任意一点 $z\in \boldsymbol{C}$，我们有

$$|T\omega(z)|\leqslant\frac{1}{\pi}\|\omega\|_p\left(\iint_{|\zeta|\leqslant r}|\zeta-z|^{-q}d\xi d\eta\right)^{\frac{1}{q}},$$

其中 $q=p/(p-1)$．由于 $p>2$，所以 $q<2$，并有

$$\left(\iint_{|\zeta|\leqslant r}|\zeta-z|^{-q}d\xi d\eta\right)^{\frac{1}{q}}\leqslant\left(\frac{2\pi}{\alpha q}\right)^{\frac{1}{q}}\cdot(2r)^{\alpha}$$

这里 $\alpha=(p-2)/p$. 证毕.

引理 11.2 设 $\omega\in L_p(\boldsymbol{C})$, $p>2$, 则 $T\omega(z)$ 是复平面上的 Hölder 连续函数,且其 Hölder 指数等于 $(p-2)/p$, 并有

$$|T\omega(z_1)-T\omega(z_2)|\leqslant M_2\|\omega\|_p|z_1-z_2|^{\alpha},\tag{11.3}$$

其中 $\alpha=(p-2)/p$, M_2 是只依赖于 p 的常数.

证. 显然有

$$\begin{aligned}|T\omega(z_1)-T\omega(z_2)|&\leqslant\frac{|z_1-z_2|}{\pi}\iint_{C}\frac{|\omega(\zeta)|}{|\zeta-z_1||\zeta-z_2|}d\xi d\eta\\&\leqslant\frac{1}{\pi}|z_1-z_2|\|\omega\|_p\left(\iint_{C}\frac{d\xi d\eta}{|\zeta-z_1|^q|\zeta-z_2|^q}\right)^{\frac{1}{q}},\end{aligned}\tag{11.4}$$

其中 $q=p/(p-1)$. 设 Δ 是以 z_1 为中心而以 $2|z_1-z_2|$ 为半径的圆. 这时,命 $\theta=\arg(z_2-z_1)$, 即有

$$\iint_{\Delta}\frac{d\xi d\eta}{|\zeta-z_1|^q|\zeta-z_2|^q}=\frac{1}{|z_1-z_2|^{2q-2}}\iint_{|\zeta|\leqslant 2}\frac{d\xi d\eta}{|\zeta|^q|\zeta-e^{i\theta}|^q}$$

显然,上式右端积分是一个不依赖于 θ 的常数,这一点只要作一个变换 $\zeta'=e^{-i\theta}\zeta$ 即可看出. 设此常数为 C_p (该常数只依赖于 q, 也即只依赖于 p), 这样

$$\iint_{\Delta}\frac{d\xi d\eta}{|\zeta-z_1|^q|\zeta-z_2|^q}=C_p|z_1-z_2|^{2-2q}.\tag{11.5}$$

另一方面,我们又有

$$\begin{aligned}\iint_{C-\Delta}\frac{d\xi d\eta}{|\zeta-z_1|^q|\zeta-z_2|^q}&\leqslant\pi 2^{1+q}\int_{2|z_1-z_2|}^{\infty}\rho^{1-2q}d\rho\\&\leqslant\frac{8\pi}{2q-2}|z_1-z_2|^{2-2q}.\end{aligned}\tag{11.6}$$

由 (11.4) 至 (11.6) 即推出 (11.3). 证毕.

设 D 是一个有界区域,我们引入算子

$$T_D(\omega)=\frac{-1}{\pi}\iint_{D}\frac{\omega(\zeta)}{\zeta-z}d\xi d\eta.$$

其中 $\omega\in L_p(D)$，$p>2$. 上述两个引理告诉我们算子 $T_D(\omega)$ 是 $L_p(D)$ 空间到 $C_\alpha(\boldsymbol{C})$ 空间的一个线性有界算子，这里 $p>2$，$\alpha=(p-2)/p$.

最后，我们还要指出一个显而易见的事实：当 $\omega\in L_p(D)$，其中 $p>2$，这时 $T_D(\omega)$ 所定义的函数 $T_D\omega(z)$ 在 D 外全纯，且有

$$T_D\omega(z)=O\left(\frac{1}{|z|}\right),\ \text{当 } z\to\infty \text{ 时}. \tag{11.8}$$

请读者自己完成证明.

11.2 Pompeiu 公式

设 D 是一个有界区域，其边界由一条或几条逐段光滑简单闭曲线组成，记为 Γ. 又设 f 是闭域 $\overline{D}$ 上的连续可微复值函数. 那么，Green 公式告诉我们

$$\oint_\Gamma f(x+iy)dx=-\iint_D f'_y(x+iy)dxdy,$$

$$\oint_\Gamma f(x+iy)dy=\iint_D f'_x(x+iy)dxdy.$$

将后面的等式两边乘以 i 加到前面一个等式上，就得到 Green 公式的复形式

$$\oint_\Gamma f(z)dz=2i\iint_D \partial_{\bar z}f(z)dxdy. \tag{11.9}$$

完全类似地，我们又有

$$\oint_\Gamma f(z)d\bar z=-2i\iint_D \partial_z f(z)dxdy. \tag{11.10}$$

这里所有线积分的积分方向都是沿着使区域 D 局部落在左侧的回转方向，今后不再声明.

设 $z_0\in D$，并考虑圆 $\Delta_\varepsilon=\{z:|z-z_0|<\varepsilon\}$. 当 ε 充分小时 $\Delta_\varepsilon\subset D$. 这时，我们对于函数 $f(z)/(z-z_0)$ 在区域 $D-\Delta_\varepsilon$ 上应用 Green 公式 (11.10) 就有

$$\frac{1}{2\pi i}\oint_{\Gamma}\frac{f(z)}{z-z_0}dz-\frac{1}{2\pi i}\oint_{\partial\Delta_\varepsilon}\frac{f(z)}{z-z_0}dz$$
$$=\frac{1}{\pi}\iint_{D-\Delta_\varepsilon}\partial_{\bar z}\left(\frac{f(z)}{z-z_0}\right)dxdy.$$

注意到

$$\partial_{\bar z}\left(\frac{f(z)}{z-z_0}\right)=\frac{\partial_{\bar z}f(z)}{z-z_0},\quad \forall z\in D-\Delta_\varepsilon,$$

并令 $\varepsilon\to 0$ 对上述等式取极限就得到，当 $z_0\in D$ 时，

$$f(z_0)=\frac{1}{2\pi i}\oint_{\Gamma}\frac{f(z)dz}{z-z_0}-\frac{1}{\pi}\iint_{D}\frac{\partial_{\bar z}f(z)}{z-z_0}dxdy. \tag{11.11}$$

这个公式叫作 Pompeiu 公式.

现在我们把这个公式推广到具有 $L_p(p>2)$ 的广义导数的函数类上.

现在我们假定函数 f 在区域 $D_1\supset\overline{D}$ 上有 $L_p(p>2)$ 的广义导数. 那么，存在一个序列 $f_n\in C^1$ 在 $\overline{D}$ 上一致收敛于 f，并且

$$\|\partial_{\bar z}f_n-\partial_{\bar z}f\|_{L_p(D)}\to 0\ (n\to\infty). \tag{11.12}$$

对于任意一点 $z_0\in D$，我们有

$$f_n(z_0)=\frac{1}{2\pi i}\oint_{l}\frac{f_n(z)dz}{z-z_0}-\frac{1}{\pi}\iint_{D}\frac{\partial_{\bar z}f_n(z)}{z-z_0}dxdy. \tag{11.13}$$

将上式右端的二重积分看作全平面上的积分，其中被积函数的分母在D外定义为零，这时应用引理 11.1 即有

$$\left|-\frac{1}{\pi}\iint_{D}\frac{\partial_{\bar z}f_n-\partial_{\bar z}f}{(z-z_0)}dxdy\right|\leqslant M_1\|\partial_{\bar z}f_n-\partial_{\bar z}f\|_{L_p(D)}.$$

由 (11.12) 立即推出，当 $n\to\infty$ 时，

$$-\frac{1}{\pi}\iint_{D}\frac{\partial_{\bar z}f_n}{z-z_0}dxdy\to-\frac{1}{\pi}\iint_{D}\frac{\partial_{\bar z}f}{z-z_0}dxdy. \tag{11.14}$$

由 (11.13) 及 (11.14) 立即推出 Pompeiu 公式，这时公式中的函数仅要求有 $L_p(p>2)$ 广义导数，而不要求连续可微.

下一段的讨论中将显露出 Pompeiu 公式的作用.

11.3 Hilbert 变换

设 $\omega \in C_0^\infty$，这里 C_0^∞ 表示全体无穷次可微且有有界支集的函数所组成的空间. 我们引进算子

$$H(\omega) = -\frac{1}{\pi}\iint_C \frac{\omega(\zeta)-\omega(z)}{(\zeta-z)^2}\,d\xi d\eta,$$

并称之为 ω 的 Hilbert 变换. 显然，这个积分处处存在. 它是一个通常意义下的瑕积分. 象 $T(\omega)$ 一样,我们用 $H\omega(z)$ 表示 $H(\omega)$ 在 z 点的值.

现在我们来说明在 Cauchy 主值意义下，

$$H(\omega) = -\frac{1}{\pi}\iint_C \frac{\omega(\zeta)}{(\zeta-z)^2}\,d\xi d\eta. \tag{11.15}$$

这里所谓 Cauchy 主值是按照下述极限定义的积分值:

$$-\frac{1}{\pi}\iint_C \frac{\omega(\zeta)}{(\zeta-z)^2}\,d\xi d\eta = \lim_{\substack{r\to 0\\ R\to\infty}}\left(-\frac{1}{\pi}\iint_{r<|\zeta-z|<R}\frac{\omega(\zeta)}{(\zeta-z)^2}\,d\xi d\eta\right).$$

Cauchy 主值意义下的积分被称为奇异积分.

现在证明 (11.15) 式. 应用 Green 公式，

$$\frac{1}{2\pi i}\oint_{|\zeta-z|=R}\frac{d\bar\zeta}{\zeta-z} - \frac{1}{2\pi i}\oint_{|\zeta-z|=r}\frac{d\bar\zeta}{\zeta-z}$$

$$= -\frac{1}{\pi}\iint_{r<|\zeta-z|<R}\frac{d\xi d\eta}{(\zeta-z)^2}.$$

不难直接验算上式左端的两个线积分都是零. 于是我们有

$$-\frac{1}{\pi}\iint_{r<|\zeta-z|<R}\frac{d\xi d\eta}{(\zeta-z)^2} = 0,$$

这意味着在 Cauchy 主值意义下，

$$-\frac{1}{\pi}\iint_C \frac{d\xi d\eta}{(\zeta-z)^2} = 0.$$

这样，

$$\lim_{\substack{r\to 0\\ R\to\infty}}\frac{-1}{\pi}\iint_{r<|\zeta-z|<R}\frac{\omega(\zeta)}{(\zeta-z)^2}\,d\xi d\eta$$

$$= \lim_{\substack{r\to 0\\ R\to\infty}} \frac{-1}{\pi} \iint_{r<|\zeta-z|<R} \frac{\omega(\zeta)-\omega(z)}{(\zeta-z)^2}\, d\xi d\eta = H(\omega).$$

这就证明了(11.15)式.

今后，我们把ω的 Hilbert 变换 $H(\omega)$ 就看作是奇异积分(11.15).

Zygmund 与 Calderón 证明了，对于任意的$p:1<p<\infty$，存在一个只依赖于p的常数A_p，使得

$$\|H(\omega)\|_p \leqslant A_p\|\omega\|_p, \quad \forall \omega \in C_0^\infty,$$

这个不等式就是著名的 Zygmund-Calderón 不等式的二维情形，其证明较复杂，参见 I. N. Vekua 的书[85].

现在我们着手把算子$H(\omega)$从C_0^∞空间扩充到$L_p(p>1)$空间. 设ω是任意给定的$L_p(\boldsymbol{C})$空间中的一点，$1<p<\infty$. 那么存在一个序列 $\omega_n \in C_0^\infty$ 使得 $\|\omega_n-\omega\|_p \to 0$（当 $n\to\infty$）. 由 Zygmund-Calderón 不等式，我们有

$$\|H(\omega_m)-H(\omega_n)\|_p \leqslant A_p\|\omega_m-\omega_n\|_p.$$

由于$\{\omega_n\}$是L_p空间中的 Cauchy 序列，所以上式表明$\{H(\omega_n)\}$也是L_p空间中的 Cauchy 序列. 大家知道L_p空间是完备的，因此序列$\{H(\omega_n)\}$有一个唯一确定的极限$\Omega \in L_p$:

$$\|H(\omega_n)-\Omega\|_p \to 0 \ (n\to\infty).$$

很容易证实，Ω只依赖于ω，而与序列ω_n的选取无关. 我们将Ω记为$H(\omega)$. 显然，当$\omega \in C_0^\infty$时，现在定义的$\Omega=H(\omega)$与过去定义的$H(\omega)$是完全一致的. 这样，我们就把$H(\omega)$的定义域从C_0^∞空间扩充到L_p空间.

显然，扩充后的算子$H(\omega)$依然是线性有界算子. 我们用Λ_p表示算子H的范数，即

$$\Lambda_p = \sup_{\omega\in L_p} \{\|H(\omega)\|_p/\|\omega\|_p\}, \quad 1<p<\infty.$$

那么，我们有

$$\|H(\omega)\|_p \leqslant \Lambda_p\|\omega\|_p, \quad \forall \omega \in L_p. \tag{11.16}$$

11.4 $T(\omega)$ 的偏导数

设 $\omega \in C_0^\infty$. 我们要证明 $T\omega(z) \in C^1$ 且有

$$\partial_{\bar{z}} T\omega(z) = \omega(z),\ \partial_z T\omega(z) = H\omega(z). \tag{11.17}$$

令 $h(z) = T\omega(z)$, 则有

$$\begin{aligned} h(z) - h(z_0) &= -\frac{1}{\pi}\iint_C \frac{(z-z_0)\omega(\zeta)}{(\zeta - z)(\zeta - z_0)} d\xi d\eta \\ &= -\frac{1}{\pi}\iint_{|\zeta|<R} \frac{(z-z_0)[\omega(\zeta)-\omega(z_0)]}{(\zeta-z)(\zeta-z_0)} d\xi d\eta \\ &\quad - \frac{1}{\pi}\omega(z_0)\iint_{|\zeta|<R}\left(\frac{1}{\zeta - z} - \frac{1}{\zeta - z_0}\right) d\xi d\eta, \end{aligned} \tag{11.18}$$

这里R是充分大的正数,而 $\omega(\zeta)$ 在圆 $\{|\zeta| < R\}$ 外为零.

设点 z 在圆 $\{|\zeta| < R\}$ 之内. 对于函数 $f = \bar{z}$ 应用公式 (11.11), 我们得到

$$\bar{z} = \frac{1}{2\pi i}\oint_{|\zeta|=R} \frac{\bar{\zeta} d\zeta}{\zeta - z} - \frac{1}{\pi}\iint_{|\zeta|<R} \frac{d\xi d\eta}{\zeta - z}.$$

注意到

$$\frac{1}{2\pi i}\oint_{|\zeta|=R} \frac{\bar{\zeta} d\zeta}{\zeta - z} = \frac{R^2}{2\pi i}\oint_{|\zeta|=R} \frac{d\zeta}{\zeta(\zeta - z)} = 0,$$

则有

$$\bar{z} = -\frac{1}{\pi}\iint_{|\zeta|<R} \frac{d\xi d\eta}{\zeta - z}. \tag{11.19}$$

将 (11.19) 代入 (11.18) 即得到

$$\begin{aligned} h(z) - h(z_0) = -\frac{1}{\pi}(z - z_0)\iint_{|\zeta|<R} \frac{\omega(\zeta)-\omega(z_0)}{(\zeta - z)(\zeta - z_0)} d\xi d\eta \\ + \omega(z_0)(\bar{z} - \bar{z}_0). \end{aligned} \tag{11.20}$$

命 $R \to \infty$ 并对 (11.20) 式取极限,即有

$$\begin{aligned} h(z) - h(z_0) = -\frac{1}{\pi}(z - z_0)\iint_C \frac{\omega(\zeta)-\omega(z_0)}{(\zeta - z)(\zeta - z_0)} d\xi d\eta \\ + \omega(z_0)(\bar{z} - \bar{z}_0). \end{aligned} \tag{11.21}$$

因此，当 $z \to z_0$ 时，

$$h(z) - h(z_0) = H\omega(z_0)(z - z_0) + \omega(z_0)(\bar{z} - \bar{z}_0) + o(|z - z_0|).$$

这就证明了 (11.17) 式在 z_0 点成立.

公式 (11.17) 不仅对 $\omega \in C_0^\infty$ 时成立，而且当 $\omega \in L_p(p > 2)$ 时作为 L_p 广义偏导数的公式也成立.

定理 11.1 设 $\omega \in L_p, p > 2$，且有一个有界支集. 则 $T\omega(z)$ 在全平面上有 L_p 广义导数，且几乎处处成立公式 (11.17).

证. 设 ω 在圆 $\{|z| < R\}$ 外为零. 这时存在一个序列 $\omega_n \in C_0^\infty$，ω_n 在 $\{|z| < R\}$ 外为零，并且

$$\|\omega_n - \omega\|_p \to 0 \ (n \to \infty). \tag{11.22}$$

命 $h(z) = T\omega(z)$，$h_n(z) = T\omega_n(z)$. 那么，

$$\partial_{\bar{z}} h_n(z) = \omega_n(z), \ \partial_z h_n(z) = H\omega_n(z). \tag{11.23}$$

由引理 11.1 有

$$|h_n(z) - h(z)| = |T(\omega_n - \omega)| \leqslant M_1\|\omega_n - \omega\|_p,$$

此处 M_1 是只依赖于 p 与 R 的常数. 由 (11.22) 看出函数 $h_n(z)$ 在全平面上一致收敛于 $h(z)$. 另外一方面，(11.22) 与 (11.23) 又告诉我们，

$$\|\partial_{\bar{z}} h_n(z) - \omega\|_p = \|\omega_n - \omega\|_p \to 0 \ (n \to \infty),$$

$$\|\partial_z h_n(z) - H(\omega)\|_p \leqslant \Lambda_p\|\omega_n - \omega\|_p \to 0 \ (n \to \infty).$$

根据广义导数的定义，我们看出 ω 与 $H(\omega)$ 分别是 $h(z) = T\omega(z)$ 的对 $\bar{z}$ 与 z 的广义导数. 定理证毕.

这个定理对于解 Beltrami 方程有着重要作用. 它把 Beltrami 方程归结为一个奇异积分方程.

11.5 关于算子 H 的范数

在这一段中，我们要证明算子 H 在 L_p 中的范数 Λ_p 是 p 的连续函数并且 $\Lambda_2 = 1$. 这两件事是后面讨论的关键.

Λ_p 的连续性是 Riesz-Thorin 凸性定理的推论. 这个定理是一个很一般的定理，下面的叙述形式仅是针对我们讨论的算子范

数.

定理 11.2 (Riesz-Thorin) 当 $p>1$ 时，$\log\Lambda_p$ 是 $1/p$ 的凸函数.

证. 设 $p_1>1$ 与 $p_2>1$ 是任意给定的两个数，并设

$$\frac{1}{p}=\frac{t}{p_1}+\frac{1-t}{p_2},\quad t\in[0,1].$$

我们应证明

$$\Lambda_p\leqslant\Lambda_{p_1}^t\cdot\Lambda_{p_2}^{(1-t)},$$

也就是说，我们应证明

$$\|H(\omega)\|_p\leqslant\Lambda_{p_1}^t\cdot\Lambda_{p_2}^{(1-t)}\|\omega\|_p,\quad\forall\omega\in L_p.\tag{11.24}$$

根据泛函的知识，

$$\|H(\omega)\|_p=\sup_{\|g\|_q=1}\left|\iint_C H(\omega)g\,dx\,dy\right|,$$

其中 q 是 p 的共轭数，也即 $1/p+1/q=1$.

现在我们暂且假定 ω 与 g 都是简单函数（即仅取有穷个值的可测函数），并且都有一个有界支集. 命 q_1 与 q_2 分别是 p_1 与 p_2 的共轭数，也即

$$\frac{1}{p_j}+\frac{1}{q_j}=1,\quad j=1,2.$$

又设 $p(\zeta)$ 与 $q(\zeta)$ 是由下式定义的两个函数:

$$\frac{1}{p(\zeta)}=\frac{\zeta}{p_1}+\frac{1-\zeta}{p_2},\quad\frac{1}{q(\zeta)}=\frac{\zeta}{q_1}+\frac{1-\zeta}{q_2},$$

其中 ζ 是复变量. 我们再引入两个函数:

$$\Omega(z,\zeta)=\omega(z)|\omega(z)|^{\frac{p}{p(\zeta)}-1},\tag{11.25}$$

$$G(z,\zeta)=g(z)|g(z)|^{\frac{q}{q(\zeta)}-1}.\tag{11.26}$$

在 $\omega=0$ 或 $g=0$ 的点，我们相应地规定 Ω 或 G 在该点的值为零. 显然，

$$\Omega(z,t)=\omega(z),\quad G(z,t)=g(z).$$

命

$$\Phi(\zeta)=\iint_C H(\Omega(z,\zeta))G(z,\zeta)dxdy.$$

注意到ω与g都是简单函数，不难看出对于任意固定的ζ，Ω与G是z的简单函数，并且

$$\Omega(z,\zeta)=\sum_{j=1}^{n}\Omega_j(\zeta)\chi_j(z),$$

$$G(z,\zeta)=\sum_{l=1}^{m}G_l(\zeta)\eta_l(z),$$

其中χ_j与η_l分别是集合$\{z:\omega(z)=\omega_j\}$与集合$\{z:g(z)=g_l\}$的特征函数. 由(11.25)及(11.26)可知，$\Omega_j(\zeta)G_l(\zeta)$是形如$\alpha e^{\beta\zeta}$的函数，$\beta$是实数. 因此，函数

$$\Phi(\zeta)=\sum_{j=1}^{n}\sum_{l=1}^{m}\Omega_j(\zeta)G_l(\zeta)\iint_C H(\chi_j)\eta_l dxdy$$

是ζ的指数多项式，即

$$\Phi(\zeta)=\sum_{k=1}^{r}\alpha_k e^{\beta_k\zeta}.$$

现在我们考虑带形域$\Sigma=\{\zeta=\xi+i\eta:0<\xi<1\}$. 在$\Sigma$的虚轴边界上(即当$\zeta=i\eta$时)我们有

$$|\Omega(z,\zeta)|=\left||\omega(z)|^{\frac{i\eta}{p_1}+\frac{1-i\eta}{p_2}}\right|^{p}=|\omega(z)|^{\frac{p}{p_2}}.$$

同理有

$$|G(z,\zeta)|=|g(z)|^{\frac{q}{q_2}},\quad \zeta=i\eta.$$

因此，

$$\|\Omega(z,\zeta)\|_{p_2}=(\|\omega\|_p)^{\frac{p}{p_2}},\quad \zeta=i\eta.$$

$$\|G(z,\zeta)\|_{q_2}=(\|g\|_q)^{\frac{q}{q_2}}=1,\quad \zeta=i\eta.$$

这样，利用 Hölder 不等式即可推出，当$\zeta=i\eta$时，

$$\begin{aligned}|\Phi(\zeta)|&\leqslant\|H(\Omega(z,\zeta))\|_{p_2}\cdot\|G(z,\zeta)\|_{q_2}\\&\leqslant A_{p_2}\|\Omega(z,\zeta)\|_{p_2}\leqslant A_{p_2}(\|\omega\|_p)^{\frac{p}{p_2}},\quad \zeta=i\eta.\end{aligned}\tag{11.27}$$

完全类似地讨论又可以证得

$$|\Phi(\zeta)| \leqslant \Lambda_{p_1}(\|\omega\|_p)^{\frac{p}{p_1}}, \quad \zeta = 1 + i\eta. \tag{11.28}$$

现在考虑函数

$$\Psi(\zeta) = \log|\Phi(\zeta)| - \xi\log\Lambda_{p_1} - (1-\xi)\log\Lambda_{p_2}$$
$$- p\{\xi/p_1 + (1-\xi)/p_2\}\log\|\omega\|_p.$$

显然，这个函数在带形域 Σ 内为次调和函数. 由(11.27)及(11.28)可知，$\Psi(\zeta)$ 在 Σ 的边界上不大于零. 于是由极值原理推出

$$\Psi(\zeta) \leqslant 0, \quad \forall\zeta \in \Sigma,$$

也即

$$|\Phi(\zeta)| \leqslant \Lambda_{p_1}^{\xi}\Lambda_{p_2}^{(1-\xi)}(\|\omega\|_p)^{(\xi p_1+(1-\xi)p_2)/p}, \quad \forall\zeta \in \Sigma.$$

特别地，命 $\zeta = t$，这时

$$|\Phi(t)| = \left|\iint_C H(\omega)g\,dx\,dy\right| \leqslant \Lambda_{p_1}^{t}\Lambda_{p_2}^{(1-t)}\|\omega\|_p, \tag{11.29}$$

这里 ω 与 g 事先被假定为简单函数并有有界支集. 但是，我们知道这种函数在 L_p 与 L_q 中都是稠密的. 因此，不等式 (11.29) 对于任意的 $\omega \in L_p$ 及 $g \in L_q(\|g\|=1)$ 都成立. 这就证明了 (11.24). 定理证毕.

定理 11.3 算子 $H(\omega)$ 在 L_2 中保持范数不变，也即

$$\|H(\omega)\|_2 = \|\omega\|_2, \quad \forall\omega \in L_2. \tag{11.30}$$

证. 由于 L_2 中有稠密子集 C_0^∞，所以我们只在 C_0^∞ 上证明 (11.30) 式就足够了. 设 $\omega \in C_0^\infty$，这时

$$\iint_C |H(\omega)|^2 dx\,dy = \lim_{R\to\infty} \iint_{|z|<R} H(\omega)\overline{H(\omega)}\,dx\,dy$$
$$= \lim_{R\to\infty} \iint_{|z|<R} \partial_z T(\omega) \cdot \overline{H(\omega)}\,dx\,dy.$$

应用 Green 公式，我们有

$$\oint_{|z|=R} T\omega(z)\overline{H\omega(z)}\,d\bar{z}$$
$$= 2i \iint_{|z|<R} [\partial_z T(\omega)\overline{H(\omega)} + T(\omega)\partial_z\overline{H(\omega)}]\,dx\,dy.$$

另一方面很容易看出 $T(\omega)\overline{H(\overline{\omega})} = O(|z|^{-3})(z \to \infty)$. 于是

$$\lim_{R\to\infty}\int_{|z|=R} T\omega(z)\overline{H\omega(z)}d\bar{z} = 0.$$

因此,

$$\lim_{R\to\infty}\iint_{|z|<R}[\partial_z T(\omega)\cdot\overline{H}(\omega) + T(\omega)\cdot\partial_z H(\omega)]dxdy = 0.$$

这样,我们立即得出

$$\iint_{C}|H(\omega)|^2 dxdy = -\lim_{R\to\infty}\iint_{|z|<R} T(\omega)\partial_z H(\omega)dxdy.$$

注意到

$$\begin{aligned}\partial_z\overline{H(\omega)} &= \partial_z\overline{\partial_z T(\omega)} = \partial_z\partial_{\bar{z}}\overline{T(\omega)} = \partial_{\bar{z}}\partial_z\overline{T(\omega)}\\ &= \partial_{\bar{z}}\overline{\partial_{\bar{z}}T(\omega)} = \partial_{\bar{z}}\bar{\omega},\end{aligned}$$

我们又得出

$$\iint_{C}|H(\omega)|^2 dxdy = -\lim_{R\to\infty}\iint_{|z|<R} T(\omega)\partial_{\bar{z}}\bar{\omega}dxdy.$$

当 R 充分大时, ω 在圆 $\{z:|z| = R\}$ 上为零. 所以,当 R 充分大时,

$$\oint_{|z|=R} T(\omega)\bar{\omega}dz = 0.$$

应用 Green 公式,我们即得出,当 R 充分大时,

$$\iint_{|z|<R}[\partial_{\bar{z}}T(\omega)\cdot\bar{\omega} + T(\omega)\partial_{\bar{z}}\bar{\omega}]dxdy = 0.$$

因此,

$$\begin{aligned}\iint_{C}|H(\omega)|^2 dxdy &= \lim_{R\to\infty}\iint_{|z|<R}\partial_{\bar{z}}T(\omega)\cdot\bar{\omega}dxdy\\ &= \iint_{C}|\omega|^2 dxdy\end{aligned}$$

证毕.

推论 1 $\Lambda_2 = 1$.

推论 2 当 $p \to 2$ 时, $\Lambda_p \to 1$.

§12 存在性定理

12.1 奇异积分方程

为了讨论 Beltrami 方程，我们先讨论下列奇异积分方程

$$\omega=\mu(z)H(\omega)+h(z),\quad \|\mu\|_\infty<1, \tag{12.1}$$

其中 $h\in L_{p_1}(\boldsymbol{C})$, $p_1>2$.

根据上节推论 2，存在一个数 $p_0>2$ 使得

$$\|\mu\|_\infty\Lambda_p<1,\quad 只要 2<p\leqslant p_0.$$

取 $p=\min(p_0,p_1)$. 那么，映象

$$\omega\longmapsto\mu(z)H(\omega)$$

是 L_p 空间中的压缩映象. 事实上，

$$\|\mu H(\omega)\|_p\leqslant\|\mu\|_\infty\Lambda_p\|\omega\|_p.$$

因此，积分方程 (12.1) 在 L_p 空间中有唯一解，并且这个解可由逐次迭代求得.

命 $\omega_0=h$, $\omega_1=\mu H(\omega_0)+h,\cdots$, 一般地，

$$\omega_n=\mu H(\omega_{n-1})+h,\quad n\geqslant 1.$$

那么，我们有

$$\begin{aligned}\|\omega_n-\omega_{n-1}\|_p&\leqslant\|\mu\|_\infty\Lambda_p\|\omega_{n-1}-\omega_{n-2}\|_p\\&\leqslant(\|\mu\|_\infty\Lambda_p)^{n-1}\|\omega_1-\omega_0\|_p,\quad n\geqslant 2.\end{aligned}$$

这样，序列 $\{\omega_n\}$ 在 L_p 空间中是 Cauchy 序列. 显然，它收敛于方程 (12.1) 的解. 总之，方程 (12.1) 的解可表示为

$$\begin{aligned}\omega&=h+\sum_{n=1}^{\infty}(\omega_n-\omega_{n-1})\\&=h+\mu H(h)+\mu H(\mu H(h))+\cdots\end{aligned} \tag{12.2}$$

这个公式将导致全平面拟共形同胚的表示定理.

12.2 Beltrami 方程的同胚解

我们考虑 Beltrami 方程

$$\partial_{\bar z}w=\mu\partial_z w,\quad \|\mu\|_\infty<1, \tag{12.3}$$

假定系数 μ 有一个有界支集. 我们要证明这个方程在全平面上有一个 $L_p(p>2)$ 广义解 $w=w(z)$ 使得映象 $z\longmapsto w(z)$ 是平面上的同胚.

我们首先证明下面的一个引理,它在后面的章节中还会用到. 这个引理断言的事实是纯拓扑的.

引理 12.1 设 $w=w(z)$ 是 $\boldsymbol{C}$ 上的连续函数,且 $\lim\limits_{z\to\infty}w(z)=\infty$. 若映射 $z\longmapsto w(z)$ 是 $\boldsymbol{C}$ 到自身的局部同胚,则它一定是整体同胚.

证. 首先,对于任意一点 $w_0\in\boldsymbol{C}$, 函数 $w(z)$ 一定能取到. 如其不然,值域 $w(\boldsymbol{C})$ 至少有一个边界点 $w_1\neq\infty$. 因此,存在一个序列 $\{z_n\}$, 使得 $w(z_n)\to w_1\ (n\to\infty)$. 若 $\{z_n\}$ 有一个有穷的极限点 z_0, 那么根据 $w(z)$ 的局部同胚性, $w=w(z)$ 把 z_0 的一个邻域同胚映射为 $w(z_0)=w_1$ 的一个邻域,这与 w_1 是 $w(\boldsymbol{C})$ 的边界点矛盾. 若 $\{z_n\}$ 没有有穷极限点,那么 $z_n\to\infty(n\to\infty)$, 因而 $w(z_n)\to\infty$, 这与 $w_1\neq\infty$ 矛盾. 总之,值域 $w(\boldsymbol{C})$ 没有有穷的边界点,也即 $w(\boldsymbol{C})=\boldsymbol{C}$.

其次,对于任意一点 $w_0\in\boldsymbol{C}$, 点 w_0 的逆像 $w^{-1}(w_0)$ 只能有有限个点. 如其不然,则其逆像 $w^{-1}(w_0)$ 有一个有穷的极限点,而在该点附近 $w(z)$ 不可能是局部一一的.

以上我们证明了映射 $z\longmapsto w(z)$ 是 $\boldsymbol{C}$ 到 $\boldsymbol{C}$ 上的映满的局部同胚,而且它使得 $\boldsymbol{C}$ 成为自身的一个有限层覆盖. 现在我们进一步证明,它只能是单层覆盖.

设有两点 $z_1\neq z_2$, $w(z_1)=w(z_2)$. 用任意一条曲线 α 把 z_1 与 z_2 相连结,那么 $\beta=w(\alpha)$ 是一条闭曲线,并且 β 过 z_1 点的提升就是 α. 然而 β 在 $\boldsymbol{C}$ 上同伦于一点,根据单值性定理,它的提升的起点 z_1 与终点 z_2 应该相同. 这与 $z_1\neq z_2$ 矛盾. 引理证毕.

定理 12.1 设 $\mu(z)$ 是有界可测函数, $\|\mu\|_\infty<1$, 且有一个有界支集. 则 Beltrami 方程 (12.3) 在平面上有下列形式的解

$$w(z)=z+T\omega(z),\quad \omega\in L_p,\quad p>2,$$

并且这个解 $w=w(z)$ 是 $\boldsymbol{C}$ 到自身的一个同胚.

证. 我们首先证明上述形式的解的存在性. 显然，这种形式的解的存在性,归结为解奇异积分方程

$$\omega=\mu H(\omega)+\mu. \tag{12.4}$$

根据假定，μ 有一个有界支集，并且是有界可测函数. 所以，$\mu\in L_p(\mathbf{C})$，p 是任意一个正数. 根据 § 12.1 的讨论，存在一个数 $p>2$，使得方程 (12.4) 在 L_p 空间有解. 设其解为 ω，那么 $w=z+T(\omega)$ 则满足 Beltrami 方程(12.3),是它的 L_p 广义解.

其次，我们证明这个解 $w=z+T(\omega)$ 是全平面的同胚. 这个证明较长. 首先假定 $\mu\in C_0^\infty$，证明我们的结论. 然后，用逼近的方法证明一般情况.

设 $\mu\in C_0^\infty$. 这时我们考虑 Beltrami 方程的共轭方程

$$\partial_{\bar z}f=\partial_z(\mu f),$$

也即

$$\partial_{\bar z}f=(\partial_z\mu)f+\mu\partial_z f. \tag{12.5}$$

现在我们证明这个方程式有形如 $f=\exp\{T(\tilde\omega)\}(\tilde\omega\in L_p,p>2)$ 的解. 事实上,奇异积分方程

$$\tilde\omega=\mu H(\tilde\omega)+\partial_z\mu, \tag{12.6}$$

根据 § 12.1 的讨论,在 $L_p(p>2)$ 空间中有解. 那么,如 $\tilde\omega\in L_p$ 是它的解,则不难验证函数 $f=\exp\{T(\tilde\omega)\}$ 是 (12.5) 的解.

对于 (12.5) 的解 $f=\exp\{T(\tilde\omega)\}$，我们应用 Green 公式(因为 f 具有 L_p 广义导数，因而具有 A. C. L. 性质，这一点保证了 Green 公式成立):

$$\oint_\Gamma f(z)(dz+\mu d\bar z)=2i\iint_D(\partial_{\bar z}f-\partial_z(\mu f))dxdy=0,$$

其中 Γ 是任意逐段光滑简单闭曲线，D 是它所围的区域. 上式表明左端的线积分与积分路径无关. 因而我们可以考虑函数

$$\tilde w(z)=\int_0^z f(\zeta)(d\zeta+\mu d\bar\zeta).$$

显然 $\tilde w(z)\in C^1$，并且

$$\partial_z\tilde w=f(z),\ \partial_{\bar z}\tilde w=\mu(z)f(z). \tag{12.6)'$$

由此可见，$w=\tilde{w}(z)$ 是 Beltrami 方程的一个经典解.

另外，由于 $\|\mu\|_\infty<1$，所以函数 $\tilde{w}(z)$ 的 Jacobi 行列式

$$J_{\tilde{w}}=|\partial_z\tilde{w}|^2-|\partial_{\bar{z}}\tilde{w}|^2=|f(z)|^2(1-|\mu|^2)$$
$$=|\exp\{T(\tilde{\omega})\}|^2(1-|\mu|^2)>0.$$

这表明 $w=\tilde{w}(z)$ 是局部同胚. 再注意到假定 $\mu\in C_0^\infty$，由 (12.6) 不难看出 $\tilde{\omega}$ 在某个大圆外为零. 因此，$T(\tilde{\omega})=O(|z|^{-1})(z\to\infty)$，从而

$$f(z)=1+O(|z|^{-1})\ (z\to\infty).$$

这样，我们又得

$$\tilde{w}(z)=z+O(1)\ (z\to\infty). \tag{12.7}$$

根据引理 12.1，$w=\tilde{w}(z)$ 在全平面上实现了 $\boldsymbol{C}$ 的同胚.

现在我们来讨论 $w=\tilde{w}(z)$ 与 $w=w(z)\equiv z+T(\omega)$ 这两个解之间的关系. 令 $\omega^*=\partial_{\bar{z}}\tilde{w}$，也即

$$\omega^*=\mu(z)f(z).$$

因为 μ 在某个大圆外为零，所以 $\omega^*\in L_p(\boldsymbol{C})$，$p$ 可取任意正数. 特别地，不妨取数 $p>2$ 并使得 $\|\mu\|_\infty\Lambda_p<1$. 这时，$T(\omega^*)$ 有 L_p 广义导数且

$$\partial_{\bar{z}}(\tilde{w}-T(\omega^*))=0,\quad \forall z\in\boldsymbol{C}.$$

对 $\tilde{w}-T(\omega^*)$ 应用 Green 公式可知，线积分

$$\int[\tilde{w}(z)-T\omega^*(z)]dz$$

与路径无关，因而 $\tilde{w}(z)-T\omega^*(z)\equiv\varphi(z)$ 是全平面上的全纯函数.

注意到 ω^* 有一个有界支集，不难看出

$$T\omega^*(z)=O(|z|^{-1})\ (z\to\infty),$$

也即

$$\tilde{w}(z)=\varphi(z)+O(|z|^{-1})\ (z\to\infty).$$

回顾 (12.7)，立即得出：$\varphi(z)/z\to1(z\to\infty)$. 这样 $\varphi(z)=z+a$，a 是某个常数. 总之，我们证明了

$$\tilde{w}(z)=z+a+T(\omega^*),\quad \omega^*\in L_p,\ p>2.$$

代入 Beltrami 方程(12.3)即知，ω^* 是奇异积分方程(12.4)在 $L_p(p>2)$ 中的解. 然而，压缩映象原理告诉我们，这个积分方程在 $L_p(p>2)$ 中的解是唯一的，因此，$w(z)=z+T(\omega)$ 中的 ω 与 ω^* 在 L_p 空间中是同一点. 这样，

$$w(z)=\tilde{w}(z)-a, \quad \forall z\in \mathbf{C}.$$

总之，我们证明了 Beltrami 方程(12.3)的形如 $w=z+T(\omega)$ 的解是同胚解. 不过，我们事先假定了 $\mu\in C_0^\infty$ 的条件.

现在我们讨论一般情况：μ 是一般有界可测函数，$\|\mu\|_\infty<1$，并有一个有界支集. 我们取序列 $\mu_n\in C_0^\infty$，$\|\mu_n\|_\infty\leqslant\|\mu\|_\infty<1$，且

$$\lim_{n\to\infty}\mu_n(z)=\mu(z)\ (\text{几乎处处}), \tag{12.8}$$

这样的序列是存在的，比如可以用卷积给出. 设 ω_n 是下列奇异积分方程的解：

$$\omega_n=\mu_nH(\omega_n)+\mu_n, \tag{12.9}$$

并且 $\omega_n\in L_p$，$p>2$，$\|\mu\|_\infty\Lambda_p<1$. 又设 $\omega\in L_p$ 是奇异积分方程(12.4)的解. 那么

$$\omega_n-\omega=\mu_nH(\omega_n-\omega)+(\mu_n-\mu)[1+H(\omega)].$$

于是

$$\begin{aligned}\|\omega_n-\omega\|_p&\leqslant\|\mu_n\|_\infty\Lambda_p\|\omega_n-\omega\|_p+\|(\mu_n-\mu)[1+H(\omega)]\|_p\\&\leqslant\|\mu\|_\infty\Lambda_p\|\omega_n-\omega\|_p+\|(\mu_n-\mu)[1+H(\omega)]\|_p,\end{aligned}$$

也即

$$\|\omega_n-\omega\|_p\leqslant\|(\mu_n-\mu)[1+H(\omega)]\|_p/(1-\|\mu\|_\infty\Lambda_p).$$

根据有界控制收敛定理，从(12.8)不难看出

$$\|(\mu_n-\mu)[1+H(\omega)]\|_p\to 0\ (n\to\infty).$$

因此，我们得到

$$\|\omega_n-\omega\|_p\to 0\ (n\to\infty). \tag{12.10}$$

令 $w_n(z)=z+T\omega_n(z)$，$w(z)=z+T\omega(z)$. 我们已经证明了 $w=w_n(z)$ 是 Beltrami 方程

$$\partial_{\bar z}w=\mu_n(z)\partial_z w \tag{12.11}$$

的 L_p 广义同胚解，$p>2$. 因此，$w=w_n(z)$ 是 K-q.c. 映射，此处 $K=(1+\|\mu\|_\infty)/(1-\|\mu\|_\infty)$ (注意 $\|\mu_n\|_\infty<\|\mu\|_\infty$). 另一

方面，由引理 11.1 及 (12.10) 立刻推出，$w_n(z)$ 在全平面上一致收敛于 $w(z)$. 因此，$w(z)$ 或者是常数，或者是 K-q.c. 映射. 但是 $w(z) \to \infty (z \to \infty)$，因而不可能是常数. 因此，$w = w(z)$ 一定是 K-q.c. 映射. 这样，我们证明了形如 $w = z + T(\omega)$ 的解是同胚解. 定理证毕.

现在我们把这个定理改述为关于拟共形映射的存在性定理.

定理 12.2 设 $\mu(z)$ 是任意给定的可测函数，$\|\mu\|_\infty < 1$，在平面上有一个有界的支集. 则存在一个全平面的拟共形映射 $w = w(z)$ 以 $\mu(z)$ 为其复特征，并且满足下列条件:

$$\lim_{z\to\infty} w(z)/z = 1. \tag{12.12}$$

以后会看到，除条件 (12.12) 外，再附加条件 $w(0) = 0$，那么这样的拟共形映射是唯一的.

§13 表示定理与相似原理

13.1 表示定理

设 $\mu(z)$ 是一个有界可测函数，$\|\mu\|_\infty < 1$，且有一个有界支集. 我们已经知道，Beltrami 方程 $\partial_{\bar z} w = \mu(z)\partial_z w$ 这时有下列形式的广义解

$$w = z + T(\omega), \quad \omega \in L_p, \ p > 2,$$

并且这个解是全平面上的一个拟共形映射. 现在我们给出这个拟共形映射的解析表示式.

我们知道上述的 ω 满足奇异积分方程

$$\omega = \mu H(\omega) + \mu.$$

根据公式 (12.2)，这个积分方程的解可表为

$$\omega = \mu + \mu H(\mu) + \mu H(\mu H(\mu)) + \cdots \tag{13.1}$$

因此，Beltrami 方程的解 $w = z + T(\omega)$ 有下列表示式

$$w(z) = z + T(\mu) + T(\mu H(\mu)) + T(\mu H(\mu H(\mu))) + \cdots \tag{13.2}$$

设 μ 在大圆 $\{z; |z| < R\}$ 外为零. 那么根据引理 11.1，存在

一个只依赖于 p 与 R 的常数 M 使得

$$|T(\underbrace{\mu H(\mu H(\cdots\mu H}_{n\text{个}H}(\mu))))|$$

$$\leqslant M\|\mu H(\underbrace{\mu H(\cdots\mu H}_{n\text{个}H}(\mu)))\|_p$$

$$\leqslant M(\|\mu\|_\infty\Lambda_p)^n\|\mu\|_\infty(\pi R^2)^{\frac{1}{p}},$$

其中 $p>2$ 使得 $\|\mu\|_\infty\Lambda_p<1$. 由此可见,表达式(13.2)中的级数绝对一致收敛. 这样,我们证明了

定理 13.1 在 $\mu(z)$ 有一个有界支集的条件下, Beltrami 方程 $\partial_{\bar z}w=\mu(z)\partial_z w(\|\mu\|_\infty<1)$ 的全平面同胚解 $w=z+T(\omega)$ 有表示式 (13.2), 其中的级数在全平面上绝对一致收敛.

这个定理通常被称为表示定理.

13.2 相似原理

Beltrami 方程全平面同胚解的存在性定理为研究 Beltrami 方程的解提供了重要的基础. 下面我们要证明, Beltrami 方程的任意一个解都可以表示成一个解析函数复合以一个固定的同胚. Beltrami 方程的解的这种性质表明它们与解析函数类的某种相似性,被称为相似原理.

我们知道,当 f 与 g 都是连续可微函数时,下列链规则成立:

$$\partial_z(g\circ f)=\partial_w g\cdot\partial_z f+\partial_{\bar w}g\cdot\partial_z\bar f, \tag{13.3}$$

$$\partial_{\bar z}(g\circ f)=\partial_w g\cdot\partial_{\bar z}f+\partial_{\bar w}g\cdot\partial_{\bar z}\bar f. \tag{13.4}$$

对于广义导数的情形,我们有下列的结论:

引理 13.1 设 $w=f(z)$ 是区域 D 到 D' 的同胚,并且 f 及 f^{-1} 都有 $L_p(p\geqslant 2)$ 广义导数. 又设 $g(w)$ 是区域 $G\supset D'$ 上的函数,有 L_q 广义导数,其中 q 是 p 的共轭数, 也即 $q=p/(p-1)$. 则复合函数 $g\circ f$ 在 D 内有 L_1 广义导数,并且链规则(13.5)与(13.4)成立.

证明是容易的, 请读者自己根据广义导数的定义完成证明.

特别地, 当 f 是拟共映射并取 $g=f^{-1}$ 时, 公式(13.3)及

(13.4) 变成

$$1 = \partial_w f^{-1} \cdot \partial_z f + \partial_{\bar{w}} f^{-1} \cdot \partial_z \bar{f},$$

$$0 = \partial_w f^{-1} \cdot \partial_{\bar{z}} f + \partial_{\bar{w}} f^{-1} \cdot \partial_{\bar{z}} \bar{f}.$$

解这个方程组即得到

$$(\partial_w f^{-1}) \circ f(z) = \overline{\partial_z f} / (|\partial_z f|^2 - |\partial_{\bar{z}} f|^2), \tag{13.5}$$

$$(\partial_{\bar{w}} f^{-1}) \circ f(z) = -\partial_{\bar{z}} f / (|\partial_z f|^2 - |\partial_{\bar{z}} f|^2). \tag{13.6}$$

于是拟共形映射 f 的逆 f^{-1} 的复特征为

$$\mu f^{-1} \circ f(z) = -\partial_{\bar{z}} f / \overline{\partial_z f}. \tag{13.7}$$

设 D 是一个区域. 我们在 D 内讨论 Beltrami 方程

$$\partial_{\bar{z}} w = \mu(z) \partial_z w, \quad z \in D, \ \|\mu\|_\infty < 1. \tag{13.8}$$

设 $w = g(z)$ 是这个方程的任意一个 L_2 广义解. 又设 $w = f(z)$ 是这个方程的一个 L_2 广义同胚解,即区域 D 上以 μ 为复特征的拟共形映射. 根据引理 13.1, 复合函数 $g \circ f^{-1}$ 有 L_1 广义导数,且

$$\partial_{\bar{w}}(g \circ f^{-1}) = \partial_z g \cdot \partial_{\bar{w}} f^{-1} + \partial_{\bar{z}} g \cdot \partial_{\bar{w}} \bar{f}^{-1}.$$

由 (13.5), (13.6) 及 (13.7) 有

$$\begin{aligned} \partial_{\bar{w}}(g \circ f^{-1}) &= (\partial_z g \cdot (-\partial_{\bar{z}} f) + \partial_{\bar{z}} g \cdot \partial_z f) / (|\partial_z f|^2 - |\partial_{\bar{z}} f|^2) \\ &= [-\partial_z g \cdot \mu + \partial_{\bar{z}} g] \partial_z f / (|\partial_z f|^2 - |\partial_{\bar{z}} f|^2) \\ &= 0, \qquad \forall w \in f(D). \end{aligned}$$

这就是说, 函数 $g \circ f^{-1}$ 在区域 $f(D)$ 内有 L_1 广义导数且满足 Cauchy-Riemann 方程. 因此 $g \circ f^{-1}$ 是区域 $f(D)$ 内的解析函数[1]. 设 $g \circ f^{-1} = \varphi(w)$, 则 $g = \varphi \circ f$.

定理 13.2 设 $f(z)$ 是区域 D 的拟共形映射, 其复特征为 $\mu(z)$. 则 Beltrami 方程 (13.8) 的任意一个 L_2 广义解都可以表示成 $\varphi \circ f$, 其中 $\varphi(w)$ 是 $f(D)$ 内的全纯函数.

特别地,两个具有相同复特征的拟共形映射 $w = f(z)$ 与 $w = g(z)$, 必定有一个共形映射 φ 使得 $g = \varphi \circ f$.

由定理 13.2 立即推出, 对于 Beltrami 方程的 L_2 广义解来说,

---

1) 在 $f(D)$ 的任意圆盘内,线积分 $\int g \circ f^{-1} dz$ 与路径无关. 这一点由 Green 公式推出,而 $g \circ f^{-1}$ 的 A. C. L. 性质保证了 Green 公式成立.

最大模原理、零点孤立性定理以及保持区域定理等都成立.

这里我们只关心拟共形映射，对于 Beltrami 方程的一般广义解只是附带提到. 下面将详细给出相似原理及存在性定理的种种推论.

13.3 边界对应定理及唯一性定理

一个 Jordan 区域到另一个 Jordan 区域的共形映射总可以适当定义其边界值使之成为闭区域上的同胚. 共形映射的这一定理对拟共形映射而言也成立.

定理 13.3 设 $w=f(z)$ 是 Jordan 区域 D 到另一个 Jordan 区域 D' 的拟共形映射. 则 $w=f(z)$ 可以扩充为 $\overline{D}$ 到 $\overline{D'}$ 的同胚.

证. 设 $\mu=\mu_f$ 是 f 的复特征. 我们在 D 外定义 μ 为零. 那么存在一个全平面上的拟共形映射以 μ 为其复特征. 设此拟共形映射为 $w=w(z)$. 由定理 13.2 可知，$f(z)=\varphi(w(z))$，其中 φ 为区域 $w(D)$ 上的共形映射. 由于 $w=w(z)$ 是全平面的同胚，所以 $w(D)$ 仍是 Jordan 区域. 这样，φ 是 Jordan 区域 $w(D)$ 到 Jordan 区域 D' 的拟共形映射，因而可以同胚延拓到 $w(D)$ 的边界. 因此，拟共形映射 f 可以同胚延拓到 D 的边界上. 证毕.

今后，我们可以谈论 Jordan 区域到 Jordan 区域的拟共形映射的边界对应.

显然成立下述唯一性定理:

定理 13.4 具有给定复特征的、把一个给定的 Jordan 区域变成另一个给定的 Jordan 区域并把指定的三个边界点对应到指定的三个边界点的拟共形映射是唯一的.

根据相似原理，具有相同复特征的全平面拟共形映射之间仅相差一个分式线性变换. 因此，我们有

定理 13.5 具有给定复特征的全平面拟共形映射 $w=f(z)$ 满足下述规范条件者，则一定是唯一的:

$$f(0)=0,\ f(1)=1,\ f(\infty)=\infty.$$

13.4 拟共形映射的 Hölder 连续性

相似原理告诉我们的另一个重要事实是，每一个 K-q.c. 映射都是 Hölder 连续的，其 Hölder 指数只依赖于 K.

设 $w = f(z)$ 是有界区域 D 的一个 K-q.c. 映射，其复特征为 $\mu = \mu_f$. 那么，$\|\mu\|_\infty \leqslant k = (K-1)/(K+1)$. 定义 μ 在 D 外为零，并取 $p > 2$ 使得 $k\Lambda_p < 1$. 这时，Beltrami 方程 $\partial_{\bar{z}} w = \mu(z)\partial_z w$ 在全平面上有同胚解 $w(z) = z + T(\omega)$，其中 $\omega \in L_p$，$p > 2$. 根据相似原理，$f(z) = \varphi(w(z))$，其中 φ 是区域 $w(D)$ 内的全纯函数.

另外一方面，根据引理 11.2，$T\omega(z)$ 是指数为 $\alpha = (p-2)/p$ 的 Hölder 连续函数，因而 $w(z)$ 也是如此，即在任意一个有界闭集 F 中，

$$|w(z_1) - w(z_2)| \leqslant M|z_1 - z_2|^\alpha, \quad \forall z_1, z_2 \in F,$$

其中 M 是仅依赖于 F 的常数. 当 F 是 D 内闭集时，我们有

$$|f(z_1) - f(z_2)| \leqslant M \cdot \sup_{w \in w(F)} \{|\varphi'(w)|\} \cdot |z_1 - z_2|^\alpha.$$

这就证明了我们的结论.

拟共形映射的 Hölder 连续性也可以通过讨论双连通域共形模的变化得到，并且可以进一步确定 $\alpha = 1/K$. 这一点将在第四章中证实.

13.5 拟共形延拓

设 $w = f_j(z)$ 是 Jordan 区域 D_j 到区域 D_j' 的拟共形映射，$j = 1, 2$；并且 $D_1 \cap D_2 = D_1' \cap D_2' = \phi$. 若简单弧 $\gamma \subset \overline{D}_1 \cap \overline{D}_2$，并且 f_j 自 D_j 内可同胚延拓到 γ 上，$j = 1, 2$，而且 $f_1|_\gamma = f_2|_\gamma$，那么映射

$$z \longmapsto f(z) = \begin{cases} f_1(z), & z \in D_1 \cup \gamma; \\ f_2(z), & z \in D_2, \end{cases}$$

是 $D_1 \cup D_2 \cup \gamma$ 上的拟共形映射.

拟共形映射这一性质类似于共形映射的延拓定理. 它也是相

似原理的推论.

不失一般性,我们假定 D_1 与 D_2 都是有界区域. 命

$$\mu(z)=\begin{cases}\mu_{f_1}(z), & z\in D_1;\\ \mu_{f_2}(z), & z\in D_2;\\ 0, & \text{其它点}.\end{cases}$$

那么 $\|\mu\|_\infty=\max\{\|\mu_1\|_\infty,\|\mu_2\|_\infty\}<1$. 设 $w=w(z)$ 是 Beltrami 方程 $\partial_{\bar z}w=\mu(z)\partial_z w$ 在全平面上的同胚解. 根据相似原理, 我们有

$$f_1(z)=\varphi_1(w(z)),\ f_2(z)=\varphi_2(w(z)),$$

其中 $\varphi_j(w)$ 是 $w(D_j)$ 的共形映射, $j=1,2$. 由假定的条件可知, φ_j 可自 $w(D_j)$ 内同胚延拓到弧 $w(\gamma)$, 并且

$$\varphi_1|w(\gamma)=\varphi_2|w(\gamma).$$

因此,映射

$$w\longmapsto\varphi(w)=\begin{cases}\varphi_1(w), & w\in w(D_1\cup\gamma);\\ \varphi_2(w), & w\in w(D_2)\end{cases}$$

是共形映射.

显然,映射 $z\longmapsto\varphi(w(z))$ 是 $D_1\cup D_2\cup\gamma$ 上的拟共形映射, 而 $\varphi(w(z))$ 恰好就是前面定义的 $f(z)$. 这就证明了我们的结论.

象在解析函数论中一样,对称延拓是最常用的. 例如,若 $w=f(z)$ 是上半平面 $\boldsymbol{H}$ 到自身的拟共形映射,则它不仅可以同胚延拓到 $\boldsymbol{H}$ 的边界 $\boldsymbol{R}$ 上(边界对应定理), 而且可以按照下列方式拟共形延拓到全平面 $\boldsymbol{C}$ 上: 定义 $f(z)=\overline{f(\bar z)}$, 当 z 在下半平面 $\boldsymbol{L}$ 内时.

13.6 拟共形映射的 Riemann 映射定理

设区域 D 是一个单连通域, 在扩充复平面 $\overline{\mathbf{C}}$ 上的边界点多于一点. 假定在 D 内给定一个可测函数 $\mu(z)$, $\|\mu\|_\infty<1$, 问是否存在一个以 μ 为复特征的拟共形映射把 D 变成单位圆? 回答是肯定的.

首先我们讨论区域 D 是有界域的情况. 这时我们定义 $\mu(z)$

在D外为零．根据定理 12.2，存在一个全平面的拟共形映射 $w=w(z)$，以 $\mu(z)$ 为其复特征，并且 $w(z)/z\to 1(z\to\infty)$．显然，$w(D)$ 是有界单连通区域．因此，存在一个共形映射 $\zeta=\varphi(w)$ 把 $w(D)$ 变成单位圆．这样，复合函数 $\zeta=\varphi(w(z))$ 则把D变成单位圆，并且是一个以 μ 为复特征的拟共形映射．

当D是一个无界区域时，我们先作一个共形映射 $\zeta=\phi(z)$，把D变成单位圆 $\Delta=\{\zeta:|\zeta|<1\}$，并相应的在$\Delta$内考虑复特征

$$\mu_1(\zeta)=\mu(g(\zeta))\overline{g'(\zeta)}/g'(\zeta),$$

其中 $g=\phi^{-1}$．然后，我们求一个把单位圆映为自身的拟共形映射 $w=h(\zeta)$，以 $\mu_1(\zeta)$ 为其复特征．这样复合映射 $w=h(\phi(z))$ 把D变成单位圆，并且不难直接验证 $w=h(\phi(z))$ 的复特征恰好就是 $\mu(z)$．

以上我们证明了

定理 13.6 设D是边界点多于一点的单连通区域，$\mu(z)$ 是D内给定的可测函数，$\|\mu\|_\infty<1$．那么，存在一个以 μ 为复特征的拟共形映射把D变成单位圆．

显然，我们也可以选择上半平面作为典型区域代替定理中的单位圆．另外，从上述证明中很容易看出，我们可以要求所求的映射把区域D中给定的点变成单位圆内的指定的一点，并且在D是 Jordan 区域时，还可以要求把D的给定的边界点变成单位圆周上指定的一点．或者要求映射满足有如共形映射理论中一样的其它规范化条件．

13.7 全平面上给定复特征的映射

已经证明的存在性定理，限定复特征在某个有界集外为零．现在我们要去掉这个限制．

定理 13.7 在复平面 $\mathbf{C}$ 上给定一个可测函数 $\mu(z)$，$\|\mu\|_\infty<1$．则存在一个全平面上的拟共形映射 $w=f(z)$，以 μ 为其复特征，并保持点 0，1，∞ 不动．这样的拟共形映射是唯一的．

证． 命 $\mu(z)=\mu_1(z)+\mu_2(z)$，其中

$$\mu_1(z) = \begin{cases} \mu(z), & \text{当} |z| < 1; \\ 0, & \text{当} |z| \geqslant 1, \end{cases}$$

$$\mu_2(z) = \begin{cases} 0, & \text{当} |z| < 1; \\ \mu(z), & \text{当} |z| \geqslant 1. \end{cases}$$

作变换 $\zeta = 1/z$，并且考虑复特征

$$\tilde{\mu}_2(\zeta) = \mu_2\left(\frac{1}{\zeta}\right)\frac{\zeta^2}{\bar{\zeta}^2}.$$

显然，在单位圆外 $\tilde{\mu}_2 = 0$. 因此，存在一个以 $\tilde{\mu}_2$ 为复特征的全平面拟共形同胚 $\tilde{f}_2$，$\tilde{f}_2(0) = 0$，且

$$\lim_{\zeta \to \infty} \tilde{f}_2(\zeta)/\zeta = 1.$$

命 $f_2(z) = 1/\tilde{f}_2\left(\frac{1}{z}\right)$. 那么，不难验证 f_2 以 μ_2 为复特征. 记 Δ 为单位圆 $\{z: |z| < 1\}$. 显然，f_2 把 Δ 变成一个含有原点的有界域，记之为 D. 注意到 μ_2 在 Δ 内为零，可知 f_2 在 Δ 内为共形映射. 我们引进函数

$$\tilde{\mu}_1(w) = \begin{cases} \mu_1(g(w))\overline{g'(w)}/g'(w), & w \in D; \\ 0, & w \notin D, \end{cases}$$

其中 $g = f_2^{-1}$. 由 D 的有界性可知，存在一个拟共形映射 f_1 以 $\tilde{\mu}_1$ 为复特征，$f_1(0) = 0$，且有

$$\lim_{w \to \infty} f_1(w)/w = 1.$$

这时复合映射 $f_1 \circ f_2$ 则以 μ 为其复特征. 事实上，因为 $\tilde{\mu}_1$ 在 D 外为零，所以 f_1 在 D 外为共形映射. 因此，复合映射 $f_1 \circ f_2$ 在单位圆 Δ 外的复特征与 f_2 的一致，即为 $\mu_2(z) = \mu(z)$. 至于在单位圆 Δ 之内，注意到 f_2 的共形性并根据 $\tilde{\mu}$ 的定义，不难直接验证 $f_1 \circ f_2$ 的复特征这时恰好就是 μ.

因为 f_1 与 f_2 都是保持点 0 与 ∞ 不动，所以 $f_1 \circ f_2$ 也是如此. 因此，映射

$$z \longmapsto f(z) = f_1 \circ f_2(z)/f_1 \circ f_2(1)$$

保持点 $0, 1, \infty$ 不动，并且复特征为 μ. 这种映射的唯一性已包含于定理 13.5 之中. 定理证毕.

应该指出，也可以利用积分算子给出这个定理的更直接的证明．例如，我们考虑算子

$$\hat{T}(\omega) = -\frac{1}{\pi}\iint_{C}\frac{z\omega(\zeta)}{\zeta(\zeta - z)}d\xi d\eta, \quad \zeta = \xi + i\eta.$$

显然，这个算子与过去的算子 $T(\omega)$ 的关系如下：

$$\hat{T}(\omega)(z) = T(\omega)(z) - T(\omega)(0).$$

因此，我们有

$$\partial_{\bar{z}}\hat{T}(\omega) = \omega, \ \partial_{z}\hat{T}(\omega) = H(\omega).$$

这个算子的好处在于它可以去掉 ω 有一个有界支集的限制而具有 $T(\omega)$ 的基本性质．这是因为在定义中被积函数的分母是 ζ 的二阶无穷大量（当 ζ 趋于无穷）；这一点保证了只要 ω 属于 $L_p(\mathbf{C})$，$p > 2$，则 $\hat{T}(\omega)$ 即存在．

基于上述性质，我们可以利用算子 $\hat{T}(\omega)$ 直接求 Beltrami 方程的形如 $w = z + \hat{T}(\omega)$ 的解，而无须限制 Beltrami 系数有一个有界支集．其它一切步骤都与以前完全相同，无须叙述．

13.8 规范拟共形映射对参数的依赖性

设复特征 $\mu = \mu(z, t)$ 依赖于参数 t，t 可以是实数或复数．假如 μ 对 t 有某种依赖性，比如解析依赖于 t（即对任意固定的 z，$\mu(z, t)$ 是 t 的解析函数），我们要问以 μ 为复特征的规范拟共形映射是否也同样地依赖于 t？回答是肯定的．下面的定理属于 Ahlfors 与 Bers：[7]

定理 13.8 设 $\mu = \mu(z, t)$ 对于任意固定的复参数 t 是 z 的有界可测函数，且

$$\|\mu(z, t)\|_\infty \leqslant k(t) < 1,$$

其中 $k(t)$ 是与 z 无关的数．又设 $\mu = \mu(z, t)$ 对于任意固定的 $z \in \mathbf{C}$，是 t 的解析函数．则以 μ 为复特征的且保持 $0, 1, \infty$ 不动的全平面拟共形同胚 $w = f(z, t)$ 解析依赖于参数 t．

这个定理是表示定理的推论．事实上，保持 $0, 1, \infty$ 不动的全平面拟共形同胚可以由相应的 Beltrami 方程的解 $w = z + \hat{T}(\omega)$

表出．这里的 ω 可以由迭代求得，因而类似于(13.2)的表示式（其中 T 应换为 $\hat{T}$）也成立．注意到迭代序列的绝对一致收敛性，立即看出当 μ 是 t 的解析函数时，$w = z + \hat{T}(\omega)$ 也是如此．

这个定理有着重要的应用．

*　　　*　　　*　　　*

注 1　Beltrami 方程的同胚解的存在性问题与许多问题有关，例如曲面等温坐标的存在性问题，二阶椭圆型偏微分方程化标准型问题等．历史上最早研究它的是 Gauss（见 [32]）．他证明了当 μ 是解析函数时 Beltrami 方程局部同胚解的存在性．1938 年 Morrey（见 [62]）对于可测系数的情况作了系统的研究．到了 50 年代 Bers[10] 才把 Morrey 的工作与拟共形映射联系起来．

注 2　Beltrami 方程更进一步的推广自然是

$$\partial_{\bar z} w = \mu_1 \partial_z w + \mu_2 \overline{\partial_z w}$$

$$(\| |\mu_1| + |\mu_2| \|_\infty < 1).$$

通常这个方程的 L_2 广义同胚解被称为具有一对复特征 (μ_1, μ_2) 的拟共形映射．在 $\mu_2 \not\equiv 0$ 时，一个具有复特征 (μ_1, μ_2) 的拟共形映射复合以共形映射，不再是具有相同复特征 (μ_1, μ_2) 的拟共形映射．这一点使得对这类方程的研究，如证明相应的 Riemann 映射定理，带来了实质性的困难．在这方面有关单连通域变成典型区域的映射存在性问题由 Boyarskiy[25] 解决，而多连通域变成典型区域的存在性问题由工作 [56] 解决．后来 Monahoff[63] 将 [56] 的结果与方法推广到非线性复特征的情况；类似的工作还有闻国椿 [88]，方爱农 [29] 及 Ahmedoff[8]．

第四章　偏 差 定 理

本章主要内容是讨论单位圆到自身的拟共形映射和全平面上的拟共形映射下模的偏差状况. 我们主要是要证明有关这种偏差的森（Mori）定理与 Teichmüller 定理. 这些定理将在下章的讨论中得到应用.

§14　Poincaré 度量与模函数

14.1　单位圆上的 Poincaré 度量

设Δ是单位圆,即 $\Delta=\{z:|z|<1\}$. 在Δ上我们引入下述度量

$$ds=\frac{2|dz|}{1-|z|^2},\quad z\in\Delta. \tag{14.1}$$

单位圆内任意一条可求长曲线γ在这个度量下的长度应该是

$$\int_\gamma ds=\int_\gamma\frac{2|dz|}{1-|z|^2}.$$

例如,实轴上的区间$[0,r]$ $(0<r<1)$在这个度量的长度为

$$\int_0^r\frac{2\,dx}{1-x^2}=\log\frac{1+r}{1-r}. \tag{14.2}$$

度量(14.1)被称为单位圆Δ上的 Poincaré 度量.

Poincaré 度量的一个基本性质是，在保持单位圆不变的分式线性变换下不变. 事实上，任意一个保持单位圆的分式线性变换都可以写成

$$w=e^{i\alpha}\frac{z-z_0}{1-\bar z_0z},\quad z_0\in\Delta.$$

直接计算表明

$$\frac{2|dw|}{1-|w|^2}=\frac{2|dz|}{1-|z|^2}.$$

由此可见,任意一条曲线 $\gamma\subset\Delta$ 在 Poincaré 度量下的长度,在保持单位圆的分式线性变换下保持不变. 换句话说,保持单位圆的分式线性变换是 Poincaré 度量下的刚体运动.

现在我们讨论在 Poincaré 度量下,Δ 内两点间的最短连线. 先看一个特殊情况:给定的两点是 0 与 $r>0$. 很容易看出,对于任意一条连结这两点的可求长曲线 γ,我们都有

$$\int_\gamma \frac{2|dz|}{1-|z|^2}\geqslant\int_0^r\frac{2\,dx}{1-x^2}.$$

由此可见,在 Poincaré 度量下,点 0 与 r 之间的最短线恰好就是实轴上的线段 $[0, r]$,而其间的距离是 $\log(1+r)/(1-r)$.

对于 Δ 内任意两点 z_1 与 z_2,$z_1\neq z_2$,我们作分式线性变换

$$z\longmapsto g(z)=e^{i\alpha}\frac{z-z_1}{1-\bar{z}_1 z},$$

其中 α 是常数,使得 $g(z_2)>0$. 因为分式线性变换 g 保持 Poincaré 距离不变,所以 z_1 与 z_2 之间的最短距离也就是 $g(z_1)$ $(=0)$ 与 $g(z_2)$ 之间的距离,即

$$\log\left(1+\left|\frac{z_2-z_1}{1-\bar{z}_1z_2}\right|\right)\bigg/\left(1-\left|\frac{z_2-z_1}{1-\bar{z}_1z_2}\right|\right). \qquad (14.3)$$

而 z_1 与 z_2 之间的最短连线应该是实轴上的线段 $[0, g(z_2)]$ 在 g^{-1} 下的像. 我们知道,在 g^{-1} 变换下实轴的像是与单位圆周正交的圆周或直线. 因此,z_1 与 z_2 之间的最短连线就是过这两个点所作的垂直于单位圆周的圆周或直线上的弧. 单位圆内与单位圆周正交的圆弧或直线段被称为 Poincaré 直线.

Poincaré 度量可以推广到单连通域上. 设 D 是一个单连通域其边界点多于一点. 又设 f 是 D 到 Δ 的共形映射,我们定义

$$ds=2|f'(z)||dz|/(1-|f(z)|^2)$$

为 D 内的 Poincaré 度量.

由于 f 不是唯一的,所以我们应当说明,这样定义的 Poincaré

度量与 f 的选取无关. 事实上, f 的不同选择之间只相差一个分式线性变换,这个分式线性变换保持单位圆不变;我们已经说明了这种分式线性变换保持 Poincaré 度量不变.

当区域 D 是上半平面 $\boldsymbol{H}$ 时, Poincaré 度量是

$$ds = |dz|/y, \quad y = \operatorname{Im} z > 0.$$

$\boldsymbol{H}$ 内 Poincaré 直线是与实轴正交的半圆弧或半直线.

14.2 穿孔球面的 Poincaré 度量

扩充复平面 $\bar{\boldsymbol{C}} = \boldsymbol{C} \cup \{\infty\}$ 挖去三个点 z_1, z_2 和 z_3, 其余集 $\bar{\boldsymbol{C}} - \{z_1, z_2, z_3\}$ 记为 $\bar{\boldsymbol{C}}(z_1, z_2, z_3)$. 现在我们讨论如何在 $\bar{\boldsymbol{C}}(z_1, z_2, z_3)$ 上定义 Poincaré 度量. 由于 $\bar{\boldsymbol{C}}(z_1, z_2, z_3)$ 共形等价于 $\bar{\boldsymbol{C}}(0, 1, \infty)$, 所以我们只讨论后者就足够了.

我们在 $w = u + iv$ 平面上考虑区域

$$A = \left\{u + iv: 0 < u < 1, \ \left|u + iv - \frac{1}{2}\right| > \frac{1}{2}, \ v > 0\right\}.$$

设 $z = \varphi(w)$ 是把 A 映到 $\boldsymbol{H} = \{z = x + iy; y > 0\}$ 的共形映射,且把 0, 1, ∞ 分别对应到 0, 1, ∞. 由于 A 的边界是由两条半直线及一条半圆弧组成,而 A 在 φ 下的像是上半平面, 所以, φ 可以关于 ∂A 的直线弧或圆弧作对称延拓. 延拓后的区域边界仍是由直线弧或圆弧组成,而其值域是下半平面. 因此,这种对称延拓仍可继续下去, 一直到把 φ 的定义域扩充到整个上半平面. 由于每次延拓时 φ 在边界的直线弧或半圆弧上总是取值为实轴上的区间 $(0, 1)$, $(1, \infty)$ 或 $(\infty, 0)$, 而在区域内部取值为上半平面或下半平面,所以延拓后的 φ 的值域是 $\bar{\boldsymbol{C}}(0, 1, \infty)$. 图 14.1 表示了 φ 自 A 开始的延拓过程.

我们把延拓后的函数 $z = \varphi(w)$ 称为椭圆模函数. 显然, 它以 2 为周期:

$$\varphi(w + 2n) = \varphi(w), \quad n \in \boldsymbol{Z}. \tag{14.4}$$

此外,根据定义不难看出

$$\varphi(w) = \overline{\varphi(1 - \bar{w})}, \quad \varphi(w) = \overline{\varphi\left(\frac{1}{2} + \frac{1}{4\bar{w} - 2}\right)}.$$

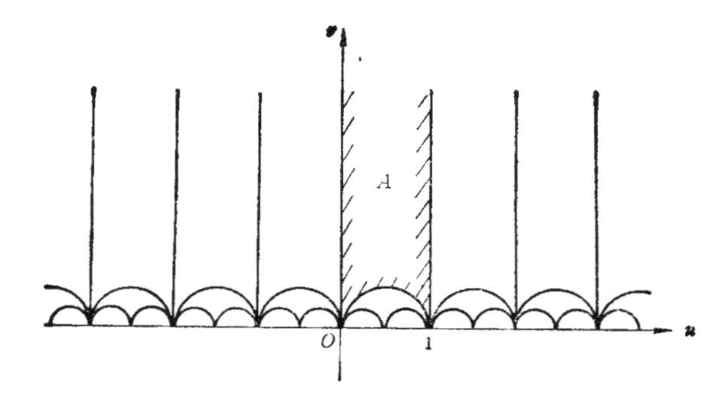

图 14.1

因此，我们有

$$\varphi(w)=\varphi\left(\frac{w}{2w+1}\right). \tag{14.5}$$

由 (14.4) 及 (14.5) 又推出，φ 对于 $w\longmapsto w+2$ 以及$w\longmapsto w/(2w+1)$，和它们的各种复合映射，都是不变的. 换句话说，φ 在分式线性变换

$$w\longmapsto\frac{aw+b}{cw+d},\qquad\begin{pmatrix}a, & b\\ c, & d\end{pmatrix}\equiv\begin{pmatrix}1, & 0\\ 0, & 1\end{pmatrix}\operatorname{mod}2$$

下是不变的. 上述分式线性变换的全体所组成的群叫作模群，其元素被称为模变换.

命 $\psi=\varphi^{-1}$，则 ψ 是一个多值解析函数. 当我们把 ψ 的取值范围限制在图 14.1 中的某个非欧三角形之中时，ψ 则在上半平面或下半平面是一个单值函数. 不同的单值分支之间仅相差一个模变换. 注意到 $|dw|/\operatorname{Im}w$ 在保持上半平面的分式线性变换下不变，不难看出量

$$\eta(z)=|\psi'(z)|/\operatorname{Im}\psi(z) \tag{14.6}$$

不依赖于单值分支的选取. 我们定义

$$ds=\eta(z)|dz| \tag{14.7}$$

为 $\bar{\boldsymbol{C}}(0, 1, \infty)$ 的 Poincaré 度量.

14.3 椭圆模函数

椭圆模函数φ可以由 Weierstrass $\mathscr{P}$ 函数表出. 命 ω_1 与 ω_2 是任意两复数，$\mathrm{Im}(\omega_1/\omega_2)>0$. 以 ω_1 与 ω_2 为基本周期的 $\mathscr{P}$ 函数记作 $\mathscr{P}(z;\omega_1,\omega_2)$，即

$$\mathscr{P}(z;\omega_1,\omega_2)=\frac{1}{z^2}+\sum_{\omega\neq 0}\left[\frac{1}{(z+\omega)^2}-\frac{1}{\omega^2}\right],$$

其中ω取遍一切非零的周期点 $n\omega_1+m\omega_2$; $n, m\in \boldsymbol{Z}$. 很容易证明

$$\mathscr{P}(z;\omega_1+\omega_2,\omega_2)=\mathscr{P}(z;\omega_1,\omega_2), \tag{14.8}$$

$$\mathscr{P}(kz;k\omega_1,k\omega_2)=k^{-2}\mathscr{P}(z;\omega_1,\omega_2), \tag{14.9}$$

其中 $k\neq 0$.

现在特别地取 $\omega_1=1$, $\omega_2=w$, $\mathrm{Im}\,w>0$. 这时命

$$e_1(w)=\mathscr{P}\left(\frac{1}{2};1,w\right),\quad e_2(w)=\mathscr{P}\left(\frac{w}{2};1,\omega\right),$$

$$e_3(w)=\mathscr{P}\left(\frac{1+w}{2};1,w\right).$$

现在来说明函数

$$q(w)=\frac{e_3(w)-e_1(w)}{e_3(w)-e_2(w)} \tag{14.10}$$

就是上述椭圆模函数 $\varphi(w)$. 事实上，$q(w)$ 显然在上半平面内处处解析. 利用 $\mathscr{P}$ 函数的周期性及关系式 (14.8) 与 (14.9) 不难证明 $q(w)$ 在变换 $w\longmapsto w+2$ 及 $w\longmapsto w/(2w+1)$ 之下不变，因而 $q(w)$ 是关于模群的自守函数. 此外，利用关系式

$$e_1(w+1)=e_1(w),\quad e_3(w+1)=e_2(w),$$
$$e_2(w+1)=e_3(w),$$

可以推出

$$q(w+1)=1-q(w). \tag{14.11}$$

又可以推出

$$q\left(-\frac{1}{w}\right)=\frac{1}{q(w)}. \tag{14.12}$$

现在我们进一步说明 $q(w)$ 在区域 A（见 § 14.2）的边界上取实值.

事实上，$w=\mathscr{P}(z;1,iv)$ 在 $\mathrm{Im}z=0$, $\mathrm{Re}z=0$, $\mathrm{Im}\,z=v/2$ 及 $\mathrm{Re}z=1/2$ 上都取实值. 不难利用辐角原理证明，映射 $z\longmapsto\mathscr{P}(z;1,iv)$ 把矩形

$$R=\{z=x+iy:0<x<1/2,\ 0<y<v/2\}$$

共形映射为下半平面，并且 R 的四个顶点 0, $1/2$, $(1+iv)/2$, $iv/2$ 分别对应于 ∞, $e_1(iv)$, $e_3(iv)$, $e_2(iv)$，这四个点应该自右向左出现于实轴上. 因此，$e_2(iv)<e_3(iv)<e_1(iv)$. 这样

$$q(iv)=\frac{e_3(iv)-e_1(iv)}{e_3(iv)-e_2(iv)}<0. \tag{14.13}$$

再由 (14.11) 可知，

$$q(1+iv)=1-q(iv)>1. \tag{14.14}$$

(14.13) 及 (14.14) 表明 $q(w)$ 在区域 A 的两条直线边界弧上取实值. 另外一方面，由 (14.11) 及 (14.12) 可知，

$$q\left(\frac{1}{1-iv}\right)=\frac{1}{q(iv-1)}=\frac{1}{1-q(iv)}. \tag{14.15}$$

这表明 $q(w)$ 在 $w=1/(1-iv)$ 上是大于零与小于 1 的实数，也即在 A 的半圆弧边界上 $0<q(w)<1$.

为了证明 $q(w)$ 就是椭圆模函数，我们还须进一步说明 q 将 ∂A 映满整个实轴，并保持点 0, 1, ∞ 不动. 为此，我们考虑分式线性变换

$$w=-\frac{\zeta-e_1(iv)}{\zeta-e_2(iv)}, \tag{14.16}$$

其中 v 是一个任意固定的正数. 这个分式线性变换把下半平面变成上半平面，并把 ∞, $e_1(iv)$, $e_3(iv)$, $e_2(iv)$ 分别变成 -1, 0, ρ, ∞，其中

$$\rho=\frac{e_1(iv)-e_3(iv)}{e_3(iv)-e_2(iv)}. \tag{14.17}$$

我们已经知道，$\zeta=\mathscr{P}(z;1,iv)$ 把矩形 R 变成下半平面，并把其

顶点 0, 1/2, $(1+iv)/2$, $iv/2$ 依次对应于 ∞, $e_1(iv)$, $e_3(iv)$, $e_2(iv)$. 因此,复合映射 $w\circ\mathscr{P}$ 把 R 变成上半平面, 并把 R 的上述四个顶点依次变成 -1, 0, ρ, ∞. 这样,

$$M(R(0, 1/2, (1+iv)/2, iv/2)) = M(\boldsymbol{H}(-1, 0, \rho, \infty)).$$

由 (5.16) 式即有 $1/v = 1/\Lambda(\rho)$, 即

$$v = \Lambda(\rho). \tag{14.18}$$

因为 $\Lambda(\rho)$ 是 ρ 的单调递增函数, 所以 $\rho = \Lambda^{-1}(v)$ 也是单调递增的. 另一方面,由 (14.13) 及 (14.17) 可知, $\rho = -q(iv)$. 因此,

$$\Lambda^{-1}(v) = -q(iv). \tag{14.19}$$

可见 $q(iv)$ 是 v 的单调递减函数. 并且由

$$\Lambda(\rho) \to \infty \ (\rho \to \infty), \quad \Lambda(\rho) \to 0 (\rho \to 0)$$

推出

$$q(iv) \to -\infty \ (v \to \infty), \quad q(iv) \to 0 \ (v \to 0).$$

再由 (14.14) 又推出

$$q(1+iv) \to \infty \ (v \to \infty), \quad q(1+iv) \to 1 \ (v \to 0).$$

这就表明 $q(w)$ 把 A 的两条直线边界弧分别一一映射为实轴的区间 $(-\infty, 0)$ 与 $(1, \infty)$. 再由 (14.15) 可知 $q(w)$ 把 A 的半圆弧边界一一映射为 $(0, 1)$. 总之, 如果我们补充定义 $q(0) = 0$ 及 $q(1) = 1$, 那么 q 把 ∂A 一一映射为实轴.

由解析函数的边界对应原理可知, q 在 A 内是单叶解析函数. 再由已经证明的事实就立刻推出, q 把 A 共形映射于上半平面 $\boldsymbol{H}$、并保持 0, 1, ∞ 不动. 由共形映射的唯一性定理即推出 $q(w) = \varphi(w)$. 这样,椭圆模函数可以由公式 (14.10) 表示,即

$$\varphi(w) = \frac{e_3(w) - e_1(w)}{e_3(w) - e_2(w)}. \tag{14.20}$$

命 $\rho = \lambda(v)$ 是 $v = \Lambda(\rho)$ 的反函数. 上述的讨论中不仅给出了椭圆模函数的表示式而且还给出了 $\lambda(v)$ 的表示式. 由 (14.19) 有

$$\lambda(v) = \frac{e_1(iv) - e_3(iv)}{e_3(iv) - e_2(iv)}. \tag{14.21}$$

$\lambda(v)$ 在今后的讨论中起着重要作用，我们须要进一步研究它的性质.

首先，我们要给出 $\lambda(v)$ 更明显的表示式. 命 $r = \exp(-\pi v)$，其中 $v > 0$. 由于 $0 < r < 1$，所以下列无穷乘积绝对收敛:

$$F(z) = \prod_{n=-\infty}^{\infty} \frac{(1 + r^{2n}e^{-2\pi iz})^2}{(1 - r^{2n-1}e^{-2\pi iz})(1 - r^{2n+1}e^{-2\pi iz})}.$$

很容易看出 F 以 1 为周期，即 $F(z+1) = F(z)$. 此外，当我们在乘积的每项中把 z 换成 $z + iv$ 时，就相当于把 n 换 $n-1$ (注意 $r = \exp(-\pi v)$). 因此，F 又以 iv 为周期. 其次，根据表达式不难看出 F 在 $1/2 + m + nvi$ $(m, n \in \boldsymbol{Z})$ 为二阶零点，而在 $iv/2 + m + nvi$ $(m, n \in \boldsymbol{Z})$ 为二阶极点. 这样 $F(z)$ 恰与函数

$$\frac{\mathscr{P}(z;\,1,\,iv) - \mathscr{P}\left(\frac{1}{2};\,1,\,iv\right)}{\mathscr{P}(z;\,1,\,iv) - \mathscr{P}\left(\frac{iv}{2};\,1,\,iv\right)}$$

有相同的周期，并且有相同的零点与极点(其阶数也相同). 因此，

$$F(z) = C\,\frac{\mathscr{P}(z;\,1,\,iv) - \mathscr{P}\left(\frac{1}{2};\,1,\,iv\right)}{\mathscr{P}(z;\,1,\,iv) - \mathscr{P}\left(\frac{iv}{2};\,1,\,iv\right)},$$

其中 C 为常数. 令 $z \longmapsto 0$ 即得 $F(0) = C$. 所以，我们有

$$\frac{F(z)}{F(0)} = \frac{\mathscr{P}(z;\,1,\,iv) - \mathscr{P}\left(\frac{1}{2};\,1,\,iv\right)}{\mathscr{P}(z;\,1,\,iv) - \mathscr{P}\left(\frac{iv}{2};\,1,\,iv\right)}.$$

因此，令 $z = 1/2 + vi/2$，即有

$$\frac{F\left(\frac{1}{2} + i\frac{v}{2}\right)}{F(0)} = \frac{e_3(iv) - e_1(iv)}{e_3(iv) - e_2(iv)}.$$

由 (14.21) 又得

$$\lambda(v) = -F\left(\frac{1}{2} + i\frac{v}{2}\right)\Big/F(0). \tag{14.22}$$

直接计算表明

$$F(0) = -4r \prod_{n=1}^{\infty} \left(\frac{1 + r^{2n}}{1 - r^{2n-1}} \right)^4,$$

$$F\left(\frac{1}{2} + i\frac{v}{2} \right) = \frac{1}{4} \prod_{n=1}^{\infty} \left(\frac{1 - r^{2n-1}}{1 + r^{2n}} \right)^4.$$

把这些表达式代入 (14.22) 并注意到 $r = \exp(-\pi v)$，我们就得到

$$\lambda(v) = \frac{e^{\pi v}}{16} \prod_{n=1}^{\infty} \left(\frac{1 - e^{-(2n-1)\pi v}}{1 + e^{-2n\pi v}} \right)^8. \tag{14.23}$$

另一方面，$\lambda(v) + 1 = [e_2(iv) - e_1(iv)]/[e_2(iv) - e_3(iv)]$. 考虑函数

$$\frac{\mathscr{P}(z;\,1,\,iv) - \mathscr{P}\left(\frac{1}{2};\,1,\,iv\right)}{\mathscr{P}(z;\,1,\,iv) - \mathscr{P}\left(\frac{1+iv}{2};\,1,\,iv\right)}$$

及与它有相同周期、零点、极点的无穷乘积，与上面完全类似的讨论又可以得出

$$\lambda(v) + 1 = \frac{e^{\pi v}}{16} \prod_{n=1}^{\infty} \left(\frac{1 + e^{-(2n-1)\pi v}}{1 + e^{-2n\pi v}} \right)^8. \tag{14.24}$$

公式 (14.23) 与 (14.24) 的一个直接推论是给出了关于 $\lambda(v)$ 的一个双边估计式:

$$16\lambda(v) \leqslant e^{\pi v} \leqslant 16(\lambda(v) + 1). \tag{14.25}$$

这个估计式用 $\Lambda(\rho)$ 表示可改写为

$$\log 16\rho \leqslant \pi\Lambda(\rho) \leqslant \log 16(\rho + 1). \tag{14.26}$$

我们知道，$\pi\Lambda(\rho) = 2\mu(1/\sqrt{1+\rho})$ (见 (5.18)). 所以，

$$\frac{1}{2}\log 16\rho \leqslant \mu\left(\sqrt{\frac{1}{1+\rho}}\right) \leqslant \frac{1}{2}\log 16(\rho + 1),$$

也即

$$\log \frac{4\sqrt{1-r^2}}{r} \leqslant \mu(r) \leqslant \log \frac{4}{r}, \quad 0 < r < 1. \tag{14.27}$$

估计式 (14.26) 及 (14.27) 以后是很有用的.

§15 几个偏差定理

15.1 圆盘的拟共形映射的偏差

设 $w=f(z)$ 是单位圆 Δ 到自身的 K-q.c. 映射，且 $f(0)=0$. 我们首先要给出 $|f(z)|$ 的上界估计.

自原点至点 $z\neq 0$ 沿矢径作一条割线. 这样在 Δ 内所形成的双连通域的模是 $\mu(|z|)$. 这个双连通域的像的模 $\leqslant \mu(|f(z)|)$ (Grötzsch 定理). 因此，我们得到

$$\mu(|z|)\leqslant K\mu(|f(z)|). \tag{15.1}$$

根据不等式 (14.27)，立即推出

$$\log\frac{4\sqrt{1-|z|^2}}{|z|}\leqslant K\log\frac{4}{|f(z)|}.$$

即

$$|f(z)|^K\leqslant 4^{K-1}|z|/\sqrt{1-|z|^2}.$$

于是，我们有

$$|f(z)|\leqslant 4^{1-1/K}|z|^{1/K}/(\sqrt{1-|z|^2})^{1/K}. \tag{15.2}$$

当 $|z|$ 较小时，这个不等式是有意义的. 它告诉我们在单位圆盘上满足规范条件 $f(0)=0$ 的 K-q.c. 映射 f 在原点附近模的偏差将是射 $O(|z|^{1/K})$. 这里 $|z|$ 的阶 $1/K$ 不可能改得更大. 事实上，映射

$$|z|\longmapsto z|z|^{\frac{1}{K}-1}$$

是 K-q.c. 映射，并满足规范条件，但这个映射的模恰好是 $|z|^{1/K}$.

很明显，从上述讨论中可以看出，如果映射 f 是 K-q.c. 映射，$f(0)=0$，但不一定是把单位圆 Δ 映为自身而是映到 Δ 的子集，这时由双连通域的模的单调性仍可推出 (15.1)，因而 (15.2) 依旧成立.

现在我们讨论更一般的情况，去掉 $f(0)=0$ 的限制. 假定 $w=f(z)$ 是 Δ 到其子集的 K-q.c. 映射，z_1 与 z_2 是 Δ 内任意给定的两点. 我们来估计 $|f(z_1)-f(z_2)|$.

这时我们考虑分式线性变换

$$h_1(z)=\frac{z-z_2}{1-\bar{z}_2 z},\quad h_2(w)=\frac{w-f(z_2)}{1-\overline{f(z_2)}\,w}$$

并考虑复合映射 $g=h_2\circ f\circ h_1^{-1}$. 显然, g 是把Δ映为Δ的子集的 K-q.c. 映射,且 $g(0)=0$. 因此,我们有

$$\mu\left(\left|\frac{z_1-z_2}{1-\bar{z}_2 z_1}\right|\right)\leqslant K\mu\left(\left|\frac{f(z_1)-f(z_2)}{1-\overline{f(z_2)}f(z_1)}\right|\right).$$

由此推出

$$\left|\frac{f(z_1)-f(z_2)}{1-\overline{f(z_2)}f(z_1)}\right|\leqslant 4^{1-\frac{1}{K}}\rho^{\frac{1}{K}}/(1-\rho^2)^{\frac{1}{2K}},\tag{15.3}$$

其中

$$\rho=\left|\frac{z_1-z_2}{1-\bar{z}_2 z_1}\right|.$$

定理 15.1 设 $w=f(z)$ 是单位圆上的 K-q.c. 映射,并且对单位圆内任意一点 z 都有 $|f(z)|<1$. 则对单位圆内任意两点 z_1 与 z_2 成立估计式 (15.3).

由这个定理立刻推出单位圆上的有界 K-q.c. 映射一定 Hölder 连续,其 Hölder 指数为 $1/K$.

15.2 森定理

森定理是对定理 15.1 的深化. 如果说定理 15.1 的证明是基于 Grötzsch 极值问题,那么森定理的证明则是基于森极值问题.

定理 15.2 (森) 设 $w=f(z)$ 是单位圆Δ到自身的 K-q.c. 映射, $f(0)=0$. 那么,对于Δ内任意两点 $z_1\neq z_2$ 都成立

$$|f(z_1)-f(z_2)|<16|z_1-z_2|^{\frac{1}{K}}.\tag{15.4}$$

证. 当 $|z_1-z_2|\geqslant 1$ 时, (15.4) 自然成立. 因此下面不妨假定 $|z_1-z_2|<1$. 命

$$z_0=(z_1+z_2)/2,\quad r=|z_1-z_2|/2.$$

我们考虑环域

$$B=\{z:r<|z-z_0|<1/2\}.$$

首先假定$|z_1+z_2|\leqslant 1$. 这时 $B\subset\Delta$ 并且 $f(B)$ 也在单位圆内并包含原点. 这样的情况下，我们对映射复合一个分式线性变换

$$g(w)=\frac{w-f(z_1)}{1-\overline{f(z_1)}w},$$

复合映射 $g\circ f$ 则把 B 变成一个隔离单位圆周与点偶 $(0, g(f(z_2)))$ 的双连通域. 因此,我们有

$$\begin{aligned}\log\frac{1}{|z_1-z_2|}&=M(B)\leqslant KM(g\circ f(B))\\&\leqslant K\mu(|g(f(z_2))|)\\&\leqslant K_\mu\left(\left|\frac{f(z_2)-f(z_1)}{1-\overline{f(z_1)}f(z_2)}\right|\right)\\&\leqslant K\log\frac{4|1-\overline{f(z_1)}f(z_2)|}{|f(z_2)-f(z_1)|}\\&\leqslant K\log\frac{16}{|f(z_2)-f(z_1)|}.\end{aligned}$$

由此立刻得出 (15.4).

现在讨论$|z_1+z_2|>1$ 的情况. 由于 f 是单位圆到单位圆的 K-q.c. 映射，所以它可以关于单位圆周作对称延拓. 延拓后的映射是全平面的 K-q.c. 映射，并且把无穷远点变成无穷远点. 在 $|z_1+z_2|>1$ 的条件下，B 与Δ的补集有交，并且很容易看出原点 $O\notin B$. 故 $\bar{\boldsymbol{C}}-f(B)$ 的无界分支包含原点及无穷远点. 根据定理 5.4,我们有

$$M(f(B))\leqslant M(G_d),$$

其中 $d=|f(z_1)-f(z_2)|$, G_d 是森极值区域.

根据 (5.15) 式(其中的 B 这时应换成 $f(B)$),

$$M(f(B))\leqslant\mu\left(\frac{d}{2\sqrt{2+\sqrt{4-d^2}}}\right).$$

再一次利用关于 μ 的估计式,我们就得到

$$M(f(B)) \leqslant \log(8\sqrt{2+\sqrt{4-d^2}}/d)$$
$$< \log(16/|f(z_1)-f(z_2)|).$$

再注意到 $M(B)=\log(1/|z_1-z_2|)\leqslant KM(f(B))$，立即推出 (15.4). 定理证毕.

15.3 平面拟共形映射的偏差

大家熟知,保持 0, 1, ∞ 不动的共形映射一定是恒同映射.对于拟共形映射而言，这个结论显然不成立. 很自然地要问：保持 0, 1, ∞ 不动的 K-q.c. 映射究竟与恒同映射相差多少？这个问题由下面的定理给出回答. 这个结果是属于 Teichmüller 的.

设 z_1 与 z_2 是 $\bar{\boldsymbol{C}}-\{0,1,\infty\}=\bar{\boldsymbol{C}}(0,1,\infty)$ 中的任意两点. 我们用 $\delta(z_1,z_2)$ 表示这两点在 $\bar{\boldsymbol{C}}(0,1,\infty)$ 中的 Poincaré 度量下的距离,即最短连线的长度.

定理 15.3 (Teichmüller) 设 $f:\boldsymbol{C}\to\boldsymbol{C}$ 是 K-q.c. 映射，保持 0, 1, ∞ 不动,则对任意一点 $z\neq 0,1,\infty$ 都有

$$\delta(z,f(z))\leqslant\log K. \tag{15.5}$$

这个估计式在下述意义下是精确的：对于任意的 $K\geqslant 1$ 及 z_0, $w_0\in\bar{\boldsymbol{C}}(0,1,\infty)$，若 $\log K=\delta(z_0,w_0)$，则可以找到一个保持 0, 1, ∞ 不动的 K-q.c. 映射 f 使得 $w_0=f(z_0)$.

证. 根据 § 14.2 的讨论，我们知道上半平面 $\boldsymbol{H}$ 可以作为 $\bar{\boldsymbol{C}}(0,1,\infty)$ 的万有覆盖，其投影映射是椭圆模函数 φ，覆盖变换群就是模群，而这个群的基本域可以取为 $A\cup I\cup A'$，这里 I 代表上半虚轴，A' 是区域 A 关于虚轴的对称像. 对于一点 $z\in\bar{\boldsymbol{C}}(0,1,\infty)$ 及相应的 $w=f(z)$，在这个基本域内可以找到两个点 $\tilde{z}$ 及 $\tilde{w}$，使得它们的投影分别是 z 及 w，也即

$$\varphi(\tilde{z})=z,\quad \varphi(\tilde{w})=w. \tag{15.6}$$

另外一方面,椭圆模函数 φ 又可以通过 $\mathscr{P}$ 函数表出 (§ 14.3). 因此,由 (15.6) 有

$$\frac{\mathscr{P}\left(\frac{1+\tilde{z}}{2};1,\tilde{z}\right)-\mathscr{P}\left(\frac{1}{2};1,\tilde{z}\right)}{\mathscr{P}\left(\frac{1+\tilde{z}}{2};1,\tilde{z}\right)-\mathscr{P}\left(\frac{\tilde{z}}{2};1,\tilde{z}\right)}=z, \tag{15.7}$$

$$\frac{\mathscr{P}\left(\frac{1+\tilde{w}}{2};1,\tilde{w}\right)-\mathscr{P}\left(\frac{1}{2};1,\tilde{w}\right)}{\mathscr{P}\left(\frac{1+\tilde{w}}{2};1,\tilde{w}\right)-\mathscr{P}\left(\frac{\tilde{w}}{2};1,\tilde{w}\right)}=w. \tag{15.8}$$

现在我们考虑函数

$$F(\zeta)=\frac{\mathscr{P}(\zeta;1,\tilde{z})-\mathscr{P}\left(\frac{1}{2};1,\tilde{z}\right)}{\mathscr{P}(\zeta;1,\tilde{z})-\mathscr{P}\left(\frac{\tilde{z}}{2};1,\tilde{z}\right)},$$

$$G(\zeta)=\frac{\mathscr{P}(\zeta;1,\tilde{w})-\mathscr{P}\left(\frac{1}{2};1,\tilde{w}\right)}{\mathscr{P}(\zeta;1,\tilde{w})-\mathscr{P}\left(\frac{\tilde{w}}{2};1,\tilde{w}\right)}.$$

F 与 G 分别是以 $1, \tilde{z}$ 与 $1, \tilde{w}$ 为周期的双周期函数，并且有

$$F(0)=G(0)=1,\ F\left(\frac{1}{2}\right)=G\left(\frac{1}{2}\right)=0,$$

$$F\left(\frac{\tilde{z}}{2}\right)=G\left(\frac{\tilde{w}}{2}\right)=\infty,\quad F\left(\frac{1+\tilde{z}}{2}\right)=z,$$

$$G\left(\frac{1+\tilde{w}}{2}\right)=w$$

记 $D=\boldsymbol{C}-\{m/2+n\tilde{z}/2;\ m,n\in\boldsymbol{Z}\}$，不难看出，$F$ 使得 D 成为穿孔平面 $\bar{\boldsymbol{C}}-\{0,1,\infty,z\}$ 的一个覆盖．类似地，G 使得 $\Omega=\boldsymbol{C}-\{m/2+n\tilde{w}/2;\ m,n\in\boldsymbol{Z}\}$ 成为 $\bar{\boldsymbol{C}}-\{0,1,\infty,w\}$ 的覆盖．

现在我们取 $\tilde{f}:D\to\Omega$ 是 f 的提升，即 $\tilde{f}$ 满足下列交换图：

$$\begin{array}{ccc} D & \xrightarrow{\tilde{f}} & \Omega \\ {\scriptstyle F}\downarrow & & \downarrow{\scriptstyle G} \\ \bar{\boldsymbol{C}}-\{0,1,\infty,z\} & \xrightarrow{f} & \boldsymbol{C}-\{0,1,\infty,w\} \end{array}$$

显然 $\tilde{f}$ 是 K-q.c. 映射，并可扩充到全平面. 这样的提升不是唯一的，但存在一个提升 $\tilde{f}$ 使得 $\tilde{f}(0)=0$. 以后不妨假定 $\tilde{f}(0)=0$. 在这种假定下，利用 $\tilde{f}$ 的保向性及 $\operatorname{Im}\tilde{z}>0$、$\operatorname{Im}\tilde{w}>0$，不难看出，$\tilde{f}(1)=1$，$\tilde{f}(\tilde{z})=\tilde{w}$，$\tilde{f}(1+\tilde{z})=1+\tilde{w}$. 再根据 F 与 G 的双周期性，我们得到以 $0, 1, 1+\tilde{z}, \tilde{z}$ 为顶点的平行四边形 Q 的像 $\tilde{f}(Q)$ 是以 $0, 1, 1+\tilde{w}, \tilde{w}$ 为顶点的一个曲边四边形，其每条边是其对边经过平移得来.

设 l_v 是在虚轴上截距为 v 的 Q 中的水平线段. 那么

$$\int_{l_v}|\tilde{f}'_u|du=\int_{\tilde{f}(l_v)}|dw|\geqslant 1.$$

两边再对 v 积分，又得到

$$\iint_Q|\tilde{f}'_u|dudv\geqslant \operatorname{Im}\tilde{z}.$$

应用 Schwarz 不等式，我们有

$$\begin{aligned}(\operatorname{Im}\tilde{z})^2&\leqslant\iint_Q|\tilde{f}'_u|^2/J_{\tilde{f}}dudv\iint_Q J_{\tilde{f}}dudv\\&\leqslant K(\operatorname{Im}\tilde{z})\cdot(\operatorname{Im}\tilde{w}),\end{aligned}$$

也即

$$\operatorname{Im}\tilde{z}\leqslant K\operatorname{Im}\tilde{w}. \tag{15.9}$$

考虑以 $0, 1, 1+\tilde{w}, \tilde{w}$ 为顶点的平行四边形和 $\tilde{f}^{-1}$，重复上述讨论，我们又有

$$\operatorname{Im}\tilde{w}\leqslant K\operatorname{Im}\tilde{z}. \tag{15.10}$$

设 $\sigma=\operatorname{Im}\tilde{z}$. 不等式 (15.9) 及 (15.10) 告诉我们，点 $\tilde{w}$ 只能落在带形域 $\{u+iv:\sigma/K<v<K\sigma\}$ 内. 用上半平面的 Poincaré 度量来叙述这个结果，就是说，$\tilde{w}$ 必须落在两个切于 ∞ 点的大圆之间，而每个大圆距离 $\tilde{z}$ 点的最短 Poincaré 距离为 $\log K$.

现在我们对上半平面作任意的模变换：

$$\zeta\longmapsto\frac{a\zeta+b}{c\zeta+d},\ \begin{pmatrix}a, & b\\ c, & d\end{pmatrix}\equiv\begin{pmatrix}1, & 0\\ 0, & 1\end{pmatrix}\bmod 2.$$

这时 $\tilde{z}$ 与 $\tilde{w}$ 的像分别是

$$\tilde{z}^* = \frac{a\tilde{z} + b}{c\tilde{z} + d}, \quad \tilde{w}^* = \frac{a\tilde{w} + b}{c\tilde{w} + d}.$$

显然，$\varphi(\tilde{z}^*) = z$，$\varphi(\tilde{w}^*) = w$. 于是在 (15.7) 及 (15.8) 中分别把 $\tilde{z}$ 与 $\tilde{w}$ 换成 $\tilde{z}^*$ 与 $\tilde{w}^*$，等式依然成立. 重复以前的讨论可以得到

$$(\operatorname{Im} \tilde{z}^*)/K \leqslant \operatorname{Im} \tilde{w}^* \leqslant K \operatorname{Im} \tilde{z}^*. \tag{15.11}$$

这表明 $\tilde{w}^*$ 一定落在切于 ∞ 点的两个大圆之间，而每个大圆距离 $\tilde{z}^*$ 的最短 Poincaré 距离为 $\log K$. 作上述模变换之逆变换，逆变换记为 h. 这时 $\tilde{z}^*$ 与 $\tilde{w}^*$ 分别变回到 $\tilde{z}$ 与 $\tilde{w}$，而距离 $\tilde{z}^*$ 为 $\log K$ 且切于 ∞ 点的两个大圆在变换 h 下变成切于 $h(\infty)$ 的距离 $\tilde{z}$ 为 $\log K$ 的两个圆，而 $\tilde{w}$ 必须落在这两个圆之间，见图 15.1. 设 P_h 与 Q_h 分别是这两个圆到 $\tilde{z}$ 的 Poincaré 距离的最短的点. 那么 P_h 与 Q_h 都在以 $\tilde{z}$ 为中心以 $\log K$ 为半径的 Poincaré 圆周上. 我们知

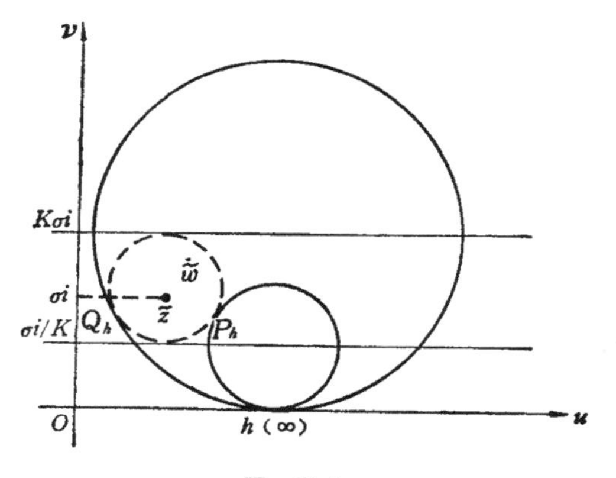

图 15.1

道，当 h 跑遍模群的一切元素时，$h(\infty)$ 在 $\boldsymbol{R}$ 上形成了一个处处稠密的集合.（这一点也可以由图 15.1 直观地看出.）因此，P_h 与 Q_h 就在上述 Poincaré 圆周上形成了一个稠密集合. 显然，$\tilde{w}$ 应当在这个 Poincaré 圆周之内，即

$$\delta(\tilde{z}, \tilde{w}) \leqslant \log K,$$

这里 δ 表示上半平面上两点的 Poincaré 距离. 这就推出了 (15.5)，

从而证明了定理的前半部分.

下面证明定理的后半部分. 设 z_0 与 $w_0 \neq 0, 1, \infty$, 且 $\delta(z_0, w_0) = \log K$. 像前面一样,我们在模群的基本域中取两个点 $\tilde{z}_0$ 与 $\tilde{w}_0$ 使得 $\varphi(\tilde{z}_0) = z_0$, $\varphi(\tilde{w}_0) = w_0$. 用 $\tilde{z}_0$ 及 $\tilde{w}_0$ 分别代替 $\tilde{z}$ 及 $\tilde{w}$, 相应地考虑函数 F 与 G. 设 $\tilde{f}$ 是平面上的仿射变换,把 $0, 1, 1 + \tilde{z}_0, \tilde{z}_0$ 分别变成 $0, 1, 1 + \tilde{w}_0, \tilde{w}_0$. 注意到 F 与 G 分别以 $1, \tilde{z}_0$ 与 $1, \tilde{w}_0$ 为双周期,不难看出, $\tilde{f}$ 可以投影为穿孔平面 $\bar{\boldsymbol{C}} - \{0, 1, \infty, z_0\}$ 到 $\bar{\boldsymbol{C}} - \{0, 1, \infty, w_0\}$ 的一个映射 f, 并保持 $0, 1, \infty$ 不动, $f(z_0) = w_0$. 显然 f 与 $\tilde{f}$ 有相同最大伸缩商,即

$$K[f] = K[\tilde{f}] = \max\left\{\frac{\operatorname{Im} \tilde{z}_0}{\operatorname{Im} \tilde{w}_0}, \frac{\operatorname{Im} \tilde{w}_0}{\operatorname{Im} \tilde{z}_0}\right\}.$$

另一方面,若 γ 是 $\tilde{z}_0$ 到 $\tilde{w}_0$ 的 Poincaré 直线段,则

$$\delta(z_0, w_0) = \delta(\tilde{z}_0, \tilde{w}_0) = \int_\gamma \frac{|d\zeta|}{\operatorname{Im} \zeta}$$

$$\geqslant \left|\log \frac{\operatorname{Im} \tilde{w}_0}{\operatorname{Im} \tilde{z}_0}\right| = \log K[f].$$

因此,由 $\log K = \delta(z_0, w_0)$ 推出 $K[f] \leqslant K$, 也即 f 是 K-q.c. 映射. 定理证毕.

15.4 圆周的偏差

设 f 是保持无穷远点不动的全平面的 K-q.c. 映射. 在这一段中我们要研究在 f 的映射下, 任意一个圆周的畸变状况. 更具体地说,就是要给出

$$\frac{\max\limits_\theta |f(z_0 + re^{i\theta}) - f(z_0)|}{\min\limits_\theta |f(z_0 + re^{i\theta}) - f(z_0)|} \quad (r > 0)$$

的上界估计, 此上界只依赖于 K 而与 r 无关. 这种估计式在下一章的拟圆的讨论中起重要作用.

引理 15.1 设 $ds = \eta(z)|dz|$ 是 $\bar{\boldsymbol{C}}(0, 1, \infty)$ 的 Poincaré 度量. 则对于任意一点 $z \in \bar{\boldsymbol{C}}(0, 1, \infty)$ 都有

$$\eta(z) \geqslant \eta(-|z|) \tag{15.12}$$

证. 设 $z=re^{i\theta}$ 是给定的点. 由对称性显然有

$$\eta(re^{i\theta})=\eta(re^{-i\theta}). \tag{15.13}$$

因此不妨设 z 在上半平面，也即 $0\leqslant\theta\leqslant\pi$. 取 $\alpha=\theta/2+\pi/2$，并考虑 $\bar{\boldsymbol{C}}(0, e^{i\alpha}, \infty)$ 及 $\bar{\boldsymbol{C}}(0, e^{-i\alpha}, \infty)$. 设 $\eta_1(z)$ 与 $\eta_2(z)$ 分别是 $\bar{\boldsymbol{C}}(0, e^{i\alpha}, \infty)$ 与 $\bar{\boldsymbol{C}}(0, e^{-i\alpha}, \infty)$ 的 Poincaré 度量的密度函数. 当我们把平面以原点为中心进行旋转时，如果点 $e^{-i\alpha}$ 旋转到点 1，则 $-re^{i\alpha}$ 旋转到 $re^{i\theta}$；如果点 $e^{i\alpha}$ 旋转到点 -1，则 $-re^{i\alpha}$ 旋转到 $-r$. 因此，我们有

$$\eta(re^{i\theta})=\eta_2(-re^{i\alpha}),\quad \eta(-r)=\eta_1(-re^{i\alpha}).$$

由此可见，为了证明 (15.12) 式，只要证明

$$\eta_2(-re^{i\alpha})\geqslant\eta_1(-re^{i\alpha}). \tag{15.14}$$

为此，我们引入函数

$$h(z)=\log[\eta_2(z)/\eta_1(z)].$$

显然，$h(z)$ 在 $0, \infty, e^{i\alpha}, e^{-i\alpha}$ 之外处处光滑，且在实轴上除 0 与 ∞ 外处处为零. 现在进一步说明 $h(z)$ 在 0 及 ∞ 有极限. 设 $z=\varphi(w)$ 是椭圆模函数，A 是 § 14.2 中所定义的区域. 利用 φ 把 A 共形映射为上半平面这一事实，不难看出映射

$$z\longmapsto\exp\{\pi i\psi(-1/z)\}\quad(\psi=\varphi^{-1})$$

在 $z=0$ 点附近是共形的. 设

$$\exp\left\{\pi i\psi\left(-\frac{1}{z}\right)\right\}=a_1z+a_2z^2+\cdots,\quad a_1\neq0,$$

则

$$\pi i\psi\left(-\frac{1}{z}\right)=\log(a_1z+a_2z^2+\cdots).$$

这样，在 $z=0$ 附近，

$$\eta(z)=\frac{p(z)}{|z|\log|z|}, \tag{15.15}$$

其中 p 是连续函数，且 $p(0)\neq0$. 由于 η_1 与 η_2 都是由 η 作自变量的旋转得来，所以应用 (15.15) 可以证明 η_2/η_1 在 $z\to0$ 时的极限为 1，也即

$$h(z)\to0\ (z\to0).$$

类似的讨论也适用 $z\to\infty$ 的情况. 这样, $h(z)$ 在 0 与∞补充定义后成为在实轴上处处连续的函数并且在实轴上处处为零.

$h(z)$ 在下半平面除去 $e^{-i\alpha}$ 点处处光滑,且

$$h(z)\to+\infty\quad(z\to e^{-i\alpha}). \tag{15.16}$$

利用这一点我们要证明 $h(z)$ 在下半平面处处 $\geqslant 0$. 事实上,假若 h 在下半平面有一点的值小于零, 则 h 一定在下半平面达到极小值(因为 (15.16) 及 $h|_R\equiv 0$). 设 z_0 是 h 的极小值点. 这时

$$\Delta h|_{z_0}=h''_{xx}(z_0)+h''_{yy}(z_0)\geqslant 0. \tag{15.17}$$

但是另一方面,由于 Poincaré 度量的曲率为 -1, 所以

$$-\eta_j^{-2}\Delta\log\eta_j=-1,\quad j=1,2.$$

因此,

$$\Delta h|_{z_0}=(\Delta\log\eta_2-\Delta\log\eta_1)|_{z_0}=\eta_2^2(z_0)-\eta_1^2(z_0).$$

但 $h(z_0)<0$, 所以 $\eta_2(z_0)<\eta_1(z_0)$. 于是 $\Delta h|_{z_0}<0$, 这与 (15.17) 矛盾. 这一矛盾表明 h 在下半平面不可能有负值,也即证明了

$$\eta_2(z)\geqslant\eta_1(z),\quad \mathrm{Im}\,z<0.$$

特别地,命 $z=-re^{i\alpha}$, 即得到 (15.14). 证毕.

引理 15.2 设 $\mathscr{F}$ 是平面上全体保持 0, 1, ∞ 不变的 K-q.c. 映射所组成的函数族. 对于任意一个 $f\in\mathscr{F}$ 都有

$$|f(e^{i\theta})|\leqslant\sup_{g\in\mathscr{F}}|g(-1)|. \tag{15.18}$$

证. 根据定理 15.3, 我们有

$$\delta(e^{i\theta},f(e^{i\theta}))\leqslant\log K.$$

设 γ 是点 $e^{i\theta}$ 到 $f(e^{i\theta})$ 的最短连线,那么

$$\delta(e^{i\theta},f(e^{i\theta}))=\int_\gamma\eta(z)|dz|.$$

再根据引理 15.1,

$$\delta(e^{i\theta},f(e^{i\theta}))\geqslant\int_\gamma\eta(-|z|)|dz|\geqslant\delta(-1,-|f(e^{i\theta})|).$$

于是

$$\delta(-1,-|f(e^{i\theta})|)\leqslant\log K. \tag{15.19}$$

设 $w_0\leqslant -1$ 且使得 $\delta(-1,w_0)=\log K$. 根据定理 15.3, 存

在一个映射 $g\in\mathscr{F}$ 使得 $g(-1)=w_0$，即

$$\delta(-1,g(-1))=\log K.$$

由 (15.19) 即得

$$\delta(-1,-|f(e^{i\theta})|)\leqslant\delta(-1,-|g(-1)|)$$

即有 $|f(e^{i\theta})|\leqslant|g(-1)|$. 证毕.

定理 15.4 (Teichmüller) 设 $f:\boldsymbol{C}\to\boldsymbol{C}$ 是 K-q.c. 映射. 则对任意的 $r>0$ 及点 z_0 都有

$$\frac{\max\limits_\theta|f(z_0+re^{i\theta})-f(z_0)|}{\min\limits_\theta|f(z_0+re^{i\theta})-f(z_0)|}\leqslant\lambda(K). \tag{15.20}$$

(这里 $\lambda(K)$ 的定义见 § 14.3).

证. 显然，不妨假定 $z_0=0$ 及 $f(0)=0$. 在这样的假定之下，要证明的是

$$\frac{\max\limits_\theta|f(re^{i\theta})|}{\min\limits_\theta|f(re^{i\theta})|}\leqslant\lambda(K). \tag{15.21}$$

设 z_1 使得 $f(z_1)=\min\limits_\theta|f(re^{i\theta})|$. 这时映射

$$z\longmapsto\tilde{f}(z)=f(z_1z)/f(z_1)$$

仍是 K-q.c. 映射，并保持 $0,1,\infty$ 不动. 由引理 15.2，对于任意的 θ 都有

$$|\tilde{f}(e^{i\theta})|\leqslant\sup_{g\in\mathscr{F}}|g(-1)|.$$

所以

$$\max_\theta|\tilde{f}(e^{i\theta})|\leqslant\sup_{g\in\mathscr{F}}|g(-1)|,$$

也即

$$\frac{\max\limits_\theta|f(re^{i\theta})|}{\min\limits_\theta|f(re^{i\theta})|}\leqslant\sup_{g\in\mathscr{F}}|g(-1)|.$$

因此，为了证明 (15.21) 只要证明

$$|g(-1)|\leqslant\lambda(K),\quad\forall g\in\mathscr{F}. \tag{15.22}$$

设 B 是复平面 $\boldsymbol{C}$ 去掉实轴上的区间 $[-1,0]$ 及 $[1,\infty)$ 的余

集．由 (5.21) 知道 $M(B)=\pi$．再由定理 5.3 有

$$M(g(B))\leqslant 2\mu\left(\sqrt{\frac{|g(-1)|}{1+|g(-1)|}}\right)$$

$$=2\mu(1/\sqrt{1+|g(-1)|^{-1}})=M(T_R),$$

其中 T_R 表示 Teichmüller 区域，$R=|g(-1)|^{-1}$．因为 g 是 K-q.c. 映射，所以

$$\pi=M(B)\leqslant KM(g(B))\leqslant KM(T_R),$$

也即

$$\frac{1}{\pi}M(T_R)\geqslant\frac{1}{K},\quad R=|g(-1)|^{-1}.$$

按照过去的记号这个不等式可以写成

$$\Lambda(R)=\Lambda(|g(-1)|^{-1})\geqslant\frac{1}{K}.$$

因此，$|g(-1)|^{-1}\geqslant\lambda(1/K)=[\lambda(K)]^{-1}$，即有 (15.22)．证毕．

这里应当指出，估计式 (15.20) 是精确的．设 h 是将单位正方形 $S=\{z=x+iy:0<x<1,\ 0<y<1\}$ 沿水平方向拉伸为长方形 $R=\{z=x+iy:0<x<K,\ 0<y<1\}$ 的仿射变换．因为 $\boldsymbol{H}(-1,0,1,\infty)$ 的模为 1，所以存在一个共形映射 φ 把 $\boldsymbol{H}$ 变为 S，并把点 $-1,0,1,\infty$ 分别对应于 $0,1,1+i,i$．另外根据 $\lambda(K)$ 的定义可知，存在一个共形映射 ψ，把 $\boldsymbol{H}(-1,0,1/\lambda(K),\infty)$ 映为 $R(0,K,K+i,i)$ 并保持顶点依次对应．这样映射 $f=\psi^{-1}\circ h\circ\varphi$ 是 $\boldsymbol{H}$ 到自身的 K-q.c. 映射．显然，f 可以对称延拓为全平面的 K-q.c. 映射．对于这个映射 f，我们有

$$\lambda(K)=\frac{|f(-1)|}{|f(1)|}\leqslant\frac{\max\limits_{\theta}|f(e^{i\theta})|}{\min\limits_{\theta}|f(e^{i\theta})|}\leqslant\lambda(K).$$

也就是说，对于这个 f 估计式 (15.20) 等号成立．

*　　　*　　　*　　　*

注． 森定理中的系数 16，作为不依赖于 K 的常数，已不能再改得小些．更确切地说，不可能用比 16 更小的绝对常数代替 16 使森定理中的估计式对

一切满足要求的 K-q.c. 映射成立. 这一点请参见 Ahlfors 的书[5].

森定理的结论也可以改写为

$$|f(z)|<4|z|^{\frac{1}{K}},\quad z\neq 0.$$

对于这种形式的森定理,常数 4 可以用一个依赖于 K 的更小的数来代替:

$$|f(z)|\leqslant 4^{1-\frac{1}{K}}|z|^{\frac{1}{K}}$$

并且这个估计是精确的. 这一结果最早是由王传芳得到的(见[86]).

关于拟共形映射的偏差估计还有其它类型的问题. 夏道行[89]将单叶函数中的参数表示法引入到拟共形映射之中,并得到了很好的结果. 何成奇[41]对于双连通域的模在拟共形映射下的偏差作了精细的估计. 这一结果在讨论退化复特征的拟共形映射时是一个重要的工具.

第五章　拟　圆　周

大家知道，在全平面的共形映射(即分式线性变换)下，圆周的像仍是圆周(直线被看作是通过无穷远点的圆周)。现在我们把圆周在全平面的拟共形映射下的像称为拟圆周。本章的主要目的是刻划拟圆周的分析与几何的特征。这里的讨论将在拟 Fucks 群、万有 Teichmüller 空间以及函数单叶性的研究中得到应用。

§16　拟圆周与拟共形反射

16.1　拟圆周的概念

定义 16.1　设 $f:\bar{C}\to\bar{C}$ 是 K-q.c. 映射。若曲线 C 是单位圆周或实轴在 f 映射下的像，则 C 被称为 K 拟圆周。以 K 拟圆周为边界的区域被称为 K 拟圆。

首先一个问题就是任意一条 Jordan 曲线是否都可以作为一个拟圆周。下面的定理给出拟圆周的一个必要条件，它以否定的答案回答了这个问题。

定理 16.1　设 C 是一条过无穷远点的拟圆周。那么对于 C 上的任意三点 z_1，z_2，z_3 都有

$$|z_1-z_2|+|z_2-z_3|\leqslant\lambda(K)|z_1-z_3|.\qquad(16.1)$$

证．根据定义，存在一个 K-q.c. 映射 f (不妨假定 $f(\infty)=\infty$) 使得 $C=f(\boldsymbol{R})\cup\{\infty\}$。对于任意三点 z_1，z_2，$z_3\in C$，存在 $x_1,x_2,x_3\in\boldsymbol{R}$，使得

$$z_j=f(x_j),\ j=1,2,3.$$

我们不妨设 $x_1<x_2<x_3$。以 x_1 为中心并以 x_2-x_1 为半径作圆 C_1，再以 x_3 为中心和以 x_3-x_2 为半径作圆 C_2。这时，$f(C_1)$ 与 $f(C_2)$ 是两条 Jordan 曲线，它们只有一个交点 z_2。根据定理 15.4，

我们有

$$|z_1-z_2|\leqslant\lambda(K)|z_1-w_1|,\quad \forall w_1\in f(C_1);$$
$$|z_3-z_2|\leqslant\lambda(K)|z_3-w_2|,\quad \forall w_2\in f(C_2).$$

于是对于任意的 $w_j\in f(C_j)(j=1,2)$ 都有

$$|z_1-z_2|+|z_2-z_3|\leqslant\lambda(K)(|z_1-w_1|+|z_3-w_2|).$$

特别地，我们选取 w_1 与 w_2 是 z_1 到 z_3 的直线段分别和 $f(C_1)$ 与 $f(C_2)$ 的交点．那么，$|z_1-w_1|+|z_3-w_2|\leqslant|z_1-z_3|$，于是即证明了(16.1)．证毕．

现在我们根据这个定理判别下述曲线是否是拟圆周：曲线 C 是由正实轴与曲线 $y=x^2$ $(x\geqslant 0)$ 组成的．对于这条 Jordan 曲线，(16.1) 不满足．事实上取 $z_2=0$，$z_1=x>0$，$z_3=x+ix^2$．这时

$$\frac{|z_1-z_2|+|z_2-z_3|}{|z_3-z_1|}=\frac{x+\sqrt{x^2+x^4}}{x^2}$$

趋于 ∞ $(x\to 0)$．因此，C 不可能是拟圆周．

最简单的不是圆周的拟圆周的例子是椭圆（椭圆是仿射变换下圆周的像）．

有例子表明拟圆周可以是局部不可求长的．（见 [54]）．这说明拟圆周的复杂性与广泛性．

16.2 拟共形反射

刻划一条 Jordan 曲线是否是拟圆周的最简单的说法是借助于拟共形反射的概念．

定义 16.2 设 C 是一条 Jordan 曲线，它把平面分作两个连通的分支 A_1 与 A_2．若 A_1 到 A_2 的同胚 f 是反向拟共形映射（也即 $\bar{f}$ 是通常意义下的拟共形映射），并且保持 C 上每一点不动，则称 f 为拟共形反射．

若 C 是拟圆周，则存在一个拟共形映射 $g:\bar{\mathbf{C}}\to\bar{\mathbf{C}}$ 把 C 变为实轴，把 C 的补集的连通分支之一，比如 A_1，变成上半平面．这时我们定义 $f=g^{-1}\circ\overline{g(z)}$．那么 f 是 A_1 到 A_2 的同胚，并且是反向

拟共形映射. 很容易看出: $f(z)=z, \forall z\in C$. 因此,我们证明了对拟圆周总存在拟共形反射.

反过来,假定对 Jordan 曲线 C 存在拟共形反射 $f: A_1\to A_2$, 那么映射

$$z\longmapsto g(z)=\begin{cases}\varphi(z), & \operatorname{Im}z\geqslant 0;\\ f\circ\varphi(\bar{z}), & \operatorname{Im}z<0,\end{cases}$$

是全平面的拟共形映射, 其中 φ 是把上半平面变为 A_1 的共形映射. 显然, g^{-1} 把 C 变成实轴. 因此, C 是拟圆周. 这样, 我们证明了

定理 16.2 Jordan 曲线 C 是拟圆周的充要条件是关于 C 存在拟共形反射.

16.3 共形映射的粘合

设 C 是一条 Jordan 曲线, A_1 与 A_2 是它的余集的两个分支. 又设 $a\in C$ 是任意取定的一点, 而 φ 与 ψ 分别是把 A_1 与 A_2 变为上半平面与下半平面的共形映射, 并且它们都把 a 点对应于无穷远点. 由于 C 是 Jordan 曲线, 所以 φ 与 ψ 都可以同胚延拓到 C 上. 那么这两个共形映射在实轴上诱导了一个同胚:

$$h=\psi\circ\varphi^{-1}|\boldsymbol{R},\ h(\infty)=\infty.$$

定理 16.3 Jordan 曲线 C 是拟圆周的充要条件是上述同胚 h 是某个拟共形映射 $g:\boldsymbol{H}\to\boldsymbol{H}$ 的边界值.

证. 若 C 是拟圆周, 则存在一个拟共形反射 $f: A_1\to A_2$. 命 $g=\overline{\psi\circ f\circ\varphi^{-1}}$, 则 g 是上半平面 $\boldsymbol{H}$ 到自身的拟共形映射,且 $g|\boldsymbol{R}=\psi\circ\varphi^{-1}|\boldsymbol{R}$.

反过来,若存在一个拟共形映射 $g:\boldsymbol{H}\to\boldsymbol{H}$, 则映射 $f=\psi^{-1}(\overline{g\circ\varphi})$ 就是 $A_1\to A_2$ 的一个拟共形反射. 由定理 16.2 可知 C 是一个拟圆周. 证毕.

我们可以这样解释定理 16.3: Jordan 曲线 C 是拟圆的充要条件是, 它的补集的两个分支分别到上半平面与下半平面的两个共形映射,可以通过一个拟共形映射在边界上粘合在一起.

§17 边界值问题

17.1 拟共形映射的边界值

在上一节中我们已经看到，判别一条 Jordan 曲线是否是拟圆周归结为判别它所诱导的实轴同胚 h 是否是一个拟共形映射的边界值. 因此，为了进一步研究拟圆周，我们必须回答这样一个问题：实轴的一个同胚 $h:\boldsymbol{R}\to\boldsymbol{R}$ 是一个拟共形映射 $g:\boldsymbol{H}\to\boldsymbol{H}$ 的边界值的充要条件是什么？

这个问题被称为拟共形映射的边界值问题. 它除了跟拟圆周有关外还与许多其它问题有关，是十分基本的一个问题.

在这一段中，我们将主要讨论 h 是一个拟共形映射的边界值的必要条件.

设 $g:\boldsymbol{H}\to\boldsymbol{H}$ 是 K-q.c. 映射，$h:\boldsymbol{R}\to\boldsymbol{R}$ 是它的边界对应，并且 $h(\infty)=\infty$. 我们在实轴上考虑三个点 $x-t,x,x+t\,(t>0)$. 这时，

$$M(\boldsymbol{H}(\infty,h(x-t),h(x),h(x+t))) \leqslant KM(\boldsymbol{H}(\infty,x-t,x,x+t)). \tag{17.1}$$

通过分式线性变换，我们可以把 $\boldsymbol{H}(\infty,x-t,x,x+t)$ 共形映射为 $\boldsymbol{H}(\infty,-1,0,1)$，而后一个四边形的模为 1. 另外，通过分式线性变换可将四边形

$$\boldsymbol{H}(\infty,h(x-t),h(x),h(x+t))$$

共形映射为 $\boldsymbol{H}(\infty,-1,0,\Delta(x,t))$，其中

$$\Delta(x,t)=\frac{h(x+t)-h(x)}{h(x)-h(x-t)}. \tag{17.2}$$

按照我们过去的记法，$\Lambda(\rho)=M(\boldsymbol{H}(\infty,-1,0,\rho))$. 这样，(17.1) 就变成

$$\Lambda(\Delta(x,t))\leqslant K,$$

也即

$$\Delta(x,t)\leqslant\lambda(K), \tag{17.3}$$

显然，下列不等式也成立

$$M(\boldsymbol{H}(\infty, x-t, x, x+t))/K$$
$$\leqslant M(\boldsymbol{H}(\infty, h(x-t), h(x), h(x+t))).$$

由此推出：$1/K \leqslant \Lambda(\Delta(x,t))$，也即

$$\lambda(1/K) \leqslant \Delta(x,t). \tag{17.4}$$

回顾 $\lambda(1/K) = 1/\lambda(K)$，由 (17.3) 及 (17.4) 得

$$1/\lambda(K) \leqslant \Delta(x,t) \leqslant \lambda(K), \ \forall x \in \boldsymbol{R}, \ t > 0,$$

也即

$$\frac{1}{\lambda(K)} \leqslant \frac{h(x+t)-h(x)}{h(x)-h(x-t)} \leqslant \lambda(K) \tag{17.5}$$
$$(\forall x \in \boldsymbol{R}, t > 0).$$

定义 17.1 一个实值函数被称为是 ρ 拟对称的，如果它是实轴上连续递增函数，并且满足所谓 ρ 条件：

$$\rho^{-1} \leqslant \frac{h(x+t)-h(x)}{h(x)-h(x-t)} \leqslant \rho, \ \forall x \in \boldsymbol{R}, t > 0.$$

定理 17.1 $h(x)$ 是上半平面到自身的某个 K 拟共形映射的边界值的必要条件是 $h(x)$ 是 $\lambda(K)$ 拟对称函数。

17.2 Beurling-Ahlfors 定理

定理 17.1 的逆命题也成立，也就是说，拟对称函数一定是某个拟共形映射的边界值. 这个结论是由 Beurling 与 Ahlfors 证明的. 他们的证明是构造性的. 设 h 是 ρ 拟对称函数. 他们按照下列方式把映射 $x \longmapsto h(x)$ 从实轴扩充到上半平面：

$$(x,y) \longmapsto (u(x,y), v(x,y)), y > 0; \tag{17.6}$$

$$u(x,y) = \frac{1}{2}\int_0^1 [h(x+ty) + h(x-ty)]dt,$$

$$v(x,y) = \frac{r}{2}\int_0^1 [h(x+ty) - h(x-ty)]dt,$$

其中 $r > 0$ 是待定参数. Beurling 与 Ahlfors 证明了映射 (17.6) 是上半平面到自身的一个 C^1 类 K 拟共形映射，以 h 为其边界值，

并通过适当取 r 的值给出估计式[1]:

$$K \leqslant \rho^2. \tag{17.7}$$

这里我们并不关心K的估值优劣,取参数 $r=1$. 这时,函数 u 与 v 可以写成

$$u(x,y)=\frac{1}{2y}\int_{x-y}^{x+y} h(t)dt, \tag{17.8}$$

$$v(x,y)=\frac{1}{2y}\left(\int_{x}^{x+y} h(t)dt-\int_{x-y}^{x} h(t)dt\right). \tag{17.9}$$

由这些表达式立即看出

$$\lim_{y\to 0+} u(x,y)=h(x),\quad \lim_{y\to 0+} v(x,y)=0.$$

这意味着函数 $f=u+iv$ 在实轴上的值为 h. 另外一方面,从 (17.8) 与 (17.9) 还可以看出函数 f 有连续偏导数. 命

$$\alpha=\frac{1}{2y}h(x+y),\quad \beta=\frac{1}{2y}h(x-y),\quad \gamma=\frac{1}{2y}h(x),$$

$$\alpha_1=\frac{1}{2y^2}\int_{x}^{x+y} h(t)dt,\quad \beta_1=\frac{1}{2y^2}\int_{x-y}^{x} h(t)dt.$$

那么, $u'_x=\alpha-\beta$, $u'_y=\alpha+\beta-(\alpha_1+\beta_1)$, $v'_x=\alpha+\beta-2\gamma$, $v'_y=(\alpha-\beta)-(\alpha_1-\beta_1)$. 直接计算表明

$$\begin{aligned}J_f&=|\partial_z f|^2-|\partial_{\bar z} f|^2\\&=2[(\alpha-\alpha_1)(\gamma-\beta)+(\beta_1-\beta)(\alpha-\gamma)].\end{aligned}$$

利用 h 的单调递增性,容易看出: $\alpha>\alpha_1$, $\gamma>\beta$, $\beta_1>\beta$, $\alpha>\gamma$, 从而 $J_f>0$. 另一方面,我们有

$$\begin{aligned}|\partial_z f|^2+|\partial_{\bar z} f|^2&=\frac{1}{2}(u_x'^2+u_y'^2+v_x'^2+v_y'^2)\\&=(\alpha_1-\alpha)^2+(\beta_1-\beta)^2+(\alpha-\gamma)^2+(\beta-\gamma)^2.\end{aligned}$$

于是,注意到 $\beta_1<\gamma$, 即推出

---

1) Beurling 与 Ahlfors 的原始证明有错误. 首先给出这个估计式完整证明的是 Reed, 这是一个很长的证明. 一个较简短的证明请见数学学报,第 26 卷第 4 期 (1983).

$$\frac{|\partial_z f| + |\partial_{\bar z} f|}{|\partial_z f| - |\partial_{\bar z} f|} \leqslant 2(|\partial_z f|^2 + |\partial_{\bar z} f|^2)/J_f$$

$$= \frac{(\alpha_1 - \alpha)^2 + (\beta_1 - \beta)^2 + (\alpha - \gamma)^2 + (\beta - \gamma)^2}{[(\alpha - \alpha_1)(\gamma - \beta) + (\beta_1 - \beta)(\alpha - \gamma)]}$$

$$\leqslant \left(\frac{\alpha - \alpha_1}{\gamma - \beta} + \frac{\beta_1 - \beta}{\alpha - \alpha_1} + \frac{\alpha - \gamma}{\beta_1 - \beta} + \frac{\gamma - \beta}{\alpha - \alpha_1}\right). \quad (17.10)$$

由 ρ 条件及 $\alpha_1 > \gamma$，我们有

$$\frac{\alpha - \alpha_1}{\gamma - \beta} \leqslant \frac{\alpha - \gamma}{\gamma - \beta} \leqslant \rho. \quad (17.11)$$

此外，

$$\alpha_1 = \frac{1}{2y^2}\int_x^{x+y} h(t)dt = \gamma + \frac{1}{2y^2}\int_x^{x+y}[h(t) - h(x)]dt$$

$$= \gamma + \frac{1}{2y}\int_0^1 [h(x+ty) - h(x)]dt$$

$$= \gamma + \frac{1}{2y}[h(x+y) - h(x)]\int_0^1 \tilde h(t)dt, \quad (17.12)$$

其中 $\tilde h(t) = [h(x+ty) - h(x)]/[h(x+y) - h(x)]$. 不难看出 $\tilde h$ 是 t 的 ρ 拟对称函数，并且 $\tilde h(0) = 0, \tilde h(1) = 1$. 因此，由 ρ 条件推出

$$\frac{1}{1+\rho} \leqslant \tilde h\left(\frac{1}{2}\right) \leqslant \frac{\rho}{\rho+1}. \quad (17.13)$$

这样，

$$\int_0^1 \tilde h(t)dt \geqslant \int_{\frac{1}{2}}^1 \tilde h(t)dt \geqslant \frac{1}{2}\cdot\frac{1}{1+\rho}, \quad (17.14)$$

$$\int_0^1 \tilde h(t)dt \leqslant \frac{1}{2} + \int_0^{\frac{1}{2}} \tilde h(t)dt \leqslant \frac{2\rho+1}{2(1+\rho)}. \quad (17.15)$$

由 (17.12) 及 (17.15) 得

$$\alpha_1 \leqslant \gamma + (\alpha - \gamma)(2\rho+1)/2(\rho+1).$$

于是

$$\frac{\gamma - \beta}{\alpha - \alpha_1} \leqslant \left(\frac{2\rho+2}{2\rho+1}\right)\frac{\gamma - \beta}{\alpha - \gamma} \leqslant \rho\left(\frac{2\rho+2}{2\rho+1}\right)$$

$$\leqslant 2\rho(\rho+1). \tag{17.16}$$

因此,我们又有

$$\frac{\beta_1-\beta}{\alpha-\alpha_1} \leqslant \frac{\gamma-\beta}{\alpha-\alpha_1} \leqslant 2\rho(\rho+1). \tag{17.17}$$

完全类似地估计 β_1 的下界,可以得到

$$\frac{\alpha-\gamma}{\beta_1-\beta} \leqslant 2\rho(\rho+1). \tag{17.18}$$

这样,由 (17.11) 及 (17.16) 至 (17.18) 得

$$\frac{|\partial_z f|+|\partial_{\bar z} f|}{|\partial_z f|-|\partial_{\bar z} f|} \leqslant 8\rho(\rho+1). \tag{17.19}$$

这就是说,f 是 Beltrami 方程 $\partial_{\bar z} f-\mu \partial_z f=0$ 的连续可微解,其中 $\mu=\partial_{\bar z} f / \partial_z f$. 由 (17.19) 可知,

$$|\mu| \leqslant[8\rho(\rho+1)-1] /[8\rho(\rho+1)+1].$$

根据相似原理,$f=\varphi(w(z))$,其中 $w=w(z)$ 是以 μ 为复特征的拟共形映射,而 φ 是全纯函数. 由于 f 及 w 在实轴上都是一一的,所以 φ 在边界上也是一一的,从而 φ 在其定义域内部也是如此. 这就证明了 f 是拟共形映射. 再由 (17.19) 可知 f 的最大伸缩商 $\leqslant 8\rho(\rho+1)$. 我们证明了

定理 17.2 对于任意一个 ρ 拟对称函数 h,存在一个 K-q.c. 映射 $f: \boldsymbol{H} \rightarrow \boldsymbol{H}$ 以 h 为其边界值,这里 $K \leqslant 8\rho(\rho+1)$.

由定理 16.3 及本节的结果立刻推出: Jordan 曲线 C 是拟圆周的充要条件是它所诱导的实轴同胚 h 是拟对称函数.

17.3 Beurling-Ahlfors 扩张的拟保距性

从研究拟圆周的角度看,我们的问题已得到圆满的解决. 但是为了后面其它问题的需要,我们还要对 Beurling 与 Ahlfors 所定义的拟共形扩张作进一步的讨论. 我们要证明这样定义的拟共形映射 $f: \boldsymbol{H} \rightarrow \boldsymbol{H}$ 在上半平面的 Poincaré 度量下是拟保距的,也就是说,存在一个只依赖于 ρ 的常数 C,使得

$$\frac{|df(z)|}{\operatorname{Im}f(z)} \leqslant C\frac{|dz|}{\operatorname{Im}z}, \forall z \in H. \tag{17.20}$$

现在来证明这个不等式. 不难看出:

$$\begin{aligned}|df|^2 &\leqslant (|\partial_z f| + |\partial_{\bar{z}} f|)^2 |dz|^2 \\ &= D_f \cdot J_f |dz|^2 \\ &\leqslant 8\rho(\rho+1) J_f |dz|^2.\end{aligned} \tag{17.21}$$

我们已经计算过

$$J_f = 2[(\alpha - \alpha_1)(\gamma - \beta) + (\beta_1 - \beta)(\alpha - \gamma)].$$

注意到 $\alpha_1 > \gamma$, $\beta_1 < \gamma$, 即得

$$\begin{aligned}J_f &\leqslant 2[(\alpha - \gamma)(\gamma - \beta) + (\gamma - \beta)(\alpha - \gamma)] \\ &= 4(\alpha - \gamma)(\gamma - \beta) = 4\frac{\alpha - \gamma}{\gamma - \beta} \cdot (\gamma - \beta)^2 \\ &\leqslant 4\rho(\gamma - \beta)^2,\end{aligned}$$

也即

$$y^2 J_f \leqslant \rho[h(x) - h(x-y)]^2. \tag{17.22}$$

另一方面,

$$\begin{aligned}\operatorname{Im}f(z) = v(x,y) &= \frac{1}{2}\int_0^1 [h(x+ty) - h(x-ty)]dt \\ &\geqslant \frac{1}{2}\int_0^1 [h(x) - h(x-ty)]dt.\end{aligned}$$

令 $\tilde{h}(t) = [h(x) - h(x-ty)]/[h(x) - h(x-y)]$, 则 $\tilde{h}$ 是 ρ 拟对称函数并且满足规范条件 $\tilde{h}(0) = 0$, $\tilde{h}(1) = 1$. 由不等式(17.14), 我们有

$$\int_0^1 [h(x) - h(x-ty)]dt \geqslant \frac{1}{2(\rho+1)}[h(x) - h(x-y)].$$

因此,

$$\operatorname{Im}f(z) \geqslant \frac{1}{4(\rho+1)}[h(x) - h(x-y)].$$

再注意到 (17.22), 立即得到

$$y^2 J_f \leqslant 16\rho(\rho+1)^2(\operatorname{Im}f(z))^2. \tag{17.23}$$

由 (17.21) 及 (17.23) 推出

$$|df|^2 \leqslant 128\rho^2(\rho+1)^3(\mathrm{Im}f)^2|dz|^2/y^2,$$

这就证明了 (17.20)，其中 $C^2 = 128\rho^2(\rho+1)^3$.

§18 拟圆周的几何特征

18.1 有界折转的概念

一条 Jordan 曲线 C 叫作 k 有界折转的，如果存在一个常数 $k \geqslant 1$，使得曲线 C 上任意两个不同点 z_1 与 z_2 所确定的两条弧(即 $C - \{z_1, z_2\}$ 的两个分支)中至少有一条弧的直径 $\leqslant k|z_1 - z_2|$.

很容易验证，在 §16.1 中所举的例子就不是有界折转曲线.

直观上看，有界折转性排除了曲线有某种"尖角"出现的可能性.

我们已经知道，若 C 是一条通过无穷远点的 K 拟圆周，则对于任意两点 z_1 与 $z_2 \in C$ 以及以它们为端点的有界弧上任意一点 z 都有

$$|z_1 - z| + |z_2 - z| \leqslant \lambda(K)|z_1 - z_2|.$$

设 z_1 与 z_2 所确定的有界弧为 C_1，又设 ζ 与 $w \in C_1$ 并使得 $|\zeta - w|$ 等于 C_1 的直径 $d(C_1)$. 因为

$$|\zeta - w| \leqslant |z_1 - \zeta| + |z_1 - w|,$$

$$|\zeta - w| \leqslant |z_2 - \zeta| + |z_2 - w|,$$

所以

$$\begin{aligned}2|\zeta - w| &\leqslant |z_1 - \zeta| + |z_2 - \zeta| + |z_1 - w| + |z_2 - w| \\ &\leqslant 2\lambda(K)|z_1 - z_2|,\end{aligned}$$

也即 $d(C_1) \leqslant \lambda(K)|z_1 - z_2|$. 这表明通过无穷远点的拟圆周是有界折转曲线. 下面即将看到，任意一条拟圆周都是有界折转曲线，反之亦然.

18.2 拟圆周的有界折转性

定理 18.1 Jordan 曲线 C 是拟圆周的充分与必要条件是 C 是

有界折转的.

证. 先证必要性. 设 C 是 K 拟圆周. 这时存在一个 K-q.c. 映射 $f:\bar{C}\to\bar{C}$ 使得 C 的像是 $\bar{R}$. 设 z_1 与 z_2 是 C 上任意两个不同点, C_1 与 C_2 是 $C-\{z_1,z_2\}$ 的两个分支. 命

$$d_1=\max_{z\in\bar{C}_1}|z-z_1|,\quad d_2=\max_{z\in\bar{C}_2}|z-z_1|.$$

若 $\min(d_1,d_2)\leqslant|z_1-z_2|$ 则 C_1 或 C_2 的直径将不超过 $2|z_1-z_2|$. 现在假定 $d_j>|z_1-z_2|$, $j=1,2$. 我们考虑环域

$$B=\{z:|z_1-z_2|<|z-z_1|<\min(d_1,d_2)\}.$$

又设 $\zeta_j\in C_j$ 使得 $d_j=|\zeta_j-z_1|$, $j=1,2$. 不失一般性, 我们假定 $f(z_1)=0$, $f(\zeta_1)=\infty$. 这时显然有

$$|f(\zeta_2)|<|f(z_2)|,\tag{18.1}$$

并且 $f(B)$ 是一个分隔点偶 $\{0,f(z_2)\}$ 与 $\{\infty,f(\zeta_2)\}$ 的双连通域. 根据 Teichmüller 模定理,

$$M(f(B))\leqslant 2\mu(\sqrt{|f(z_1)|/[|f(z_2)|+|f(\zeta_2)|]}).$$

注意到 (18.1) 即得

$$M(f(B))\leqslant 2\mu\left(\frac{1}{2}\right)=\pi.$$

于是由 f 的 K 拟共形性,我们有

$$\log\frac{\min(d_1,d_2)}{|z_1-z_2|}=M(B)\leqslant KM(f(B))\leqslant K\pi,$$

也即

$$\min(d_1,d_2)\leqslant e^{K\pi}|z_1-z_2|.$$

这表明 C_1 或 C_2 的直径将不超过 $2e^{K\pi}|z_1-z_2|$. 因此, C 是有界折转的.

现在证明定理中的充分性部分. 设 C 是有界折转的 Jordan 曲线,即存在一个常数 k 使得 C 上任意不同两点 z_1 与 z_2,都有 C_1 或 C_2 的直径 $\leqslant k|z_1-z_2|$, 其中 C_1 与 C_2 是 $C-\{z_1,z_2\}$ 的两个分支.

设 C 将 $\bar{C}$ 分成两个区域 A_1 与 A_2. 下面证明关于 C 存在一个拟共形反射,从而证明 C 是拟圆周.

设 z_1, z_2, z_3, z_4 是 C 上任选的四点,使得

$$M(A_1(z_1, z_2, z_3, z_4)) = 1. \tag{18.2}$$

设 δ_1 与 δ_2 分别是拓扑四边形 $A_1(z_1, z_2, z_3, z_4)$ 的第一组对边与第二组对边在 A_1 中的连线的长度的下确界．在 A_1 中任意取一条第一组对边的连线 β．设 $z_0 \in \beta$，是 β 的中点，l 是 β 的长度．命

$$\rho(z) = \begin{cases} 2/l，当\ |z - z_0| < l/2; \\ 1/|z - z_0|，当\ l/2 \leqslant |z - z_0| < l_1/2 + \delta_2; \\ 0，其它点. \end{cases}$$

第二组对边的任意一条连线 γ 在圆 $|z - z_0| < \delta_2 + l_1/2$ 内的长度 $\geqslant \delta_2$．所以 γ 的 ρ 长度

$$l_\rho(\gamma) = \int_\gamma \rho |dz| \geqslant \int_{l/2}^{l/2+\delta_2} \frac{dx}{x} = \log\left(1 + \frac{2\delta_2}{l}\right).$$

而 A_1 的 ρ 面积为

$$m_\rho(A_1) = \iint_{A_1} \rho^2 dx dy \leqslant \pi\left(1 + 2\log\left(1 + \frac{2\delta_2}{l}\right)\right).$$

由第一章关于极值长度的讨论可知，

$$1 = M(A_1) \leqslant \pi\left(1 + 2\log\left(1 + \frac{2\delta_2}{l}\right)\right)\Big/\log^2\left(1 + \frac{2\delta_2}{l}\right).$$

由此推出，

$$\frac{l}{\delta_2} \geqslant \tau = 2/(e^{\pi + \sqrt{\pi^2 + \pi}} - 1) \tag{18.3}$$

又因为 l 是第一组对边在 A_1 中任意一条连线的长度，所以由 (18.3) 立即推出

$$\frac{\delta_1}{\delta_2} \geqslant \tau. \tag{18.4}$$

现在假定 Δ_1 与 Δ_2 分别是拓扑四边形 $A_1(z_1, z_2, z_3, z_4)$ 的第一组对边与第二组对边之间直线连结（连线不一定在 A_1 之内）的最短距离．又设 ζ_1 与 ζ_2 分别是第一边与第三边的点，且使得

$$\Delta_1 = |\zeta_1 - \zeta_2|.$$

这时 ζ_1 与 ζ_2 把 C 分成两条弧，它们分别包含 $A_1(z_1, z_2, z_3, z_4)$ 的第二边与第四边．根据 C 是有界折转的假定，在以 ζ_1 与 ζ_2 为端点的

两条弧中至少有一条能被一个以 $k\Delta_1$ 为直径的圆盖住．因此，第二边或第四边被该圆盖住．不妨设第二边如此．这时我们可以断言

$$\pi k\Delta_1 \geqslant \tau\Delta_2. \tag{18.5}$$

如其不然，则有 $\Delta_2 > \pi k\Delta_1/\tau$．这样，第四边上每一点到圆心的距离大于或等于

$$\Delta_2 - k\Delta_1/2 > \pi k\Delta_1/\tau - k\Delta_1/2 > k\Delta_1/2.$$

这就是说，整个第四边都在该圆之外．但是第二边已被该圆盖住，所以该圆的某段圆弧一定是第一边与第三边在 A_1 内的连线．于是，

$$\delta_1 < \pi k\Delta_1 < \tau\Delta_2 \leqslant \tau\delta_2,$$

与 (18.4) 矛盾．这表明 (18.5) 成立．

现在进一步证明，存在一个与点 z_1, z_2, z_3, z_4 的选取无关的常数 K，使得只要 (18.2) 成立就有

$$M(A_2(z_4, z_3, z_2, z_1)) \leqslant K. \tag{18.6}$$

由 C 的有界折转性可知，存在一个圆 $\{z: |z-\zeta_0| \leqslant k\Delta_2/2\}$ 盖住第一边或第三边．我们考虑函数

$$\rho(z) = \begin{cases} 1, & \text{当 } |z-\zeta_0| < \Delta_1 + k\Delta_2/2; \\ 0, & \text{在其它点}. \end{cases}$$

这时，第一边与第三边之间在 A_2 中的连线的 ρ 长度 $\geqslant\Delta_1$．因此，

$$\begin{aligned} M(A_2(z_4, z_3, z_2, z_1)) &\leqslant \pi(\Delta_1 + k\Delta_2/2)^2/\Delta_1^2 \\ &\leqslant \pi(1 + k\Delta_2/2\Delta_1)^2 \leqslant \pi(1 + \pi k^2/2\tau)^2. \end{aligned}$$

（这里用到 (18.5)．）这就证明了 (18.6)．

设 φ 与 ψ 分别是将 A_1 与 A_2 变成上半平面与下半平面的共形映射，并且都把某个点 $a \in C$ 变成无穷远点．我们考虑实轴同胚 $h = \psi\circ\varphi^{-1}|\boldsymbol{R}$．在实轴上任意取三点 $x-t, x, x+t\,(t>0)$．那么相应地在 C 上有三点 $z_2 = \varphi^{-1}(x-t)$，$z_3 = \varphi^{-1}(x)$，$z_4 = \varphi^{-1}(x+t)$．命 $z_1 = a$．这时 $M(A_1(z_1, z_2, z_3, z_4)) = 1$．由已经证明的结果有 $M(A_2(z_4, z_3, z_2, z_1)) \leqslant K$．因此，

$$M(L(h(x+t), h(x), h(x-t), \infty)) \leqslant K,$$

其中 L 表示下半平面．此不等式也可写成

$$M(H(\infty, h(x-t), h(x), h(x+t))) \leqslant K.$$

这表明 h 是 $\lambda(K)$ 拟对称的. 因此, C 是拟圆周. 定理证毕.

*　　*　　*　　*

注. 似乎最早提出拟圆周这类曲线的是 Pfluger[66], 而 Ahlfors[4] 作了深刻的研究. 现在已经有了许多分析上及几何上的刻划, 并有多方面的应用, 例如 H_p 空间, 拟 Fuchs 群, 以及复解析动力体系[80].

关于 Beurling-Ahlfors 拟共形扩张的最大伸缩商的估计已有许多工作, 目前最好的结果是 Lehtinen 的[55]: $K \leqslant 2\rho$. 现在已经知道这个估计式中的系数 2 已不能一般地再改小[1).

---

1) 见科学通讯, 第 29 卷 (1984), 第 1151 页上李伟、刘勇的文章.

第六章　解析函数的单叶性与拟共形延拓

我们在这一章中将研究一个局部单叶的解析函数在怎样的条件下一定是整体单叶的．这个纯属经典解析函数论的问题竟与拟共形映射理论有关！这种联系主要是由 Ahlfors 建立的．他证明了一个拟圆内局部单叶的解析函数在其 Schwarz 导数小到某种程度时，它一定在整个区域内单叶，并且还能拟共形延拓到全平面．本章除了证明 Ahlfors 定理之外，还将证明只有拟圆才具有这种性质．这个结果是属于 Gehring 的．

§19　Schwarz 导数与 Nehari 定理

19.1　Schwarz 导数

若 f 是区域 D 内的解析函数，在点 z 处导数 $f'(z)\neq 0$．我们定义 f 在点 z 处的 Schwarz 导数是

$$S_f(z)=\left(\frac{f''(z)}{f'(z)}\right)'-\frac{1}{2}\left(\frac{f''(z)}{f'(z)}\right)^2.$$

很容易直接验证分式线性变换的 Schwarz 导数为零．

对于局部单叶的全纯函数，Schwarz 导数是有定义的．对于半纯函数，其 Schwarz 导数在极点处的定义是

$$S_f(z)=S_{\frac{1}{f}}(z).$$

这样定义是合理的，因为这个公式对全纯函数 f 在其非零点成立．

这样，在某个区域内处处局部单叶的半纯函数的 Schwarz 导数在区域内处处有定义，并且是一个全纯函数．

设 f 与 g 是两个局部单叶的半纯函数，并且复合函数 $f\circ g$ 是有意义的．这时下述公式成立：

$$S_{f\circ g} = S_f(g)g'^2 + S_g. \tag{19.1}$$

设D是一个单连通区域. 若φ是D内任意给定的一个全纯函数,我们要问是否有一个局部单叶的半纯函数f,使得$S_f = \varphi$? 这个问题的回答是肯定的.

事实上,我们可以在D内考虑方程

$$w'' + \frac{1}{2}\varphi w = 0. \tag{19.2}$$

这个方程在每一点$z_0 \in D$的局部邻域内根据φ的 Taylor 展开式来确定w的一个局部解(比较系数法), 这个局部解依赖于两个复数常数(即解在该点的值及其一阶导数的值). 我们可以从某一点出发,用解析延拓的方法,把局部解连接成一个整体解. 显然,由于区域D的单连通性, 这样延拓得到的函数不可能是多值的. 适当选择常数, 我们可以在区域D内求得两个线性无关解w_1与w_2. 因为它们满足方程式(19.2),所以$w_1w_2'' - w_1''w_2 = 0$, 也即

$$w_1w_2' - w_1'w_2 = c,$$

c是一个常数. 又因为w_1与w_2线性无关, 所以$c \neq 0$. 命$f = w_1/w_2$. 这时, $f' \neq 0$, 并且有

$$S_f = 2(w_2'^2 - w_2w_2'' - w_2'^2)/w_2^2 = \varphi.$$

这样,半纯函数f即为所求.

其次一个问题就是对于同一个φ使得$S_f = \varphi$的f是否是唯一的. 设除了上述方式求得的f之外, 另有一个g使得$S_g = \varphi$. 这时,

$$S_f = S_{f\circ g^{-1}}(g)g'^2 + S_g.$$

由$S_f = S_g$有

$$S_{f\circ g^{-1}}(w) = 0, \ \forall w \in g(D).$$

命$h = f\circ g^{-1}$, $\zeta = h''/h'$. 那么由$S_h = 0$得

$$\zeta' = \frac{1}{2}\zeta^2$$

解此常微分方程, 我们得出要么$\zeta \equiv 0$, 要么$\zeta = -2/(z+c)$ (c是常数). 因此,要么h是线性的,要么$h' = c_1/(z+c)^2$,也即

$$h=\frac{-c_1}{z+c}+c_2$$

其中 c_1 与 c_2 是常数. 总之 $h=f\circ g^{-1}$ 是一个分式线性变换[1]. 这样,我们证明了

定理 19.1 对于单连通区域 D 内任意给定的全纯函数 φ, 存在一个局部单叶的半纯函数 f 使得在 D 内 $S_f=\varphi$. 这样的 f 在忽略一个分式线性不计时是唯一确定的.

19.2 单叶函数的 Schwarz 导数

定理 19.2 (Nehari) 设 f 是单位圆 Δ 内的单叶解析函数. 则

$$|S_f(z)|(1-|z|^2)^2\leqslant 6,\ \forall z\in\Delta. \tag{19.3}$$

证. 考虑任意一点 $\zeta\in\Delta$ 及函数

$$\begin{aligned}h(z)&=\frac{f\left(\dfrac{z+\zeta}{1+\bar{\zeta}z}\right)-f(\zeta)}{(1-|\zeta|^2)f'(\zeta)}\\&=z+\left[\frac{1}{2}(1-|\zeta|^2)\frac{f''(\zeta)}{f'(\zeta)}-\bar{\zeta}\right]z^2+\cdots.\end{aligned}$$

显然, h 在 Δ 内单叶解析,并且 $h(0)=0$ 及 $h'(0)=1$. 命

$$\begin{aligned}g(z)&=\frac{1}{h\left(\dfrac{1}{z}\right)}+\left[\frac{1}{2}(1-|\zeta|^2)\frac{f''(\zeta)}{f'(\zeta)}-\bar{\zeta}\right]\\&=z-\frac{1}{6}(1-|\zeta|^2)^2S_f(\zeta)\frac{1}{z}+\cdots.\end{aligned}$$

这时 $g(z)$ 在单位圆外是单叶解析函数,且有展开式

$$g(z)=z+b_1/z+\cdots.$$

由大家熟知的估计式 $|b_1|\leqslant 1$ 给出 (19.3). 证毕.

设 η_Δ 是 Δ 的 Poincaré 密度,那么 (19.3) 式可以写成

---

1) 因为 g^{-1} 只能局部考虑,所以更严格地讲 h 在每点的附近是分式线性变换. 显然,由解析延拓原理, h 在整个区域上是同一个分式线性变换.

$$|S_f(z)|\cdot\eta_\Delta^{-2}\leqslant\frac{3}{2},\ \forall z\in\Delta. \tag{19.4}$$

设D是一个单连通区域，φ是D到Δ的共形映射．则区域D内的 Poincaré 度量的密度函数为

$$\eta_D(z)=\frac{2|\varphi'(z)|}{1-|\varphi(z)|^2},\ \forall z\in D.$$

一个很自然的问题是把估计式(19.4)推广到一般单连通域D的情况．下一段的讨论将表明，将(19.4)中右边的常数 3/2 更换为一个与区域D有关的常数，那么将(19.4)中的Δ换为D依然成立．

19.3 区域的单叶性外径

设区域D是边界点多于 1 点的单连通域．对于D中任意一个局部单叶函数f，我们引入它的 Schwarz 导数的范数的概念，即

$$\|S_f\|_D=\sup_{z\in D}\{|S_f(z)|\eta_D^{-2}(z)\}.$$

用这种记号改写(19.4)即为

$$\|S_f\|_\Delta\leqslant 3/2. \tag{19.5}$$

很容易直接验证，当f是 Koebe 函数时，这个不等式取等号．(19.5)说明，单位圆内一切单叶函数的 Schwarz 导数的范数的上确界是 3/2．我们把这个数称为单位圆的单叶性外径．

对于一般单连通区域D，我们定义

$$\sigma_2(D)=\sup_f\{\|S_f\|_D\}, \tag{19.6}$$

这里f跑遍一切D内的单叶函数．$\sigma_2(D)$被称为D的单叶性外径．

为研究$\sigma_2(D)$的大小，我们还须要考虑另外一个常数

$$\sigma_1(D)=\|S_\varphi\|_D \tag{19.7}$$

其中φ是D到Δ的共形映射．这个量刻划了区域D对单位圆的偏差，或者说它刻划了映射φ对分式线性变换的偏差．

定理 19.3 $\sigma_2(D)=\frac{3}{2}+\sigma_1(D)$.

证. 设 $\varphi:D\to\Delta$ 是共形映射. 对于D内任意一个单叶函数f,由定理 19.2 有

$$\|S_{f\circ\varphi^{-1}}\|_\Delta\leqslant 3/2.$$

另一方面,由 (19.1) 有

$$S_f-S_\varphi=S_{f\circ\varphi^{-1}}(\varphi)\varphi'^2.$$

注意到 $\eta_D(z)=\eta_\Delta(\varphi)|\varphi'(z)|$, 则有

$$\|S_f-S_\varphi\|_D=\|S_{f\circ\varphi^{-1}}\|_\Delta\leqslant 3/2,$$

即有

$$\|S_f\|_D\leqslant\frac{3}{2}+\|S_\varphi\|_D,$$

即

$$\sigma_2(D)\leqslant\frac{3}{2}+\sigma_1(D). \tag{19.8}$$

下面证明相反方向的不等式成立. 命 $\psi=\varphi^{-1}$. 这时

$$S_{\varphi\circ\psi}=0.$$

因此,

$$0=S_\varphi(\psi)\psi'^2+S_\psi.$$

由此推出

$$\sigma_1(D)=\|S_\varphi\|_D=\|S_\psi\|_\Delta.$$

对于任意给定的 $\varepsilon>0$, 可以找到一点 $z_0\in\Delta$, 使得

$$|S_\psi(z_0)\eta_\Delta^{-2}(z_0)|>\sigma_1(D)-\varepsilon.$$

由于不等式左端是单位圆到自身的分式线性变换下的不变量, 所以不失一般性可以假定 $z_0=0$. 这时,

$$\frac{1}{4}|S_\psi(0)|>\sigma_1(D)-\varepsilon.$$

命 $h(z)=z+e^{i\theta}/z$ 及 $f=h\circ\varphi$. 那么,不难算得

$$\|S_f\|_D=\|S_h-S_\psi\|_\Delta\geqslant\frac{1}{4}|S_h(0)-S_\psi(0)|.$$

$$= \frac{1}{4} \left| 6e^{-i\theta} + S_\psi(0) \right|.$$

选取适当 θ 使得

$$\left| 6e^{-i\theta} + S_\psi(0) \right| = 6 + |S_\psi(0)|.$$

这时

$$\|S_f\|_D > \frac{3}{2} + \sigma_1(D) - \varepsilon.$$

由 ε 的任意性推出 $\sigma_2(D) \geqslant 3/2 + \sigma_1(D)$. 再由 (19.8) 立刻得到 $\sigma_2(D) = 3/2 + \sigma_1(D)$. 证毕.

推论 $\sigma_2(D) \leqslant 3$.

证. 在定理的证明中我们已经看到

$$\sigma_1(D) = \|S_\psi\|_\Delta.$$

由定理 19.2 知道 $\|S_\psi\|_\Delta \leqslant 3/2$. 于是

$$\sigma_2(D) = \frac{3}{2} + \sigma_1(D) \leqslant 3.$$

证毕.

现在我们来解释一下单叶性外径的几何意义. 用 $A(D)$ 表示全体在 D 内解析的函数所组成的集合, 对于这个集合中的元素 φ 定义其范数为

$$\|\varphi\|_D = \sup\{ |\varphi(z)| \eta_D^{-2}(z) : z \in D \}.$$

全体 D 内单叶解析函数的 Schwarz 导数是 $A(D)$ 中的一个子集合. 该子集合包含于球

$$\{\varphi : \varphi \in A(D), \|\varphi\|_D \leqslant \sigma_2(D)\}$$

之内, 并且半径 $\sigma_2(D)$ 是所有这种包含该子集合的球的半径的最小者.

§ 20 Schwarz 区 域

20.1 Schwarz 区域的定义

设 D 是一个边界点多于 1 点的单连通区域. 若存在一个常数

$a>0$，使得只要 $\|S_f\|_D<a$ 就能推出 f 在 D 内是单叶的，则我们称 D 为一个 Schwarz 区域(或者称为 a-Schwarz 区域，以标明常数 a).

若 D 是一个 a-Schwarz 区域，那么全体 D 内单叶解析函数的 Schwarz 导数在 $A(D)$ 中所形成的子集合一定包含下列球

$$\{\varphi:\varphi\in A(D),\|\varphi\|_D<a\}.$$

所有可能的这种数 a 的上确界叫作 D 的单叶性内径，记作 $\sigma_3(D)$.

我们将要看到并非任意一个单连通域(甚至 Jordan 区域)都是 Schwarz 区域. 区域 D 是 Schwarz 区域，当且仅当 D 是拟圆.

判别一个区域是否是 Schwarz 区域，这纯属经典解析函数论问题. 然而这个问题的回答却要用拟共形映射的概念.

20.2 单位圆的单叶性内径

现在我们来证明单位圆是 Schwarz 区域，而其单叶性内径为 1/2，即

定理 20.1 $\sigma_3(\Delta)=1/2.$ (20.1)

证. 先证单位圆 Δ 是 1/2-Schwarz 区域，也就是说，若

$$\|S_f\|_\Delta<1/2,$$

则 f 是 Δ 内的单叶函数. 设 f 是 Δ 内局部单叶的半纯函数，且满足条件

$$\|S_f\|_\Delta<\frac{1}{2}. \tag{20.2}$$

根据前一节的讨论，方程

$$w''+\frac{1}{2}(S_f)w=0 \tag{20.3}$$

有两个线性无关解 w_1 与 w_2，满足下列条件[1]:

$$w_1w_2'-w_2w_1'=1. \tag{20.4}$$

我们还证明了

1) 在上节中证明了存在线性无关解 w_1 与 w_2，使得 $w_1w_2'-w_2w_1'=c$，c 是非零常数. 两边用 c 除并把 w_1/c 换为 w_1 即得到(20.4).

$$S_{\frac{w_1}{w_2}} = S_f.$$

这表明 f 是 w_1/w_2 复合以分式线性变换，即

$$f = \frac{aw_1 + bw_2}{cw_1 + dw_2} \quad (ad - bc = 1)$$

命 $W_1 = aw_1 + bw_2$，$W_2 = cw_1 + dw_2$。不难验证

$$W_1W_2' - W_2W_1' = 1.$$

显然，W_1 与 W_2 也是方程(20.4)的解。所以不妨假定原先选定的线性无关解 w_1 与 w_2 分别就是 W_1 与 W_2。这时

$$f(z) = \frac{w_1(z)}{w_2(z)}, \quad \forall z \in \Delta. \tag{20.5}$$

任意取 r_n: $0 < r_n < 1$ 使得圆周 $\{|z| = r_n\}$ 上没有 f 的极点。定义

$$f_n(z) = \begin{cases} \dfrac{w_1(z)}{w_2(z)}, & |z| \leqslant r_n; \\[2ex] \dfrac{w_1\left(\dfrac{r_n^2}{\bar{z}}\right) - \left(\dfrac{r_n^2}{\bar{z}} - z\right) w_1'\left(\dfrac{r_n^2}{\bar{z}}\right)}{w_2\left(\dfrac{r_n^2}{\bar{z}}\right) - \left(\dfrac{r_n^2}{\bar{z}} - z\right) w_2'\left(\dfrac{r_n^2}{\bar{z}}\right)}, & |z| > r_n. \end{cases}$$

设 $E = \{z: f_n(z) = \infty\}$。那么 f_n 在 $\boldsymbol{C} - E$ 上连续可微。下面我们将证明 f_n 在 $\boldsymbol{C} - E$ 上满足一个 Beltrami 方程。

通过简单的计算并注意到(20.3)与(20.4)，我们有

$$\partial_{\bar{z}} f_n = \frac{\dfrac{1}{2} S_f\left(\dfrac{r_n^2}{\bar{z}}\right)\left(\dfrac{r_n^2}{\bar{z}} - z\right)^2 \cdot \dfrac{r_n^2}{\bar{z}^2}}{\left[w_2\left(\dfrac{r_n^2}{\bar{z}}\right) - \left(\dfrac{r_n^2}{\bar{z}} - z\right) w_2'\left(\dfrac{r_n^2}{\bar{z}}\right)\right]^2},$$

$$\partial_z f_n = \frac{-1}{\left[w_2\left(\dfrac{r_n^2}{\bar{z}}\right) - \left(\dfrac{r_n}{\bar{z}} - z\right) w_2'\left(\dfrac{r_n^2}{\bar{z}}\right)\right]^2}.$$

因此，当 $z \notin E$ 且 $|z| > r_n$ 时，

$$\frac{\partial_{\bar{z}} f_n}{\partial_z f_n} = -\frac{1}{2} S_f\left(\frac{r_n^2}{\bar{z}}\right)\left(\frac{r_n^2}{\bar{z}} - z\right)^2 \cdot \frac{r_n^2}{\bar{z}^2}. \tag{20.6}$$

而当 $z \notin E$ 且 $|z| \leqslant r_n$ 时，$\partial_{\bar{z}} f_n = 0$．命

$$\mu_n(z) = \partial_{\bar{z}} f_n / \partial_z f_n, z \notin E.$$

那么 $|z| < r_n$ 时，$\mu_n(z) = 0$，而 $|z| > r_n$ 时，

$$\begin{aligned} |\mu_n(z)| &\leqslant \frac{1}{2} \sup_{|z| > r_n} \left| S_f\left(\frac{r_n^2}{\bar{z}}\right)\left(1 - \frac{r_n^2}{|z|^2}\right)^2 r_n^2 \right| \\ &\leqslant \frac{1}{2} \sup_{|z| > r_n} \left| S_f\left(\frac{r_n^2}{\bar{z}}\right)\left(1 - \frac{r_n^4}{|z|^2}\right)^2 \right| \\ &\leqslant \frac{1}{2} \sup_{|\zeta| < r_n} |S_f(\zeta)(1 - |\zeta|^2)^2| \\ &\leqslant \frac{1}{2} \sup_{|\zeta| < 1} |S_f(\zeta)(1 - |\zeta|^2)^2| \\ &= 2\|S_f\|_\Delta < 1. \end{aligned} \tag{20.7}$$

这就是说，在 $\boldsymbol{C} - E$ 上 f_n 满足 Beltrami 方程

$$\partial_{\bar{z}} f_n - \mu_n(z) \partial_z f_n = 0, \forall z \notin E.$$

根据相似原理，f_n 可以表示成：$f_n = \Phi(w(z))$，其中 $w(z)$ 是以 μ 为复特征的拟共形映射，而 Φ 是区域 $w(\boldsymbol{C} - E)$ 内的解析函数．

由于 f_n 的 Jacobi 行列式

$$J_{f_n} = |\partial_z f_n|^2 (1 - |\mu_n|^2) > 0, \forall z \in \boldsymbol{C} - E,$$

所以 f_n 在 $\boldsymbol{C} - E$ 中每一点附近都局部单叶．对于任意一点 $z \in E$，$1/f_n(z) = 0$．此外，由于 w_1 与 w_2 在 f_n 的定义中的对称性，重复上述步骤可以证明，$1/f_n(z)$ 除去奇点之外处处 Jacobi 行列式 >0．因此

$$J_{\frac{1}{f_n}}(z) > 0, \quad z \in E.$$

这表明 $1/f_n$ 在点 z 处局部单叶． 这样 f_n 在全平面上处处局部单叶．考虑函数 $f_n(1/z)$，完全类似地可以证明 $f_n(z)$ 在无穷远点处也是局部单叶的．

由 f_n 的局部单叶性可知 E 是由孤立点组成的． 因此，$\mu_n(z)$ 在全平面上几乎处处有定义，在表达式 $f_n = \Phi(w(z))$ 中的拟共形映射 $w(z)$ 可以取为全平面上的拟共形映射．

f_n 在 $\bar{C}$ 上的局部单叶性与 $w(z)$ 的单叶性表明 Φ 在 $\bar{C}$ 上是局部单叶的，因而 Φ 一定是分式线性变换．由此进一步推出 f_n 在全平面上是单叶的．特别地，它在圆 $\{z:|z|<r_n\}$ 内是单叶的，也即 $f(z)$ 在该圆内是单叶的．命 $r_n\to 1$，即得到 $f(z)$ 在 Δ 内的单叶性．

以上我们证明了 Δ 是 1/2-Schwarz 区域．现在进一步证明 Δ 的单叶性内径 $\sigma_3(\Delta)$ 就是 1/2．换句话说，就是要证明不可能有比 1/2 更大的数 a，使得 Δ 是 a-Schwarz 区域．命

$$h(z)=\log(z-1)/(z+1).$$

我们考虑函数

$$f(z)=\exp\{c(t)h(z)\},$$

其中 $c(t)=2\pi i/[h(t)-h(-t)]$，$t\in(0,1)$．显然，$f(t)=f(-t)$．所以 f 在 Δ 内不是单叶函数．直接计算表明

$$S_f(z)=(c^2(t)-1)\left[\frac{1}{(z^2-1)}-\frac{z^2+1}{(z^2-1)^2}\right]$$

$$=2(c^2(t)-1)/(z^2-1)^2.$$

所以

$$\|S_f\|_\Delta=\frac{1}{2}|c^2(t)-1|\sup_{z\in\Delta}\frac{(1-|z|^2)^2}{|1-z^2|^2}$$

$$=\frac{1}{2}|c^2(t)-1|.$$

但是，很容易看出

$$|c^2(t)|=\frac{2\pi}{\left|\log\dfrac{(1-t)^2}{(1+t)^2}\right|}\to 0\ (\text{当 } t\to 1).$$

因此，当 $t\to 1$，$\|S_f\|_\Delta\to 1/2$．这就是说，可以选取一个非单叶的解析函数，其 Schwarz 导数能任意接近 1/2．总之，我们证明了 $\sigma_3(\Delta)=1/2$．证毕．

20.3 单位圆内解析函数的拟共形延拓

单叶性的问题与解析函数的拟共形延拓的问题有关．事实

上，我们在上述的定理 20.1 的证明中已经看到，当 f 满足条件 (20.2) 时，f 可以自圆 $\{z:|z|\leqslant r_n\}$ 拟共形延拓到全平面，得到函数 f_n. 再由 (20.7) 可知，f_n 的最大伸缩商

$$K[f_n]\leqslant K=\left(1+\frac{1}{2}\|S_f\|_\Delta\right)\Big/\left(1-\frac{1}{2}\|S_f\|_\Delta\right).$$

这样，f_n 是 K-q.c. 映射. 现在命 $r_n\to 1-0$. 我们将证明 $\{f_n\}$ 中有一个子序列收敛于一个拟共形映射.

在 Δ 内取一点 z_0 及其一个邻域 $U=\{z:|z-z_0|<r\}\subset\Delta$. 假定 $f(z_0)\neq\infty$. 显然，当 n 充分大时，$f_n(z)=f(z)$，对于一切 $z\in U$. 设 $f(U)$ 包含下列的圆:

$$\{w:|w-f(z_0)|<\delta\}.$$

那么，当 n 充分大时，我们有

$$\frac{1}{|f_n(z)-f(z_0)|}\leqslant\frac{1}{\delta},\quad\forall z:|z-z_0|>r.$$

这就是说，K-q.c. 映射序列 $F_n(z)=1/[f_n(z)-f(z_0)]$ 在

$$\{z:|z-z_0|>r\}$$

上一致有界. 由此可见有一个子序列 $\{F_{n_k}\}$ 在 $\{z:|z-z_0|>r\}$ 上内闭一致收敛于一个拟共形映射 $f^*(z)$. 显然，我们有

$$f^*|_{\Delta-U}=f|_{\Delta-U}.$$

因此，f^* 是 f 的一个拟共形延拓.

总结本段的讨论，我们证明了下列定理:

定理 20.2 设 f 是 Δ 内任意一个局部单叶的解析函数，且

$$\|S_f\|<1/2.$$

则 f 能拟共形延拓到全平面.

20.4 拟圆是 Schwarz 区域

设 D 是一个 K 拟圆. 不失一般性，我们假定 D 是一个有界域. 因为如其不然，总可以通过一个分式线性变换达到目的，而分式线性变换不改变函数的 Schwarz 导数的范数，可以不影响后面的讨论.

现在我们要把§20.2中的讨论推广到拟圆的情形．命

$$C=\partial D.$$

设K拟共形映射 $h:\mathbf{C}\to\mathbf{C}$ 使得 $D=h(\Delta)$．又命 $C_n=h(\Gamma_n)$，其中 $\Gamma_n=\{z:|z|=r_n\}$．那么 C_n 也是K拟圆．将 C_n 的内部记作 D_n．适当选取 r_n，使得 $0<r_n<1$，并且当 $n\to\infty$时，$r_n\to 1$．

现在假定 f 是D内局部单叶的半纯函数． 像在§20.2中一样，我们可以在D内求两个全纯函数 w_1 与 w_2 使得

$$f(z)=\frac{w_1(z)}{w_2(z)},\quad w_1w_2'-w_2w_1'=1,\tag{20.8}$$

$$w_j''+\frac{1}{2}S_fw_j=0,\ j=1,2.\tag{20.9}$$

命

$$f_n(z)=\begin{cases}\dfrac{w_1(z)}{w_2(z)}, & \forall z\in\overline{D}_n;\\[2ex] \dfrac{w_1(\zeta)-(\zeta-z)w_1'(\zeta)}{w_2(\zeta)-(\zeta-z)w_2'(\zeta)}, & \forall z\in D_n^*=\overline{\mathbf{C}}-D_n,\end{cases}$$

其中 $\zeta=g(z)$，而 $g:D_n^*\to D_n$ 是关于 C_n 的拟共形反射．这里我们用拟共形反射 g 代替了§20.2中的关于圆周 $\{z:|z|=r_n\}$的对称反射，这是很自然的．命 $E=\{z:f_n(z)=\infty\}$．那么 f_n 在E之外是连续可微的．很容易计算得到，当 $z\in D_n^*-E$，

$$\partial_{\bar z}f_n(z)=\frac{-\dfrac{1}{2}S_f(\zeta)(\zeta-z)^2\partial_{\bar z}g(z)}{[w_2(\zeta)-(\zeta-z)^2w_2'(\zeta)]^2},\zeta=g(z),$$

$$\partial_zf_n(z)=\frac{-1-\dfrac{1}{2}S_f(\zeta)(\zeta-z)^2\partial_zg(z)}{[w_2(\zeta)-(\zeta-z)^2w_2'(\zeta)]^2},\zeta=g(z).$$

在计算过程中我们用到了(20.8)及(20.9)． 由此我们得到，当 $z\in D_n^*-E$ 时，

$$\frac{\partial_{\bar z}f_n}{\partial_zf_n}=\frac{S_f(\zeta)(\zeta-z)^2\partial_{\bar z}g(z)}{2+S_f(\zeta)(\zeta-z)^2\partial_zg(z)},\ \zeta=g(z).\tag{20.10}$$

现在的问题是，要使得前面我们使用过的方法能继续下去，必

须证明当 $\|S_f\|_D$ 适当小时 $|\partial_{\bar z} f_n|/|\partial_z f_n| \leqslant k < 1$. 而要作到这一点,我们需要两个引理.

引理 20.1 设 C 是通过∞的 K 拟圆周, A_1 与 A_2 是 C 的补集的两个连通分支. 则存在一个连续可微的 K_1 拟共形反射

$$g: A_1 \to A_2$$

使得

$$|dg(z)| \leqslant M(K)|dz|, \forall z \in A_1, \tag{20.11}$$

这里常数 K_1 及 $M(K)$ 只依赖于 K.

证. 命 $\varphi_1: A_1 \to \boldsymbol{H}$ 及 $\varphi_2: A_2 \to L$ 是共形映射,

$$\varphi_1(\infty) = \varphi_2(\infty) = \infty.$$

这里 $\boldsymbol{H}$ 与 L 分别表示上半平面与下半平面. 根据 § 16.3 中的讨论, $\varphi_2 \circ \varphi_1^{-1}$ 是实轴上的 ρ 拟对称函数, $\rho = \lambda(K)$. 根据 Beurling-Ahlfors 的方法,我们可以构造一个连续可微映射 $h: \boldsymbol{H} \to \boldsymbol{H}$, 它是一个 K_1-q.c. 映射,在实轴上以 $\varphi_2 \circ \varphi_1^{-1}$ 为边界值. 这里 K_1 是一个只依赖于 $\rho = \lambda(K)$ 的数. 命

$$g = \varphi_2^{-1} \circ \overline{(h \circ \varphi_1)}$$

那么 g 是一个 K_1 拟共形反射,把 A_1 变为 A_2. 由于 h 在 Poincaré 度量下是拟保距的 (§ 17.3), 并且 Poincaré 度量是共形不变量, 所以存在一个常数 $M_1(K)$ 使得

$$\eta_{A_2}(g(z))|dg(z)| \leqslant M_1(K)\eta_{A_1}(z)|dz| \tag{20.12}$$

用 $\rho(z)$ 表示 z 到 C 的最短距离. 那么,以 z 为圆心、以 $\rho(z)$ 为半径的圆的 Poincaré 密度在圆心的值为 $2/\rho(z)$. 由广义 Schwarz 引理(见[1])有

$$\eta_{A_j}(z) \leqslant 2/\rho(z), \forall z \in A_j. \quad (j = 1,2) \tag{20.13}$$

另一方面,由 Koebe 的 1/4 定理可以证明

$$\eta_{A_j}(z) \geqslant 1/2\rho(z), \forall z \in A_j, j = 1,2. \tag{20.14}$$

由 (20.12) 至 (20.14) 我们得到

$$\begin{aligned} |dg(z)| &\leqslant M_1(K)\eta_{A_1}(z)|dz|/\eta_{A_2}(g(z)) \\ &\leqslant 4M_1(K)\rho(g(z))|dz|/\rho(z). \end{aligned} \tag{20.15}$$

命

$$f(z)=\begin{cases}\varphi_1^{-1}\circ h^{-1}(\zeta), & \zeta\in \boldsymbol{H};\\ \varphi_2^{-1}(\zeta), & \zeta\in L,\end{cases}$$

其中 L 表示下半平面.那么 f 是 K_1-q.c. 映射，K_1 只依赖于 $\lambda(K)$；f 把实轴映为 C，且把关于实轴对称的点映为关于 C 拟共形反射下的对称点. 设 $z\in A_1$ 是任意一点. 取 $z'\in C$ 使得

$$\rho(z)=|z'-z|.$$

以 $f^{-1}(z')$ 为中心、以 $|f^{-1}(z)-f^{-1}(z')|$ 为半径作圆，那么该圆在映射 f 下的像是一条过 z 与 $g(z)$ 的曲线,因为

$$|f^{-1}(z)-f^{-1}(z')|=|f^{-1}(g(z))-f^{-1}(z')|.$$

由 Teichmüller 的偏差定理,存在一个只依赖于 K_1 的常数 M_2 使得

$$|g(z)-z'|/|z-z'|\leqslant M_2. \tag{20.16}$$

因 K_1 只依赖于 K，所以 M_2 只依赖于 K,不妨记 M_2 为 $M_2(K)$.注意到 $\rho(z)=|z-z'|$ 及 $\rho(g(z))\leqslant|g(z)-z'|$，由 (20.15) 及 (20.16) 有

$$|dg(z)|\leqslant 4M_1(K)M_2(K)|dz|,$$

即证得 (20.11). 证毕.

引理 20.2 设 C 是一条通过 ∞ 的 K 拟圆周. 又设 $g:A_1\to A_2$ 是关于 C 的 K_1 拟共形反射. 则对每一点 $z\in A_1$ 都有

$$|g(z)-z|\leqslant \widetilde{M}/\eta_{A_2}(g(z)), \tag{20.17}$$

其中 $\widetilde{M}$ 是只依赖于 K_1 的常数.

证. 设 $\varphi_1:A_1\to \boldsymbol{H}$ 是共形映射，$\varphi_1(\infty)=\infty$. 命

$$G(\zeta)=\begin{cases}\varphi_1^{-1}(\zeta), & \zeta\in \boldsymbol{H};\\ g\circ\varphi^{-1}(\bar{\zeta}), & \zeta\in L,\end{cases}$$

其中 L 表示下半平面. 显然,G 是全平面的 K_1 拟共形映射. 对于任意一点 $z\in A_1$，我们选取一点 $z'\in C$，使得点 $g(z)$ 到 C 的最短距离

$$\rho(g(z))=|g(z)-z'|.$$

我们以 $\varphi_1(z')$ 为中心,以 $|\varphi(z)-\varphi(z')|$ 为半径作圆,并在该圆

上使用 Teichmüller 偏差定理,即得到

$$\frac{|z-z'|}{|g(z)-z'|}\leqslant\lambda(K_1).$$

因此,我们有

$$\begin{aligned}|g(z)-z|&\leqslant|g(z)-z'|+|z-z'|\\&=\rho(g(z))(1+|z-z'|/|g(z)-z'|)\\&\leqslant(1+\lambda(K_1))\rho(g(z)).\end{aligned}$$

再注意到 (20.13) 式就立即推出 (20.17). 证毕.

引理 20.3 设 C 是任意一条 K 拟圆周, A_1 与 A_2 是 C 的补集的两个分支. 则存在一个关于 C 的连续可微拟共形反射

$$g: A_1\to A_2,$$

使得对于任意一个在 A_2 内局部单叶的亚纯函数 f 及任意一点

$$z\in A_1-\{\infty, g^{-1}(\infty)\}$$

都有

$$|S_f(g(z))||g(z)-z|^2|dg(z)|\leqslant c(K)\|S_f\|_{A_2}|dz|, \tag{20.18}$$

其中 $c(K)$ 是只依赖于 K 的常数.

证. 当 C 是通过 ∞ 的 K 拟圆周时,很容易由前面两个引理推出 (20.18). 事实上, 根据引理 20.1, 存在一个连续可微的 K_1 拟共形反射 $g: A_1\to A_2$ 使得 (20.11) 成立,这里 K_1 只依赖于 K. 再根据引理 20.2, 对于这个拟共形反射 $g: A_1\to A_2$ 而言 (20.17) 式成立,其中常数 $\widetilde{M}$ 只依赖于 K_1, 也即只依赖于 K. 因此, 存在一个常数 $c(K)$ 使得

$$|g(z)-z|^2|dg(z)|\leqslant c(K)\eta_{A_2}^{-2}(z)|dz|.$$

由此立刻推出 (20.18).

当 C 不通过 ∞ 时,我们在 C 上任意取一点 a 并作变换

$$z\longmapsto\gamma(z)=\frac{1}{z-a}.$$

在这个变换下, C 的像 $\widetilde{C}=\gamma(C)$ 是过 ∞ 的一条 K 拟圆周. 因此, 关于 $\widetilde{C}$ 存在一个连续可微的拟共形反射 $\tilde{g}: \widetilde{A}_1\to\widetilde{A}_2$ ($\widetilde{A}_j=$

$\gamma(A_j)$, $j=1,2$) 使得对于 $\tilde{A}_2$ 上的任意一个局部单叶亚纯函数 $\tilde{f}$ 及 $\zeta\in\tilde{A}_1$ 都有

$$|S_{\tilde{f}}(\tilde{g}(\zeta))||\tilde{g}(\zeta)-\zeta|^2|d\tilde{g}(\zeta)|\leqslant c(K)\|S_{\tilde{f}}\|_{\tilde{A}_2}|d\zeta|, \tag{20.19}$$

其中 $c(K)$ 是常数，$\zeta\in\tilde{A}_1$. 命 $g=\gamma^{-1}\circ\tilde{g}\circ\gamma$，那么 g 是关于 C 的连续可微拟共形反射. 直接计算表明

$$\frac{|dg(z)|}{|dz|}=\frac{|d\tilde{g}(\zeta)|}{|d\zeta|}\cdot\frac{|\gamma'(z)|}{|\gamma'(g(z))|},\ \zeta=\gamma(z),$$

并有

$$\begin{aligned}|g(z)-z|&=|\gamma^{-1}(\tilde{g}(\zeta))-\gamma^{-1}(\zeta)|\\&=|\tilde{g}(\zeta)-\zeta|/|\gamma'(z)|^{\frac{1}{2}}|\gamma'(g(z))|^{\frac{1}{2}},\ \zeta=\gamma(z).\end{aligned}$$

因此,对于 $\forall z\in A_1-\{\infty,g^{-1}(\infty)\}$，有

$$|g(z)-z|^2|dg(z)|=|\tilde{g}(\zeta)-\zeta|^2|d\tilde{g}(\zeta)|\frac{|dz|}{|d\zeta|}\Big/|\gamma'(g(z))|^2.$$

对于 A_2 中的任意一个局部单叶亚纯函数 f，复合函数 $\tilde{f}=f\circ\gamma^{-1}$ 在 $\tilde{A}_2$ 中也是一个局部单叶亚纯函数. 注意到

$$S_{\tilde{f}}(\tilde{g}(\zeta))=S_f(g(z))\cdot(\gamma'(g(z)))^2,$$

由 (20.19) 有

$$\begin{aligned}&|S_f(g(z))||g(z)-z|^2|dg(z)|\\&\quad=|S_{\tilde{f}}(\tilde{g}(\zeta))||\tilde{g}(\zeta)-\zeta|^2|d\tilde{g}(\zeta)|\frac{|dz|}{|d\zeta|}\\&\quad\leqslant c(K)\|S_{\tilde{f}}\|_{\tilde{A}_2}|dz|\\&\quad=c(K)\|S_f\|_{A_2}|dz|,\end{aligned}$$

这里用到 $\|S_{\tilde{f}}\|_{\tilde{A}_2}=\|S_f\|_{A_2}$. 证毕.

现在我们返回到 (20.11),继续前面的讨论.我们选取 (20.10) 中的拟共形反射 g 满足引理 20.3 中的要求. 这时用 D_n^* 与 D_n 分别代替 A_1 与 A_2，由引理 20.3 我们有

$$\left|\frac{\partial_{\bar{z}}f_n}{\partial_z f_n}\right|\leqslant\frac{c(K)\|S_f\|_{D_n}}{2-c(K)\|S_f\|_{D_n}}$$

其中 $z\in D_n^*-E-\{\infty,g^{-1}(\infty)\}$. 再由广义 Schwarz 引理可以推出

$$\|S_f\|_{D_n}\leqslant\|S_f\|_D.$$

于是,

$$\left|\frac{\partial_{\bar z}f_n}{\partial_z f_n}\right|\leqslant\frac{c(K)\|S_f\|_D}{2-c(K)\|S_f\|_D},z\in D_n^*-E-\{\infty,g^{-1}(\infty)\}.$$

现在假定 $\|S_f\|_D<1/c(K)$, 那么

$$\left|\frac{\partial_{\bar z}f_n}{\partial_z f_n}\right|\leqslant c(K)\|S_f\|_D<1,\ z\in D_n^*-E-\{\infty,g^{-1}(\infty)\}.$$

注意到当 $z\in\overline{D}_n-E$ 时, $\partial_{\bar z}f_n=0$, 不难看出 f_n 在全平面上除去 E 与 $\{\infty,g^{-1}(\infty)\}$ 中的点之外满足一个 Beltrami 方程. 完全类似于定理 20.1 的证明, f_n 在 E 与 $\{\infty,g^{-1}(\infty)\}$ 中的点附近是局部单叶的. 从而根据相似原理进一步推出 f_n 在全平面上单叶, 特别地 f 在 D_n 中单叶. 这样 f 在 D 中是单叶的. 此外, f_n 是 K'-g.c. 映射, K' 与 n 无关. 我们可以在序列 $\{f_n\}$ 中选取一个子序列使之内闭一致收敛, 其极限函数一定是 f 在全平面的拟共形延拓. 由于这个证明步骤完全相同于定理 20.2, 所以我们无须详细叙述.

总之,我们证明了下列定理:

定理 20.3 对于任意的 $K\geqslant1$, 存在一个只依赖于 K 的常数 $c(K)>0$ 使得

i) 任意一个 K 拟圆都是 $1/c(K)$-Schwarz 区域;

ii) K 拟圆 D 内任意一个局部单叶亚纯函数 f, 只要

$$\|S_f\|_D<1/c(K),$$

就能拟共形延拓到全平面;而延拓后复特征的模

$$|\mu_f|\leqslant c(K)\|S_f\|_D.$$

这个定理是属于 Ahlfors 的(见[4]). 它告诉我们任意一个 K 拟圆 D 的单叶性内径

$$\sigma_s(D)\geqslant\frac{1}{c(K)}.\tag{20.20}$$

关于单叶性内径的信息，我们知道的还很少。

20.5 局部连通性

我们用 $\Delta_r(z_0)$ 表示以 z_0 为圆心、以 r 为半径的圆，即

$$\Delta_r(z_0)=\{z:\ |z-z_0|<r\}.$$

设 $k\geqslant 1$. 集合 $D\subset\bar{\boldsymbol{C}}$ 被称为 k 局部连通的，如果它满足下列两个条件：对于任意 $r>0$, $z\in\boldsymbol{C}$,

i) $D\cap\overline{\Delta_r(z)}$ 中的任意两点都可以用 $D\cap\overline{\Delta_{kr}(z)}$ 中的弧连结；

ii) $D-\Delta_r(z)$ 中的任意两点都可以用 $D-\Delta_{r/k}(z)$ 中的弧连结。

很容易证实带形域 $\{z=x+iy:0<y<1\}$ 不是 k 局部连通的（k 取任意不小于 1 的值）. 因为只要 r 取得充分大，定义中的条件 ii) 将不满足. 设 $D=\{z:\ |z|<1,|z-1/2|>1/2\}$, 则 D 也不是 k 局部连通的（对于任意 $k\geqslant 1$). 因为它在点 $z=1$ 处不满足定义中的条件 i).

定理 20.4 若区域 D 是 a-Schwarz 区域，则 D 是 k 局部连通的，其中 $k=1+15/a$.

证. 我们用反证法. 假定 D 是 a-Schwarz 区域，而不是 k 局部连通的. 我们将导出矛盾. 命 z_1 与 z_2 是 D 内两点，w_1 与 w_2 是 D 外两点，定义函数 $h(z)=\log(z-w_1)/(z-w_2)$, 并且定义函数

$$f(z)=\exp\{ch(z)\},\quad c=2\pi i/[h(z_1)-h(z_2)].$$

显然，$f(z_1)=f(z_2)$. 因此，f 不是单叶函数. 通过简单计算可以得到

$$S_f(z)=(c^2-1)\left(\frac{1}{(z-w_1)(z-w_2)}-\frac{1}{2(z-w_1)^2}-\frac{1}{2(z-w_2)^2}\right).$$

设 $\eta(z)$ 是区域 D 的 Poincaré 密度. 用 $\rho(z)$ 表示点 z 到 ∂D 的

距离. 因此,由 (20.14) 有

$$|z-w_j| \geqslant \rho(z) \geqslant \frac{1}{2\eta(z)},\ \forall z\in D, j=1,2.$$

这样,

$$|S_f(z)| \leqslant |c^2-1|\cdot 8\eta^2(z), \forall z\in D,$$

也即

$$|S_f(z)|\eta^{-2}(z) \leqslant 8|c^2-1|, \forall z\in D. \qquad (20.21)$$

下边我们利用区域D不是k局部连通的假定，找到适当的点 z_1, z_2, w_1 与 w_2 使得 $|c^2-1|<a$ 从而导出矛盾. 由于D不是k局部连通的，所以要么它不满足定义中的条件 i)，要么它不满足定义中的条件 ii). 先讨论第一种情况. 这时存在一个 $\Delta_r(z_0)$ 及 $p_1, p_2\in D\cap\overline{\Delta_r(z_0)}$，使得点 p_1 与 p_2 不可能用一条在 $D\cap\overline{\Delta_{kr}(z_0)}$ 中的弧连结. 这时我们用直线段 $\overline{p_1p_2}$ 连结 p_1 与 p_2，并选取一条 Jordan 弧 $\alpha\subset D$ 使得α与 $\overline{p_1p_2}$ 相交有限次. 在这些交点中我们选取两点 z_1 与 z_2，使得α在这两点之间的弧不再与 $\overline{p_1p_2}$ 相交，并且 z_1 与 z_2 也不能用$D\cap\overline{\Delta_{kr}(z_0)}$中的弧相连结. 设$\beta$是$\alpha$的子弧，以 z_1 与 z_2 为其端点. 又设 l 是直线段 $\overline{z_1z_2}$. 显然，$\beta\cup l$ 是一条简单闭曲线. 那么它把平面 $\boldsymbol{C}$ 分割为两个区域 A_1 与 A_2，其中 A_2 为无界区域. 这时在 $\boldsymbol{C}-D$中取两点 w_1 与w_2，使得

$$w_j\in A_j, |w_j-z_0|=kr,\quad j=1,2.$$

这样取定的 z_1, z_2, w_1 与 w_2 便满足我们的要求.

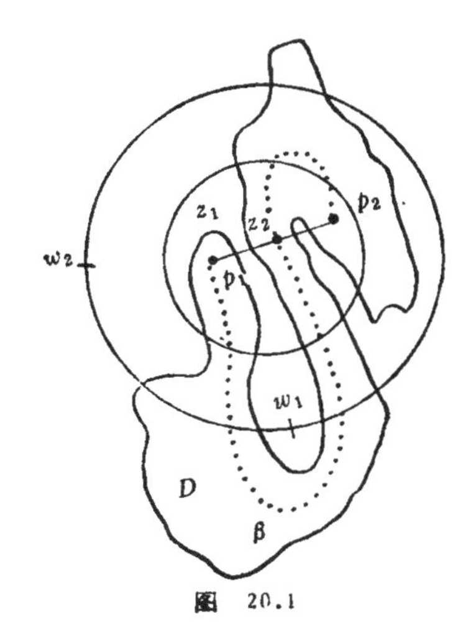

图 20.1

我们有

$$h(z_1)-h(z_2)=\int_\beta[(z-w_1)^{-1}-(z-w_2)^{-1}]dz$$

$$= \pm 2\pi i - \int_l [(z-w_1)^{-1} - (z-w_2)^{-1}]dz.$$

适当调整 z_1 与 z_2 的次序，总可以使上式中的 $2\pi i$ 前的符号取正号．因此，我们不妨假定如此．注意到

$$l \subset \Delta_r(z_0), \quad |z_1 - z_2| < 2r$$

和

$$|z - w_j| \geqslant (k-1)r, \forall z \in l, j = 1,2,$$

容易看出

$$\int_l \left(\frac{1}{|z-w_1|} + \frac{1}{|z-w_2|} \right) |dz| \leqslant \frac{4}{k-1}.$$

于是

$$|h(z_1) - h(z_2) - 2\pi i| \leqslant \frac{4}{k-1}. \qquad (20.22)$$

当区域 D 不满足 k 局部连通定义中的第 ii) 条时，存在一个 $\Delta_r(z_0)$ 及 $p_1, p_2 \in D - \Delta_r(z_0)$, p_1 与 p_2 不能用 $D - \Delta_{r/k}(z_0)$ 中的弧连结．这时我们作变换

$$z \longmapsto z_0 + \frac{1}{z - z_0}.$$

设 D', p_1', p_2' 分别是 D, p_1, p_2 在这个变换下的像．那么，p_1' 与

$$p_2' \in D' \cap \overline{\Delta_{1/r}(z_0)}$$

而不能用 $D' \cap \overline{\Delta_{k/r}(z_0)}$ 中的弧连结．根据前面的讨论，存在

$$z_1', z_2' \in D'$$

及 $w_1', w_2' \in \boldsymbol{C} - D$ 使得

$$|\tilde{h}(z_1') - \tilde{h}(z_2') - 2\pi i| \leqslant \frac{4}{k-1} \qquad (20.23)$$

其中 $\tilde{h}(z) = \log(z - w_1')/(z - w_2')$．命

$$w_j = z_0 - \frac{1}{w_j' - z_0}, \quad j = 1,2,$$

$$h(z) = \log(z - w_1)/(z - w_2).$$

则 $h(z_1) - h(z_2) = \tilde{h}(z_1') - \tilde{h}(z_2')$．于是由 (20.23) 推出 (20.22)，也就是说，(20.22) 式对于两种情况都成立．

由 (20.22) 式，我们有

$$|h(z_1)-h(z_2)|\geqslant 2\pi-\frac{4}{k-1}=2\pi-\frac{4}{15}a.$$

我们知道单连通域的单叶性外径 $\leqslant 3$，所以 $a\leqslant 3$. 这样

$$|h(z_1)-h(z_2)|\geqslant 2\pi-\frac{4}{5}>2\pi-1.$$

另一方面，由 (20.22) 式又有

$$|c-1|=\frac{|h(z_1)-h(z_2)-2\pi i|}{|h(z_1)-h(z_2)|}\leqslant\frac{4}{(k-1)(2\pi-1)}$$

$$\leqslant\frac{4}{5}\cdot\frac{1}{k-1}.$$

因此，注意到 $a\leqslant 3$ 及 $k=1+15/a$,

$$\begin{aligned}|c^2-1|&\leqslant|c-1|(2+|c-1|)\\&\leqslant\frac{4}{5}\cdot\frac{1}{k-1}\left(2+\frac{4}{5}\cdot\frac{1}{k-1}\right)\\&\leqslant\frac{4}{5}\cdot\left(2+\frac{4}{25}\right)\cdot\frac{a}{15}<\frac{72}{625}a.\end{aligned}$$

于是由 (20.21) 有

$$\|S_f\|_D<a.$$

但 f 并不是单叶的. 这与 D 是 a-Schwarz 区域矛盾. 这表明 D 是 $k=1+15/a$ 局部连通的. 证毕.

20.6 Schwarz 区域是拟圆

上一段证明了 Schwarz 区域一定是局部连通的. 而现在将证明局部连通的区域一定是拟圆；所以一个 Schwarz 区域一定是一个拟圆. 这个结果是属于 Gehring 的 ([33]).

定理 20.5 设 D 是一个 a-Schwarz 区域，则 D 是一个 K 拟圆，其中 K 只依赖于 a.

证. 根据定理 20.4，D 是 $k=1+15/a$ 局部连通的. 现在

证明D的k局部连通性蕴含着曲线 $C=\partial D$ 是k^4有界折转的[1]. 在C上任取两点 z_1 与 z_2, 并记 $z_0=(z_1+z_2)/2$, $r=|z_1-z_2|/2$. 设 z_1 与 z_2 把C分成两条弧 C_1 与 C_2. 我们要证明 C_1 与 C_2 之中有一个要落入 $\Delta_{k^2r}(z_0)$ 内. 在反证法. 设 C_1 与 C_2 均不落入 $\Delta_{k^2r}(z_0)$ 之中. 那么存在两点 w_1 与 w_2 使得

$$w_j\in C_j-\Delta_{k^2r}(z_0),j=1,2.$$

取 $r_0>r$ 但充分接近于r使得 $w_j\in C_j-\Delta_{k^2r_0}(z_0),j=1,2$. 再取 r_1: $r<r_1<r_0$, 那么 z_1 与 z_2 在 $\Delta_{r_1}(z_0)$ 之中. 因为C是 Jordan 曲线,所以它上面每点都是可近的. 我们在 $D\cap\overline{\Delta_{r_1}(z_0)}$ 中找两点 z_1' 与 z_2', 并在其中找两条弧 α_1 与 α_2, 分别把 z_1 与 z_1' 及 z_2 与 z_2' 连结起来. 由区域D的k局部连通性, z_1' 与 z_2' 可以用一条在 $D\cap\overline{\Delta_{kr_1}(z_0)}$ 中的弧 α 相连. 再取 r_2: $r_1<r_2<r_0$. 这时 w_1 与 w_2 落在 $D-\Delta_{k^2r_2}(z_0)$ 之中,因而可以用一条在 $D-\Delta_{kr_2}(z_0)$ 中的弧 β 相连. 由于 $r_2>r_1,\alpha\cup\alpha_1\cup\alpha_2\subset\Delta_{kr_1}(z_0)$, 而

$$\beta\subset D-\Delta_{kr_2},$$

所以 $\alpha\cup\alpha_1\cup\alpha_2$ 与β不可相交. 但在C上点 z_1, w_1, z_2, w_2 依次排列, z_1 与 z_2 在D内的连结弧和 w_1 与 w_2 在D内的连结弧一定相交.这导致矛盾.矛盾表明 C_1 与 C_2 之中至少有一个落入 $\Delta_{k^2r}(z_0)$ 之中. 因此, C是k^2有界折转的. 根据定理 18.1, C是K拟圆周, 这里K依赖于 $k=1+15/a$. 证毕.

§21 万有 Teichmüller 空间

21.1 定义

从上边一节中我们已经看到拟共形映射在研究函数的单叶性上的应用. 现在进一步发展这种应用, 把全体能拟共形延拓的单叶解析函数作为一个空间并在其中引入度量加以研究.

我们考虑下半平面L内的全体这样的单叶解析函数 f: 它能

1) 区域D的k局部连通性蕴含着它的一致连通性,由此推出 $C=\partial D$ 是一条 Jordan 曲线.

拟共形延拓到上半平面，且满足规范条件：$f(0)=0$，$f(1)=1$，$f(\infty)=\infty$．全体这样的函数 f 所组成的集合记为 T，并称之为万有 Teichmüller 空间．这个名字的来由将在后面的章节中得到解释．

万有 Teichmüller 空间可以有许多等价的定义．比如，我们可以从上半平面的拟共形映射出发来定义万有 Teichmüller 空间．设 F 是 $\boldsymbol{H}$ 上全体能共形延拓到下半平面的满足规范条件的拟共形映射．任意两个元素 f 与 $g\in F$，如果满足条件 $f|_{\boldsymbol{R}}=g|_{\boldsymbol{R}}$，则称 f 与 g 等价，记之为 $f\sim g$．很显然，T 可以看作是 $F/\sim$．

我们也可以从复特征出发来定义万有 Teichmüller 空间．设 $\mathscr{M}$ 是上半平面内有定义的全体有界可测函数 μ，$\|\mu\|_\infty<1$．对于每一个元素 $\mu\in\mathscr{M}$，存在一个唯一确定的 f_μ：$\boldsymbol{C}\to\boldsymbol{C}$，它在上半平面内复特征为 μ，而在下半平面为共形映射，且保持 0，1，∞不动．我们称$\mathscr{M}$中的两个元素 μ 与 ν 是等价的并记之为 $\mu\sim\nu$，如果

$$f_\mu|_{\boldsymbol{R}}=f_\nu|_{\boldsymbol{R}}.$$

显然，T 可以看作是 $\mathscr{M}/\sim$．

今后，我们将根据情况的不同采用 T 的不同定义．我们相信这不致有什么混淆的地方．比如，当把 T 看作 $F/\sim$ 时，T 中的任意一点 p 表示 F 中的一个等价类 $[f]$，f 是 $\boldsymbol{H}$ 上的一个拟共形映射，满足规范条件且能共形延拓到下半平面．当我们把 T 看作 $\mathscr{M}/\sim$时，T 中的一点 p 就是$\mathscr{M}$中的一个等价类 $[\mu]$，$\mu\in\mathscr{M}$．

T 的度量是根据最大伸缩商定义的．我们将 T 看作 $F/\sim$，定义 T 中任意两点 p 与 q 距离为

$$d(p,q)=\inf\{\log K[g\circ f^{-1}]\,|\,f\in p,g\in q\}.$$

为了证明 $d(p,q)$ 满足度量公理，我们首先证明在 p 与 q 中分别存在 f_0 与 g_0 使得

$$d(p,q)=\log K[g_0\circ f_0^{-1}]. \tag{21.1}$$

事实上，对于任意一个 $f\in p$，$f(\boldsymbol{H})$ 总是同一个区域，$f|_{\boldsymbol{R}}$ 总是同一个函数．同样的结论对于任意的 $g\in q$ 也成立．命

$$K_0 = \inf\{K[g\circ f^{-1}]:\ f\in p, g\in q\},$$

并选取 $f_n\in p$ 及 $g_n\in q$ 使得

$$\lim_{n\to\infty} K[g_n\circ f_n^{-1}] = K_0.$$

显然，由于 $g_n\circ f_n^{-1}$ 是两个固定区域之间的拟共形映射，并且

$$K[g_n\circ f_n^{-1}]$$

有界，所以 $\{g_n\circ f_n^{-1}\}$ 是正常族．因此存在一个子序列 $\{g_{n_k}\circ f_{n_k}^{-1}\}$ 内闭一致收敛．设 h 是该子序列的极限函数，则 h 是 $f(\boldsymbol{H})$ 到 $g(\boldsymbol{H})$ 的拟共形映射，其中 $f\in p, g\in q$．下面我们证明

$$K[h] = K_0. \tag{21.2}$$

对于任意的 $\varepsilon > 0$，当 k 充分大时，$g_{n_k}\circ f_{n_k}^{-1}$ 是 $K_0+\varepsilon$-q.c. 映射，因此其极限函数 h 也是 $K_0+\varepsilon$-q.c. 映射，也即

$$K[h] \leqslant K_0 + \varepsilon.$$

由 ε 的任意性即得 $K[h] \leqslant K_0$．另一方面，很容易验证，对于任意 $f_0\in p$，映射 $g_0 = h\circ f_0\in q$．因此，h 可表示为 $g_0\circ f_0^{-1}$ 的形式，其中 $f_0\in p, g_0\in q$．由 K_0 的定义推出

$$K[h] = K[g_0\circ f_0^{-1}] \geqslant K_0. \tag{21.3}$$

这样我们证明了 (21.2) 式，从而证明了 (21.1) 式．

现在我们证明对于度量 $d(p,q)$ 成立三角不等式．设

$$p, q, r \in T$$

是任意三点．取 $f_0\in p, g_0\in q$，使得 $d(p,q) = \log K[g_0\circ f_0^{-1}]$；并取 $g_1\in q, h_1\in r$，使得 $d(q,r) = \log K[h_1\circ g_1^{-1}]$．命

$$h = h_1\circ g_1^{-1}\circ g_0,$$

则 $h\in r$．因而我们有

$$\begin{aligned} d(p,r) &\leqslant \log K[h\circ f_0^{-1}] \\ &= \log K[h_1\circ g_1^{-1}\circ g_0\circ f_0^{-1}] \\ &\leqslant \log K[h_1\circ g_1^{-1}] + \log K[g_0\circ f_0^{-1}] \\ &= d(p,q) + d(q,r). \end{aligned}$$

很容易验证 $d(p,q) = d(q,p)(\forall p,q\in T)$．现在证明

$$d(p,q) = 0$$

蕴含着 $p = q$．取 $f_0\in p, g_0\in q$ 使得 $d(p,q) = \log K[g_0\circ f_0^{-1}]$，也

即 $K[g_0\circ f_0^{-1}]=1$. 这样 $g_0\circ f_0^{-1}$ 是 $f_0(\boldsymbol{H})$ 到 $g_0(\boldsymbol{H})$ 的共形映射，并保持 $0,1,\infty$ 不动. 然而，f_0 及 g_0 均可共形延拓到下半平面.因此，$g_0\circ f_0^{-1}$ 可共形延拓到全平面. 由规范条件可知，$g_0\circ f_0^{-1}$ 是恒同映射,即 $f_0=g_0$，也即 $p=q$.

21.2 T 空间的连通性

定理 21.1 T 空间是道路连通的.

证. 现在我们将 T 空间看作 $\mathscr{M}/\sim$，即其中任意一点 p 是一个等价类 $[\mu]$，其中 $\mu\in\mathscr{M}$. 注意到复合映射的复特征公式:

$$|\mu_{g\circ f^{-1}}|=\left|\frac{\mu_g-\mu_f}{1-\bar{\mu}_f\mu_g}\right|,$$

不难证明 $d(p,q)$ 有下列表示式:

$$d(p,q)=\inf_{\substack{\mu\in p,\\ \nu\in q}}\left\{\log\frac{1+\|(\mu-\nu)/(1-\bar{\nu}\mu)\|_\infty}{1-\|(\mu-\nu)/(1-\bar{\nu}\mu)\|_\infty}\right\}. \quad (21.4)$$

在 $T=\mathscr{M}/\sim$ 的看法下，我们把包含 $\mu=0$ 的等价类称作 T 的原点. 为了证明 T 的道路连通性，我们只要证明任意一点 $p=[\mu]$ 与原点可以道路连结即可. 设 $p=[\mu]$ 是任意一点.考虑映射

$$\gamma(t):\ t\longmapsto[t\mu],[0,1]\to T.$$

根据公式 (21.4)，我们有，当 $t_1,t_2\in[0,1]$ 时，

$$d(\gamma(t_1),\gamma(t_2))\leqslant\log\frac{1+\|(t_2\mu-t_1\mu)/(1-t_1t_2\bar{\mu}\mu)\|_\infty}{1-\|(t_2\mu-t_1\mu)/(1-t_1t_2\bar{\mu}\mu)\|_\infty}$$

$$\leqslant\log\frac{1+|t_1-t_2|/(1-\|\mu\|_\infty)}{1-|t_1-t_2|/(1-\|\mu\|_\infty)}.$$

这表明 γ: $[0,1]\to T$ 是连续映射,因而它形成连结 p 点及原点的一条道路. 证毕.

21.3 T 到 $A(L)$ 的嵌人

我们用 $A(L)$ 表示 L 内全体满足下列条件的解析函数 φ 所组成的 Banach 空间:

$$\|\varphi\|_L = \sup_{z\in L}|\varphi(z)|\cdot|\operatorname{Im} z|^2 < \infty.$$

对于任意一个 $\mu\in\mathscr{M}$，函数 f_μ 在 L 内是单叶解析的. 根据定理 19.2[1]，我们有

$$\|S_{f_\mu|_L}\|_L \leqslant 3/2.$$

这样，对应关系

$$\mu \longmapsto S_{f_\mu|_L}$$

确定了 $\mathscr{M}$ 到 $A(L)$ 的一个有界子集的一个映射，这个映射记为 Φ. 显然，当且仅当 $\mu_1\sim\mu_2$ 时，$\Phi(\mu_1)=\Phi(\mu_2)$. 因此它诱导了 T 到 $A(L)$ 的一个映射

$$\Psi:\ [\mu]\longmapsto S_{f_\mu|_L}.$$

我们将证明 Ψ 是 T 到 $A(L)$ 的一个嵌入.

引理 21.1 设 f 是全平面的拟共形映射，在一个拟圆 D 内单叶解析. 则有

$$\|S_{f|_D}\|_D \leqslant 3\|\mu_f\|_\infty. \tag{21.5}$$

证. 因为对自变量作分式线性变换不改变 $\|S_{f|_D}\|_D$ 与 $\|\mu_f\|_\infty$ 的值，所以不妨假定 $\infty\in D$，即 $\bar{C}-D$ 是有界域. 这时 μ_f 有一个有界支集. 我们考虑 Beltrami 方程

$$\partial_{\bar z}w - t\mu\partial_z w = 0,\ (\mu=\mu_f) \tag{21.6}$$

其中 t 是复参数，满足下述条件

$$|t| < 1/\|\mu_f\|_\infty. \tag{21.7}$$

根据表示定理(即定理 13.1)，方程 (21.6) 有一个唯一确定的全平面同胚解 $w=z+T(\omega)$，它可以表示为一个绝对一致收敛的级数:

$$w = f(z,t) = z + \sum_{n=1}^{\infty} t^n T(\underbrace{\mu H(\cdots\mu H}_{n-1}(\mu))).$$

由此可见这个解对 t 而言是全纯函数，并且它对 z 的各阶导数也都是 t 的全纯函数. 因此，函数

$$\varphi(t) = S_{f(z,t)|_D}(z)\eta_D^{-2}(z),\ z\in D$$

1) 在分式线性变换下，函数的 Schwarz 导数的范数不变，所以半平面的单叶性外径也是 $3/2$.

当 z 固定时是 t 的全纯函数．根据定理 19.3 的推论，

$$|\varphi(t)| = |S_{f(z,t)|_D}(z)\eta_D^{-2}(z)| \leqslant 3.$$

显然，当 $t=0$ 时，$f(z,0)=z$，$\varphi(0)=0$．假定 $\|\mu_f\|_\infty \neq 0$，那么我们可以对 $\varphi(t)$ 在圆 $\{t:\ |t|<1/\|\mu_f\|_\infty\}$ 内使用 Schwarz 引理并得到

$$|\varphi(t)| \leqslant 3\|\mu_f\|_\infty |t|,\ \forall t:\ |t|<1/\|\mu_f\|_\infty.$$

令 $t=1$ 即得到

$$|S_{f(z,1)|_D}(z)\eta_D^{-2}(z)| \leqslant 3\|\mu_f\|_\infty. \tag{21.8}$$

当 $\|\mu_f\|_\infty=0$ 时上式仍然成立，因为这时 $f(z,1)=z$．因此，不论 $\|\mu_f\|_\infty$ 是否为零，(21.8) 总成立．

因为 $f(z,1)$ 与 $f(z)$ 在全平面上有相同的复特征，所以它们之间只相差一个全平面的共形映射即分式线性变换．因此，由 (21.8) 式立即推出 (21.5)．证毕．

定理 21.2 映射 Ψ: $[\mu]\longmapsto S_{f_\mu|_L}$ 是 T 到 $\Psi(T)$ 的一个同胚．

证． 首先证明 Ψ 是连续的．根据 (19.1) 式，我们有

$$\|S_{f_{\mu_2}}-S_{f_{\mu_1}}\|_L = \|S_{f_{\mu_2}\circ f_{\mu_1}^{-1}}\|_{f_{\mu_1}(L)}. \tag{21.9}$$

其中 μ_1 与 μ_2 是 $\mathscr{M}$ 中的任意两个元素．命 $f=f_{\mu_2}\circ f_{\mu_1}^{-1}$．则 f 在拟圆 $f_{\mu_1}(L)$ 中单叶解析，而在 $f_{\mu_1}(L)$ 之外是拟共形映射，其复特征的模

$$|\mu_f| = \left|\frac{\mu_2-\mu_1}{1-\bar{\mu}_1\mu_2}\right|.$$

由引理 21.1 有

$$\|S_f\|_{f_1\mu(L)} \leqslant 3\left\|\frac{\mu_2-\mu_1}{1-\bar{\mu}_1\mu_2}\right\|_\infty.$$

再由 (21.9) 有

$$\|S_{f_{\mu_2}}-S_{f_{\mu_1}}\|_L \leqslant 3\left\|\frac{\mu_2-\mu_1}{1-\bar{\mu}_1\mu_2}\right\|_\infty. \tag{21.10}$$

现在考虑 μ_1 与 μ_2 分别在两个等价类 p 与 q 之中变化．这时 (21.10) 式左端并不改变，总是等于 $\|\Psi(q)-\Psi(p)\|_L$．我们对

(21.10) 右端取下确界，即得

$$\|\Psi(q)-\Psi(p)\|_L \leqslant \inf_{\substack{\mu_1\in p\\ \mu_2\in q}} 3\left\|\frac{\mu_2-\mu_1}{1-\bar{\mu}_1\mu_2}\right\|_\infty$$

$$\leqslant 3\inf_{\substack{\mu_1\in p\\ \mu_2\in q}} \log\frac{1+\|(\mu_2-\mu_1)/(1-\bar{\mu}_1\mu_2)\|_\infty}{1-\|(\mu_2-\mu_1)/(1-\bar{\mu}_1\mu_2)\|_\infty}$$

$$=3d(p,q).$$

这就证明了Ψ的连续性.

现在说明Ψ是单映射. 设 $\Psi(p)=\Psi(q)$. 我们在 p 与 q 中分别取两个元素 μ_1 与 μ_2. $\Psi(p)=\Psi(q)$ 意味着在L内

$$S_{f_{\mu_1}}=S_{f_{\mu_2}}.$$

由此推出 f_{μ_1} 与 f_{μ_2} 只差一个分式线性变换. 但是 f_{μ_1} 与 f_{μ_2} 都保持 $0,1,\infty$不动，于是只有 $f_{\mu_1}=f_{\mu_2}$. 这表明 $\mu_1\sim\mu_2$, 即 $p=q$.

最后来证明 Ψ^{-1} 的连续性. 由 (21.9) 得到

$$\|\Psi(q)-\Psi(p)\|_L=\|S_{f_{\mu_2}\circ f_{\mu_1}^{-1}}\|_{f_{\mu_1}(L)},$$

其中 $\mu_1\in p,\mu_2\in q$. 我们在等价类 p 中取定 μ_1. 这时 $f_{\mu_1}(L)$ 是 K拟圆，K只依赖于 $\|\mu_1\|_\infty$. 根据定理 20.3, 存在一个常数 $c(K)$ 使得只要

$$\|S_f\|_{f_{\mu_1}(L)}<1/c(K),$$

f 就能拟共形延拓到全平面.

现在假定 $\Psi(p)$ 是一个固定点，而 $\Psi(q)$ 充分靠近 $\Psi(p)$, 比如

$$\|\Psi(q)-\Psi(p)\|_L<1/c(K).$$

这时

$$\|S_{f_{\mu_2}\circ f_{\mu_1}^{-1}}\|_{f_{\mu_1}(L)}<1/c(K).$$

这表明函数 $f=f_{\mu_2}\circ f_{\mu_1}^{-1}|f_{\mu_1}(L)$ 能拟共延拓到全平面. 设延拓后仍记为f. 根据定理 20.3, 可使 f 的复特征满足下列条件:

$$\|\mu_f\|_\infty\leqslant c(K)\|S_{f_{\mu_2}\circ f_{\mu_1}^{-1}}\|_{f_{\mu_1}(L)}$$

$$=c(K)\|\Psi(q)-\Psi(p)\|_L.$$

命 $g=f\circ f_{\mu_1}$, 则

$$g|_L=f_{\mu_2}.$$

因此 g 的复特征 $\mu_g\sim\mu_2$, 即 $\mu_g\in q$. 这样,

$$\left\|\frac{\mu_g - \mu_1}{1 - \mu_g\bar{\mu}_1}\right\|_\infty \leqslant c(K)\|\Psi(q) - \Psi(p)\|_L,$$

而

$$\left\|\frac{\mu_g - \mu_1}{1 - \mu_g\bar{\mu}_1}\right\|_\infty \geqslant \inf_{\substack{\mu_1 \in p \\ \mu_2 \in q}} \left\|\frac{\mu_2 - \mu_1}{1 - \bar{\mu}_2\mu_1}\right\|_\infty.$$

因此，

$$\inf_{\substack{\mu_1 \in p \\ \mu_2 \in q}} \left\|\frac{\mu_2 - \mu_1}{1 - \mu_2\bar{\mu}_1}\right\|_\infty \leqslant c(K)\|\Psi(q) - \Psi(p)\|_L.$$

当上式右端趋于零时，$d(p,q)$ 趋于零．这就证明了 Ψ^{-1} 的连续性．定理证毕．

定理 21.3 $\Psi(T)$ 是 $A(L)$ 中的开集．

证． 设 $\Psi(p)$ 是 $\Psi(T)$ 中任意一点，$p = [\mu_1]$．取定 p 的代表 μ_1，并考虑 f_{μ_1}，这时 $f_{\mu_1}(L)$ 是一个 K 拟圆，K 只依赖于 $\|\mu_1\|_\infty$．设 $\varphi \in A(L)$ 是满足下列不等式的任意一个元素

$$\|\varphi - \Psi(p)\|_L = \|\varphi - S_{f_{\mu_1}}\|_L < 1/c(K).$$

设 f 是 L 中局部单叶解析函数使得 $S_f = \varphi$．那么，

$$\|S_f - S_{f_{\mu_1}}\|_L < 1/c(K),$$

也即

$$\|S_{f\circ f_{\mu_1}^{-1}}\|_{f_{\mu_1}(L)} < 1/c(K).$$

根据定理 20.3，$f\circ f_{\mu_1}^{-1}$ 可拟共形延拓到全平面．那么 f 也即能拟共形延拓到全平面．这样 $\varphi \in \Psi(T)$．证毕．

由定理 21.1 及 Ψ 的连续性可知，$\Psi(T)$ 是连通的． 这样由定理 21.3 立即推出，$\Psi(T)$ 是一个区域． 总之，我们证明了万有 Teichmüller 空间 T 可同胚嵌入到 $A(L)$ 内，成为其中有界区域．

21.4 万有 Teichmüller 空间与单叶函数

我们知道万有 Teichmüller 空间考虑了能拟共形延拓的单叶解析函数．一个很自然的问题是，它与单叶解析函数族（其中有不能拟共形延拓的）的关系如何？

设 U 是全体在 L 内单叶解析并满足规范条件 $f(0) = 0$,

$f(1)=1$, $f(\infty)=\infty$ 的函数 f. 那么 U 可以一一映射到 $A(L)$ 内: $f \longmapsto S_f$. 假定在这个映射下 U 的像记为 U^*, 那么根据 Nehari 定理, U^* 将包含于 $A(L)$ 中的球 $\{\varphi: \|\varphi\| \leqslant 3/2\}$ 内.

T 是 U 的子集,在上述映射下的像记为 T^*, 那么 $T^* \subset U^*$.我们已经知道 T^* 是一个连通的开集. 我们现在问 T^* 是否是 U^* 的内部?回答是肯定的. 这个问题是 Bers 在 60 年代提出来的, 1977 年为 Gehring 所解决([33]).

定理 21.4 T^* 是 U^* 的内部.

证. 我们已经证明了 T^* 是开集, 因此 T^* 内的每一点都是 U^* 的内点,即 $T^* \subset \operatorname{int} U^*$. 余下要证明的是 $\operatorname{int} U^* \subset T^*$. 设 S_f 是 U^* 的任意一个内点,这里 $f \in U$. 我们要证明 $S_f \in T^*$, 即 $f \in T$.

因为 S_f 是 U^* 的内点,所以存在一个 $\varepsilon > 0$, 使得 $A(L)$ 中一切满足 $\|\varphi - S_f\|_L < \varepsilon$ 的点 φ 都在 U^* 之中. 根据定理 19.1, 对任意一个 $\varphi \in A(L)$, 都可以找到一个局部单叶的半纯函数 g 使得 $S_g = \varphi$. 特别地,当 φ 满足 $\|\varphi - S_f\| < \varepsilon$ 时,这意味着

$$\|S_g - S_f\|_L = \|S_{g\circ f^{-1}}\|_{f(L)} < \varepsilon. \tag{21.11}$$

但另一方面,这样的 φ 一定属于 U^*, 换句话说, 存在一个 $h \in U$, 使得 $\varphi = S_h$. 由于 $S_g = S_h$, 所以 g 与 h 只差一个分式线性变换. 这就推出 g 在 L 内一定是单叶的.

设 w 是 $f(L)$ 内任意一个局部单叶的半纯函数,满足

$$\|S_w\|_{f(L)} < \varepsilon. \tag{21.12}$$

命 $g = w\circ f$, 那么 g 是 L 内的局部单叶的半纯函数, 且满足 (21.11). 根据上面的讨论, g 一定是 L 内的单叶函数. 因而 w 一定是 $f(L)$ 内的单叶函数. 这就是说, 由 (21.12) 可以推出 w 的单叶性,那么 $f(L)$ 是 ε-Schwarz 区域. 根据定理 20.5 可知 $f(L)$ 是拟圆. 因此,关于 $f(L)$ 的边界有一个拟共形反射

$$\zeta: f(L) \to f(H).$$

那么 $z \longmapsto \zeta\circ f(\bar{z})$ 就是 f 的拟共形延拓. 因此推出 $f \in T$, 即 $S_f \in T^*$. 证毕.

Bers 除了提出上述问题之外, 还提出是否 T^* 的闭包就是

U^*. Gehring 以反例否定地回答了这个问题[34]. 此外, Thurston 举出反例,说明 U^* 是不连通的,有无穷多个孤立点.

*　　*　　*　　*

注 1. 设 S_K 是在单位圆内单叶解析且能 K 拟共形延拓到全平面并满足规范条件 $f(0)=0$ 与 $f'(0)=1$ 的函数族. 显然,它是大家熟悉的 S 族的子族. 对于 S_K 中每个函数的系数估计要比 S 族有更强的结果. 类似地,还可以考虑 Σ_K 族及其系数估计问题. 关于这方面的工作, 请参考 J. Becker 的综合文章[9].

注 2. 关于单叶性内径的研究目前工作还不很多. 对于某些特殊区域,我们知道其单叶性内径的大小. 例如,设 $A_k=\{z: 0<\arg z<k\pi\}$ 则有

$$\sigma_3(A_k)=\begin{cases}k^2/2, & \text{当 } 0<k\leqslant 1;\\ k-k^2/2, & \text{当 } 1<k<2.\end{cases}$$

又如对于正 n 边形 D_n, $\sigma_3(D_n)=\left(\frac{n-2}{n}\right)^2\Big/2$. 对于一般区域的单叶性内径,我们所知甚少.

命

$$\varepsilon(K)=\inf\{\sigma_3(D): D \text{ 为 } K \text{ 拟圆}\}.$$

估计 $\varepsilon(K)$ 的大小也是十分有趣的. 注意到上述区域 A_k 在 $k\leqslant 1$ 时是

$$(2-k)/k$$

拟圆,我们有

$$\varepsilon(K)\leqslant 2/(K+1).$$

有没有更好的上界估计呢? 目前还不知道.

第七章 Riemann 曲面上的拟共形映射

自这一章开始，我们将重点讨论 Riemann 曲面上的拟共形映射，并以拟共形映射为工具研究有关 Riemann 曲面的某些经典问题. 本章的主要内容是介绍 Riemann 曲面上的拟共形映射的基本概念，为后面几章的讨论打下基础. 为了说明拟共形映射理论在 Riemann 曲面论中的应用，本章还将证明同时单值化定理.

§22 Riemann 曲 面[1)]

22.1 基本概念

Riemann 曲面是一个连通的一维复解析流形. 更详细地说，若 M 是一个连通的 Hausdorff 空间，$\{U_\alpha\}$ 是 M 的一个开集覆盖，如果相应于每个 U_α 都存在一个同胚 Φ_α，把 U_α 映为平面上的一个区域，并满足下列条件：当 $U_i \cap U_j \neq \phi$ 时，$\Phi_i \circ \Phi_j^{-1}$ 是

$$\Phi_j(U_i \cap U_j) \to \Phi_i(U_i \cap U_j)$$

的共形映射，这时我们称 M 是一个 Riemann 曲面.

这里 $\{U_\alpha, \Phi_\alpha\}$ 被称为 M 的地图册. 两个地图册合并在一起仍满足上述条件则称为等价的. 两个等价的地图册，我们认为定义了同一个 Riemann 曲面，或者说在 M 上定义了同一个复结构. 更严格地说，地图册的等价类是 M 的一个复结构.

我们称 $z = \Phi_\alpha(p)$ 是开集 U_α 的局部参数或局部单值化参数. 任何一个函数 $f: M \to \boldsymbol{C}$ 在 U_α 内都可以用其局部参数表示 $f \circ \Phi_\alpha^{-1}$，成为一个定义在平面区域内的函数. Riemann 曲面的复结构使我们得以在它上面定义解析函数. 我们说函数 $f: M \to \boldsymbol{C}$ 是

1) 本节所叙述的有关 Riemann 曲面的结论均不加证明，读者可参考任何一本关于 Riemann 曲面的书.

解析的，如果它在每一个局部参数表示下是解析的．若一个点有两个局部参数，那么根据要求这两个参数之间有一个共形变换，因此，如果一个函数在某个参数表示下是解析的，那么它在另一个参数表示下也是解析的；因此，我们可以在M上定义解析函数．

根据同样的道理，我们可以谈论半纯函数，零点，极点以及零点或极点的阶．

Riemann 曲面总是可定向的．

紧致 Riemann 曲面也称为闭的，非紧致的 Riemann 曲面也称为开的． 根据拓扑学中关于二维可定向紧致流形的分类定理，任何一个闭 Riemann 曲面总是同胚于一个带有若干环柄的球面，此处环柄的个数是拓扑不变量，被称为曲面的亏格．例如球面亏格为 0，环面亏格为 1．

22.2 基本群与覆盖曲面

设M是一个 Riemann 曲面．我们称γ是M上的一条弧，如果γ是$[0,1]\to M$的连续映射．这里$\gamma(0)$被称为始点，$\gamma(1)$被称为终点．

设γ_1与γ_2是M上两条弧，具有相同的始点与终点．若存在一个连续映射γ：$[0,1]\times[0,1]\to M$，使得$\gamma(t,0)=\gamma_1(t)$，$\gamma(t,1)=\gamma_2(t)$，$\gamma(0,s)=\gamma_1(0)$，$\gamma(1,s)=\gamma_1(1)$，则称γ_1与γ_2是同伦的，记作$\gamma_1\approx\gamma_2$．直观上讲，γ_1与γ_2是同伦的，这意味着可经过一个连续变形把γ_1变成γ_2，而在连续形变过程中弧的始点与终点保持不变．

如果一条弧的始点与终点相同，则称之为闭曲线．若γ是一条闭曲线，则$\beta(t)=\gamma(1-t)$也是一条闭曲线． 我们记β为γ^{-1}．

设p_0是M上任意取定的一点． 我们考虑全体以p_0为始点与终点的闭曲线，并按照同伦关系加以分类．由于同伦关系是等价关系，所以这种分类是唯一确定的与无矛盾的．我们称等价类为同伦类，并把γ所在的同伦类记为$[\gamma]$．

若 γ_1 与 γ_2 都是以 p_0 点为始点与终点的闭曲线，我们定义 $\gamma_1\gamma_2$ 是一条新的闭曲线 γ：

$$\gamma(t)=\begin{cases}\gamma_1(2t), & t\in\left[0,\dfrac{1}{2}\right];\\ \gamma_2(2t-1), & t\in\left[\dfrac{1}{2},1\right]\end{cases}$$

容易证实，若 $\gamma_1\approx\gamma_1'$，$\gamma_2\approx\gamma_2'$，则 $\gamma_1\gamma_2\approx\gamma_1'\gamma_2'$。我们定义两个同伦类的积 $[\gamma_1]\cdot[\gamma_2]=[\gamma_1\gamma_2]$。同伦类 $[\gamma_1\gamma_2]$ 只依赖于同伦类 $[\gamma_1]$ 与 $[\gamma_2]$，与代表选择无关。此外，我们将闭曲线

$$\gamma(t)\equiv p_0$$

所在的同伦类记作 $\mathbf{1}$。很容易验证 $[\gamma]\cdot[\gamma^{-1}]=\mathbf{1}$，并且

$$[\gamma]\cdot\mathbf{1}=\mathbf{1}\cdot[\gamma]=[\gamma].$$

最后，读者可以自己验证结合律成立。这表明关于 p_0 的闭曲线的同伦类组成了一个群。这个群被称为 M 关于 p_0 的基本群，记作 $\pi_1(M,p_0)$。

我们在曲面 M 上另取一点 p_1，并用弧 β 将 p_0 与 p_1 连结起来，即以 p_0 为始点，以 p_1 为终点。这时 $\pi_1(M,p_0)$ 与 $\pi_1(M,p_1)$ 之间有下列同构对应：

$$[\gamma]\longmapsto[\beta^{-1}\gamma\beta].$$

这就是说，关于不同点的基本群总是同构的。因此我们可以谈论抽象基本群，并记之为 $\pi_1(M)$。

一个曲面被称为单连通的，如果 $\pi_1(M)$ 是单位元素组成（换句话说，M 关于任何点的基本群都是由单位元素组成）。

若 $f:M\to M'$ 是两个曲面之间的连续映射，则对任意一点 $p\in M$，f 诱导了基本群 $\pi_1(M,p)$ 到 $\pi_1(M',f(p))$ 的一个同态对应：$[\gamma]\longmapsto[f(\gamma)]$。若 $f:M\to M'$ 是一个同胚，则这个对应是两个基本群之间的一个同构对应。

设 M 与 $\widetilde{M}$ 是两个 Riemann 曲面，若存在一个映射 $\pi:\widetilde{M}\to M$ 是局部共形映射，则 $(\widetilde{M},\pi)$ 称为 M 的一个光滑覆盖曲面，π 称为投影。这里所谓局部共形映射，是指对于任意一点 $p\in\widetilde{M}$，都存

在一个开邻域 $\widetilde{U}_p \subset \widetilde{M}$ 及 $U_{f(p)} \subset M$ 使得映射在双方的局部参数表示下是共形的.

如果映射 $\pi: \widetilde{M} \to M$ 在双方的局部参数表示下是解析的,而不保证其局部同胚性,这时我们称 $(\widetilde{M}, \pi)$ 为M的一个分歧覆盖曲面. 以后我们将主要讨论光滑覆盖曲面.

若 $(\widetilde{M}, \pi)$ 是M的一个覆盖曲面, $\tilde{p} \in \widetilde{M}$ 的投影 $\pi(\tilde{p})$ 为 p, 则我们称 $\tilde{p}$ 为 p 的一个上方点. 设 $\tilde{\gamma}$ 是 $\widetilde{M}$ 的一条弧,始点为 $\tilde{p}_0$. 这时在M上定义了一条弧 $\gamma: [0, 1] \to M$, $t \longmapsto \pi(\tilde{\gamma}(t))$, 始点为 $p_0 = \pi(\tilde{p}_0)$. 这样的弧γ被称为 $\tilde{\gamma}$ 的投影. 反过来,若在M上给定了一条弧 γ, 始点为 p_0, 如果有一个点 $\tilde{p}_0 \in \widetilde{M}$, $\pi(\tilde{p}_0) = p_0$, 并且有一条弧 $\tilde{\gamma} \subset \widetilde{M}$ 使得 $\pi \circ \tilde{\gamma} = \gamma$, 则称 $\tilde{\gamma}$ 是过 $\tilde{p}_0$ 的弧γ的提升.

对于任意一条弧 $\gamma \subset M$, 是否过其始点的任意一个上方点总有提升呢? 显然,不是任意一个覆盖曲面都具有此种性质. 具有此种性质的覆盖曲面 $(\widetilde{M}, \pi)$ 被称为非限的. 光滑的非限覆盖曲面被称为正则的.

很容易证实,若 $(\widetilde{M}, \pi)$ 为M的光滑覆盖曲面,则任意一条弧 $\gamma: [0,1] \to M$ 过 $\gamma(0)$ 的一个上方点至多只有一条提升弧 $\tilde{\gamma}$. 因此,若 $(\widetilde{M}, \pi)$ 是M的正则覆盖曲面,则对M上的任意一条弧 γ, 过其始点的任意一个上方点总有而且只有一条提升弧 $\tilde{\gamma}$.

定理 22.1 设 $(\widetilde{M}, \pi)$ 为M的一个正则覆盖曲面. 若M上的两条弧 γ_1 与 γ_2 具有相同的始点 p_0 与终点 p_1, 并且 $\gamma_1 \approx \gamma_2$, 则过 p_0 的任意一个上方点 $\tilde{p}_0$, γ_1 与 γ_2 的提升 $\tilde{\gamma}_1$ 与 $\tilde{\gamma}_2$ 有相同的终点 $\tilde{p}_1$, 并且 $\tilde{\gamma}_1 \approx \tilde{\gamma}_2$.

这个定理通常称为单值性定理. 在任何一本 Riemann 曲面论的书中都可以找到它的证明.

作为单值性定理的应用,我们立即推出,若 $(\widetilde{M}, \pi)$ 是单连通 Riemann 曲面M的正则覆盖,则 $\widetilde{M}$ 是单连通的,并且 $\pi: \widetilde{M} \to M$ 是共形映射. 我们还可以推出,在单连通平面区域内不可能有多值解析函数.

设 $(\widetilde{M},\pi)$ 是M的正则覆盖曲面，$\tilde{p}_0$ 是 $\widetilde{M}$ 上的任意一点，

$$p_0 = \pi(\tilde{p}_0).$$

则由单值性定理可推出，$\widetilde{M}$ 的基本群 $\pi_1(\widetilde{M},\tilde{p}_0)$ 同构于 $\pi_1(M,p)$ 的子群 $G=\{[\gamma]\in\pi_1(M,p):\gamma$ 过 $\tilde{p}_0$ 的提升为闭曲线$\}$. 反过来，对于任意一个 Riemann 曲面M及基本群 $\pi_1(M,p_0)$ 的一个子群 G，我们总可以构造M的一个正则覆盖曲面 $(\widetilde{M},\pi)$，使得 $\widetilde{M}$ 的基本群 $\pi_1(\widetilde{M},\tilde{p}_0)$ 同构于 G.

特别地，我们可以取G是单位元素所组成的群. 这时相应的正则覆盖曲面 $(\widetilde{M},\pi)$ 是单连通的. 我们把这种覆盖曲面 $(\widetilde{M},\pi)$ 称为万有覆盖曲面.

设 $(\widetilde{M},\pi)$ 为M的一个正则覆盖曲面. 若 $h:\widetilde{M}\to\widetilde{M}$ 是 $\widetilde{M}$ 到自身的同胚，且满足 $\pi\circ h=\pi$，则 h 称为覆盖变换. 显然，覆盖变换一定是共形映射. 用 Aut $\widetilde{M}$ 表示 $\widetilde{M}$ 的全体共形自同胚所组成的群. 那么全体覆盖变换形成 Aut $\widetilde{M}$ 的一个子群，称之为覆盖变换群. 设 $\pi_1(\widetilde{M},\ \tilde{p}_0)$ 同构于 $\pi_1(M,\ p_0)$ 的子群G（这里 $p_0=\pi(\tilde{p}_0)$）. 则覆盖变换群同构于 $N(G)/G$，其中 $N(G)$ 是G的正规化群，即 $N(G)=\{g\in\pi_1(M,\ p_0):G=gGg^{-1}\}$. 这样当 G 是 $\pi_1(M,p_0)$ 的正规子群时，覆盖变换群则同构于 $\pi_1(M,p_0)/G$. 并且对于同一点 p 的任何两个上方点 $\tilde{p}'$ 与 $\tilde{p}''$ 都存在覆盖变换 h，$h(\tilde{p}')=\tilde{p}''$. 特别地，对于万有覆盖曲面而言，覆盖变换群同构于M的基本群.

22.3 单值化定理

设 $\widetilde{M}$ 是M的万有覆盖曲面，则 $\widetilde{M}$ 是单连通 Riemann 曲面. 人们证实了单连通的 Riemann 曲面共形等价于下列三种典型区域之一：$\overline{\boldsymbol{C}}$, $\boldsymbol{C}$ 和 $\Delta=\{z:|z|<1\}$. 这里所谓共形等价是指两个 Riemann 曲面之间有一个共形同胚，即在双方局部参数表示下是共形的同胚. 相应于 $\overline{\boldsymbol{C}}$, $\boldsymbol{C}$ 和 Δ，我们将单连通 Riemann 曲面分作三类：共形等价于 $\overline{\boldsymbol{C}}$ 的被称为椭圆型的，共形等价于 $\boldsymbol{C}$ 的被称为抛物型的，共形等价于Δ的被称为双曲型的.

设 $\tilde{M}$ 是椭圆型的. 注意到覆盖变换除恒同变换外不可能有不动点这一事实,很容易看出M的覆盖变换群只包含恒同变换.换句话说,万有覆盖的投影 $\pi:\tilde{M}\to M$ 这时一定是一个共形同胚.于是M共形等价于 $\bar{\boldsymbol{C}}$.

设 $\tilde{M}$ 是抛物型的. 这时覆盖变换群过渡到 $\boldsymbol{C}$ 上就是 $\boldsymbol{C}$ 上的一个共形自同胚群. $\boldsymbol{C}$ 上的这种群除单位群之外只能有两种: 一是由一个元素 $z\longmapsto z+\omega$ 生成的群, 即 $\{z\longmapsto z+n\omega:n\in\boldsymbol{Z}\}$ $(\omega\neq 0)$; 一是由两个元素 $z\longmapsto z+\omega_1$ 与 $z\longmapsto z+\omega_2$ 生成的群, 即 $\{z\longmapsto z+n\omega_1+m\omega_2:n,m\in\boldsymbol{Z}\}$, 这里 $\operatorname{Im}(\omega_1/\omega_2)\neq 0$. 把前一种群记作 Γ_1, 后一种群记作 Γ_2. 很容易看出 $\boldsymbol{C}/\Gamma_1$ 是柱面, $\boldsymbol{C}/\Gamma_2$ 是环面. 因此, M共形等价于三种可能的曲面: $\boldsymbol{C}$, 柱面和环面. (当M的覆盖变换群是单位群时,M共形等价于 $\boldsymbol{C}$.)

当 $\tilde{M}$ 是双曲型时, 我们可以把覆盖变换群过渡为Δ的一个共形自同胚群,即保持Δ不变的一个分式线性变换群,记之为 Γ. 这时M共形等价于 Δ/Γ.

定理 22.2 任何一个 Riemann 曲面M必共形同胚于下列五种曲面之一:

(i)$\bar{\boldsymbol{C}}$; (ii)$\boldsymbol{C}$; (iii)$\boldsymbol{C}-\{0\}$ (柱面); (iv) 环面; (v) Δ/Γ, 其中 Γ 是 $\operatorname{Aut}\Delta$ 的一个子群.

这个定理通常被称为单值化定理. 这个定理告诉我们, 除去几种个别情况之外,大多数 Riemann 曲面共形等价于 Δ/Γ 形式的曲面.

对于共形等价于 Δ/Γ 的 Riemann 曲面, 我们可以取Δ中的点 z 作为其局部参数. 这时曲面上处处有定义的任意一个多值解析函数,借助于这个参数表示时都将成为单值函数(由单值性定理推出). 这就是"单值化"一词的来由. 我们将这种参数称为整体单值化参数.

单值化定理对单复变函数论而言是至关重要的. 它把 Riemann 曲面上的函数论问题化归为单位圆上的问题,或复平面上的问题.

22.4 闭 Riemann 曲面

由单值化定理我们已经看到除去亏格为 0 或 1 两种曲面之外，其它闭 Riemann 曲面都具有双曲型万有覆盖；换句话说，当亏格>1时，闭 Riemann 曲面共形等价于某个曲面 Δ/Γ. 以后会看到，闭 Riemann 曲面对应的群 Γ 在 Δ 内有紧致基本多边形.

紧致曲面的基本群是有限生成的. 对于亏格为 $g>1$ 的闭曲面，我们总可以以任意点 p_0 为始点与终点选取 $2g$ 条闭曲线

$$\alpha_1, \beta_1, \alpha_2, \beta_2, \cdots, \alpha_g, \beta_g,$$

使得它们所对应的同伦类生成了关于 p_0 的基本群，并且满足下列条件

$$\alpha_1\beta_1\alpha_1^{-1}\beta_1^{-1}\cdots\alpha_g\beta_g\alpha_g^{-1}\beta_g \approx \mathbf{1},$$

而且沿着这些闭曲线割开，曲面就变成一个单连通曲面.

我们还要指出，亏格 $g>1$ 的闭曲面 Δ/Γ 在 Poincaré 度量下的面积是有穷的，并且只依赖于亏格. 这由 Gauss-Bonnet 公式得出：

$$\iint_{\Delta/\Gamma} \frac{4dxdy}{(1-|z|^2)^2} = 4\pi(g-1).$$

22.5 微分形式与 Riemann-Roch 定理

曲面M上的 (m, n) 型微分形式是指在参数变换下不变的表达式 $\varphi(z)dz^m d\bar{z}^n$，也就是说，对于$M$的每一个局部参数 z 都指定一个函数 $\varphi(z)$，使得在参数变换下 $\varphi(z)dz^m d\bar{z}^n$ 不变，比如，对参数 z 与 ζ 分别指定函数 $\varphi(z)$ 与 $\psi(\zeta)$，而 $\zeta=h(z)$，这时应满足 $\varphi(z)dz^m d\bar{z}^n = \psi(\zeta)d\zeta^m d\bar{\zeta}^n$，也即

$$\varphi(z) = \psi(h(z))(h'(z))^m(\overline{h'(z)})^n.$$

对于我们今后讨论说来有两种微分最为重要：$(2,0)$ 微分形式 $\varphi(z)dz^2$ 与 $(-1,1)$ 微分形式 $\mu(z)d\bar{z}/dz$. 前者被称为二次微分，它给出了某种极值度量；后者被称为 Beltrami 微分，它对 Riemann 曲面上的拟共形映射说来扮演着复特征的角色. 后面还

有专门的段落来讨论这两种微分.

对 Riemann 曲面论而言，全纯(半纯)微分 $\varphi(z)dz$ 是基本的. 由于参数变换的共形性和 φ 的全纯(半纯)性，显然可以定义这种微分的零点或极点，以及它们的阶. 在紧致 Riemann 曲面上如何计算半纯微分所组成的线性空间的维数是十分重要的. 这正是 Riemann-Roch 定理要回答的问题.

设 M 是亏格 $g > 1$ 的闭 Riemann 曲面. 形式和

$$\alpha = \sum_{j=1}^{k} n_j p_j,\ n_j \in \mathbf{Z},\ p_j \in M$$

被称为 M 上的一个除子，其中 n_j 被称为 α 在 p_j 点的阶. 各点阶数之和 $n_1 + \cdots + n_k$ 被称为除子 α 的度，记作 $\deg\alpha$. 两个除子

$$\alpha = \sum_{j=1}^{k} n_j p_j,\ \beta = \sum_{i=1}^{l} m_i p_i'$$

之和定义为

$$\alpha + \beta = n_1 p_1 + \cdots + n_k p_k + m_1 p_1' + \cdots + m_l p_l',$$

其中若 $p_j = p_i'$ 时则 n_j 与 m_i 相加，即将 $n_j p_j + m_i p_i'$ 合并为

$$(n_j + m_i)p_j.$$

M 上的全体除子组成了一个 Abel 群.

对于一个半纯微分 φdz，我们用 $n(p)$ 表示它在 p 点的阶数：p 是零点时 $n(p)$ 是零点的阶数，p 是极点时 $n(p)$ 是极点阶数的负值，而 p 是非零点与非极点时 $n(p) = 0$. 这样每个微分 φdz 都对应一个除子

$$\sum_{p \in M} n(p)p,$$

记作 (φdz). 完全类似地，对于任意一个半纯函数 f，也可以定义它所对应的除子 (f).

容易证实对任意的半纯微分 φdz 及半纯函数 f，

$$\deg(\varphi dz) = 2(g-1),$$

$$\deg(f) = 0.$$

设 α 是任意给定的一个除子. 我们考虑在每一点 $p \in M$ 的阶数都

不小于 α 在该点的阶数的全体半纯微分 φdz（或半纯函数 f）所组成的复数域上的线性空间，并记之为 $D[\alpha]$（相应于半纯函数，记为 $D_0[\alpha]$）. Riemann-Roch 定理断言：

$$\dim D[\alpha] = \dim D_0[-\alpha] - \deg\alpha + g - 1.$$

对于我们今后的讨论说来，我们并不直接应用这个定理，但要用它计算全纯二次微分的线性空间的维数，而这个空间的维数决定了 Teichmüller 空间的维数.

22.6 分式线性变换群

设 $\gamma(z)$ 是一个分式线性变换，即

$$\gamma(z) = \frac{az + b}{cz + d}, \quad ad - bc = 1.$$

若 γ 不是恒同变换，则 γ 至多有两个不动点. 因为这归结为解方程式

$$z = \frac{az + b}{cz + d},$$

也即

$$cz^2 - (a - d)z - b = 0.$$

这个方程式的判别式 $D = (a + d)^2 - 4$. 因此，当 $D \neq 0$ 时，γ 有两个不动点；而当 $D = 0$ 时，γ 只有一个不动点. 对于后一种情况（即 $(a + d)^2 = 4$），我们称 γ 为抛物型的. 对于前一种情况，我们还要进一步分类.

设 $D = (a + d)^2 - 4 \neq 0$，这时如果 $c \neq 0$，则两个不动点为 $(a - d \pm \sqrt{D})/2c$，记之为 z_1 与 z_2. 这时 γ 可以写成

$$\frac{w - z_1}{w - z_2} = K\frac{z - z_1}{z - z_2}.$$

如果 $c = 0$，这时两个不动点为 $z_1 = b/(d - a)$ 与 $z_2 = \infty$. 这样 γ 可以写成

$$w - z_1 = K(z - z_1).$$

现在按照这两个式子中的 K 进行分类：若 $K = e^{i\theta} \neq 1$，则 γ 称为椭圆型的，若 $K > 0$，则 γ 称为双曲型的，若 $|K| \neq 1$ 且

$$\mathrm{Im}K \neq 0,$$

则 γ 称为斜驶型的.

设 Γ 是分式线性变换组成的一个群. 两个点 z_1 与 z_2 称为关于 Γ 等价,如果存在一个元素 $\gamma \in \Gamma$ 使得 $z_1 = \gamma(z_2)$. 点 z_0 的等价点集合称为 z_0 的轨道. 一个有无穷多个点的轨道的极限点称为 Γ 的极限点. Γ 的全体极限点通常记作 $\Lambda(\Gamma)$. 只有一个极限点或两个极限点的群称为初等群. 一般地,若 $\bar{\boldsymbol{C}} - \Lambda(\Gamma) \neq \phi$, 则 Γ 称为真间断群, 这里 $\bar{\boldsymbol{C}} - \Lambda(\Gamma)$ 称为 Γ 的间断性集合, 记为 $\Omega(\Gamma)$.

极限点多于两点的真间断群称为 Klein 群. 对于这种群而言,极限点集合 $\Lambda(\Gamma)$ 是一个无处稠密的完全集. 保持单位圆 Δ (或上半平面 $\boldsymbol{H}$) 不变的 Klein 群称为 Fuchs 群. 对于 Fuchs 群而言, $\Lambda(\Gamma) \subset \partial\Delta$ (或 $\boldsymbol{R} \cup \{\infty\}$). 因此, Fuchs 群的间断性集合要么由一个分支组成,要么由两个分支组成. 对于前一种情况,称之为第一类 Fuchs 群,对于后一种情况,称之为第二类 Fuchs 群.

在单值化定理中,曲面 Δ/Γ 里的群 Γ 是初等群或 Fuchs 群. 因此, Fuchs 群在 Riemann 曲面论中是十分重要的. 因为斜驶型分式线性变换没有不变圆,所以 Fuchs 群中没有斜驶型元素.

一个间断群 Γ 的基本域是指这样的集合 $P \subset \Omega(\Gamma)$: 包含 Γ 的每个间断点的等价点集合的一个点且仅含一点, 并且在 $\Omega(\Gamma)$ 的每个分支中连通. 对于 Fuchs 群, 基本域的闭包可以取成由非欧直线弧围成的凸多边形,该凸多边形内部没有等价点,而其边成对等价. 这种凸多边形被称为基本多边形. 闭 Riemann 曲面所对应的 Fuchs 群的基本多边形在 Δ (或 $\boldsymbol{H}$) 中是闭的, 由 $2g$ 条边($g > 1$ 是曲面的亏格)围成.

§ 23 Riemann 曲面上的拟共形映射

23.1 定义与基本概念

设 S_0 与 S_1 是两个 Riemann 曲面. 若 $f: S_0 \to S_1$ 是一个保向

同胚[1]，并且借助于 S_0 与 S_1 的局部参数表示时 f 是一个 K 拟共形映射，则称 f 是一个 K 拟共形映射，简写为 K-q.c. 映射.

具体地说，若 U_P 是 $p\in S_0$ 的一个邻域，而 $z=\Phi(p)$ 是 U_P 的一个局部参数；$V_{f(p)}$ 是 $f(p)\in S_1$ 的一个邻域，$w=\Psi(p')$ 是 $V_{f(p)}$ 的一个局部参数，则按照上述要求，$\Psi\circ f\circ\Phi^{-1}:U_P\to V_{f(p)}$ 应该是 K 拟共形映射. 因为作自变量或因变量的共形变换时，K 拟共形性不变，所以在参数变换下 f 的 K 拟共形性不变. 换句话说，上述定义是合理的.

对于 Riemann 曲面之间的 K 拟共形映射 $f:S_0\to S_1$ 是否也有像平面拟共形映射的复特征那样的量呢？ 回答这个问题导致了 Beltrami 微分.

设 $f:S_0\to S_1$ 是 K-q.c. 映射，像前面说明的那样，它在 p 与 $f(p)$ 的某局部参数表示下为

$$w=\Psi\circ f\circ\Phi^{-1}(z).$$

设 μ_w 为这个局部式的复特征. 当 w 更换为其它局部参数 w'（这相当于 $w=w(z)$ 复合以共形映射 $w'=\varphi(w)$）时，局部表示的复特征不变，即 $\mu_{w'}=\mu_w$. 但是，当参数 $z=\Phi(p)$ 更换为另一个局部参数 $\zeta=\Phi_1(p)$（这相当于 $w=w(z)$ 作自变量共形变换 $z=h(\zeta)=\Phi\circ\Phi_1^{-1}(\zeta)$）时，复特征由 $\mu_w(z)$ 变成

$$(\mu_w\circ h)\overline{h'(\zeta)}/h'(\zeta).$$

这就是说，映射 f 的局部表示式的复特征依赖于 S_0 上局部参数的选择. 设相应于 $z=\Phi(p)$ 与 $\zeta=\Phi_1(p)$ 的复特征分别为 $\mu(z)$ 与 $\mu_1(\zeta)$，那么

$$\mu_1(\zeta)=\mu(h(\zeta))\overline{h'(S)}/h'(\zeta). \qquad (23.1)$$

这表明 $\mu d\bar{z}/dz$ 是 S_0 上的一个微分形式，其中 μ 是有界可测函数，且满足

$$\|\mu\|_\infty\leqslant(K-1)/(K+1). \qquad (23.2)$$

这样，我们证明了，任意一个 K 拟共形映射 $f:S_0\to S$ 都在 S_0

1）由于 Riemann 曲面的局部参数之间的变换的 Jacobian 总是正的，所以复结构给曲面以自然定向.

上诱导了一个 Beltrami 微分 $\mu d\bar{z}/dz$，其中μ是 f 在局部参数 z 的表示下的复特征．很自然地，我们用这个微分形式来替代平面情形的复特征．

值得注意的是，虽然μ依赖于局部参数的选取，但是它的模 $|\mu|$ 却是 S_0 上的一个函数，不依赖于局部参数的选取．（这一点立刻由 (23.1) 看出．)因此，我们定义 f 的最大伸缩商没有任何困难：

$$K[f] = \operatorname*{ess\,sup}_{p\in S_0}\{(1+|\mu|)/(1-|\mu|)\}. \qquad (23.3)$$

由 (23.2) 可知：

$$K[f] \leqslant K.$$

显然，当$K=1$时，f 就是 S_0 到 S_1 的共形同胚．此外，若 f 是 K-q.c. 映射，而 g 是 K_1-q.c. 映射，则 $f\circ g$ 是 $K\cdot K_1$-q.c. 映射，且有

$$K[f\circ g] \leqslant K[f]\cdot K[g]. \qquad (23.4)$$

这里我们提醒读者，若将定义中的K拟共形性的K字去掉，换句话说，只要求 f 在局部参数表示是拟共形的，我们则不能说 f 是拟共形的．局部是拟共形的，但整体上未必是拟共形的．在讨论平面拟共形映射定义时就指出过这一点．

23.2 拟共形映射的提升

单值化定理告诉我们，除去几种特殊曲面之外，大多数曲面具有双曲型万有覆盖曲面．我们将重点讨论具有双曲型万有覆盖的 Riemann 曲面．

由于双曲型万有覆盖共形等价于Δ或$\boldsymbol{H}$，所以我们不妨直接就把Δ或$\boldsymbol{H}$看作是万有覆盖，只要把投影作相应的调整就够了．在今后的讨论中，我们将在多数情况下用上半平面 $\boldsymbol{H}$ 作万有覆盖．

设 $(\boldsymbol{H},\pi)$ 是 S 的万有覆盖，Γ 是其覆盖变换群．那么 S 共形等价于 $\boldsymbol{H}/\Gamma$，Γ 是一个初等群或无挠的 Fuchs 群，其中每个元素都是实系数的．

设 $f: S_0 \to S_1$ 是一个同胚．又设 $(\boldsymbol{H}, \pi_j)$ 是 S_j 的万有覆盖，$j=0,1$．若同胚 $\tilde{f}: \boldsymbol{H} \to \boldsymbol{H}$ 满足关系式

$$\pi_1 \circ \tilde{f} = f \circ \pi_0,$$

也即满足下列交换图

$$\begin{array}{ccc} \boldsymbol{H} & \xrightarrow{\tilde{f}} & \boldsymbol{H} \\ {\scriptstyle \pi_0}\downarrow & & \downarrow{\scriptstyle \pi_1} \\ S_0 & \xrightarrow{f} & S_1 \end{array}$$

则 $\tilde{f}$ 称为 f 的一个提升．

同胚的提升总是存在的．我们先在 $\boldsymbol{H}$ 中取定一点 z_0． 这样在 S_0 上得到一点 $p_0 = \pi_0(z_0)$，相应地在 S_1 上有一点 $q_0 = f(p_0)$．在 $\boldsymbol{H}$ 上取 q_0 的一个上方点 w_0，即 $\pi_1(w_0) = q_0$． 对于任意一点 $z \in \boldsymbol{H}$，我们用一条弧 $\tilde{\alpha} \subset \boldsymbol{H}$ 连结 z_0 与 z 使 $\tilde{\alpha}$ 的始点为 z_0 而终点为 z_1． 投影到 S_0 上我们得到一条弧 $\alpha = \pi_0(\tilde{\alpha})$，以 p_0 为始点而以 $p = \pi_0(z)$ 为终点相应地在 S_1 上有弧 $\beta = f(\alpha)$，以 q_0 为始点而以 $f(p)$ 为终点，过 w_0 点提升弧 β 得到一条弧 $\tilde{\beta}$．设 $\tilde{\beta}$ 的终点为 w，令 $w = \tilde{f}(z)$． 这样得到的 $\tilde{f}$ 就是 f 的一个提升． 这里首先应该证明的是 w 只依赖于 z 而与 $\tilde{\alpha}$ 的选取无关．事实上，若取另外一个连结 z_0 与 z 的弧 $\tilde{\alpha}'$，那么 $\alpha' = \pi_0(\tilde{\alpha}')$ 必定同伦于 α，因而 $\beta' = f(\alpha')$ 同伦于 β．设 $\tilde{\beta}'$ 是 β' 过 w_0 的提升．根据单值性定理 $\tilde{\beta}'$ 的终点与 $\tilde{\beta}$ 的终点相同，即 w 是唯一确定的． 其次应该证明 $\tilde{f}$ 的单射性． 若有两点 $z_1 \neq z_2$，则一定有 $\tilde{f}(z_1) \neq \tilde{f}(z_2)$． 事实上，用 $\tilde{\alpha}_j$ 连结 z_0 与 z_j，$j=1,2$． 那么 $\pi_0(\tilde{\alpha}_1) = \alpha_1$ 一定不同伦于 $\pi_0(\tilde{\alpha}_2) = \alpha_2$．由于 f 的同胚性，$f(\alpha_1)$ 不同伦于 $f(\alpha_2)$．从而它们过 w_0 的提升的终点不相同，最后应该证明 $\tilde{f}$ 的连续性：由于 $\tilde{f}$ 显然满足关系式 $\pi_1 \circ \tilde{f} = f \circ \pi_0$，所以它局部地可以写成 $\tilde{f} = \pi_1^{-1} \circ f \circ \pi_0$，而投影 π_0 与 π_1 都是局部共形的，由此推出 $\tilde{f}$ 是连续的．

一般说来，f 的提升不是唯一的，它依赖于基点 z_0 与 w_0 的选取．

现在进一步假定 $f: S_0 \to S_1$ 是拟共形映射．我们来研究它的提升 $\tilde{f}$．

首先，f 的提升 $\tilde{f}$ 也一定是拟共形的. 事实上，$\tilde{f}$ 不是别的，正是 f 借助于 S_0 与 S_1 的整体单值化参数的表示式. 根据定义，$\tilde{f}$ 是拟共形的. 其次，我们来考察 $\tilde{f}$ 的复特征. 设 $f: S_0 \to S$ 所诱导的 Beltrami 微分借助于 S_0 的整体单值化参数表示时为

$$\mu(z) d\bar{z}/dz, \forall z \in \boldsymbol{H},$$

其中 $\tilde{\mu}$ 是 $\boldsymbol{H}$ 内的函数. 对于任意一个元素 $\gamma \in \Gamma_0$，点 z 与

$$\zeta = \gamma(z)$$

对应于 S_0 上同一点. 换句话说，z 与 $\zeta = \gamma(z)$ 可以看作是点 $\pi_0(z)$ 的两个参数. 根据 (23.1) 可以推出 μ 满足

$$\mu(z) = \mu(\gamma(z)) \overline{\gamma'(z)} / \gamma'(z), \forall \gamma \in \Gamma_0. \qquad (23.5)$$

23.3 同伦映射的提升

设 S_0 与 S_1 是两个 Riemann 曲面，f 与 g 是 S_0 到 S_1 的两个同胚. 我们说 f 与 g 是同伦的，如果存在一个连续映射

$$F: S_0 \times [0,1] \to S_1,$$

使得 $F(p,0) = f(p)$，$F(p,1) = g(p)$，对于一切 $p \in S_0$. 一切与 f 同伦的同胚所组成的集合被称为 f 的同伦类，记作 $[f]$.

现在我们研究在同一个同伦类中的同胚的提升有何特点.

我们假定 S_0 与 S_1 具有双曲型万有覆盖，并设 $(\boldsymbol{H}, \pi_j)$ 是 S_j 的万有覆盖，Γ_j 是覆盖变换群，$j = 0, 1$.

根据上面的讨论，S_0 到 S_1 的任何一个同胚 f 的提升 $\tilde{f}$ 都给出 Γ_0 到 Γ_1 的一个同构对应:

$$\chi_{\tilde{f}}: \gamma \longmapsto \tilde{f} \circ \gamma \circ \tilde{f}^{-1}.$$

这个同构对应被称为由 $\tilde{f}$ 所诱导的.

定理 23.1 设 f 与 g 是 S_0 到 S_1 的两个同胚，并且 $\tilde{f}$ 与 $\tilde{g}$ 分别是 f 与 g 到 $\boldsymbol{H}$ 的提升，则 f 与 g 同伦的充要条件是存在一个 $\gamma_1 \in \Gamma_1$，使得

$$\chi_{\tilde{f}} = \gamma_1 \chi_{\tilde{g}} \gamma_1^{-1}. \qquad (23.6)$$

证. 先证明条件的充分性，即假定 (23.6) 成立，证明 f 同伦于 g. 令 $\tilde{h} = \gamma_1 \circ \tilde{g}$，则

$$\chi_{\tilde{h}} = x_{\tilde{f}}. \tag{23.7}$$

对于每一点 $t \in [0,1]$，我们令 $\tilde{F}(z,t)$ 是非欧直线段 $(\tilde{f}(z), \tilde{h}(z))$ 上一个点，它到 $\tilde{f}(z)$ 的非欧距离与它到 $\tilde{h}(z)$ 的非欧距离之比恰好是 $t:(1-t)$. 显然，$\tilde{F}$ 是 z 与 t 的连续函数.

对于任意一个元素 $\gamma \in \Gamma_0$，由 (23.7) 可知

$$\tilde{h}_0 \circ \gamma \circ \tilde{h}^{-1} = \tilde{f} \circ \gamma \circ \tilde{f}^{-1}. \tag{23.8}$$

令 $\beta = \tilde{h} \circ \gamma \circ \tilde{h}^{-1}$. 那么 $\beta \circ \tilde{h} = \tilde{h} \circ \gamma$，$\beta \circ \tilde{f} = \tilde{f} \circ \gamma$. 注意到 β 保持 Poincaré 距离，由此不难看出，$\tilde{F}(z,t)$ 作为 z 的函数 $\tilde{F}_t(z)$ 有

$$\beta \circ \tilde{F}_t = \tilde{F}_t \circ \gamma,$$

也即 $\tilde{F}_t(z)$ 可以投影为 $S_0 \to S_1$ 的一个同胚 F_t. 显然，F_t 作为 $S_0 \times [0,1]$ 到 S_1 的映射也是连续的. 根据 $\tilde{F}$ 的定义，

$$F_0 = f, \quad F_1 = \pi_1 \circ \tilde{h} = g.$$

因此，f 同伦于 g.

现在证明条件 (23.6) 的必要性. 设 f 与 g 同伦，即存在一个连续映射 $F: S_0 \times [0,1] \to S_1$，使得 $F(p,0) = f$, $F(p,1) = g$. 要证明 (23.6) 成立.

设 $p_0 \in S_0$ 是任意取定的一点，$z_0 \in \boldsymbol{H}$ 是 p_0 的一个上方点. 令 $w_0 = \tilde{f}(z_0)$. 过 w_0 提升曲线 $c: t \longmapsto F(p_0, t)$ $(t \in [0,1])$ 得到曲线 $\tilde{c}$.

对于任意固定的 $t \in [0,1]$，我们以 z_0 及

$$w_t \in \tilde{c}(\pi_1(w_1) = F(p_0, t))$$

为基点提升连续映射 $F_t(p) \equiv F(p,t)$ 得到 $\tilde{F}_t(z)$，提升的方法完全类似于上一节，不难验证 $\tilde{F}_t(z)$ 是 (z,t) 的连续函数.

根据拓扑学中的定理，我们可以不失一般性地假定 $F(p,t)$ 是一个同痕，即对每一个 t, $F(p,t)$ 是 $S_0 \to S_1$ 的同胚. 在这样的假定下，$\tilde{F}_t(z)$ 是 $\boldsymbol{H} \to \boldsymbol{H}$ 的同胚.

这时，对于任意一个 $\gamma \in \Gamma_0$ 及 $t \in [0,1]$ 有

$$\gamma_t = \tilde{F}_t \circ \gamma \circ \tilde{F}_t^{-1} t \in \Gamma_1.$$

对于任意一点 $z \in \boldsymbol{H}$，$\gamma_t(z)$ 连续地依赖于 t，并且 $\gamma_t(z)$ 是 z 关于 Γ_1 的等价点. 由群 Γ_1 在 $\boldsymbol{H}$ 内作用的间断性可知

$$\{\gamma_t(z): t\in[0,1]\}$$
在 $\boldsymbol{H}$ 内没有极限点. 所以, $\gamma_t=\tilde{F}_0\circ\gamma\circ\tilde{F}_0^{-1}$. 注意到 $\tilde{F}_0=\tilde{f}$, 我们得到

$$\tilde{F}_t\circ\gamma\circ\tilde{F}_t^{-1}=\tilde{f}\circ\gamma\circ\tilde{f}^{-1}, \forall\gamma\in\Gamma_0, t\in[0,1].$$

特别地,令 $t=1$, 即有

$$\tilde{F}_1\circ\gamma\circ\tilde{F}_1^{-1}=\tilde{f}\circ\gamma\circ\tilde{f}^{-1}, \forall\gamma\in\Gamma_0, \tag{23.9}$$

即

$$\chi_{\tilde{F}_1}=\chi_f. \tag{23.10}$$

根据定义, $\tilde{F}_1$ 是 $g: S_0\to S_1$ 以 z_0 及 w_1 ($\pi_1(w_1)=g(p_0)$) 为基点的提升. $\tilde{g}$ 与 $\tilde{F}_1$ 都是 g 的提升, 所以最多相差一个关于 Γ_1 中某个元素的共轭. 事实上, 设 $w'=\tilde{g}(z_0)$, 那么 $\tilde{g}$ 是 g 以 z_0 及 w' 为基点的提升. 由于 w_1 与 w' 是关于 Γ_1 的等价点,所以存在一个元素 $\gamma_1\in\Gamma_1$ 使得 $w_1=\gamma_1(w')$. 这时 $\gamma_1\circ\tilde{g}$ 是 g 以 z_0 与 w_1 为基点的提升,即 $\tilde{F}_1=\gamma_1\circ\tilde{g}$. 于是由 (23.9) 有

$$\gamma_1\circ\tilde{g}\circ\gamma\circ\tilde{g}^{-1}\circ\gamma_1^{-1}=\tilde{f}\circ\gamma\circ\tilde{f}^{-1},$$

即有 (23.6). 证毕.

推论 设 φ 是亏格 >1 的闭 Riemann 曲面 S 的一个共形自同胚. 若 φ 同伦于恒同映射,则 φ 一定是恒同映射.

证. 我们设 $(\boldsymbol{H},\pi)$ 是 S 的万有覆盖, Γ 是覆盖变换群. 设 $\tilde{\varphi}:\boldsymbol{H}\to\boldsymbol{H}$ 是 φ 的提升,那么 $\tilde{\varphi}$ 是保持 $\boldsymbol{H}$ 不变的共形映射, 即分式线性变换. 根据定理 23.1, 存在一个 $\gamma_1\in\Gamma$ 使得

$$\tilde{\varphi}\circ\gamma\circ\tilde{\varphi}^{-1}=\gamma_1\circ\gamma\circ\gamma_1^{-1}, \forall\gamma\in\Gamma.$$

这是因为恒同自同胚的最简单的提升是 $\boldsymbol{H}$ 的恒同映射,它所诱导的同构是 $\gamma\longmapsto\gamma$.

命 $\beta=\gamma_1^{-1}\circ\tilde{\varphi}$, 那么

$$\beta\circ\gamma\circ\beta^{-1}=\gamma, \forall\gamma\in\Gamma.$$

于是对于任意整数 n

$$\beta\circ\gamma^n\circ\beta^{-1}=\gamma^n, \forall\gamma\in\Gamma.$$

由于 Γ 是万有覆盖变换群, 故无椭圆型元素. 于是当 $n\to\infty$ 时, $\gamma^n(z)$ 趋于 γ 的一个不动点 $x\in\boldsymbol{R}$, 不论 $z\in\boldsymbol{H}$ 取怎样的值. 因

此，我们有 $\beta(x)=x$. 另外，我们知道，Γ 中的元素的不动点集在 $\boldsymbol{R}$ 上稠密而 β 是分式线性变换. 由此推出 $\beta(z)=z$，即

$$\tilde{\varphi}=\gamma_1. \tag{23.11}$$

注意到 $\gamma_1\in\Gamma$，则由上式立即推出 φ 是恒同映射. 证毕.

由以上证明中可以看出，我们不必要求 Γ 的元素的不动点集合在 $\boldsymbol{R}$ 上稠密，而只要有两个以上的不动点，就可以推出(23.11). 因此，在推论中可以放弃对曲面紧性的要求，而改为要求对应的群 Γ 是非初等群就足够了. 初等群对应的曲面只有少数几种. 因此，除了这几种例外曲面之外，推论对大多数曲面成立.

§24 拟 Fuchs 群与同时单值化定理

24.1 拟 Fuchs 群

设 C 是平面 $\bar{\boldsymbol{C}}$ 上的一条 Jordan 曲线. 若 Klein 群 Γ 中的每一个元素都保持 C 不变，$\bar{\boldsymbol{C}}-C$ 的每个分支都是 Γ 的不变集，这时称 Γ 为拟 Fuchs 群. 若 $\Lambda(\Gamma)=C$，则称 Γ 为第一类拟 Fuchs 群. 若 $\Lambda(\Gamma)\neq C$，则称 Γ 为第二类拟 Fuchs 群.

显然，当 C 是单位圆周或 $\boldsymbol{R}\cup\{\infty\}$ 时，上面定义的拟 Fuchs 群就是通常的 Fuchs 群.

有没有不是 Fuchs 群的拟 Fuchs 群呢? 回答是肯定的. 事实上，亏格 $g>1$ 的 Riemann 曲面上的每一个 Beltrami 微分都对应于一个拟 Fuchs 群.

我们知道，对于具有双曲型万有覆盖的曲面而言，每一个 Beltrami 微分都可以提升为上半平面 $\boldsymbol{H}$ 上关于某个 Fuchs 群 Γ 的 Beltrami 微分，即 $\boldsymbol{H}$ 上有界可测函数 μ，$\|\mu\|_\infty<1$，满足

$$\mu(z)=\mu(\gamma(z))\overline{\gamma'(z)}/\gamma'(z),\forall\gamma\in\Gamma.$$

像前面一样，我们用 f_μ 表示全平面的拟共形映射，在上半平面以 μ 为复特征，在下半平面为共形映射，并且保持 $0,1,\infty$ 不动. 命

$$\Gamma_\mu=\{f_\mu\circ\gamma\circ f_\mu^{-1},\gamma\in\Gamma\}.$$

那么，Γ_μ 组成一个群，并且保持 $f_\mu(\boldsymbol{H})$ 与 $f_\mu(L)$ 不变. Γ_μ 称为

Fuchs 群的形变.

现在说明 Γ_μ 中的每一个元素 $\gamma_\mu = f_\mu \circ \gamma \circ f_\mu^{-1}$ $(\gamma \in \Gamma)$ 一定是分式线性变换. 显然, γ_μ 在 $f_\mu(L)$ 中的复特征为零. 命

$$g = f_\mu \circ \gamma,$$

则 g 在上半平面 $\boldsymbol{H}$ 上复特征为 $\mu(\gamma(z))\overline{\gamma'(z)}/\gamma'(z) = \mu(z)$. 由复合映射的复特征公式可知, $\gamma_\mu = g \circ f_\mu^{-1}$ 在 $f_\mu(\boldsymbol{H})$ 上的复特征为零. 这样 γ_μ 是全平面上的共形映射,即分式线性变换.

由于 Γ 与 Γ_μ 之间有自然的同构对应

$$\gamma \longmapsto f_\mu \circ \gamma \circ f_\mu^{-1},$$

所以很容易看出 $\Lambda(\Gamma_\mu) \subset f_\mu(\boldsymbol{R}) \cup \{\infty\}$.

因此, Γ_μ 是一个拟 Fuchs 群. 由于 μ 的取法可以十分注意, $f_\mu(\boldsymbol{H})$ 一般说来不再是上半平面 $\boldsymbol{H}$, 而是一个拟圆.

设 Γ 是一个拟 Fuchs 群,它保持 Jordan 曲线 C 不变. 它在 C 的内部 D 与外部 D^* 中作用是间断的. 这样, D/Γ 与 D^*/Γ 表示两个曲面.

这件事告诉我们, 有某种关系的两个曲面有可能用同一个群表示出来. 这便是下一段要讨论的问题.

24.2 同时单值化定理

现在我们证明两个有相同亏格 $g>1$ 的紧致 Riemann 曲面 S_0 与 S_1 可以由同一个拟 Fuchs 群实现单值化, 也即存在一个拟 Fuchs 群 G, 它保持 Jordan 曲线 C 不变, 使得 S_0 与 S_1 分别共形等价于 D/G 与 D^*/G, 其中 D 与 D^* 分别是 C 的内部与外部. 这个定理被称为同时单值化定理.

这个定理的条件与结论都与拟共形映射无关, 但其证明却依赖于拟共形映射,或者更确切地说,至今人们没有找到一个不依赖于拟共形映射的证明.

在证明这个定理之前, 我们首先来说明一个事实: 设 S_0 与 S_1 是两个亏格相同的闭 Riemann 曲面, $f: S_0 \to S_1$ 是一个保向同胚,则在 f 的同伦类中一定有一个拟共形映射.

这件事情的证明依赖于拟共形延拓原理，即两个有共同边界弧（Jordan 弧）的区域上的拟共形映射，如果在公共弧上有相同的边界值，则它们可以合并为一个在新区域上的拟共形映射，这里新区域是指上述两个区域之并再加上公共边界弧所形成的区域.

在 S_0 上给定一个三角剖分 $\{\sigma_1,\cdots,\sigma_n\}$，其中每一个 σ_j 表示 S_0 上的一个三角形. 这时在 S_1 就相应地得到了一个三角剖分 $\{f(\sigma_1),\cdots,f(\sigma_n)\}$. 注意到在一点充分小的邻域内修改 f 的值并不改变 f 的同伦类，我们首先在上述三角剖分 $\{\sigma_1,\cdots,\sigma_n\}$ 的每个顶点附近修改 f 的定义，使之在每个顶点附近都是拟共形的；然后，再沿着每个三角形 σ_j 的每条边对 f 作局部修改，使之在每条边的一个邻域内是拟共形的. 这显然是能作得到的. 如果我们把这样修改后的同胚依然记作 f，那么映射

$$f|_{\sigma_j}:\sigma_j\to f(\sigma_j)(j=1,2,\cdots,n)$$

是三角形 σ_j 到 $f(\sigma_j)$ 的一个同胚，而在三角形 σ_j 的边界 $\partial\sigma_j$ 附近是拟共形的. 这样，我们的问题归结为在保持边界值不变的条件下将 f 在 σ_j 的内部也修改为拟共形的. 这也是作得到的，尽管它不那么显而易见. 为说明这一点，我们将 σ_j 与 $f(\sigma_j)$ 分别共形映射为单位圆，这时 f 就诱导了一个同胚 $\tilde{f}:\Delta\to\Delta$，$\tilde{f}$ 在单位圆周附近是拟共形的，比如 $\tilde{f}$ 在环域 $\{z:r<|z|<1\}$ 内是拟共形的. 很容易证实[1]，存在一个拟共形映射 $g:\Delta\to\Delta$，使得 $\tilde{f}|_B=g|_B$，其中

$$B=\{z:r_1<|z|<1\},r_1>r.$$

将 g 过渡到 Riemann 曲面就得到了我们所要的 σ_j 到 $f(\sigma_j)$ 的拟共形映射. 显然，把所有这些拟共形映射合并为 S_0 到 S_1 的映射就达到了我们的要求.

在证明同时单值化定理之前，我们还要回顾 Riemann 曲面的镜面像与镜面反射的概念. 设 S 是一个 Riemann 曲面. 根据定义它是由一个连通的 Hausdorff 空间 M 及一个地图册 $\{U_\alpha,\Phi_\alpha\}$ 所确定[2]，其中 $\Phi_\alpha:U_\alpha\to\boldsymbol{C}$ 满足共形相容的条件. 很容易验证，

1）请读者自己完成这一证明，或者参考 [54] p.p. 96.

2）通常无须区别 M 与 S，现在这样作仅是为了清楚.

$\{U_\alpha, \bar{\Phi}_\alpha\}$ 也是一个共形相容的地图册. 因此, M 连同 $\{U_\alpha, \bar{\Phi}_\alpha\}$ 也确定了一个 Riemann 曲面. 我们称之为 S 的镜面像, 记为 $\bar{S}$.

定理 24.1 设 S_0 与 S_1 是两个亏格为 $g > 1$ 的闭 Riemann 曲面. 则存在一个拟 Fuchs 群 Γ 使得

$$S_0 = D/\Gamma, S_1 = D^*/\Gamma, \tag{24.1}$$

这里 D 与 D^* 是 Γ 的不变 Jordan 曲线所围的两个区域, 等号表示共形等价.

证. 设 $\bar{S}_0$ 是 S_0 的镜面像. 又设 $(\boldsymbol{H}, \pi_0)$ 与 $(\boldsymbol{H}, \pi_1)$ 分别是 $\bar{S}_0$ 与 S_1 的万有覆盖曲面, Γ_0 与 Γ_1 分别是这两个覆盖的覆盖变换群. 这样,

$$\bar{S}_0 = \boldsymbol{H}/\Gamma_0, S_1 = \boldsymbol{H}/\Gamma_1, S_0 = L/\Gamma_0,$$

其中 L 表示下半平面.

由于 $\bar{S}_0$ 与 S_1 有相同的亏格数, 所以它们之间至少有一个同胚. 再根据本段开头时说明的事实, 这个同胚的同伦类中包含拟共形映射. 设 $f: \bar{S}_0 \to S_1$ 是拟共形映射. 又设 $\tilde{f}$ 是 f 的一个提升, $\tilde{f}$ 的复特征为 μ. 则 $\|\mu\|_\infty < 1$ 且

$$\mu(z) = \mu(\gamma(z))\overline{\gamma'(z)}/\gamma'(z), \forall \gamma \in \Gamma_0.$$

关于这个 μ, 我们考虑 Γ_0 的变形

$$(\Gamma_0)_\mu = f_\mu \Gamma_0 f_\mu^{-1}.$$

我们已证明过, $(\Gamma_0)_\mu$ 是一个拟 Fuchs 群, 并以 $f_\mu(\boldsymbol{R}) \cup \{\infty\}$ 为其不变曲线. 命

$$\Gamma = (\Gamma_0)_\mu, D^* = f_\mu(\boldsymbol{H}), D = f_\mu(L).$$

以下我们证明 (24.1) 式成立.

由于对于每一个 $\gamma \in \Gamma_0$, $f_\mu \circ \gamma \circ f_\mu^{-1} \in \Gamma$, 所以 $f_\mu|\boldsymbol{H}$ 可以投影为 $\boldsymbol{H}/\Gamma_0$ 到 $f_\mu(\boldsymbol{H})/\Gamma$ 的拟共形映射, 设其为 g. 我们知道,

$$f: \bar{S}_0 \to S_1$$

的提升 $\tilde{f}$ 的复特征也是 μ. 因此, $f_\mu \circ \tilde{f}^{-1}$ 是 $\boldsymbol{H} \to f_\mu(\boldsymbol{H})$ 的共形映射. 这也就是说, $g \circ f^{-1}: S_1 \to f_\mu(\boldsymbol{H})/\Gamma$ 是共形映射. 于是

$$S_1 = f_\mu(\boldsymbol{H})/\Gamma,$$

也即 $S_1 = D^*/\Gamma$. 另一方面, $f_\mu|L$ 可以投影为 L/Γ_0 到 $f_\mu(L)/\Gamma$

的映射，而这个映射是共形的，因为 $f_\mu|L$ 是共形的．因此，

$$L/\Gamma_0 = f_\mu(L)/\Gamma,$$

也即 $S_0 = D/\Gamma$．定理证毕．

从上述证明中可以清楚地看到，S_0 与 S_1 不一定是紧曲面，而只要他们之间有一个拟共形同胚，并且它们都具有双曲型万有覆盖曲面，那么上述定理依然成立．

同时单值化定理是 Bers[12] 建立的．这个定理在 Thurston 关于三维流形的著名工作中得到应用[84]．

第八章　闭 Riemann 曲面上的极值问题

40 年代初德国数学家 O. Teichmüller 研究了下述的极值问题：在给定的两个闭 Riemann 曲面之间的同伦类中寻求使最大伸缩商达到最小的拟共形映射．Teichmüller 还把这个问题同著名的 Riemann 曲面的模问题联系起来，为模问题的解决与深入研究奠定了基础．50 年代之后，Ahlfors 与 Bers 发展了 Teichmüller 的理论，使之成为当今十分活跃的一个研究领域．

本章将主要介绍 Teichmüller 的上述极值问题的解的存在性定理与唯一性定理．为了证明这些定理作准备，我们先讨论有关二次微分的基本性质．

有关 Teichmüller 理论的进一步讨论，将在后面几章中逐步展开．

§25　半纯二次微分

25.1　若干基本概念

设 S 是一个 Riemann 曲面，$\{U_\alpha, \Phi_\alpha\}$ 是它的地图册．若对每一个局部参数 $z=\Phi_\alpha(p)$，都能按一定规则指定一个函数 $\varphi_\alpha(z)$，使得 $\varphi_\alpha(z)dz^2$ 在参数变换下不变，则表达式 $\varphi_\alpha(z)dz^2$ 被称为二次微分．正象在上一章中已经指出的，这种微分是 $(2,0)$ 形式．

当所有的 φ_α 要求为全纯(半纯)的，则称之为全纯(半纯)二次微分．今后我们的讨论限于半纯或全纯二次微分，不考虑更广泛的情况，所以今后“二次微分”一词均指半纯或全纯微分．

由于 Riemann 曲面上的参数变换是共形的，所以可以谈论一个半纯二次微分的零点，极点，以及它们的阶．

一个二次微分的极点与零点统称为它的临界点，而其它点称为正则点.

设 φdz^2 是 Riemann 曲面 S 上的一个二次微分. 若沿着 S 上的一条弧 c 处处有 $\varphi dz^2 > 0$，则 c 称为 φdz^2 的一条水平轨线弧. 若沿着弧 c 处处有 $\varphi dz^2 < 0$，则 c 称为 φdz^2 的一条垂直轨线弧.

设 $p_0 \in S$ 是 φdz^2 的一个正则点. 假定 U_{p_0} 是它的一个参数盘 $z: U_{p_0} \to \{|z| < r\}$ 是它的一个局部参数，且 $p_0 \longmapsto 0$. 设在局部参数 z 的表示下二次微分有表示式 $\varphi(z)dz^2$，那么 p_0 点的正则性蕴含着 $\varphi(0) \neq 0$. 取 U_{p_0} 充分小(即 r 充分小)，这时使得 $\sqrt{\varphi}$ 可取到一个单值分支. 命

$$\zeta = \int_0^z \sqrt{\varphi(t)}\,dt, \ |z| < r. \tag{25.1}$$

那么，$\zeta'(0) \neq 0$. 因此，当 r 充分小时，映射

$$z \longmapsto \zeta(z), \ |z| < r$$

是一个共形映射. 因而 ζ 可以取为 p_0 的某个小邻域的局部参数. 由 (25.1) 可知，在这个参数下二次微分有最简单的形式:

$$\varphi dz^2 = d\zeta^2. \tag{25.2}$$

使得 (25.2) 式成立且把 p_0 点对应于 $\zeta = 0$ 的局部参数 ζ 被称为 φdz^2 在正则点的自然参数.

若在正则点 p_0 处有两个自然参数 ζ 与 ζ_1，则有

$$\zeta = \pm\zeta_1. \tag{25.3}$$

二次微分 φdz^2 的水平轨线弧，局部看来它对应于自然参数下的水平线段. 垂直轨线弧对应于自然参数下的垂直线段. 反之亦然. 这样我们给出了轨线弧的几何解释.

在正则点自然参数的存在性还告诉我们，在正则点的充分小的局部邻域内，过一点有且只有一条水平或垂直轨线弧.

因此，一条水平或垂直轨线弧总可以继续延长下去，只要其端点是正则点. 一条极大的水平轨线弧称为水平轨线，而极大的垂直轨线弧称为垂直轨线. 水平轨线有时也简称为轨线.

这里我们提醒读者，根据定义，水平轨线或垂直轨线上没有临界点而只有正则点．轨线可以趋向于一个临界点，但它不属于该轨线．

现在我们要进一步弄清在临界点附近轨线的局部结构．

设 $p_0 \in S$ 是 φdz^2 的 m 阶零点．又设 z 是 p_0 的一个邻域 U_{p_0} 内的参数，它把 U_{p_0} 对应于 $\{|z| < r\}$ 而 p_0 对应于 $z = 0$．假定在参数 z 的表示下二次微分表为 $\varphi(z)dz^2$，而

$$\varphi(z) = z^m \psi(z),\ |z| < r,$$

其中 $m > 0$ 是整数，$\psi(0) \neq 0$．取 r 充分小使得 $\sqrt{\psi}$ 可取到一个单值分支，并设

$$\sqrt{\psi(z)} = b_0 + b_1 z + \cdots, b_0 \neq 0, |z| < r.$$

命 $c_j = 2b_j/(m + 2 + 2j)$，则形式上有

$$\int_0^z \sqrt{\varphi}\, dt = \int_0^z t^{\frac{m}{2}} \sqrt{\psi}\, dt = z^{\frac{m}{2}+1}(c_0 + c_1 z + \cdots).$$

注意到 $c_0 \neq 0$，故可取到

$$(c_0 + c_1 z + \cdots)^{\frac{2}{m+2}}, |z| < r$$

的一个单值分支（记之为 $h(z)$），只要 r 充分小．这样，

$$\int_0^z \sqrt{\varphi}\, dt = [zh(z)]^{\frac{m}{2}+1}, |z| < r. \tag{25.4}$$

因为 $h(0) \neq 0$，所以在 r 充分小时 $zh(z)$ 是共形映射，因而

$$\zeta = zh(z)$$

可以作为 p_0 附近的一个局部参数．在这个局部参数表示下，

$$\varphi dz^2 = \left(\frac{m}{2} + 1\right)^2 \zeta^m d\zeta^2. \tag{25.5}$$

事实上，当 $\zeta = 0$ 时此式显然成立．在 $\zeta \neq 0$ 时，也即 $z \neq 0$ 时，在 z 的充分小的邻域内 $z^{\frac{m}{2}+1}$ 可以取到一个单值分支．这时对 (25.4) 微分再取平方即得 (25.5)．

满足 (25.5) 的局部参数 ζ 被称为 φdz^2 的零点附近的自然参数．若有另外一个自然参数 ζ_1，则有

$$\zeta = \varepsilon \zeta_1, \varepsilon^{m+2} = 1. \tag{25.6}$$

现在借助于自然参数ζ讨论m阶零点p_0附近的轨线结构．设p_0的邻域U对应于$\{|\zeta|<\rho\}$，p_0对应于$\zeta=0$．我们把$\{|\zeta|<\rho\}$分作$m+2$个扇形：

$$S_k=\left\{\zeta:\frac{2k\pi}{m+2}<\arg\zeta<\frac{2(k+1)\pi}{m+2}\right\},$$

$$k=0,1,\cdots,m+1.$$

相应地，这时U也被分作$m+2$个扇形$\tilde{S}_k$．我们考虑函数

$$w=\zeta^{\frac{m}{2}+1},|\zeta|<\rho.$$

那么它在每个S_k上都是单值函数，并把S_k变成w的上半平面与下半平面．另一方面，注意到$\varphi dz^2=dw^2$，不难看出φdz^2的轨线弧对应于w平面的水平线段．这样，$\tilde{S}_k$的边是两条伸向p_0的水平轨线弧，而$\tilde{S}_k$的内部由水平轨线所布满．

总之，我们证明了在m阶零点附近，有$m+2$条水平轨线弧以该零点为其端点，该$m+2$条轨线弧把零点邻域分为等角的$m+2$个扇形，其它轨线弧分别布满这些扇形．图 25.1 画出了一阶零点附近轨线的状况．垂直轨线的结构与水平轨线的结构相似．读者可以根据垂直轨线弧与水平轨线弧正交这一特征，把垂直轨线补充在图 25.1 之中．

对于极点附近的自然参数和轨线的局部结构的讨论略微复杂些．由于我们今后只用到一阶或二阶极点的情况，所以只对这两种情况作些讨论．

设p_0是一阶极点，这时$\varphi(z)$可表为

$$\varphi(z)=z^{-1}(a_{-1}+a_0z+\cdots),|z|<r,$$

其中$a_{-1}\neq 0$．像前面一样，选取$(a_{-1}+a_0z+\cdots)^{\frac{1}{2}}$的单值分支，并假定

$$(a_{-1}+a_0z+\cdots)^{\frac{1}{2}}=b_0+b_1z+\cdots,b_0\neq 0,|z|<r.$$

这时，命$c_k=2b_k/(-1+2k+2)$，$k=0,1,\cdots$．那么，$c_0\neq 0$，并且

$$\int_0^z\sqrt{\varphi}\,dt=z^{\frac{1}{2}}(c_0+c_1z+\cdots),|z|<r.$$

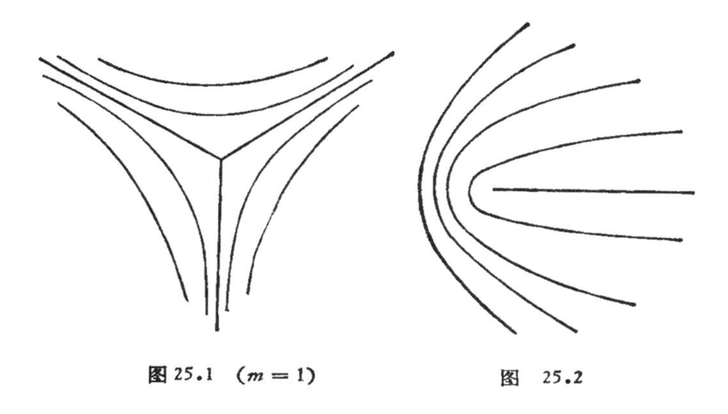

图 25.1 $(m=1)$　　　　图 25.2

命

$$\zeta = z(c_0 + c_1 z + \cdots)^2, \tag{25.7}$$

则 $\zeta=\zeta(z)$ 在 $z=0$ 的充分小邻域内是共形的. 根据 c_k 的定义,不难自 (25.7) 式证得

$$\varphi dz^2 = \frac{1}{4}\zeta^{-1}d\zeta^2. \tag{25.8}$$

可见,如果我们用 ζ 作局部参数,则二次微分有较简单的形式. 满足(25.8) 要求的局部参数称为自然参数.

我们现在考虑函数

$$w = \zeta^{-\frac{1}{2}},$$

它在 ζ 平面割去正实轴所得的区域内是单值的, 并把它变为 w 的上半平面或下半平面. 再一次注意到 $\varphi dz^2 = dw^2$, 可以看出 φdz_2 的水平轨线弧对应于 w 平面的水平线段, 而 w 平面的水平直线在 ζ 平面的像是一条绕过原点分居正实轴两侧的曲线. 此外, 从 (25.8) 看出在正实轴上 $\varphi dz^2>0$, 从而它对应于曲面上一条水平轨线弧.

总之,我们证明了,在一阶极点附近, 有一条而且只有一条水平轨线弧以该极点为端点, 其它轨线绕过极点分居在上述轨线的两侧,见图 25.2。

当 p_0 是 φdz^2 的二阶极点时，

$$\varphi(z) = z^{-2}(a_{-2} + a_{-1}z + \cdots).$$

很容易证实，此处非零常数 a_{-2} 不依赖于局部参数 z 的选取．像过去一样，选取 $(a_{-2} + a_{-1}z + \cdots)^{\frac{1}{2}}$ 的一个单值分支，并设

$$(a_{-2} + a_{-1}z + \cdots)^{\frac{1}{2}} = b_0 + b_1z + \cdots, |z| < r.$$

那么，

$$\int_0^z \sqrt{\varphi}\, dt = \int_0^z t^{-1}(b_0 + b_1t + \cdots)dt$$

$$= b_0 \log z + b_1z + \frac{1}{2} b_2z^2 + \cdots.$$

注意到 a_{-2} 在参数变换下不变，自然参数 ζ 应满足

$$\varphi dz^2 = a_{-2}\zeta^{-2}d\zeta, \tag{25.9}$$

也即

$$b_0 \log z + b_1z + \frac{1}{2} b_2z^2 + \cdots = \sqrt{a_{-2}} \log \zeta.$$

注意到 $b_0 = \sqrt{a_{-2}}$，我们所要求的 ζ 应该是

$$\zeta = z \exp\left\{\frac{b_1}{b_0} z + \frac{1}{2} \frac{b_2}{b_0} z^2 + \cdots\right\}. \tag{25.10}$$

现在，我们来证明根据 (25.10) 式定义的 ζ 满足要求．首先该函数在 $z = 0$ 的充分小邻域内是单叶的，因而 ζ 可作为 p_0 的一个局部参数．根据 (25.10) 式，不难验证 (25.9) 式成立．

二阶极点附近的轨线结构可以通过讨论

$$w = \sqrt{a_{-2}} \log \zeta$$

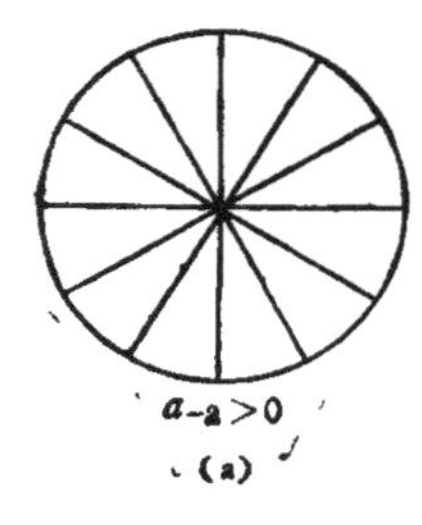

$a_{-2} > 0$

(a)

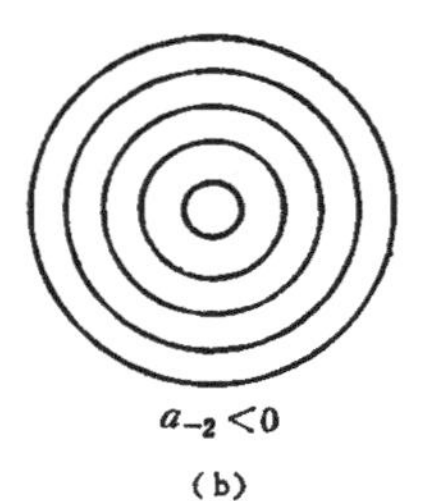

$a_{-2} < 0$

(b)

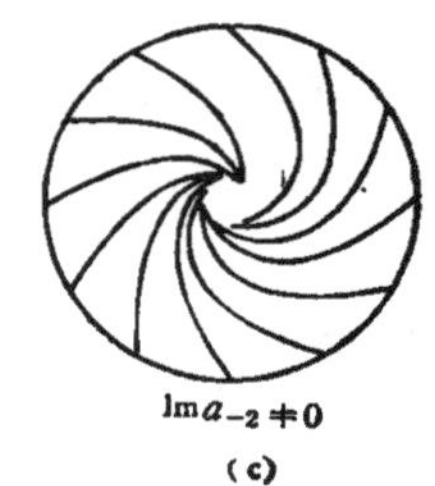

$\mathrm{Im}\, a_{-2} \neq 0$

(c)

图 25.3

及 w 平面的水平直线所对应的像获得. 它依赖于 a_{-2}. 图 25.3 画出了 a_{-2} 的不同情况所对应的轨线结构: 在 $a_{-2}<0$ 时, p_0 附近的轨线全是闭轨线;在 $a_{-2}>0$ 或 a_{-2} 不是实数时, p_0 附近的轨线全都趋向于 p_0, 但形状不同. 在 $a_{-2}>0$ 时, 在 ζ 平面上看轨线对应于自原点所引的直线; 而 a_{-2} 不是实数时, 轨线对应于对数螺线.

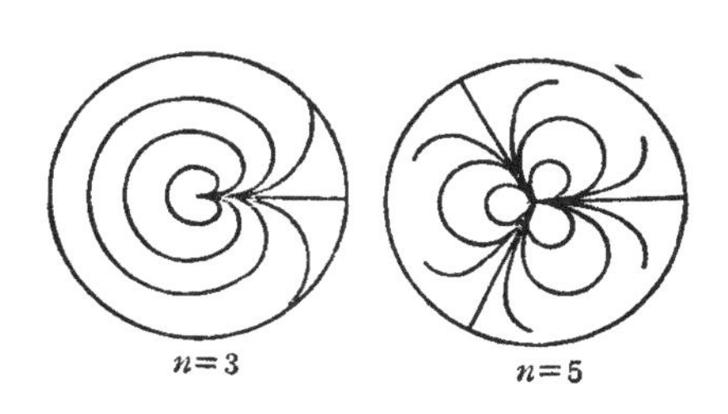

图 25.4

对于 $n \geqslant 3$ 阶的极点,我们不作详细讨论,只是指出,这种极点附近的轨线都趋向于极点, 但是它们是沿 $n-2$ 个方向伸向极点的,见图 25.4.

25.2 二次微分所诱导的度量

设 φdz^2 是 Riemann 曲面 S 上的一个非零半纯二次微分. 则它在 S 上诱导了一个度量

$$dS = |\varphi|^{\frac{1}{2}}|dz|. \tag{25.11}$$

这个度量在正则点附近实际上就是自然参数平面上的欧氏度量.

S 上的一条可求长曲线 γ 在这个度量下的长度为

$$l_\varphi(\gamma) = \int_\gamma |\varphi|^{\frac{1}{2}}|dz|.$$

度量 (25.11) 被称为 φ 度量, γ 在这个度量下的长度 $l_\varphi(\gamma)$ 被称为 γ 的 φ 长度. 一个区域 $D \subset S$ 的 φ 面积是指

$$A_\varphi(D) = \iint_D |\varphi(z)|dxdy.$$

读者自己可以验证: $|\varphi|dxdy$ 是一个不依赖于参数的量.因此,这样定义是合理的.

对于我们今后的讨论说来, 重要的是在 φ 度量下测地线的性质. 为了讨论它的测地线, 我们引进 φ 直线弧的概念: 若沿着曲

线 $c\subset S$ 处处有 $\arg\varphi dz^2=$ 常数，则 c 被称为一条 φ 直线弧．显然，水平轨线弧或垂直轨线弧都是 φ 直线弧．一条 φ 直线弧上的点都是正则的，在正则点的局部自然参数平面上，φ 直线弧对应于一条欧氏直线段．

现在讨论局部最短连线问题： 在一点 p_0 附近任意给定两点 p_1 与 p_2，问何种连线在 φ 度量下长度最短？

先讨论 p_0 是正则点的情况．设 U_{p_0} 是 p_0 的一个邻域，在自然参数 ζ 下对应于 $\{|\zeta|<\rho\}$，p_0 对应于 $\zeta=0$．记

$$V_{p_0}=\{p\in U_{p_0}:|\zeta(p)|<\rho/2\}.$$

这时 V_{p_0} 内任意两点 p_1 与 p_2 之间的 φ 直线弧 α 是最短连线． 事实上，若 β 是 p_1 与 p_2 的一条连线，$\beta\subset U_{p_0}$，则显然 $l_\varphi(\beta)\geqslant l_\varphi(\alpha)$．若 β 是 p_1 与 p_2 的一条连线，但 β 不包含于 U_{p_0}，这时，在 $\{|\zeta|<\rho\}$ 中一定有两条弧 τ_1 与 τ_2 分别把 $\zeta_1=\zeta(p_1)$ 与 $\zeta_2=\zeta(p_2)$ 连到圆周 $\{|\zeta|=\rho\}$ 上，这里 τ_1 与 τ_2 是 β 上的两段弧在 $\{|\zeta|<\rho\}$ 中的像．根据 V_{p_0} 的取法，我们有

$$l_\varphi(\beta)\geqslant l(\tau_1)+l(\tau_2)\geqslant\frac{\rho}{2}+\frac{\rho}{2}\geqslant|\zeta_1-\zeta_2|=l_\varphi(\alpha),$$

这里 $l(\tau_j)$ 表示 τ_j 的欧氏长度，$j=1,2$．

这样我们证明了，在正则点附近 φ 直线弧连线是最短连线．特别地，φ 直线弧是局部最短线，即测地线．

下面我们讨论在零点附近的情况．设 p_0 是 m 阶零点，

$$\zeta=\zeta(p):U_{p_0}\to\{|\zeta|<\rho\}$$

是自然参数，即 $\varphi(z)dz^2=[(m+2)^2/4]\zeta^m d\zeta^2$．取

$$V_{p_0}=\left\{p\in U_{p_0}:|\zeta(p)|<\left(\frac{1}{2}\right)^{\frac{2}{m+2}}\rho\right\}.$$

设 p_1 与 p_2 是 V_{p_0} 中的任意两点，$\zeta_j=\zeta(p_j)$，$j=1,2$． 若 ζ_1 与 ζ_2 同时落在某个扇形

$$S=\left\{\zeta:\theta<\arg\zeta<\theta+\frac{2\pi}{m+2},|\zeta|<\rho\right\}\qquad(25.12)$$

之中（即 $|\arg\zeta_1-\arg\zeta_2|<2\pi/(m+2)$），则 ζ_1 到 ζ_2 间的 φ 直

线弧是最短连线. 事实上,函数

$$w=\zeta^{\frac{m}{2}+1}$$

在 S 上是单值解析函数,并且 $\varphi dz^2=dw^2$. 所以在 $w(S)$ (是 w 平面上的半圆)内用直线段连结 $w_1=\zeta^{\frac{m}{2}+1}$ 及 $w_2=\zeta_2^{\frac{m}{2}+1}$,这个直线段所对应的 p_1 与 p_2 间的连线就是 φ 直线弧, 记之为 α. 那么, $l_\varphi(\alpha)=|w_1-w_2|$. 设 β 是 p_1 与 p_2 之间的任意一条连线. 若 $\beta\subset\zeta^{-1}(S)$, 则 $l_\varphi(\beta)$ 恰好是 $w(S)$ 中 β 的像的欧氏长度, 于是 $l_\varphi(\beta)\geqslant l_\varphi(\alpha)$. 若 β 不包含于 $\zeta^{-1}(S)$ 之内,但 $\beta\subset U_{p_0}$, 则这时仍有 $l_\varphi(\beta)\geqslant l_\varphi(\alpha)$. 事实上,若将 $\zeta(\beta)$ 写成参数形式:

$$\zeta(\beta):\zeta=\zeta(t),t\in[0,1],$$

这时命 $w(t)=|\zeta(t)|^{\frac{m}{2}+1}e^{i\theta(t)\left(\frac{m}{2}+1\right)}$,其中 $\theta(t)=\arg\zeta(t)$ 连续依赖于 t, 那么 $w=w(t)$ 是 w 平面上连结 w_1 与 w_2 的一条曲线,记为 τ. 显然,

$$\int_\tau|dw|\geqslant|w_1-w_2|.$$

从 β 上每一点局部看, $|dw|=|\varphi|^{\frac{1}{2}}|dz|$, 所以

$$\int_\tau|dw|=l_\varphi(\beta).$$

因此, $l_\varphi(\beta)\geqslant|w_1-w_2|=l_\varphi(\alpha)$. 若 β 不包含于 U_{p_0} 之内, 这时一定有两条弧 β_1 与 β_2 分别把 p_1 与 p_2 连到 ∂U_{p_0}, 而

$$\begin{aligned}l_\varphi(\beta_j)&=\int_{\zeta(\beta j)}\left(\frac{m}{2}+1\right)|\zeta|^{\frac{m}{2}}|d\zeta|\\&\geqslant\int_{\rho_1}^{\rho}\left(\frac{m}{2}+1\right)|\zeta|^{\frac{m}{2}}d|\zeta|\\&=|\zeta|^{\frac{m}{2}+1}\Big|_{\rho_1}^{\rho}=\rho^{\frac{m}{2}+1}-\rho_1^{\frac{m}{2}+1},\end{aligned}$$

其中 $\rho_1=\rho/2^{\frac{2}{m+2}}$, 也即

$$l_\varphi(\beta_j)\geqslant\frac{1}{2}\rho^{\frac{m}{2}+1},j=1,2.$$

因此,

$$l_\varphi(\beta) \geqslant l_\varphi(\beta_1) + l_\varphi(\beta_2) \geqslant \rho^{\frac{m}{2}+1}. \qquad (25.12)'$$

但是，$|\zeta_j| < \rho_1, j = 1,2$. 所以,我们有

$$\begin{aligned} l_\varphi(\alpha) &= |w_1 - w_2| \leqslant |w_1| + |w_2| \\ &\leqslant 2\rho_1^{\frac{m}{2}+1} = \rho^{\frac{m}{2}+1} \\ &\leqslant l_\varphi(\beta). \end{aligned} \qquad (25.13)$$

现在讨论 ζ_1 与 ζ_2 不能落在同一个扇形 S 的情况，这时 ζ_1 与 ζ_2 对原点 $\zeta = 0$ 的张角 $\geqslant 2\pi/(m+2)$. 设 β 是 p_1 与 p_2 的任意一条连线,我们要证明

$$l_\varphi(\beta) \geqslant |w_1| + |w_2|; \qquad (25.14)_1$$

换句话说，p_1 与 p_2 间的最短连线由 p_1 到 p_0 的 φ 直线弧和 p_0 到 p 的 φ 直线弧组成.

当 β 不包含于 U_{p_0} 之内时,(25.12)′ 及 (25.13) 已经包含了 (25.14)，所以毋须再证明什么. 当 $\beta \subset U_{p_0}$ 时,像前面一样,考虑曲线

$$\zeta(\beta): \zeta = \zeta(t), t \in [0,1]$$

$$w(\beta): w = |\zeta(t)|^{\frac{m}{2}+1} e^{i\theta(t)\left(\frac{m}{2}+1\right)}, t \in [0,1]$$

其中 $\theta(t) = \arg\zeta(t)$ 连续依赖于 t. 不失一般性，我们假定 $w_1 > 0$, 即 w_1 在正实轴上. 因为 ζ_1 与 ζ_2 的对 $\zeta = 0$ 的张角 $\geqslant 2\pi/(m+2)$，所以 $w(\beta)$ 与负实轴至少交一次,设 w_3 为其交点(可能 $w_3 = 0$). $w(\beta)$ 上从 w_1 到 w_3 的子弧记为 τ_1，而 $w(\beta)$ 上从 w_3 到 w_2 的子弧记为 τ_2. 那么,显然有

$$\int_{\tau_1} |dw| \geqslant |w_1| + |w_3|,$$

和

$$|w_3| + \int_{\tau_2} |dw| \geqslant |w_2|.$$

于是

$$\int_{w(\beta)} |dw| \geqslant |w_1| + |w_2|,$$

也即 (25.14) 成立.

以上我们证明了

定理 25.1 设 φdz^2 是 Riemann 曲面 S 上定义的全纯二次微分，不恒为零。则在 φ 度量下的测地线是由若干 φ 直线弧组成，两条 φ 直线弧接连处一定是 φdz^2 的零点，且两条 φ 直线弧的交角 $\geqslant 2\pi/(m+2)$，这里 m 是零点的阶.

定理 25.2 设 φdz^2 是 $\Delta=\{z:|z|<1\}$ 内的全纯二次微分，不恒为零. 又设 P 是 Δ 内由 φdz^2 的 φ 直线弧组成的多边形，$V_1,\cdots,V_n$ 是 P 的顶点，φdz^2 在 V_i 的阶设为 $m_i\geqslant 0$. 则在 n 个顶角中至少有三个内角 $<2\pi/(m_j+2)$.

证. 设在 V_j 处的内角为 $\theta_j, j=1,2,\cdots,n$. 在每个 V_j 处作一个小圆 $|z-V_j|=\rho$, ρ 充分小. 在这些小圆之外的 ∂P 的各段 φ 直线弧，分别记作

$$\beta_1(\rho),\cdots,\beta_n(\rho),$$

而 $|z-V_j|=\rho$ 在 P 中的部分记为 $\gamma_j(\rho), j=1,\cdots,n$. 设 m 为 φ 在 P 内的零点个数，则当 ρ 充分小时，

$$\int_{\Sigma\beta_j(\rho)} d\arg\varphi = 2m\pi - \int_{\Sigma\gamma_j(\rho)} d\arg\varphi.$$

注意到在每条边上 $\arg\varphi dz^2=$ 常数，不难看出

$$\int_{\Sigma\beta_j(\rho)} d\arg\varphi = -2\int_{\Sigma\beta_j(\rho)} d\arg dz.$$

另外，显然有

$$\lim_{\rho\to 0}\int_{\gamma_j(\rho)} d\arg\varphi = -m_j\theta_j, j=1,\cdots,n;$$

$$\lim_{\rho\to 0}\int_{\Sigma\beta_j(\rho)} d\arg dz = 2\pi - \Sigma(\pi-\theta_j).$$

所以，我们有

$$2\left(\sum_{j=1}^{n}(\pi-\theta_j)-2\pi\right) = 2m\pi + \sum_{j=1}^{n} m_j\theta_j,$$

也即

$$\sum_{j=1}^{n}[2\pi-(m_j+2)\theta_j] = 2\pi(m+2)\geqslant 4\pi.$$

此式左方每项 $< 2\pi$[1]；故至少有三项>0. 证毕.

这个定理的一个用途是推出了下述的测地线唯一性定理:

定理 25.3 设S是一个具有双曲型万有覆盖的 Riemann 曲面，φdz^2是S上的一个非零全纯二次微分. 又设p_1与p_2是S上任意给定的两点，$\alpha\subset S$ 是一条以p_1与p_2为端点的曲线. 则在同伦类$[\alpha]$中至多有一条φ度量下的测地线.

证. 设(Δ,π)是S的万有覆盖曲面，S上的全纯二次微分φdz^2用整体单值化参数$z\in\Delta$表示时为$\varphi(z)dz^2$, $\varphi(z)$是Δ内的全纯函数.

设$[\alpha]$内有两条测地线β_1与β_2, $\beta_1\neq\beta_2$. 过p_1的一个上方点 $z_1\in\Delta$ 提升β_1与β_2，则它们的提升$\tilde{\beta}_1$与$\tilde{\beta}_2$有相同的终点$z_2\in\Delta$, $\pi(z_2)=p_2$. 显然，$\tilde{\beta}_1$与$\tilde{\beta}_2$是关于Δ内全纯二次微分$\varphi(z)dz^2$的两条测地线，并且 $\tilde{\beta}_1\neq\tilde{\beta}_2$. 因此，$\tilde{\beta}_1$与$\tilde{\beta}_2$都是由$\varphi$直线弧组成的折线.

不失一般性，我们可以假定$\tilde{\beta}_1$与$\tilde{\beta}_2$除z_1与z_2之外没有其它交点. 因为如其不然，我们总可以选取到一个由$\tilde{\beta}_1$与$\tilde{\beta}_2$的子弧所围的 Jordan 区域，用$\tilde{\beta}_1$与$\tilde{\beta}_2$的子弧来替代它们即可.

根据定理 25.1，$\tilde{\beta}_1$与$\tilde{\beta}_2$在零点处两条φ直线弧的交角$\geqslant 2\pi/(m+2)$, m为零点的阶. 我们将$\tilde{\beta}_1$与$\tilde{\beta}_2$所围的区域考虑为一个φ多边形，顶点是$\tilde{\beta}_1$与$\tilde{\beta}_2$上的零点以及z_1与z_2. 根据定理 25.2，这个多边形至少有三个顶角$>2\pi/(m_j+2)$. 但是，除了在顶点z_1与z_2处的顶角之外，其它顶角均无此种可能. 这样便导出矛盾. 这矛盾表明，$[\alpha]$中不可能有不同的两条测地线. 证毕.

定理 25.4 设φdz^2是紧 Riemann 曲面S上的一个非零全纯二次微分. 则对任意给定的两点p_1与p_2和任意一条连结这两点的曲线 $\alpha\subset S$，在α的同伦类$[\alpha]$中必有一条φ度量下的最短线.

证. 设

$$l=\inf_{\beta\in[\alpha]}\{l_\varphi(\beta)\}.$$

1）这里用到 $\theta_j>0$. 这是因为两条φ直线弧的交角不可能为零，除非它们完全重合.

取 $\beta_n \in [\alpha]$, $n=1,2,\cdots$, 使得

$$l=\lim_{n\to\infty} l_\varphi(\beta_n).$$

我们已经看到,对于任意一点 $p\in S$, 都有一个邻域 V_p, 使得 V_p 中任意两点有最短连线. 由于 S 的紧致性,我们可选到有限个这样的邻域 $V_{p_1^*},\cdots,V_{p_m^*}$ 覆盖住 S.

对于任意的 β_n, 我们在它上面选定若干个点 $q_0^{(n)}=p_1$, $q_1^{(n)}$, $q_2^{(n)},\cdots,q_N^{(n)}=p_2$, 使得 β_n 分解为子弧 $\tau_1^{(n)},\tau_2^{(n)},\cdots,\tau_N^{(n)}$ 之并,这里 $\tau_j^{(n)}$ 的端点为 $q_{j-1}^{(n)}$ 与 $q_j^{(n)}$, $j=1,2,\cdots,N$; 并使得每个子弧 $\tau_j^{(n)}$ 都包含于某个 $V_{p_k^*}$ 之中. 这样我们可以用 $q_{j-1}^{(n)}$ 与 $q_j^{(n)}$ 之间的最短连线 $\sigma_j^{(n)}$ 来替代 $\tau_j^{(n)}$. 设

$$\gamma_n=\bigcup_{j=1}^{N}\sigma_j^{(n)}.$$

那么, $l_\varphi(\gamma_n)\leqslant l_\varphi(\beta_n)$. 同时,由于 $\sigma_j^{(n)}$ 与 $\tau_j^{(n)}$ 同时属于一个自然参数盘 $V_{p_k^*}$, 所以 $\sigma_j^{(n)}$ 同伦于 $\tau_j^{(n)}$ (在固定 $q_{j-1}^{(n)}$ 与 $q_j^{(n)}$ 的条件下). 由此推出 γ_n 同伦于 β_n, 也即 $\gamma_n\in[\alpha]$. 这样 $l_\varphi(\gamma_n)\geqslant l$. 但另一方面,

$$\lim_{n\to\infty} l_\varphi(\beta_n)=l,$$

所以

$$\lim_{n\to\infty} l_\varphi(\gamma_n)=l.$$

再一次利用 S 的紧致性,我们可以在 $\{q_j^{(n)}:n=1,2,\cdots\}$ 的任意一个子序列中挑出一个收敛的子序列, 因而我们可以找到一个序列 $n_1,n_2,\cdots$ 使得 $q_j^{(n_k)}$ 对每个 j 在 $n_k\to\infty$ 时收敛于一点 q_j. 显然, 任意一对 q_{j-1} 与 q_j 都将同时属于某个 $V_{p_k^*}$, 因而可以用一条最短线 σ_j 连结它们. 命

$$\gamma=U\sigma_j$$

则显然有 $\gamma\in[\alpha]$, 而且

$$l_\varphi(\gamma)=\lim_{n\to\infty} l_\varphi(\gamma_n)=l.$$

证毕.

应该指出，本定理中所讲的最短线是对大范围而言的，不只是局部的．特别地，它是 φ 度量下的测地线．再由定理 25.3 可知，这样的最短线一定是唯一的，如果 S 有双曲万有覆盖．

由定理 25.3 及定理 25.4 立即推出，对于亏格 >1 的闭 Riemann 曲面而言，在任意指定的曲线的同伦类中一定有而且只有一条 φ 度量下的测地线，这里 φ 度量是由事先给定的全纯二次微分所诱导的．

25.3 全纯二次微分所组成的线性空间

设 S 是一个 Riemann 曲面．我们用 $Q(S)$ 表示 S 上的全体全纯二次微分．显然，它在实数域或复数域上构成了一个线性空间．

当 S 为开 Riemann 曲面时，$Q(S)$ 一般是无穷维的．当 S 为亏格 $g=1$ 的紧曲面时，$Q(S)$ 是一个二维实的(或一维复的)线性空间．因为环面上的全纯二次微分在用整体单值化参数时只能是 cdz^2，c 是一个复常数．请读者自己证明这一点．

当 S 是亏格 $g>1$ 的紧曲面时，$Q(S)$ 是 $6g-6$ 维实数域上的线性空间，也是 $3g-3$ 维复数域上的线性空间．这一点要用 Riemann-Roch 定理证明．

设 $\psi_0 dz$ 是 S 上的一个全纯微分，α 是它的除子，即

$$\alpha=(\psi_0 dz).$$

于是 $\deg\alpha=2(g-1)$．那么由 Riemann-Roch 定理得出

$$\dim D[-\alpha]=\dim D_0[\alpha]-\deg(-\alpha)+g-1,$$

也即

$$\dim D[-\alpha]=\dim D_0[\alpha]+3g-3.$$

但是，$\dim D_0[\alpha]=0$．事实上，$\deg\alpha=2(g-1)>0$，因此任意一个非零函数 $f\in D_0[\alpha]$ 都应有 $\deg(f)\geqslant\deg\alpha>0$．但这是不可能的．换句话说，$D_0[\alpha]$ 中没有不恒为零的半纯函数．

这样，$\dim D[-\alpha]=3g-3$．现在证明 $Q(S)$ 与 $D[-\alpha]$ 同构即可．对于 $D[-\alpha]$ 中任意一个元素 ψdz，它与选定元素之积

$(\psi dz)\cdot(\psi_0 dz)=\psi\cdot\psi_0 dz^2$ 是 S 上的一个二次微分[1]. 再注意到在每一点 $p\in S$, 微分 ψdz 的阶不低于 $-\alpha$ 在 p 的阶, 立即看出 $\psi\cdot\psi_0 dz^2$ 是全纯二次微分. 因此,对应

$$\psi dz \longmapsto \psi\cdot\psi_0 dz^2$$

是 $D[-\alpha]$ 到 $Q(S)$ 的一个同态对应. 现在说明它是映满的. 事实上,对于任意一个 $\varphi dz^2\in Q(S)$, 我们考虑 $(\varphi/\psi_0)dz$, 则

$$(\varphi/\psi_0)dz\in D[-\alpha],$$

并且在上述同态下的像就是 φdz^2. 另外,很容易看出这个同态对应的一一性. 因此,它是 $D[-\alpha]$ 到 $Q(S)$ 的同构. 这样我们证明了

$$\dim Q(S)=3g-3.$$

§26 Teichmüller 唯一性定理

26.1 Teichmüller 极值问题

Teichmüller 极值问题的提法如下: 设 S_0 及 S_1 是任意给定的两个闭 Riemann 曲面,具有相同的亏格 $g>1$. 又设 $f_*:S_0\to S_1$ 是给定的一个保向同胚. 求出同伦于 f_* 的同胚 $f_0:S_0\to S_1$ 使得其最大伸缩商 $K[f_0]$ 最小. 更确切地说,求一个同胚 $f_0:S_0\to S_1$, 它属于 f_* 的同伦类 $[f_*]$, 并使得

$$K[f_0]=\inf_{f\in[f_*]}\{K[f]\}^{2)}. \tag{26.1}$$

这样的映射 f_0 被称为极值映射. 我们的主要任务是给出 f_0 的特征刻划,证明它的存在性与唯一性.

极值映射的存在性是容易证明的. 事实上,在 $[f_*]$ 中存在一个序列 $f_n\in[f_*]$, $n=1,2,\cdots$, 使得

$$\lim_{n\to\infty}K[f_n]=\inf_{f\in[f_*]}\{K[f]\}. \tag{26.2}$$

---

1) 严格说来,应借助于局部表示来定义 $\psi\cdot\psi_0 dz^2$.

2) 我们约定,当 $f:S_0\to S_1$ 不是拟共形映射时, $K[f]=\infty$. 因为任何同胚的同伦类中总有拟共形映射,所以这里的下确界总是有穷的.

设 (Δ,π_0) 与 (Δ,π_1) 分别是 S_0 与 S_1 的万有覆盖曲面，Γ_0 与 Γ_1 分别是它们的覆盖变换群．设 $\tilde{f}_n:\Delta\to\Delta$ 是 $f_n:S_0\to S_1$ 的提升，那么对于任意一个 $\gamma\in\Gamma_0$，$\tilde{f}_n\circ\gamma\circ\tilde{f}_n^{-1}\in\Gamma_1$．另一方面，由于 f_n 是

$$K_n=K[f_n]$$

拟共形映射，所以 $\tilde{f}_n$ 是 K_n 拟共形映射；特别地，$\tilde{f}_n$ 是K拟共形映射，这里K是 $K_n(n=1,2,\cdots)$ 的一个上界．因此，在序列 $\{\tilde{f}_n\}$ 中有一个子序列内闭一致收敛，不妨设序列本身内闭一致收敛．设其极限函数为 $\tilde{f}_0$，则 $\tilde{f}_0$ 一定是Δ内的K拟共形映射．

对于任意固定的一个 $\gamma\in\Gamma_0$，$\gamma_n=\tilde{f}_n\circ\gamma\circ\tilde{f}_n^{-1}$ 是 Γ_1 中的元素．由于 Γ_1 在Δ内的作用是真间断的，所以，由 $\gamma_n(z)\to\tilde{f}_0\circ\gamma\circ\tilde{f}_0^{-1}(z)$ 可以推出，当 n 充分大时 γ_n 一定是 Γ_1 中的某一固定元素．由此又推出，$\tilde{f}_0\circ\gamma\circ\tilde{f}_0^{-1}\in\Gamma_1$． 因此，$\tilde{f}_0$ 可投影为 $S_0\to S_1$ 的一个K拟共形映射．

现在要进一步说明

$$K[f_0]=K[\tilde{f}_0]=\lim_{n\to\infty}K[f_n].$$

设 $K_0=\lim\limits_{n\to\infty}K[f_n]$． 那么，对于任意的 $\varepsilon>0$，存在N使得当 $n\geqslant N$时 $K[\tilde{f}_n]\leqslant K_0+\varepsilon$．因此，$\tilde{f}_0$ 作为序列

$$\{\tilde{f}_n,n=N,N+1,\cdots\}$$

的极限一定是 $K_0+\varepsilon$ 拟共形映射，因为序列中每个元素都如此．再由 ε 的任意性即推出 $\tilde{f}_0$ 是 K_0 拟共形映射．总之，我们证明了

$$K[f_0]\leqslant K_0.$$

为了最后说明 $f_0:S_0\to S_1$ 是极值映射，还需要证明 $f_0\in[f_*]$．我们知道 $f_n\in[f_*]$，所以它的提升所诱导的 Γ_0 到 Γ_1 的同构

$$\chi_{\tilde{f}_n}:\gamma\longmapsto\tilde{f}_n\circ\gamma\circ\tilde{f}_n^{-1}$$

与 f_* 的提升所诱导的 Γ_0 到 Γ_1 的同构

$$\chi_{\tilde{f}_*}:\gamma\longmapsto\tilde{f}_*\circ\gamma\circ\tilde{f}_*^{-1}$$

仅差一个内部自同构，也即存在 $\eta_n\in\Gamma_1$，使得

$$\tilde{f}_n\circ\gamma\circ\tilde{f}_n^{-1}=\eta_n\circ\tilde{f}_*\circ\gamma\circ\tilde{f}_*^{-1}\circ\eta_n^{-1}.$$

我们已经指出过，对于一个固定的 $\gamma\in\Gamma_0$，当 n 充分大时 $\tilde{f}_n\circ\gamma\circ\tilde{f}_n^{-1}$

是 Γ_1 中的某个固定元素. 因此，当 n 充分大时 η_n 也必定是 Γ_1 中的某一固定元素，设其为 η. 这样，由 $\tilde{f}_n\circ\gamma\circ\tilde{f}_n^{-1}\to\tilde{f}_0\circ\gamma\circ\tilde{f}_0^{-1}$ 可知，$\tilde{f}_0\circ\gamma\circ\tilde{f}_0^{-1}=\eta\circ\tilde{f}_*\circ\gamma\circ\tilde{f}_*^{-1}\circ\eta^{-1}$，也即 $\tilde{f}_0$ 所诱导的同构

$$\chi_{f_0}:\gamma\longmapsto\tilde{f}_0\circ\gamma\circ\tilde{f}_0^{-1}$$

与 χ_{f_*} 只差一个内部自同构. 于是，由定理 22.1 推出，$f_0\in[f_*]$.

这样，我们证明了

定理 26.1 上述 Teichmüller 极值问题的解总是存在的.

怎样描述极值映射的特征呢？ 这是一个困难的问题. Teichmüller 的巨大贡献在于把这个问题同全纯二次微分联系起来. 为了解释这种联系，我们先看平面区域上的极值问题的例子，或许能对理解这种联系有些启发，尽管这里说的极值问题与上述 Teichmüller 极值问题有很大差别.

我们知道，矩形 $R=\{z=x+iy:\ 0<x<a,0<y<1\}$ 到矩形 $R'=\{w=u+iv:0<u<a',0<v<1\}$ 的拟共形映射 f，在保持顶点顺序对应的条件下，使得 $K[f]$ 最小的极值映射是仿射变换：

$$A:x\longmapsto\frac{a'}{a}x,y\longmapsto y. \tag{26.3}$$

这是 Grötzsch 的结果. 现在把 Grötzsch 问题略加推广：考虑两个 Jordan 区域 D 与 D'，分别在它们的边界上沿着正向依次给定四点 $z_1,z_2,z_3,z_4\in\partial D$ 和 $w_1,w_2,w_3,w_4\in\partial D'$，寻求把 D 映为 D' 并保持给定边界点依次对应的拟共形映射 f，使其最大伸缩商最小. 我们分别作共形映射

$$\varphi:D(z_1,z_2,z_3,z_4)\to R(0,a,a+i,i),$$
$$\phi:D'(w_1,w_2,w_3,w_4)\to R'(0,a',a'+i,i),$$

并保持四边形顶点依次对应，其中 a 与 a' 分别由 D 与 D' 的共形模所决定. 这样，我们把问题又归结为 Grötzsch 问题. 因此，推广的 Grötzsch 极值问题的解是 $\phi^{-1}\circ A\circ\varphi$，其中 A 是拉伸仿射变换 (26.3).

如果我们把 D 与 D' 看作是两个 Riemann 曲面，而把 $\zeta=\varphi(z)$

与 $\zeta'=\psi(w)$ 看作是D与D'的局部参数，那么极值映射用这两个局部参数表示时恰好是拉伸仿射变换。此外，我们注意到这两个局部参数使得 $\varphi'^2dz^2=d\zeta^2$ 和 $\psi'^2dw^2=d\zeta'^2$，它们分别是二次微分 φ'^2dz^2 与 ψ'^2dw^2 的自然参数，这样会连想到 Teichmüller 极值问题中的极值映射也可能与S_0上的某个二次微分和 S_1 上的某个二次微分相关，使得极值映射在这两个二次微分的自然参数表示下是一个拉伸仿射变换。

Teichmüller 正是基于这样的类比与构想，圆满地解决了他的极值问题。

26.2 Teichmüller 形变

设 S_0 是亏格 $g>1$ 的闭 Riemann 曲面，$\omega\in Q(S_0)$ 不恒为零，现在我们根据 S_0 及 ω 构造一个 Riemann 曲面 S，并相应地给出一个全纯二次微分 $\omega'\in Q(S)$，使得 S_0 与S之间有一个映射，在ω与ω'的正则点的自然参数表示下恰好是拉伸仿射变换。

设 $k\in[0,1)$ 是任给的常数。对于ω的任意一个正则点 p_0，都存在一个邻域 U_{p_0}，使得 U_{p_0} 有ω的自然参数 ζ，$\zeta(p_0)=0$。ω 在参数ζ的表示下为 $\omega=d\zeta^2$。

现在我们在 U_{p_0} 内引入一个新参数

$$\zeta'=[\zeta(p)+k\overline{\zeta(p)}]/(1-k).$$

这样，在每个正则点的邻域都有了新的参数ζ'。这些新参数之间是共形相容的。事实上，若有另外一个正则点 p_1，在 U_{p_1}内有自然参数 ζ_1，且 $U_{p_0}\cap U_{p_1}\neq\phi$，则在 $U_{p_0}\cap U_{p_1}$ 内有 $d\zeta^2=d\zeta_1^2$，因而有

$$\zeta=\pm\zeta_1+c\ (c=\text{常数}).$$

命 $\zeta_1'=(\zeta_1+k\bar{\zeta}_1)/(1-k)$，显然有

$$\zeta'=\pm\zeta_1'+c_1\ (c_1=\text{常数}).\tag{26.4}$$

由此可见新参数间的变换是共形的。因此，新参数使得 S_0 挖去临界点后所得的曲面获得了新的复结构。下面将在ω的临界点附近也引入一个新参数，使得它跟已有的新参数共形相容，从而使整个

曲面 S_0 成为一个新的 Riemann 曲面.

因为 ω 是全纯二次微分，所以临界点都是零点. 设 $p_0 \in S_0$ 是 ω 的一个 m 阶零点，在 p_0 的邻域 U_{p_0} 内有 ω 的自然参数 ζ,

$$\zeta(p_0) = 0.$$

这时 ω 在 ζ 的表示下为

$$\omega = \left(\frac{m+2}{2}\right)^2 \zeta^m d\zeta^2.$$

我们在 U_{p_0} 内定义新参数

$$\begin{cases} \zeta' = \zeta \left[1 + k\left(\dfrac{\bar{\zeta}}{\zeta}\right)^{\frac{m}{2}+1}\right]^{\frac{2}{m+2}} \Big/ (1-k)^{\frac{2}{m+2}}, \text{当 } \zeta \neq 0; \\ \zeta' = 0, \text{ 当 } \zeta = 0. \end{cases}$$

为了说明这样定义的参数的单值性，我们规定

$$\left(\frac{\bar{\zeta}}{\zeta}\right)^{\frac{1}{2}} = \frac{\bar{\zeta}}{|\zeta|},$$

$$(1+w)^a = 1 + aw + \frac{a(a-1)}{2} w^2 + \cdots, |w| < 1.$$

不难验证，映射 $\zeta \longmapsto \zeta'$ 是一一的. 事实上，若 $\zeta_1 \neq \zeta_2$ 对应于同一 ζ', 则

$$\zeta_1 \left[1 + k\left(\frac{\bar{\zeta}_1}{\zeta_1}\right)^{\frac{m}{2}+1}\right]^{\frac{2}{m+2}} = \zeta_2 \left[1 + k\left(\frac{\bar{\zeta}_2}{\zeta_2}\right)^{\frac{m}{2}+1}\right]^{\frac{2}{m+2}}. \quad (26.5)$$

由此推出，

$$\pm\left(\zeta_1^{\frac{m}{2}+1} + k\bar{\zeta}_1^{\frac{m}{2}+1}\right) = \zeta_2^{\frac{m}{2}+1} + k\bar{\zeta}_2^{\frac{m}{2}+1},$$

也即 $\pm\zeta_1^{\frac{m}{2}+1} = \zeta_2^{\frac{m}{2}+1}$, 从而 $\zeta_1^{m+2} = \zeta_2^{m+2}$. 换句话说，$\zeta_1 = \varepsilon\zeta_2$, 其中 ε 是 $m+2$ 次单位根. 代入到 (26.5) 即得 $\varepsilon = 1$, 于是 $\zeta_1 = \zeta_2$, 矛盾.

现在我们说明在零点 p_0 附近引入的新参数与它附近的正则点的新参数之间是共形相容的. 设 $p_1 \in U_{p_0}$ 是正则点. 设 ζ_1 是 p_1 附近的自然参数，而 ζ_1' 是按照前面的定义引进的新参数. 那么，在 p_1 充分小的邻域内

$$\omega = d\zeta_1^2 = \left(\frac{m+2}{2}\right)^2 \zeta^m d\zeta^2.$$

因为在 p_1 附近 $\zeta \neq 0$，所以在 p_1 充分小的邻域内可以取到 $\zeta^{\frac{m}{2}+1}$ 的一个单值分支．这样

$$\pm\zeta_1 = \zeta^{\frac{m}{2}+1} + c \quad (c = \text{常数}).$$

根据新参数的定义

$$\begin{aligned} \pm\zeta_1' &= (\zeta^{\frac{m}{2}+1} + k\bar{\zeta}^{\frac{m}{2}+1})/(1-k) + c_1 \\ &= \zeta'^{\frac{m}{2}+1} + c_1 \quad (c_1 = \text{常数}), \end{aligned} \tag{26.6}$$

这里 $\zeta'^{\frac{m}{2}+1}$ 是在 p_1 充分小邻域内的一个单值分支．这样，ζ_1' 与 ζ' 是共形相容的．

总之，我们在 S_0 的拓扑上由新的局部参数 ζ' 定义了一个新的复结构．我们把这样得到的新的 Riemann 曲面叫作 S_0 的一个 Teichmüller 形变，记作 $S_{\omega,k}$．

现在我们来说明在 $S_{\omega,k}$ 的局部参数 ζ' 的表示下，表达式

$$\omega' = \begin{cases} d\zeta'^2, & \text{在}\ \omega\ \text{的正则点附近;} \\ \left(\dfrac{m+2}{2}\right)^2 \zeta'^m d\zeta'^2, & \text{在}\ \omega\ \text{的}\ m\ \text{阶零点附近,} \end{cases}$$

在 $S_{\omega,k}$ 上定义一个全纯二次微分．事实上，在正则点附近，两个局部参数 ζ' 与 ζ_1' 之间有关系式 (26.4)，故在这两个参数盘的公共部分 $d\zeta'^2 = d\zeta_1'^2$．若 ζ' 是 ω 的一个 m 阶零点附近的局部参数，ζ_1' 是该零点附近一正则点的局部参数，那么 ζ' 与 ζ_1'满足关系式(26.6)，因而

$$d\zeta_1'^2 = \left(\frac{m+2}{2}\right)^2 \zeta'^m d\zeta'^2.$$

这样，我们证明了 $\omega' \in Q(S_{\omega,k})$．

ω' 有一个明显的特征：ω 的正则点是 ω' 的正则点，而 ω 的 m 阶零点是 ω' 的 m 阶零点．此外，ζ' 就是 ω' 的自然参数．

现在，我们考虑 S_0 到 $S_{\omega,k}$ 的变换

$$id: p \longmapsto p, S_0 \to S_{\omega,k}.$$

从点集合的观点看来，id 是一个恒同映射．但是由于双方的复结构不同，所以这个最简单的映射却包含了特有的意义：id 用双方二次微分的局部自然表示时，在正则点附近是拉伸仿射变换：

$$\zeta \longmapsto \zeta' = (\zeta + k\bar{\zeta})/(1-k).$$

将 ζ 写成 $\xi + i\eta$，而 ζ' 写成 $\xi' + i\eta'$，这个映射的实形式为

$$\xi \longmapsto \xi' = K\xi, K = (1+k)/(1-k);$$

$$\eta \longmapsto \eta' = \eta.$$

这就是说，映射 id 把 ω 的水平轨线变成 ω' 的水平轨线，把 ω 的垂直轨线变为 ω' 的垂直轨线．在双方二次微分所诱导的度量下，沿水平轨线方向作了 K 倍的拉伸，而沿垂直轨线方向距离没有改变．我们把 $id: S_0 \to S_{\omega,k}$ 也叫 Teichmüller 形变．

集合

$$\tilde{T}(S_0) = \{S_{\omega,k}: \omega \in Q(S_0)\backslash\{0\}, k \in [0,1)\}$$

称为 Teichmüller 形变空间．以后我们将看到它包含了所有可能的亏格为 g 的 Riemann 曲面，假如把共形等价的 Riemann 曲面看作同一个曲面．

对于任意一个正数 c，显然 $c\omega$ 与 ω 有相同自然参数 ζ，因而 $S_{c\omega,k} = S_{\omega,k}$．因此，我们只要考虑满足某种规范条件的 ω 就足够了．例如，考虑 $Q(S_0)$ 的子集合

$$Q^0(S_0) = \{\omega \in Q(S_0): \|\omega\| = 1\},$$

其中

$$\|\omega\| = \iint_S |\varphi| dxdy, \omega = \varphi dz^2.$$

我们已经知道 $Q(S_0)$ 是 $6g-6$ 维实的线性空间，那么 $Q^0(S_0)$ 有 $6g-5$ 个实参数．$\tilde{T}(S_0)$ 中还有另外一个参数 k．所以 $\tilde{T}(S_0)$ 由 $6g-6$ 个实参数描述．

26.3 Teichmüller 映射

设 $f: S_0 \to S$ 是两个 Riemann 曲面间的一个拟共形映射．若

在 S_0 与 S 上分别有一个全纯二次微分 ω 及 ω'，使得映射 f 把 ω 的正则点映为 ω' 的正则点，把 ω 的 n 阶零点映为 ω' 的 n 阶零点，并借助于双方二次微分的自然参数，在正则点附近 f 的局部表示是

$$\zeta \longmapsto \zeta' = (\zeta + k\bar{\zeta})/(1-k), k \in [0,1)$$

则 f 称为 Teichmüller 映射，ω 称为初始二次微分，ω' 称为终端二次微分.

显然，f 所诱导的 Beltrami 微分借助自然参数表示应为 $k d\bar{\zeta}/d\zeta$. 因此，若在一般局部参数 z 的表示下，$\omega = \varphi dz$，那么这个 Beltrami 微分是

$$k \frac{\bar{\varphi}}{|\varphi|} \frac{d\bar{z}}{dz},$$

这是因为

$$k \frac{d\bar{\zeta}}{d\zeta} = k \frac{\bar{\omega}}{|\omega|} = k \frac{\bar{\varphi}}{|\varphi|} \cdot \frac{d\bar{z}^2}{|dz|^2}.$$

应该指出，在 ω 的零点上述 Beltrami 微分没有意义. 因此它是一个有孤立奇点的微分. 这一点并不影响 f 的拟共形性，而只影响到 f 在这种点的可微性.

很明显，Teichmüller 形变是 Teichmüller 映射. 反过来，若 $f: S_0 \to S$ 是由 $\omega \in Q(S_0)$ 及 $\omega' \in Q(S)$ 决定的一个 Teichmüller 映射，那么我们可以把 S 的复结构及二次微分 ω' 根据同胚

$$f: S_0 \to S$$

自 S 拉回到 S_0 上而得到一个新的 Riemann 曲面 S' 及二次微分 $\tilde{\omega}' \in Q(S')$. 更确切地说，我们根据 S 的地图册 $\{U_\alpha, \Phi_\alpha\}$ 赋予 S_0 以新的地图册 $\{f^{-1}(U_\alpha), \Phi_\alpha \circ f^{-1}\}$，这样得到 S'；因为 S' 与 S 有相同的局部参数，所以如果把 ω' 在某点 p 的邻域 U_p 内的局部表示 $\varphi(z)dz^2$ 作为 $f^{-1}(U_p) \subset S'$ 的一个局部表达式，那么这是一个 S' 上的二次微分，即得到 $\tilde{\omega}'$. 显然，恒同映射 $id: S_0 \to S'$ 是一个 Teichmüller 形变，而映射 $F: p \longmapsto f(p)$ 作为 S' 到 S 的映射是共形映射. 所以，任何一个 Teichmüller 映射 f 都是一个 Teichmüller 形变复合一个共形映射.

26.4 唯一性定理

定理 26.1 (Teichmüller) 设 S_0 与 S 是两个亏格为 $g>1$ 的闭 Riemann 曲面. 若 $f_0: S_0 \to S$ 是一个 Teichmüller 映射，则 f_0 是它所在同伦类 $[f_0]$ 中唯一极值映射，即对任意一个 $f \in [f_0]$ 都有

$$K[f] \geqslant K[f_0], \tag{26.7}$$

等号仅当 $f = f_0$ 时成立.

应当指出,虽然通常大家都把这个定理称为唯一性定理,但它所断言的比极值映射的唯一性要多.

为了证明这个定理,先证明两个引理:

引理 26.1 设 $f: S_0 \to S_0$ 是同胚, S_0 是闭 Riemann 曲面. 又设 $\omega \in Q(S_0)$, 不恒为零. 若 f 同伦于恒同映射,则存在一个常数 $M>0$, 使得任意一条水平轨线弧 α 都有

$$l_\omega(f(\alpha)) \geqslant l_\omega(\alpha) - 2M, \tag{26.8}$$

其中 $l_\omega(\cdot)$ 表示曲线在 ω 度量下的长度.

证. 设 $F: S_0 \times [0,1] \to S_0$ 是一个连续映射, $F(p,0) = p$, $F(p,1) = f(p)$. 对于任意固定的一点 $p \in S_0$, 记 β_p 是曲线

$$t \longmapsto F(p,t), t \in [0,1].$$

这样, β_p 以 p 点为始点而以 $f(p)$ 为终点. 根据定理 25.4, 在同伦类 $[\beta_p]$ 中必有一条 ω 长度最短者,设它为 $\bar\beta_p$. 命

$$M = \sup_{p \in S_0} \{l_\omega(\bar\beta_p)\}.$$

则 $M < \infty$, 因为下面我们即将证明函数 $l_\omega(\bar\beta_p)$ 是 p 的连续函数，而 S_0 是紧的.

现在说明 $l_\omega(\bar\beta_p)$ 的连续性. 设 p_1 是 p 的邻域内充分靠近 p 的点，这时 $f(p_1)$ 也充分靠近 $f(p)$. 这样,从 p 到 p_1 和从 $f(p)$ 到 $f(p_1)$ 都有最短连线,设它们为 γ 与 γ_1. 这时,

$$\bar\beta_p \approx \gamma \cdot \bar\beta_{p_1} \cdot \gamma_1^{-1} \ (\text{固定 } p \text{ 与 } f(p)).$$

再由 $\bar\beta_p$ 在 $[\beta_p]$ 中的最短性有

$$l_\omega(\bar{\beta}_p) \leqslant l_\omega(\bar{\beta}_{p_1}) + l_\omega(\gamma) + l_\omega(\gamma_1).$$

对于任意给定的 $\varepsilon > 0$，当 p_1 充分接近 p 时，可以使得 $l_\omega(\gamma) < \varepsilon$. $l_\omega(\gamma_1) < \varepsilon$. 这时，

$$l_\omega(\bar{\beta}_p) \leqslant l_\omega(\bar{\beta}_{p_1}) + 2\varepsilon.$$

由对称性，我们又有

$$l_\omega(\bar{\beta}_{p_1}) \leqslant l_\omega(\bar{\beta}_p) + 2\varepsilon,$$

只要 p_1 充分接近 p. 这就证明了 $l_\omega(\bar{\beta}_p)$ 的连续性.

现在设 α 是一段 ω 水平轨线弧，端点为 p 与 q. 不难看出，

$$\alpha \approx \bar{\beta}_p \cdot f(\alpha) \cdot \bar{\beta}_q^{-1} \text{（固定 } p \text{ 与 } q\text{）}.$$

由于 α 是最短线，所以我们有

$$\begin{aligned} l_\omega(\alpha) &\leqslant l_\omega(f(\alpha)) + l_\omega(\bar{\beta}_p) + l_\omega(\bar{\beta}_q) \\ &\leqslant l_\omega(f(\alpha)) + 2M. \end{aligned}$$

证毕.

为了叙述下一个引理，我们先引进一个记号.

设 f 是 S_0 的一个自同胚. 对于任意的正则点 p，我们取包含 p 的一段水平轨线弧 α. 若当 α 的 ω 长度趋于零时，极限

$$\lim l_\omega(f(\alpha))/l_\omega(\alpha)$$

存在，则记该极限为 $\lambda_f(p)$. 很显然，在 f 的可微点，借助于 ω 的自然参数表示时，

$$\lambda_f(p) = |\partial_\zeta \tilde{f} + \partial_{\bar{\zeta}} \tilde{f}|,$$

其中 $\tilde{f}$ 是 f 的局部表示. 特别地，当 $\tilde{f}$ 是 $\xi = \mathrm{Re}\zeta$ 的绝对连续函数时，对相应的轨线弧 α 有

$$l_\omega(f(\alpha)) = \int_\alpha \lambda_f(p) ds_\omega, \tag{26.9}$$

其中 $ds_\omega = |\varphi|^{\frac{1}{2}}|dz|$，$\varphi dz^2$ 是 ω 的局部表示.

若 f 是 S_0 的拟共形自同胚时，f 借助于 ω 的自然参数 ζ 的局部表示 $\tilde{f}$ 具有 A. C. L. 性质. 也就是说，对于几乎所有的

$$\eta = \mathrm{Im}\zeta,$$

$\tilde{f}$ 作为 $\xi = \mathrm{Re}\zeta$ 的一元函数，是绝对连续的. 所以，公式 (26.9) 在局部范围内对于几乎所有 α 成立.

引理 26.2 设 S_0 是亏格 $g>1$ 的闭 Riemann 曲面，f 是 S_0 的一个拟共形自同胚，同伦于恒同映射. 又设 ω 是不恒为零的全纯二次微分. 则有

$$\iint_{S_0} dA_\omega \leqslant \iint_{S_0} \lambda_f(p) dA_\omega, \tag{26.10}$$

其中 A_ω 是 ω 所诱导的度量的面积元素.

证. 对于任意给定的一个正数 L，我们考虑从一个正则点 p 出发，沿着过 p 点的水平轨线的两个相反方向前进. 这时有两种可能性：一是至少在一个方向上在没有走满 L 长时就遇到了临界点而被迫停下来；另一是在两个方向上都可以走满 L 长而没有遇到临界点，这时我们把所走过的轨线弧记为 $\alpha=\alpha(p,L)$. 属于前一情况的点 p 的全体记为 E. 由于临界点是有限个，而在每个临界点只有有限条轨线以其为端点，所以 E 的测度(在 ω 度量下的二维测度)为零. 因此在讨论重积分时集合 E 可以忽略不计. 对于第二种情况，$\alpha=\alpha(p,L)$ 可以是一条简单弧，也可以是一条自交的非简单弧. 后者当且仅当水平轨线是闭的并且总长度 $<2L$ 时才能发生. 值得说明的是在这种情况下，α 不表示这条闭的水平轨线，而表示绕着这条闭轨旋转的有重复部分的弧. 根据定理前的说明，公式 (26.9) 在局部范围内对几乎所有的轨线弧成立. 因此当我们把其中的 α 换成长度为 $2L$ 的 $\alpha(p,L)$ 时，使得公式 (26.9) 成立的 $\alpha(p,L)$ 仍是"几乎所有的"；确切地说，当将 (26.9) 中的 α 换成 $\alpha(p,L)$ 时，使得 (26.9) 不成立的 $\alpha(p,L)$ 的全体所占有的 ω 面积为零. 因此，我们有

$$\iint_{S_0} l_\omega(f(\alpha_p)) dA_\omega = \iint_{S_0} \left(\int_{\alpha_p} \lambda_f ds_\omega \right) dA_\omega.$$

其中 $\alpha_p=\alpha(p,L)$.

利用单位分解的方法不难证明上式右端的重积分与线积分可以交换次序. 因此，

$$\iint_{S_0} l_\omega(f(\alpha_p)) dA_\omega = 2L \iint_{S_0} \lambda_f(p) dA_\omega.$$

由引理 26.1 又有

$$l_\omega(f(\alpha_p)) \geqslant 2L - 2M,$$

其中M是与L无关的常数. 这表明

$$\iint_{S_0} \lambda_f(p) dA_\omega \geqslant \left(1 - \frac{M}{L}\right) \iint_{S_0} dA_\omega.$$

令 $L \to \infty$ 即得 (26.10). 证毕.

定理 26.1 的证明: 设 Teichmüller 映射 $f_0: S_0 \to S$ 的初始微分为ω而终端微分为 ω', 它们的自然参数分别是 ζ 与 ζ'. 对于任意一个同伦于 f_0 的拟共形映射 $f: S_0 \to S$, 我们考虑复合映射: $f^* = f \circ f_0^{-1}: S \to S$. 相应于 f^* 及 ω', 应用引理 26.2, 我们有

$$\iint_S dA_{\omega'} \leqslant \iint_S \lambda_{f^*} dA_{\omega'}, \tag{26.11}$$

其中 λ_{f^*} 在 ω' 的自然参数 $\zeta' = \xi' + i\eta'$ 的表示下,在一正则点 p 的邻域内几乎处处有

$$\begin{aligned}\lambda_{f^*} &= |\partial_{\zeta'} \tilde{f}^* + \partial_{\bar{\zeta}'} \tilde{f}^*| \\ &= \left|\frac{\partial \tilde{f}^*}{\partial \xi'}\right|,\end{aligned}$$

这里 $\tilde{f}^*$ 是 f^*的局部表示. 设 f 借助于 ζ 与 ζ' 的局部表示为 $\tilde{f}$. 那么,在 $f_0^{-1}(p)$ 的邻域内几乎处处有

$$\begin{aligned}\left|\frac{\partial \tilde{f}}{\partial \xi}\right| &= \left|\frac{\partial \tilde{f}^*}{\partial \xi'} \frac{\partial \xi'}{\partial \xi} + \frac{\partial \tilde{f}^*}{\partial \eta'} \frac{\partial \eta'}{\partial \xi}\right| \\ &= K_0 \left|\frac{\partial \tilde{f}^*}{\partial \xi'}\right|, \ K_0 = K[f_0].\end{aligned}$$

这里用到 f_0 的局部表示式 $\xi' + i\eta' = K\xi + i\eta$. 因此,

$$\lambda_{f^*} = \left|\frac{\partial \tilde{f}}{\partial \xi}\right| \Big/ K_0.$$

这样

$$\begin{aligned}\lambda_{f^*}^2 &\leqslant K_0^{-2}(|\partial_\zeta \tilde{f}| + |\partial_{\bar{\zeta}} \tilde{f}|)^2 && (26.12) \\ &\leqslant K_0^{-2} K[f](|\partial_\zeta \tilde{f}|^2 - |\partial_{\bar{\zeta}} \tilde{f}|^2). && (26.13)\end{aligned}$$

命 J_f 表示在ω度量与ω' 度量之下映射 $f: S_0 \to S$ 的 Jacobi 行列

式．显然 J_f 的局部表示是

$$J_f = |\partial_\zeta \tilde{f}|^2 - |\partial_{\bar\zeta} \tilde{f}|^2.$$

因此，

$$\lambda_{f^*}^2 \leqslant K_0^{-2} K[f] J_f.$$

由 (26.11) 并应用 Schwarz 不等式得

$$\iint_S dA_{\omega'} \leqslant \iint_S \lambda_{f^*}^2 dA_{\omega'}.$$

所以，

$$\begin{aligned}\iint_S dA_{\omega'} &\leqslant K_0^{-2} K[f] \iint_S J_f dA_{\omega'} \\ &= K_0^{-1} K[f] \iint_{S_0} J_f dA_{\omega} \\ &= K_0^{-1} K[f] \iint_S dA_{\omega'},\end{aligned} \tag{26.14}$$

也即 $K_0 \leqslant K[f]$．这就证明了 (26.7)．

以下证明极值映射的唯一性．设有一个映射 $f: S_0 \to S$，同伦于 f_0，且 $K[f] = K[f_0]$．这样的 f 使得 (26.14) 成立等号．这就要求几乎处处成立 (26.12) 与 (26.13) 中的等号，即

$$\left|\frac{\partial \tilde{f}}{\partial \xi}\right| = |\partial_\zeta \tilde{f}| + |\partial_{\bar\zeta} \tilde{f}|, \tag{26.15}$$

$$K_0 = K[f] = \frac{1 + |\partial_{\bar\zeta} \tilde{f} / \partial_\zeta \tilde{f}|}{1 - |\partial_{\bar\zeta} \tilde{f} / \partial_\zeta \tilde{f}|}. \tag{26.16}$$

由 (26.15) 知，$\partial_{\bar\zeta} \tilde{f} / \partial_\zeta \tilde{f}$ 是非负实数，且因此有

$$K_0 = \frac{1 + \partial_{\bar\zeta} \tilde{f} / \partial_\zeta \tilde{f}}{1 - \partial_{\bar\zeta} \tilde{f} / \partial_\zeta \tilde{f}},$$

也即

$$\partial_{\bar\zeta} \tilde{f} / \partial_\zeta \tilde{f} = k_0, \quad k_0 = (K_0 - 1)/(K_0 + 1).$$

因此，对于复合映射 $f^* = f \circ f_0^{-1}$ 说来，

$$\partial_{\bar\zeta'} \tilde{f}^* = 0,$$

因为映射 f_0 的局部表示为 $\zeta \longmapsto \zeta' = (\zeta + k_0 \bar\zeta)/(1 - k_0)$，它与

f 有相同的复特征.

这样,我们证明了 $f\circ f_0^{-1}$ 是共形映射. 但是,它同伦于恒同映射. 根据定理 23.1 的推论,$f\circ f_0^{-1}$ 必定为恒同映射,也即 $f = f_0$. 定理证毕.

以上我们证明了两个曲面之间的 Teichmüller 映射是它所在的同伦类中的极值映射,并且极值映射是唯一的. 为了全面解决 Teichmüller 极值问题,我们还须要证明,在任意给定的同胚的同伦类中一定有 Teichmüller 映射. 在证明了这一点之后,我们就可以说,极值问题的解是存在唯一的,并一定是 Teichmüller 映射.

§ 27 Teichmüller 存在性定理

27.1 标记 Riemann 曲面

设 S_0 是一个给定的亏格为 $g > 1$ 的闭 Riemann 曲面. 若 S 是另外一个亏格为 g 的 Riemann 曲面,而 $f: S_0 \to S$ 是一个拟共形同胚[1),则我们称 (S,f) 是一个标记 Riemann 曲面,f 称为标记.

我们称两个标记 Riemann 曲面 (S,f) 与 (S_1,f_1) 是等价的,如果存在一个共形映射 $\varphi: S \to S_1$, 使得 $\varphi \approx f_1\circ f^{-1}$. 特别地,当 $S = S_1$ 时,(S,f) 与 (S,f_1) 等价的充要条件是 $f \approx f_1$. 在一般情况下,(S,f) 与 (S_1,f_1) 等价实质上是要求存在一个共形映射 φ 使得 $S_1 = \varphi(S)$ 且 $f_1 \approx \varphi\circ f$; 也就是说,$S$ 及其标记 f 同时用一个共形映射 φ 作用时所得到的标记 Riemann 曲面与 (S,f) 等价.

显然,上面定义的等价给出标记 Riemann 曲面之间的一种关系,而这种关系是一种等价关系. 因此,可以按照它将全体标记 Riemann 曲面加以分类,并将 (S,f) 的等价类记作 $[S,f]$.

我们称全体这种等价类 $[S,f]$ 所形成的集合

$$\{[S,f]: f: S_0 \to S\}$$

1) 通常在定义闭曲面的标记曲面时,只要求 f 是一个保向同胚就足够了. 为了今后讨论方便,也为了跟开曲面情况统一,这里要求 f 是拟共形映射.

为 Teichmüller 空间，记作 $T(S_0)$.

现在暂且我们不必深究 Teichmüller 空间的意义. 目前我们仅是为了研究极值问题而引入它. 现在首先需要给出 Teichmüller 空间中的点以更具体的刻划. 为此，我们要引进映射的规范化提升的概念.

设 (S,f) 是一个标记 Riemann 曲面. 又设 $(\boldsymbol{H},\pi_0)$ 与 $(\boldsymbol{H},\pi)$ 分别是 S_0 与 S 的万有覆盖曲面. 若 $\tilde{f}:\boldsymbol{H}\to\boldsymbol{H}$ 是 f 的一个提升，则 $\tilde{f}$ 是拟共形映射，因而可以谈论它的边界对应.

若 $\tilde{f}$ 满足条件

$$\tilde{f}(0)=0,\tilde{f}(1)=1,\tilde{f}(\infty)=\infty,$$

则称 $\tilde{f}$ 是 f 的一个规范化提升.

在万有覆盖 $(\boldsymbol{H},\pi_0)$ 与 $(\boldsymbol{H},\pi)$ 都限定的条件下，f 不一定有规范化提升. 但允许调整投影 π 时，规范化提升总是存在的. 事实上，若 $\tilde{f}$ 是 f 关于 $(\boldsymbol{H},\pi_0)$ 与 $(\boldsymbol{H},\pi)$ 的一个提升，但不满足上述规范条件，这时考虑分式线性变换 $\phi:\boldsymbol{H}\to\boldsymbol{H}$ 使得 $\phi\circ\tilde{f}$ 保持 0，1，∞不动. 那么，如果将 $(\boldsymbol{H},\pi\circ\phi^{-1})$ 作为 S 的万有覆盖曲面，则 $\varphi\circ\tilde{f}$ 是 $f:S_0\to S$ 的规范化提升.

在固定投影 π_0 的条件下，f 的规范化提升是唯一确定的. 事实上，若 $\tilde{f}_j$ 是 f 的规范化提升，且相应的投影 $\boldsymbol{H}\to S$ 为 π_j，$j=1$，2，则

$$\pi_1\circ\tilde{f}_1=f\circ\pi_0,\pi_2\circ\tilde{f}_2=f\circ\pi_0.$$

因此，$\pi_1\circ\tilde{f}_1=\pi_2\circ\tilde{f}_2$. 这表明 $\tilde{f}_2\circ\tilde{f}_1^{-1}$ 是局部共形的. 但 $\tilde{f}_2\circ\tilde{f}_1^{-1}$ 是 $\boldsymbol{H}$ 到自身的同胚，因而在整体上也是共形的. 由规范化条件立刻推出，$\tilde{f}_2\circ\tilde{f}_1^{-1}$ 是恒同映射，也即 $\tilde{f}_1=\tilde{f}_2$.

现在我们要进一步证明，若 (S_1,f_1) 与 (S_2,f_2) 等价，则 f_1 与 f_2 的规范化提升在实轴上取相同值，即

$$\tilde{f}_1|\boldsymbol{R}=\tilde{f}_2|\boldsymbol{R}.$$

反之亦然. 这也就是说，每一个等价类 $[S,f]$ 唯一对应于实轴的同胚 $\tilde{f}|\boldsymbol{R}$，与代表的选取无关；这里 $\tilde{f}$ 是 f 的规范化提升.

事实上，若 (S_1,f_1) 与 (S_2,f_2) 等价，则存在一个共形映射

$$\varphi: S_1 \to S_2,$$

使得 φ 同伦于 $f_2 \circ f_1^{-1}$，也即 f_1 同伦于 $\varphi^{-1} \circ f_2$. 命 $f = \varphi^{-1} \circ f_2$，那么 $f: S_0 \to S_1$ 的规范化提升 $\tilde{f}$ 必定也是 $f_2: S_0 \to S_2$ 的规范化提升，只要我们把 $\tilde{f}$ 所对应的投影 $\pi: \boldsymbol{H} \to S_1$ 复合以 φ 作为 $\boldsymbol{H} \to S_2$ 的投影就够了. 这样，我们把问题归结为 S_0 到 S_1 的两个同伦的映射 f_1 与 f 的规范化提升 $\tilde{f}_1$ 与 $\tilde{f}$ 是否有相同的边界对应. 假定 $\tilde{f}_1$ 对应的投影为 $\pi_1: \boldsymbol{H} \to S_1$，则 π_1 与 π 之间相差一共形映射 $\phi: \boldsymbol{H} \to \boldsymbol{H}$，即

$$\pi_1 = \pi \circ \phi^{-1}.$$

于是映射 $\tilde{F} = \phi \circ \tilde{f}$ 是 $f: S_0 \to S_1$ 关于投影 π_1 的提升. 这样，$\tilde{f}_1$ 与 $\tilde{F}$ 都是关于相同投影的提升. 设 G_0 与 G_1 分别是 $(\boldsymbol{H}, \pi_0)$ 与 $(\boldsymbol{H}, \pi_1)$ 作为 S_0 与 S_1 的万有覆盖时的覆盖变换群. 根据定理 23.1，存在一个 $\gamma_1 \in G_1$ 使得任意的 $\gamma \in G_0$ 都有

$$\tilde{f}_1 \circ \gamma \circ \tilde{f}_1^{-1} = \gamma_1 \circ \tilde{F} \circ \gamma \circ \tilde{F}^{-1} \circ \gamma_1^{-1}. \tag{27.1}$$

因此，

$$\tilde{f}_1 \circ \gamma^n \circ \tilde{f}_1^{-1} = \gamma_1 \circ \tilde{F} \circ \gamma^n \circ \tilde{F}^{-1} \circ \gamma_1^{-1}, \forall n \in \boldsymbol{N}. \tag{27.2}$$

当 $n \to \infty$ 时，$\gamma^n(z) \to x$，x 是 γ 的不动点[1)]，只要 γ 不是单位元素. 对于 (27.2) 取极限即得

$$\tilde{f}_1(x) = \gamma_1 \circ \tilde{F}(x), \tag{27.3}$$

对于 G_0 中一切非单位元素的不动点 x 都成立. 由于 S_0 是紧曲面，所以这种不动点集合在 $\boldsymbol{R}$ 上是稠的. 因此，(27.3) 式对于一切 $x \in \boldsymbol{R}$ 成立，也即

$$\tilde{f}_1(x) = \gamma_1 \circ \phi \circ \tilde{f}(x), \forall x \in \boldsymbol{R}.$$

由 $\tilde{f}_1$ 与 $\tilde{f}$ 的规范化条件可知，分式线性变换 $\gamma_1 \circ \phi$ 保持 0, 1, ∞ 不动，从而 $\gamma_1 \circ \phi$ 一定是恒同变换. 由此推出 $\tilde{f}_1(x) = \tilde{f}(x)$，$\forall x \in \boldsymbol{R}$.

现在我们证明，若 $f_1: S_0 \to S_1$ 与 $f_2: S_0 \to S_2$ 的规范化提升 $\tilde{f}$ 与 $\tilde{f}_2$ 在实轴上有相同的值，则标记 Riemann 曲面 (S_1, f_1) 与 (S_2, f_2)

1) 在现在的条件下，G_0 中只有双曲元素. 当 $n \to \infty$ 时，γ^n 趋于其吸收型不动点.

等价．我们假定规范化提升 $\tilde{f}_1$ 与 $\tilde{f}_2$ 所对应的投影分别为 π_1 与 π_2，所对应的覆盖变换群分别是 G_1 与 G_2． 那么，$\tilde{f}_1$ 与 $\tilde{f}_2$ 诱导了下述同构：

$$\chi_{f_1}: \gamma \longmapsto \tilde{f}_1 \circ \gamma \circ \tilde{f}_1^{-1}, G_0 \to G_1;$$

$$\chi_{f_2}: \gamma \longmapsto \tilde{f}_2 \circ \gamma \circ \tilde{f}_2^{-1}, G_0 \to G_2.$$

由于在实轴上 $\tilde{f}_1 \circ \gamma \circ \tilde{f}_1^{-1}$ 与 $\tilde{f}_0 \circ \gamma \circ \tilde{f}_2^{-1}$ 有相同的值，所以它们是同一分式线性变换．因此，$G_1 = G_2$．由此推出 S_1 与 S_2 共形等价．此外，恒同映射 $I: \boldsymbol{H} \to \boldsymbol{H}$ 可投影 $S_1 \to S_2$ 的共形映射，设其为 φ．又由于 I 所诱导的同构 $\chi_I: \gamma \longmapsto \gamma(G_1 \to G_2)$ 与 $\tilde{f}_2 \circ \tilde{f}_1^{-1}$ 所诱导的同构 $\gamma \longmapsto \tilde{f}_2 \circ \tilde{f}_1^{-1} \circ \gamma \circ \tilde{f}_1 \circ \tilde{f}_2^{-1}$ 是完全相同的，所以 $\varphi \approx f_2 \circ f_1^{-1}$．这就证明了 (S_1, f_1) 与 (S_2, f_2) 等价．总之我们证明了

定理 27.1 标记 Riemann 曲面 (S_1, f_1) 与 (S_2, f_2) 等价，当且仅当 f_1 与 f_2 的规范化提升在 $\boldsymbol{R}$ 上有相同值．

现在我们给出 Teichmüller 空间的一个模型．在 S_0 上取定一点 p_0，我们考虑 S_0 在 p_0 点的基本群 $\pi_1(S_0, p_0)$． 选取这个基本群中的 $2g$ 个生成元．它们的代表是 $2g$ 条闭曲线：

$$\alpha_1, \beta_1, \alpha_2, \beta_2, \cdots, \alpha_g, \beta_g,$$

使得它们满足下列条件[1]

$$\alpha_1\beta_1\alpha_1^{-1}\beta_1^{-1}\cdots\alpha_g\beta_g\alpha_g^{-1}\beta_g^{-1} \approx 1;$$

$$\#(\alpha_j, \beta_j) = 1, j = 1, \cdots, g;$$

$$\#(\alpha_j, \beta_i) = \#(\alpha_j, \alpha_i) = 0, j \neq i,$$

这里#表示括弧内两条曲线的几何交数． 取定 p_0 的一个上方点 $z_0 \in \boldsymbol{H}$． 过 z_0 点提升曲线 α_j, β_j 得到 $\tilde{\alpha}_j, \tilde{\beta}_j$． 设 $\tilde{\alpha}_j$ 与 $\tilde{\beta}_j$ 的终点分别为 z_j 与 ζ_j．那么，z_j 与 ζ_j 都是 z_0 关于群 G_0 的等价点． 因此，存在元素 γ_j 与 $\delta_j \in G_0$，使得

$$\gamma_j(z_0) = z_j, \delta_j(z_0) = \zeta_j, j = 1, \cdots, g.$$

这 $2g$ 个元素是 G_0 的生成元，并满足下列条件：

$$\gamma_1 \circ \delta_1 \circ \gamma_1^{-1} \circ \delta_1^{-1} \circ \cdots \circ \gamma_g \circ \delta_g \circ \gamma_g^{-1} \circ \delta_g^{-1} = I, \tag{27.4}$$

---

1) 这是群 $\pi_1(S_0, p_0)$ 的唯一关系，也即其它一切关系可由这一关系推出．

这里 $I \in G_0$ 表示恒同变换.

为了下面讨论的需要，我们还要对这 $2g$ 元素作进一步的要求:

$$\delta_g(z) = \lambda z, \lambda > 1; \gamma_g(1) = 1. \tag{27.5}$$

为了实现这一要求,我们应当对原来的投影 $\pi_0: H \to S_0$ 作适当调整. 我们知道，当我们把 π_0 更换为 $\pi_0 \circ \phi^{-1}(\phi: H \to H$ 是共形映射)时，G_0 中的元素作一个共轭变换. 假定 x_1 与 x_2 分别是 δ_g 的排斥型不动点与吸收型不动点. 又假定 x_3 是 γ_g 的一个不动点，使得 $x_1 < x_3 < x_2$ 或者 $x_2 < x_1 < x_3$[1]. 取 ϕ 是将 x_1, x_3, x_2 分别变为 0，1，∞ 的分式线性变换.这时 $\phi \circ \gamma_g \circ \phi^{-1}$ 以 1 为不动点，而 $\phi \circ \delta_g \circ \phi^{-1}$ 则以 0 与∞为其不动点，并且 0 为排斥型不动点，∞为吸收型不动点.因此,用 $\phi \circ \gamma_g \circ \phi^{-1}$ 与 $\phi \circ \delta_g \circ \phi^{-1}$ 分别替代 γ_g 与 δ_g 时,将满足 (27.5) 的要求. 显然，当我们把生成元都作共轭变换后,它们依然满足 (27.4) 的要求.

满足 (27.4) 及 (27.5) 要求的生成元组称为标准生成元组.上面证明了通过适当调整万有覆盖的投影总可以找到覆盖变换群的标准生成元组.

设 $\gamma_1, \delta_1, \cdots, \gamma_g, \delta_g$ 是 G_0 的一个标准生成元组. 又设 $\tilde{f}$ 是 $f: S_0 \to S$ 的一个规范化提升,它所对应的投影为 $\pi: H \to S$, 而覆盖变换群为 G.

命

$$\gamma_j(f) = \tilde{f} \circ \gamma_j \circ \tilde{f}^{-1}, \delta_j(f) = \tilde{f} \circ \delta_j \circ \tilde{f}^{-1},$$
$$j = 1, \cdots, g.$$

很容易证明，$\gamma_1(f), \delta_1(f), \cdots, \gamma_g(f), \delta_g(f)$ 是G的一个标准生成元组. 请读者自己验证,这里仅指出，为说明 $\delta_g(f)$ 的不动点 0 与∞的类型,须要利用下式

$$\lim_{n \to -\infty} \delta_g^n(f) = \lim_{n \to -\infty} \tilde{f} \circ \delta_g^n \circ \tilde{f}^{-1} = 0,$$

---

1) 不难证明 γ_g 与 δ_g 的不动点是交错排列的,因此这样的 x_3 总存在. 事实上，由于 α_g 与 β_g 的几何交数为 1，所以 γ_g 与 δ_g 的不变非欧直线必相交.

$$\lim_{n\to\infty} \delta_g^n(f) = \lim_{n\to\infty} \tilde{f}\circ\delta_g^n\circ\tilde{f}^{-1} = \infty.$$

现在考虑集合

$$F(S_0) = \{[\gamma_1(f), \delta_1(f), \cdots, \gamma_g(f), \delta_g(f)] : \forall (S, f)\}.$$

很明显，若 (S_1, f_1) 与 (S_2, f_2) 等价，则

$$\gamma_j(f_1) = \gamma_j(f_2), \delta_j(f_1) = \delta_j(f_2), j = 1, \cdots, g. \quad (27.6)$$

反过来，若上式成立，则对任意的 $\gamma \in G_0$ 都有

$$\tilde{f}_1\circ\gamma\circ\tilde{f}_1^{-1} = \tilde{f}_2\circ\gamma\circ\tilde{f}_2^{-1} \quad (27.7)$$

其中 $\tilde{f}_1$ 与 $\tilde{f}_2$ 分别是 f_1 与 f_2 的规范化提升. 事实上，若将 γ 表示成 G_0 的标准生成元之乘积就立即由 (27.6) 推出 (27.7). 对 (27.7) 式两端各乘 n 次，然后令 n 趋于无穷，立即得到 $\tilde{f}_1$ 与 $\tilde{f}_2$ 在 γ 的不动点处有相同值. 由此推出 $\tilde{f}_1$ 与 $\tilde{f}_2$ 在实轴上处处有相同值，从而 (S_1, f_1) 与 (S_2, f_2) 等价.

这样，我们证明了 $T(S_0)$ 与 $F(S_0)$ 之间有一个一一对应. 因此，$F(S_0)$ 可以作为 Teichmüller 空间的一个模型. $F(S_0)$ 有时也称为 Fricke 空间.

现在我们给出 Fricke 空间的一种坐标.

我们知道，任意一个双曲型分式线性变换 $w = \gamma(z)$ 都可以写成下列形式

$$\frac{z-\sigma}{z-\tau} = \lambda \frac{w-\sigma}{w-\tau}, \ \lambda > 1,$$

其中 σ 与 τ 分别是 $\gamma(z)$ 的吸收型与排斥型不动点；当 $\sigma = \infty$ 时，上述形式应改为

$$w - \tau = \lambda(z - \tau),$$

而当 $\tau = \infty$ 时，应改为

$$w - \sigma = \frac{1}{\lambda}(z - \sigma).$$

无论哪种情况，$w = \gamma(z)$ 由 σ, τ, λ 所唯一确定. 当 $w = \gamma(z)$ 是保持上半平面不变的变换时，σ 与 τ 都是实数，因而它由三个实数所唯一确定.

现在讨论 $F(S_0)$ 中的元素

$$[\gamma_1(f),\delta_1(f),\cdots,\gamma_g(f),\delta_g(f)], \tag{27.8}$$

其中 $\delta_g(f)$ 已经规定了吸收型不动点为∞，排斥型不动点为 0，而 $\gamma_g(f)$ 被规定了一个不动点为 1. 现在我们证明 $F(S_0)$ 中的每一个元素都由它的前 $2g-2$ 个分式线性变换所对应的 $6g-6$ 个实数

$$(\sigma_1,\tau_1,\lambda_1,\cdots,\sigma_{2g-2},\tau_{2g-2},\lambda_{2g-2})$$

所唯一确定，其中 σ_{2j-1}, τ_{2j-1}, λ_{2j-1} 对应于 $\gamma_j(f)$，而 σ_{2j}, τ_{2j}, λ_{2j} 对应于 $\delta_j(f)$, $j=1,\cdots,g-1$.

事实上，这 $6g-6$ 个实数唯一确定 (27.8) 中前 $2g-2$ 个元素. 唯一须要证明的是这前 $2g-2$ 个元素唯一确定了 $\gamma_g(f)$ 与 $\delta_g(f)$. 由于

$$\gamma_1(f)\circ\delta_1(f)\circ\gamma_1^{-1}(f)\circ\delta_1^{-1}(f)\circ\cdots\circ$$
$$\gamma_g(f)\circ\delta_g(f)\circ\gamma_g^{-1}(f)\circ\delta_g^{-1}(f)=I,$$

所以我们有

$$\eta\circ\gamma_g(f)=\delta_g(f)\circ\gamma_g(f)\circ\delta_g^{-1}(f), \tag{27.9}$$

其中

$$\eta=\gamma_1(f)\circ\delta_1(f)\circ\gamma_1^{-1}(f)\circ\delta_1^{-1}(f)\circ\cdots$$
$$\circ\gamma_{g-1}(f)\circ\delta_{g-1}(f)\circ\gamma_{g-1}^{-1}(f)\circ\delta_{g-1}^{-1}(f).$$

设 η 所对应的系数矩阵为

$$\begin{pmatrix} a & b \\ c & d \end{pmatrix},\quad ad-bc=1;$$

γ_g 所对应的系数矩阵为

$$\begin{pmatrix} a_g & b_g \\ c_g & d_g \end{pmatrix},\quad a_gd_g-b_gc_g=1.$$

注意到 $\delta_g(f)$ 的形式是 $z\longmapsto\lambda z(\lambda>1)$，(27.9) 可写成:

$$\begin{pmatrix} a & b \\ c & d \end{pmatrix}\begin{pmatrix} a_g & b_g \\ c_g & d_g \end{pmatrix}=\begin{pmatrix} \sqrt{\lambda} & 0 \\ 0 & \dfrac{1}{\sqrt{\lambda}} \end{pmatrix}\begin{pmatrix} a_g & b_g \\ c_g & d_g \end{pmatrix}\begin{pmatrix} \dfrac{1}{\sqrt{\lambda}} & 0 \\ 0 & \sqrt{\lambda} \end{pmatrix}$$

也即

$$\begin{cases}(a-1)a_g+bc_g=0,\\ ca_g+(d-\lambda^{-1})c_g=0,\\ cb_g+(d-1)d_g=0,\\ (a-\lambda)b_g+bd_g=0.\end{cases} \tag{27.10}$$

我们将 λ, a_g, b_g, c_g, d_g 作为未知数. 现在问题归结为证明 (27.10) 最多只有一个解,使得 $\lambda>1$ 且

$$a_gd_g-b_gc_g=1. \tag{27.11}$$

方程 (27.10) 有非零解的条件是

$$[(a-1)(d-\lambda^{-1})-bc][bc-(a-\lambda)(d-1)]=0,$$

也即

$$\lambda(1-d)=(a-1). \tag{27.12}$$

现在只要说明 $d\neq 1$, 那么 λ 就是唯一的并且 $a\neq 1$, 因而 $\delta_g(f)$ 被唯一确定. 如果 $d=1$, 则由 (27.12) 推出 $a=1$, 从而

$$bc=0.$$

若 $c\neq 0$, 则

$$\eta(z)=z/(cz+1).$$

若 $c=0$, 则

$$\eta(z)=z+b.$$

这两种情况, 都使 η 是抛物型元素. 然而由我们考虑的曲面是紧的, 它所对应的群中除单位元素外都是双曲型的. 由此推出只有 η 是单位元素. 但这是不可能的,因为这意味着

$$\gamma_g(f)\circ\delta_g(f)=\delta_g(f)\circ\gamma_g(f),$$

也即

$$\frac{\lambda a_gz+b_g}{\lambda c_gz+d_g}=\lambda\frac{a_gz+b_g}{c_gz+d_g}$$

命 $z=0$, 即推出 $\lambda=1$. 这与 $\lambda>1$ 的假设矛盾. 矛盾证明了 $d\neq 1$, 因而 λ 唯一地由 (27.12) 确定.

现在进一步证明 $\gamma_g(f)$ 的唯一性. 由于它以 1 为不动点, 所以有

$$a_g+b_g=c_g+d_g. \tag{27.13}$$

另外，由 (27.10) 式中的第一与第三个方程有

$$a_g = bc_g/(1-a), d_g = cb_g/(1-d). \qquad (27.14)$$

由 (27.11)、(27.13) 及 (27.14) 可知，a_g, b_g, c_g, d_g 最多只有一组解.

这样，我们证明了 $F(S_0)$ 中的每一点都对应于 $6g-6$ 个实数参数

$$(\sigma_1, \tau_1, \lambda_1, \cdots, \sigma_{2g-2}, \tau_{2g-2}, \lambda_{2g-2}),$$

并且不同的点所对应的参数组不同. 因此，我们可以把上述参数组作为 $F(S_0)$ 中点的坐标.

值得指出的是，截止到现在的讨论，尚不知道 $F(S_0)$ 的点的坐标的全体是否是 $\boldsymbol{R}^{6g-6}$ 中的一个区域. 我们只知道它是 $\boldsymbol{R}^{6g-6}$ 中的一个子集合.

27.2 存在性定理

设 S_0 是亏格为 $g>1$ 的闭 Riemann 曲面，我们考虑空间 $\tilde{T}(S_0)$ 到 $T(S_0)$ 的映射:

$$\Phi: S_{\omega,k} \longmapsto [S_{\omega,k}, f],$$

其中 $f: S_0 \to S_{\omega,k}$ 是 Teichmüller 形变. 另外，我们再考虑 $T(S_0)$ 到 $F(S_0)$ 的映射:

$$\Psi: [S, f] \longmapsto (\sigma_1, \tau_1, \lambda_1, \cdots, \sigma_{2g-2}, \tau_{2g-2}, \lambda_{2g-2}),$$

这里的 σ, τ, λ 是由 $f: S_0 \to S$ 所确定的.

在 $Q(S_0)$ 中取定一组基 $\{\omega_1, \cdots, \omega_{6g-6}\}$. 这时每个 $\omega \in Q(S_0)$ 都有一个确定的表示式

$$\omega = c_1\omega_1 + \cdots + c_{6g-6}\omega_{6g-6},$$

其中 c_j 是实数，$j = 1, \cdots, 6g-6$. 根据前面的说明，可以把 ω 限制在一个单位超球面 B 上:

$$c_1^2 + c_2^2 + \cdots + c_{6g-6}^2 = 1.$$

这时每个 $S_{\omega,k} \in \tilde{T}(S_0)$ 可由这个超球面上的点及参数 $k \in [0,1)$ 描述；换句话说，$\tilde{T}(S_0)$ 对应于 $\boldsymbol{R}^{6g-6}$ 中的开的单位球. 我们将这个单位球中点的坐标作为 $\tilde{T}(S_0)$ 中相应的点的坐标，这样 $\tilde{T}(S_0)$

获得了一个拓扑结构.

引理 27.1 复合映射 $\Psi\circ\Phi:\widetilde{T}(S_0)\to F(S_0)$ 是连续的单映射.

证. 事实上前面已证明了Ψ的单映射性质,所以只要说明Φ是单映射,就证明了$\Psi\circ\Phi$是单映射. 假定 $[S_{\omega_1,k_1},f_1]=[S_{\omega_2,k_2},f_2]$,其中 ω_1 与 $\omega_2\in B$, k_1 与 $k_2\in[0,1)$, f_1 与 f_2 是 Teichmüller 形变. 不失一般性,设 $k_2\leqslant k_1$. 根据假定,存在一个共形映射

$$\varphi:S_{\omega_1,k_1}\to S_{\omega_2,k_2}$$

使得 $\varphi\approx f_1\circ f_2^{-1}$, 也即 $f_1\approx\varphi\circ f_2$. 根据 Teichmüller 唯一性定理,

$$K[f_1]\leqslant K[\varphi\circ f_2]=K[f_2], \tag{27.14}$$

也即 $k_1\leqslant k_2$. 于是由假设 $k_2\leqslant k_1$ 又推出 $k_2=k_1$. 这也就是说,(27.14)等号成立. 再由极值映射的唯一性即推出 $f_1=\varphi\circ f_2$, 因而 $\omega_1=\omega_2$.

现在我们证明 $\Psi\circ\Phi$ 的连续性.

设 $\omega_n\in B$, $k_n\in[0,1)$, 且当 $n\to\infty$ 时,

$$\omega_n\to\omega,k_n\to k,k\in[0,1)^{1)}. \tag{27.15}$$

又设$\tilde{f}_n$是 $S_0\to S_{\omega_n,k_n}$ 的 Teichmüller 形变 f_n 的规范化提升. 那么$\tilde{f}_n$的复特征为 $k_n\bar{\varphi}_n/|\varphi_n|$, 其中 $\varphi_n(z)dz^2$ 是 ω_n 到 $\boldsymbol{H}$ 的提升. 又设$\tilde{f}$是 S_0 到 $S_{\omega,k}$ 的 Teichmüller 形变 f 的规范化提升,那么$\tilde{f}$的复特征为 $k\bar{\varphi}/|\varphi|$, 这里 φ 是 ω 的参数表示.

很容易由 (27.15) 看出,$\tilde{f}_n$的复特征收敛于$\tilde{f}$的复特征(几乎处处). 因此,由拟共形映射对复特征的连续依赖性可知,

$$\tilde{f}_n\to\tilde{f}\quad(n\to\infty). \tag{27.16}$$

由此推出,当 $n\to\infty$ 时,

$$\gamma_j(f_n)\to\gamma_j(f),\delta_j(f_n)\to\delta_j(f),$$
$$j=1,\cdots,g.$$

于是 $[S_{\omega_n,k_n},f_n]$ 的 Fricke 坐标趋向于 $[S_{\omega,k},f]$ 的 Fricke 坐标.

1) 当 $k=0$ 时ω可以不存在. 下面的证明中假定了 $k\neq0$ 和ω的存在性. 对于 $k=0$ 的情况,证明应略有修改.

这就证明了 $\Psi\circ\Phi$ 的连续性. 证毕.

引理 27.2 $F(S_0)$ 是连通的.

证. 设 χ 是 $F(S_0)$ 中的任意一点. 又设点 $[S,f]\in T(S_0)$ 使得 $\Psi([S,f])=\chi$. 假定 $\tilde{f}$ 是 f 的规范化提升, μ 是 $\tilde{f}$ 的复特征. 这时 μ 满足下列关系式:

$$\mu(z)=\mu(\gamma(z))\overline{\gamma'(z)}/\gamma'(z),\forall\gamma\in G_0.$$

命 $\mu_t(z)=t\mu(z)$, 那么 $\mu_t(z)$ 也满足同样的关系式,即

$$\mu_t(z)=\mu_t(\gamma(z))\overline{\gamma'(z)}/\gamma'(z),\forall\gamma\in G_0.$$

设 $\tilde{f}_t$ 是以 μ_t 为复特征的上半平面到自身的拟共形映射,满足规范化条件: $\tilde{f}_t(0)=0$, $\tilde{f}_t(1)=1$, $\tilde{f}_t(\infty)=\infty$. 由于 μ_t 满足上述关系式, 所以 $\tilde{f}_t$ 可以看成是 S_0 到某个 Riemann 曲面 S_t 的拟共形同胚的规范提升. 事实上,不难直接验证

$$G_t=\{\tilde{f}_t\circ\gamma\circ\tilde{f}_t^{-1}:\gamma\in G_0\}$$

是保持上半平面不变的分式线性变换群, 并且是一个 Fucks 群. 命 $S_t=H/G_t$, 则 $\tilde{f}_t$ 可以投影为 $f_t:S_0\to S_t$, 且 $\tilde{f}_t$ 就是 f_t 的规范化提升.

我们考虑 $t\in[0,1]$. 这时,再一次应用拟共形映射对复特征的连续性, 不难看出 $t\longmapsto\Psi([S_t,f_t])$ 给出了 $F(S_0)$ 中的一条道路,它的一个端点为 $\Psi([S,f])=\chi$, 而另一个端点为 $\Psi([S_0,id])$. 这样我们证明了在 $F(S_0)$ 中任意一点 χ 都可以同一个固定点用一条道路连结. 因此, $F(S_0)$ 是连通的. 证毕.

引理 27.3 像集合 $\Psi\circ\Phi(\tilde{T}(S_0))$ 的边界点不在 $F(S_0)$ 之中.

证. 用反证法. 设 $\chi\in F(S_0)$ 是 $\Psi\circ\Phi(\tilde{T}(S_0))$ 的一个边界点. 下面将导出矛盾.

根据引理 27.1, $\Psi\circ\Phi$ 是 $\tilde{T}(S_0)\to F(S_0)$ 的一个连续的单映射,而 $\tilde{T}(S_0)$ 与 $F(S_0)$ 中的点可以看作 $6g-6$ 维欧氏空间中的点. 因此,由 Brouwer 定理可知,集合 $\Psi\circ\Phi(\tilde{T}(S_0))$ 是一个开集(因为 $\tilde{T}(S_0)$ 是一个单位球).

设 $\chi_0=\Psi([S_0,id])$. 那么, $\chi_0\in\Psi\circ\Phi(\tilde{T}(S_0))$. 因而 χ_0 是 $\Psi\circ\Phi(\tilde{T}(S_0))$ 的一个内点.

因为 $\chi\in F(S_0)$，所以存在一个点 $[S,f]\in T(S_0)$ 使得

$$\chi=\Psi([S,f]).$$

设 $\tilde{f}$ 是 $f:S_0\to S$ 的规范化提升．像在引理 27.2 的证明中一样，我们根据 $\tilde{f}$ 的复特征 μ 来考虑 $\mu_t=t\mu$ 及其相应的映射 $\tilde{f}_t$，以及相应的曲面 S_t 和映射 f_t．这样在 $F(S_0)$ 中形成了一条连结 χ 与 χ_0 的道路．当我们自 χ_0（对应于 $t=0$）点出发沿着这条道路向 χ 行进时，第一次遇到的非 $\Psi\circ\Phi(\tilde{T}(S_0))$ 中的点一定是 $\Psi\circ\Phi(\tilde{T}(S_0))$ 的一个边界点．假定这个边界点所对应的参数 $t=t^*$，那么

$$0<t^*\leqslant 1.$$

根据 t^* 的定义，我们知道，对于任意一个 $t:0\leqslant t<t^*$，都有 $\Psi([S_t,f_t])\in\Psi\circ\Phi(\tilde{T}(S_0))$．换句话说，对于每一个 $t\in[0,t^*)$，$[S_t,f_t]\in\Phi(\tilde{T}(S_0))$，也即 (S_t,f_t) 的等价类中有一个 Teichmüller 形变．

取 $t_n\in(0,t^*),n=1,2,\cdots$，使得

$$t_n\to t^*(n\to\infty).$$

又设 $[S_{t_n},f_{t_n}]=[S_n,f_n](n=1,2,\cdots)$，其中 $f_n:S_0\to S_n$ 是一个 Teichmüller 形变．根据标记 Riemann 曲面等价的定义，存在一个共形映射 $\varphi_n:S_{t_n}\to S_n$，使得 f_n 同伦于 $\varphi_n\circ f_{t_n}$．根据已经证明了的 Teichmüller 唯一性定理，我们有

$$K[f_n]\leqslant K[\varphi_n\circ f_{t_n}],$$

也即有

$$K[f_n]\leqslant K[f_{t_n}].$$

但是另一方面，根据 f_t 的定义，我们又有

$$K[f_t]\leqslant\frac{1+t\|\mu\|_\infty}{1-t\|\mu\|_\infty}\leqslant K[f].$$

所以，我们得到

$$K[f_n]\leqslant K[f].$$

这也就是说，Teichmüller 形变 $f_n:S_0\to S_n$ 所对应的 Beltrami 微分的模 k_n（这样的模总是一个常数）将不超过

$$k=\frac{K[f]-1}{K[f]+1}<1.$$

换句话说，在将 $\widetilde{T}(S_0)$ 视为 $\boldsymbol{R}^{6g-6}$ 中的单位球时，S_n 所对应的点 S_{ω_n,k_n} 将落在半径$\leqslant k$ 的球内. 当 $n\to\infty$ 时，S_{ω_n,k_n} 不可能趋于 $\widetilde{T}(S_0)$ 的边界.这与 $\Psi([S_{t_n},f_{t_n}])=\Psi\circ\Phi(S_{\omega_n,k_n})$ 趋于 $\Psi\circ\Phi(\widetilde{T}(S_0))$ 的边界点 $\Psi([S_{t^*},f_{t^*}])$ 矛盾. 证毕.

由上面的三个引理立刻推出，$\Psi\circ\Phi$ 是 $\widetilde{T}(S_0)$ 到 $F(S_0)$ 上的同胚. 事实上，由引理 27.1 可知，集合 $\Psi\circ\Phi(\widetilde{T}(S_0))$ 是一个连通的开集，而由引理 27.2 又知，$F(S_0)$ 是一个连通集. 因此，如果 $\Psi\circ\Phi$ 没有映满 $F(S_0)$，则必定 $F(S_0)$ 内有 $\Psi\circ\Phi(\widetilde{T}(S_0))$ 的边界点. 引理 27.3 否定了这种可能性，于是映射 $\Psi\circ\Phi:\widetilde{T}(S_0)\to F(S_0)$ 是映满的. 引理 27.1 告诉我们这个映射是连续的和一一的. 注意到这里所说的连续性，是把 $\widetilde{T}(S_0)$ 与 $F(S_0)$ 都看作 $6g-6$ 维欧氏空间中的点而言的，所以映射 $\Psi\circ\Phi$ 的连续性与一一性蕴含着它的逆的连续性. 总之，$\Psi\circ\Phi$ 是 $\widetilde{T}(S_0)$ 到 $F(S_0)$ 的同胚.

更进一步的推论就是，任意一个同胚 $f:S_0\to S$ 的同伦类中一定有一个 Teichmüller 映射. 这正是我们要证明的 Teichmüller 存在性定理.

事实上，对于点 $[S,f]\in T(S_0)$，存在着点 $\chi\in F(S_0)$，使得 $\chi=\Psi([S,f])$. 由于 $\Psi\circ\Phi:\widetilde{T}(S_0)\to F(S_0)$ 是映满的，所以存在一个 $S_{\omega,k}\in\widetilde{T}(S_0)$ 使得 $\chi=\Psi\circ\Phi(S_{\omega,k})$，也即

$$[S_{\omega,k},f_1]=[S,f],$$

其中 $f_1:S_0\to S_{\omega,k}$ 是 Teichmüller 形变. 这也就是说，存在一个共形映射 $h:S_{\omega,k}\to S$ 使得 $h\circ f_1$ 同伦于 f. 显然，$h\circ f_1$ 是一个 Teichmüller 映射. 设 $\omega\in Q(S_0)$ 在 Teichmüller 形变下所对应的终端二次微分为 ω_1. 那么这个二次微分可以通过共形同胚

$$h:S_{\omega,k}\to S$$

过渡到 S 上，成为 S 上的一个全纯二次微分 ω'. 复合映射 $h\circ f_1$ 则把 ω 的水平(垂直)轨线变成 ω' 的水平(垂直)轨线，并在正则点附近，借助于 ω 的自然参数 ζ 与 ω' 的自然参数 ζ' 表示时，$h\circ f_1$ 可以

写成

$$\xi \longmapsto \xi' = K\xi, \eta \longmapsto \eta' = \eta$$

其中 $\xi + i\eta = \zeta$, $\xi' + i\eta' = \zeta'$.

我们把已证明的结果叙述为下列的定理:

定理 27.1 (Teichmüller) 设 S_0 与 S 是两个亏格为 $g > 1$ 的 Riemann 曲面. 又设 $f: S_0 \to S$ 是任意给定的保向同胚. 则存在一个 Teichmüller 映射 $f_0: S_0 \to S$ 同伦于 f. 这也就是说, 存在两个全纯二次微分 $\omega \in Q(S_0)$ 及 $\omega' \in Q(S)$, 并存在一个同伦于 f 的拟共形映射 $f_0: S_0 \to S$, 它把 ω 的正则点变成 ω' 的正则点, 并在正则点附近借助于 ω 与 ω' 的自然参数表示时, f_0 是一个拉伸变换.

把 Teichmüller 的存在性定理与上节证明的唯一性定理合在一起就圆满地解答了关于紧 Riemann 曲面间的极值拟共形映射问题: 极值映射唯一地存在, 并且就是 Teichmüller 映射.

第九章 Riemann 曲面的模问题与 Teichmüller 空间

在 1857 年，Riemann 曾经未加证明地指出，亏格为 $g(g>1)$ 的闭 Riemann 曲面的共形等价类的全体可以用 $6g-6$ 个实参数描述．这个问题后来被称为 Riemann 曲面的模问题．对于这个问题首先做出突破性贡献的是 O. Teichmüller．他把模问题与拟共形映射的极值问题联系起来，从而给出了模问题的一个解答．本章的主要内容是要探讨 Teichmüller 空间与模问题的联系．

§ 28 Riemann 曲面的模问题

28.1 Riemann 曲面的模

对于 Riemann 曲面而言，最自然的分类就是按共形等价关系分类，也就是说，把彼此共形等价的 Riemann 曲面看成是同一个曲面．如果我们再能把这种分类加以参数化，这将大大有助于研究．事实上，过去我们曾对某些特殊曲面已经这样作了．

我们曾把共形等价的拓扑四边形作为一类，并把类中的矩形边长之比作为它的模．对于双连通区域也作过类似的处理．对于有限连通区域，读者如果熟悉多连通区域的共形映射下的典型区域，那么一定很容易给出 n 连通区域的模．不过，当 $n>2$ 时，它不能用一个参数描述，而是要用多个参数描述．

现在我们来看亏格为 1 的环面的情况．

我们知道，任何环面都可以表示为 $\boldsymbol{C}/\Lambda$，其中 Λ 是格群，即

$$\Lambda=\{nw_1+mw_2:n,m\in\boldsymbol{Z}\},$$

这里 $w_1/w_2\notin\boldsymbol{R}$．不失一般性，不妨取 $w_1=1$，$w_2=\tau$，$\operatorname{Im}(\tau)>0$．

设 Λ 与 Λ' 是两个格群，它们分别对应于 τ 与 τ'. 那么环面 $\boldsymbol{C}/\Lambda$ 与 $\boldsymbol{C}/\Lambda'$ 共形等价的充要条件是

$$\tau' = \frac{\alpha\tau + \beta}{\gamma\tau + \delta}, \quad \alpha\delta - \beta\gamma = 1,$$

其中 $\alpha, \beta, \gamma, \delta \in \boldsymbol{Z}$. 这个事实的证明是容易的（见 [87] 第 23 页）.

我们把全体环面的共形等价类记作 R_1, 并记

$$M = \left\{\tau \longmapsto \frac{\alpha\tau + \beta}{\gamma\tau + \delta} : \alpha, \beta, \gamma, \delta \in \boldsymbol{Z}; \alpha\delta - \beta\gamma = 1\right\}.$$

上述讨论表明 R_1 可以一一对应于 $\boldsymbol{H}/M$, 也即 R_1 可以一一对应于 $\boldsymbol{H}$ 关于变换群 M 的等价点类.

群 M 通常称为模群. 它在上半平面内的基本多边形为

$$D = \left\{\tau : |\mathrm{Re}\,\tau| \leqslant \frac{1}{2}; \ |\tau| \geqslant 1\right\}.$$

如果我们把 D 的边界上关于虚轴对称的点看作同一点的话，那么 R_1 将同 D 有一一对应.

Riemann 提出的模问题正是对环面情况的一般化.

我们用 R_g 表示亏格为 g 的紧 Riemann 曲面的共形等价类的全体. Riemann 断言在 $g > 1$ 时，R_g 可以用 $6g-6$ 个实参数加以描述.

直接对于 R_g 空间加以参数化是十分困难的. 所以我们先考虑它的覆盖空间的参数化.

这里所说的覆盖空间就是指的 Teichmüller 空间. 事实上，我们取定一个亏格为 $g(g > 1)$ 的紧 Riemann 曲面 S_0, 并考虑 Teichmüller 空间 $T(S_0)$. 这时任意一个亏格为 g 的紧 Riemann 曲面 S 的共形等价类 $[S] \in R_g$, 都对应于 $T(S_0)$ 中的无穷多个（实际上是可列个）点 $[S, f]$, 这里 f 遍历一切 S_0 到 S 的同胚的同伦类.

为了把 $T(S_0)$ 与 R_g 的关系描述得清楚些，我们引进 $T(S_0)$ 空间上的模群的概念.

28.2 模群

设 $\sigma: S_0 \to S_0$ 是一个保向同胚. 因为下边的讨论中只关心 σ 所在的同伦类,所以不失一般性,我们可以假定 σ 是拟共形的. 每一个这样的 σ 都诱导了 $T(S_0)$ 到自身的一个映射:

$$\sigma^*: [S, f] \longmapsto [S, f \circ \sigma].$$

显然,当 σ' 同伦于 σ 时, 它们所诱导的映射相同,即 $(\sigma')^* = \sigma^*$. 反过来, 若 S_0 的拟共形自同胚 σ 与 σ' 诱导了相同的 $T(S_0)$ 的自映射,那么对于一切的 $[S, f] \in T(S_0)$ 都有

$$[S, f \circ \sigma] = [S, f \circ \sigma'].$$

这要求 $f \circ \sigma' \circ \sigma^{-1} \circ f^{-1}$ 同伦于一个共形映射 $h: S \to S$, 对于一切 $f: S_0 \to S$. 能否由此推出 σ 与 σ' 同伦呢? 当 $g > 2$ 时回答是肯定的[1]. 这也就是说,当 $g > 2$ 时,我们可以由 $\sigma^* = (\sigma')^*$ 推出 σ 同伦于 σ'. 因此,除掉 $g = 2$ 的情况之外, 空间 $T(S_0)$ 的变换 σ^* 与同伦类 $[\sigma]$ 是一一对应的.

映射 σ^* 的全体称为模群,记作 $\mathrm{Mod}(S_0)$ 或 $\mathrm{Mod}(g)$.

根据上边的说明, 当 $g > 2$ 时, $\mathrm{Mod}(g)$ 同构于亏格为 g 的紧曲面上的映射类群 (*mapping class groups*).

现在我们证明

$$R_g = T(S_0)/\mathrm{Mod}(S_0). \tag{28.1}$$

为了证明这个关系式, 只要证明下述事实就足够了: 两个紧 Riemann 曲面 S_1 与 S_2 (亏格都是 g) 共形等价的充分与必要条件是对任意的拟共形映射 $f_j: S_0 \to S_j$ $(j = 1, 2)$ 都使得 $[S_1, f_1]$ 与 $[S_2, f_2]$ 是模群 $\mathrm{Mod}(S_0)$ 下的等价点, 即存在一个 $\sigma^* \in \mathrm{Mod}(S_0)$ 使得

$$\sigma^*([S_2, f_2]) = [S_1, f_1].$$

事实上,若上式成立,则

---

1) 这里我们不打算证明这个事实. 因为它只是为了说明模群与映射类群间的关系,对于今后讨论没有直接影响.

$$[S_2, f_2\circ\sigma] = [S_1, f_1].$$

这蕴含着 S_1 与 S_2 共形等价. 反之,若 S_1 与 S_2 共形等价,则存在一个共形映射 $h:S_1\to S_2$. 这时对于任意两个拟共形同胚: $f_j:S_0\to S_j$, $j=1, 2$; 取 $\sigma=f_2^{-1}\circ h\circ f_1$, 即有

$$f_2\circ\sigma = h\circ f_1,$$

因而 $\sigma^*([S_2, f_2]) = [S_2, f_2\circ\sigma] = [S_1, f_1]$. 这样,我们证明了(28.1).

在上一章的讨论中,我们已经看到 Teichmüller 空间 $T(S_0)$ 可以参数化. 如果再证明了模群在 $T(S_0)$ 上的作用是间断的,那么 $T(S_0)$ 的参数就可以作为 $\boldsymbol{R}_g$ 的局部参数.

由这一段讨论可以看出,与 $g=1$ 的情况相比较,$T(S_0)$ 相当于那里的上半平面 $\boldsymbol{H}$, $\mathrm{Mod}(S_0)$ 相当于普通的模群 M. 但是,无论是 $T(S_0)$, 还是 $\mathrm{Mod}(S_0)$, 其结构要比 $\boldsymbol{H}$ 或 M 复杂得多.

§ 29 Teichmüller 度量

29.1 Teichmüller 度量的定义

在上一章中,我们已知道 $T(S_0)$ 可以用 $6g-6$ 维欧氏空间中的单位球中的点表示. 如果我们用这个单位球原有的欧氏度量来作为 $T(S_0)$ 的度量,这时这个度量在很大程度上依赖于 S_0 的选取,并且没有自然的几何意义.

O. Teichmüller 借助于极值拟共形映射给出了一种度量. 这种度量实际上描述了两个紧 Riemann 曲面(在附带有某种拓扑条件时)的距离,它与 S_0 的选择无关.

设 $\tau_j=[S_j, f_j]\in T(S_0)$, $j=1, 2$. 我们定义 τ_1 与 τ_2 之间的 Teichmüller 距离是

$$d_T(\tau_1, \tau_2) = \frac{1}{2}\inf\{\log K[f]: f\approx f_2\circ f_1^{-1}\}.$$

这里系数 1/2 并非本质的,许多文献中不用它.

根据 Teichmüller 存在性定理,上述下确界在一个 Teichmüller

映射处达到，也即存在一个 Teichmüller 映射 $f_0: S_1 \to S_2$ 使得 $f_0 \approx f_2 \circ f_1^{-1}$ 且有

$$d_T(\tau_1, \tau_2) = \frac{1}{2} \log K[f_0].$$

为了说明定义的合理性，须要说明 $d_T(\tau_1, \tau_2)$ 与 τ_i 的代表 (S_i, f_i) 的选择无关。这是容易的，留给读者自己完成。

现在，我们来说明 d_T 满足距离公理。

首先，显然 $d_T(\tau_1, \tau_2)$ 对于任意的 $\tau_1, \tau_2 \in T(S_0)$ 都是非负的实数。其次，$d_T(\tau_1, \tau_2) = 0$ 当且仅当相应的 Teichmüller 映射 f_0 使得 $K[f_0] = 1$。但是 $K[f_0] = 1$ 的充要条件是 f_0 是共形映射。于是，$d_T(\tau_1, \tau_2) = 0$ 当且仅当 $[S_1, f_1] = [S_2, f_2]$，也即 $\tau_1 = \tau_2$。此外，显然有 $d_T(\tau_1, \tau_2) = d_T(\tau_2, \tau_1)$。

现在，我们来证明三角不等式。设 $\tau_3 = [S_3, f_3]$ 是 $T(S_0)$ 中的另外一点。这时存在 $g_1 \approx f_3 \circ f_1^{-1}$ 及 $g_2 \approx f_3 \circ f_2^{-1}$ 使得

$$d_T(\tau_1, \tau_3) = \frac{1}{2} \log K[g_1],$$

$$d_T(\tau_2, \tau_3) = \frac{1}{2} \log K[g_2].$$

设 g_0 是 $f_2 \circ f_1^{-1}$ 的同伦类中的极值映射，那么 g_0 同伦于 $g_1^{-1} \circ g_2$，并且有

$$K[g_0] \leqslant K[g_1^{-1} \circ g_2] \leqslant K[g_1] K[g_2],$$

也即

$$\log K[g_0] \leqslant \log K[g_1] + \log K[g_2].$$

由此得出关于度量 d_T 的三角不等式：

$$d_T(\tau_1, \tau_2) \leqslant d_T(\tau_1, \tau_3) + d_T(\tau_2, \tau_3).$$

在有了 Teichmüller 度量之后，一个很自然的问题是，空间 $T(S_0)$ 用 $6g-6$ 维欧氏空间中单位球表示时，从欧氏空间获得了一个度量，这个度量是否跟 Teichmüller 度量拓扑等价？这个问题的回答是肯定的。在证明这一点之后，我们就可以说，在 Teichmüller 度量之下，$T(S_0)$ 依然同胚于 $6g-6$ 维欧氏空间中的球，

现在我们着手证明这两种度量的等价性.

设 $\tau_n=[S_n, f_n]\in T(S_0)$, $n=1, 2, \cdots$. 不失一般性，假定 $f_n: S_0\to S_n$ 是 Teichmüller 映射，其复特征(即相应的 Beltrami 微分)为

$$k_n\frac{\bar{\omega}_n}{|\omega_n|},\ \omega_n\in Q(S_0).$$

又设 $f: S_0\to S$ 是另外的 Teichmüller 映射，其复特征为

$$k\frac{\bar{\omega}}{|\omega|},\ \omega\in Q(S_0).$$

当我们把 $T(S_0)$ 中点用单位球中的点表示时，所谓 $\tau_n=[S_n, f_n]$ 趋向于 $\tau=[S, f]$, 是指

$$k_n\to k,\ \omega_n\to\omega\ (n\to\infty)^{1)}. \qquad (29.1)$$

这里 $\omega_n\to\omega$ 的意义是指序列 $\{\omega_n\}$ 在 $Q(S_0)$ 中的一组基下坐标收敛于 ω 的坐标. 显然，这种意义下的收敛等价于 ω_n 与 ω 用同一局部参数表示时对应的解析函数收敛.

现在我们假定 (29.1) 式来证明

$$d_T([S_n, f_n],\ [S, f])\to 0\ (n\to\infty). \qquad (29.2)$$

设 μ_n 是 $f_n\circ f^{-1}: S\to S_n$ 的复特征(即相应的 Beltrami 微分). 由复合映射的复特征公式，有下列估计式

$$|\mu_n|_p\leqslant\left|k_n\cdot\frac{\bar{\omega}_n}{|\omega_n|}-k\frac{\bar{\omega}}{|\omega|}\right|_{f^{-1}(p)}(1-k_nk)^{-1}. \qquad (29.3)$$

由此可见，在 S 上几乎处处有

$$|\mu_n|_p\to 0\ (n\to\infty). \qquad (29.4)$$

设 $g_n: S_n\to S$ 是 $f\circ f_n^{-1}$ 的同伦类中的极值映射. 那么

$$K[g_n]=\exp\{2d_T(\tau_n, \tau)\}.$$

因此，为了证明 (29.2) 只要证明

$$K[g_n]\to 1\ (n\to\infty). \qquad (29.5)$$

仔细研究会发现，并不能由 (29.3) 或 (29.4) 推出 $K[f_n\circ f^{-1}]=K$

---

1) 严格讲应分 $k\neq 0$ 与 $k=0$ 两种情况讨论，见第 213 页脚注.

$[f\circ f_n^{-1}]\to 1(n\to\infty)$，从而不能简单地由 $K[g_n]\leqslant K[f\circ f_n^{-1}]$ 推出 (29.5)。

现在借助于 § 26 中的方法来证明(29.5).

命 $f_n^*=f\circ f_n^{-1}\circ g_n^{-1}$.设 g_n 的初始二次微分为 $\tilde{\omega}_n\in Q(S_n)$，而终端二次微分为 $\tilde{\omega}'_n\in Q(S)$，并且我们不失一般性的假定 $\tilde{\omega}'_n$ 满足规范条件

$$\iint_S dA_{\tilde{\omega}'_n}=1\quad(n=1,2,\cdots).$$

像在 § 26 中一样，我们定义 $\lambda_{f_n^*}$ (这里的 $f\circ f_n^{-1}$ 相当于那里的 f，g_n 相当于那里的 f_0)．我们知道，

$$\lambda^2{}_{f_n^*}(p)\leqslant K_n^{-2}D[f\circ f_n^{-1}]J_{f\circ f_n^{-1}}|g_n^{-1}(p)\tag{29.6}$$

其中 $D[f\circ f_n^{-1}]$ 表示映射 $f\circ f_n^{-1}$ 的局部伸缩商，$J_{f\circ f_n^{-1}}$ 表示映射 $f\circ f_n^{-1}$ 在 $\tilde{\omega}_n$ 与 $\tilde{\omega}'_n$ 的度量下的 Jacobi 行列式，$K_n=K[g_n]$.

根据 (26.11) 式，我们有

$$\iint_S dA_{\tilde{\omega}'_n}\leqslant\iint_S \lambda_{f_n^*}\,dA_{\tilde{\omega}'_n}.$$

对此式两端平方然后用 Schwarz 不等式即得到

$$\iint_S dA_{\tilde{\omega}'_n}\leqslant\iint_S \lambda^2{}_{f_n^*}\,dA_{\tilde{\omega}'_n}.$$

于是由 (29.6) 有

$$\begin{aligned}\iint_S dA_{\tilde{\omega}'_n}&\leqslant K_n^{-2}\iint_S\left(D[f\circ f_n^{-1}]\,J_{f\circ f_n^{-1}}\right)\circ g_n^{-1}dA_{\tilde{\omega}'_n}\\&=K_n^{-1}\iint_{S_n}D[f\circ f_n^{-1}]J_{f\circ f_n^{-1}}\,dA_{\tilde{\omega}'_n}\\&=K_n^{-1}\iint_S D[f_n\circ f^{-1}]dA_{\tilde{\omega}'_n}\end{aligned}$$

再注意到关于 $\tilde{\omega}'_n$ 的规范条件，我们有

$$K_n\leqslant\iint_S D[f_n\circ f]dA_{\tilde{\omega}'_n}\tag{29.7}$$

显然，我们有

$$D[f_n\circ f^{-1}]\leqslant K[f]\cdot K[f_n]\leqslant K[f]\frac{1+k_n}{1-k_n},$$

而 $k_n\to k\in[0,1)$，因而 $D[f_n\circ f^{-1}]$ 是一致有界的. 另一方面，由 (29.4) 又有

$$D[f_n\circ f^{-1}]\to 1\ (n\to\infty),\ \text{几乎处处.}$$

于是，由 (29.7) 有

$$\overline{\lim_{n\to\infty}}K_n\leqslant\iint_S dA_{\tilde{\omega}'_n}=1.$$

注意到 $K_n=K[g_n]\geqslant 1$，上式表明 (29.5) 成立.

以上我们证明了，(29.1) 式蕴含着 (29.2) 式. 现在反过来证明 (29.2) 式蕴含着 (29.1) 式.

用反证法，假定 (29.2) 式成立而 (29.1) 式不成立. 由 (29.2) 式推出存在一个 $M>0$ 使得

$$d_T([S_n, f_n], [S_0, id])\leqslant M,$$

对于一切 $n\in\boldsymbol{Z}$. 这意味着存在 $k_0\in(0,1)$ 使得

$$k_n\leqslant k_0,\ \forall n\in\boldsymbol{Z}.\tag{29.8}$$

现在 (29.1) 式不成立，这意味着存在一个子序列 $\{k_{n_l}\}$ 或 $\{\omega_{n_l}\}$ 使得

$$\lim_{l\to\infty}k_{n_l}=k'\neq k,$$

或

$$\lim_{l\to\infty}\omega_{n_l}=\omega'\neq\omega,\ \text{但}\ \lim_{l\to\infty}k_{n_l}=k'\neq 0.$$

由于 (29.8) 式及 $Q(S_0)$ 中的单位超球面的紧性，我们不妨假定 $\{k_{n_l}\}$ 与 $\{\omega_{n_l}\}$ 的极限都存在；只是 $k'\neq k$ 或 $\omega'\neq\omega$. 根据前面的结果，我们有

$$d_T([S_{n_l}, f_{n_l}], [S', f'])\to 0\ (l\to\infty),$$

其中 $[S', f']$ 是 $T(S_0)$ 中对应于 k' 与 ω' 的点. 显然，$[S', f']\neq[S, f]$. 但是，

$$\begin{aligned}&d_T([S, f], [S', f'])\\&\quad\leqslant d_T([S, f], [S_{n_l}, f_{n_l}])\end{aligned}$$

$$+ d_T([S_{n_l}, f_{n_l}], [S', f']) \to 0,$$

即 $d_T([S, f], [S', f']) = 0$，矛盾．这表明(29.1)式不成立是不可能的，因而(29.2)式蕴含着(29.1)式．

总之，我们证明了 $T(S_0)$ 的 Teichmüller 度量和它从 $6g-6$ 维欧氏空间的单位球所获得的度量是拓扑等价的．换句话说，我们证明了下列定理：

定理 29.1 在 Teichmüller 度量下，$T(S_0)$ 同胚于 $6g-6$ 维欧氏空间中的单位球，其中 $g > 1$ 是 S_0 的亏格．

29.2 Teichmüller 度量的完备性

Teichmüller 度量是完备度量．

定理 29.2 在 Teichmüller 度量下，$T(S_0)$ 是一个完备度量空间．

证．设 $\tau_n = [S_n, f_n] \in T(S_0)$ 是一个 Cauchy 序列．由 Cauchy 条件不难证明

$$d_T(\tau_1, \tau_n) \leqslant M, \quad \forall n \in \boldsymbol{Z},$$

其中 M 是一个常数．这意味着

$$d_T(\tau_0, \tau_n) \leqslant M + d_T(\tau_0, \tau_1), \quad \forall n \in \boldsymbol{Z},$$

其中 $\tau_0 = [S_0, id]$．由此推出，τ_n 在 $6g-6$ 维的单位球中的像全部落在半径为某个 $r_0 < 1$ 的球内．由此可见，存在一个子序列 $\{\tau_{n_k}\}$，它在单位球内的像收敛于某个 $\tau \in T(S_0)$ 的像．根据上一段证明的结果，这蕴含着

$$d_T(\tau_{n_k}, \tau) \to 0 \quad (k \to \infty).$$

再由 Cauchy 条件立即推出

$$d_T(\tau_n, \tau) \to 0 \quad (n \to \infty).$$

定理证毕．

29.3 模变换的保距性

模群 Mod (S_0) 中任意一个元素 σ^* 被称为一个模变换．在 Teichmüller 度量下，模变换是保距的，即对任意的 $\tau_1, \tau_2 \in T(S_0)$，

有

$$d_T(\sigma^*(\tau_1), \sigma^*(\tau_2)) = d_T(\tau_1, \tau_2).$$

这件事可按照定义进行验证. 请读者自行完成.

上述事实的自然推论是，任意一个模变换都是 $T(S_0)$ 的一个自同胚.

§30 模群的间断性

30.1 长度谱的概念

模群作用的间断性是长度谱的离散性的推论. 所以，我们先来讨论长度谱.

设 S 是具有双曲万有覆盖的 Riemann 曲面. 根据单值化定理，S 可以表示为 $\boldsymbol{H}/G$, G 是一个 Fuchs 群. 因此，在 S 上自然有一个 Poincaré 度量. 这个度量在整体单值化参数下，可表示为

$$ds = |dz|/\mathrm{Im}(z).$$

设 $\alpha \subset S$ 是一条闭曲线. 我们用 $l[\alpha]$ 表示在 Poincaré 度量下，α 的自由同伦类中最短线的长度. 设 $\{\alpha_n\}$ 是 S 的基本群 $\pi_1(S)$ 的所有元素的代表组成的序列. 我们称序列 $\{l[\alpha_n]\}$ 为 S 的长度谱.

30.2 若干引理

设 $S = \boldsymbol{H}/G$[1]. 我们说 G 中的元素 γ 覆盖了 S 上的闭曲线 α, 如果过 α 的起点的一个上方点 z_0 提升 α, 其终点 z_1 是 z_0 关于 γ 的等价点，更确切地说，$z_1 = \gamma(z_0)$.

引理 30.1 设 $S = \boldsymbol{H}/G$ 且 $\gamma \in G$ 覆盖了 $\alpha \subset S$. 则 γ 是抛物型元素的充要条件是 α 自由同伦于 S 的穿孔点附近的某条围绕穿孔点的简单闭曲线的方幂.

---

1) 在这一段中我们没有要求 S 是紧曲面. 此外，在这一段中恒假定 G 是不包含椭圆元素的 Fuchs 群.

这里穿孔点是指 S 的这样一个理想边界分支，它的一个邻域 U 共形等价于 $\{z:0<|z|<1\}$，并且当 z 趋向于原点时，相应的曲面上的点趋向于这个边界分支.

证. 先证必要性. 设 γ 是抛物型元素，覆盖了曲线 α. 假定 $\gamma=\gamma_1^m$, $\gamma_1\in G$, 并且假定 m 是所有可能的这种表示中的最高方幂[1]. 那么 γ_1 也是抛物型的. 不失一般性，我们假定

$$\gamma_1: z\longmapsto z+1.$$

命 $D=\{z:\mathrm{Im}z>1\}$. 用 $\langle\gamma_1\rangle$ 表示 γ_1 生成的循环群. 那么 D 是群 $\langle\gamma_1\rangle$ 的一个不变集，并且显然 $D/\langle\gamma_1\rangle$ 是一个穿孔盘(即一个圆挖去中心所得到的区域).

现在证明，对于任意一个 $\beta\in G$, 若 $\beta\neq\gamma_1^n\,(n\in\boldsymbol{Z})$, 那么 $\beta(D)\cap D=\phi$.

设

$$\beta(z)=\frac{az+b}{cz+d},\ ad-bc=1.$$

命 $\beta_1=\beta$, $\beta_2=\beta_1\circ\gamma_1\circ\beta_1^{-1}$, $\cdots$, $\beta_k=\beta_{k-1}\circ\gamma_1\circ\beta_{k-1}^{-1}$, $k=2,3,\cdots$. 并设

$$\beta_k(z)=\frac{a_kz+b_k}{c_kz+d_k},\ a_kd_k-b_kc_k=1.$$

这时有递推公式

$$c_k=-c_{k-1}^2,\ b_k=a_{k-1}^2,\ a_k=1-a_{k-1}c_{k-1}.$$

若 $|c|<1$, 则 $c_k\to 0$, 且由此推出 $a_k\to 1$, $b_k\to 1$, 从而 $d_k\to 1$. 这就是说，$\beta_k\to\gamma_1(k\to\infty)$. 另外由于 $\beta\neq\gamma_1^n(n\in\boldsymbol{Z})$, 所以 $c\neq 0$ (否则与群 G 的间断性矛盾). 这样 $c_k\neq 0$, $k=2,3,\cdots$. 抛物型元素 $\beta_k(k\geqslant 2)$ 的不动点为 $a_k/c_k\neq\infty$, 所以 $\beta_k\neq\gamma_1(k\geqslant 2)$. 因此，有一个序列 $\{\beta_k\}$, 其中的元素不同于 γ_1 而趋向于 γ_1, 这与 G 的间断性矛盾. 矛盾表明 $|c|\geqslant 1$.

我们知道，$\beta(\partial D)$ 是一个切于实轴的圆，切点是 a/c. 于是

1) 这里 γ_1^m 是 γ_1 的 m 次复合. 这里说的最高方幂一定存在，否则与群 G 的间断性矛盾.

这个圆的直径是

$$\sup_{x\in R}\left|\frac{a(x+i)+b}{c(x+i)+d}-\frac{a}{c}\right|$$

$$=\sup_{x\in R}\frac{1}{|c|^2|x+i+d/c|}\leqslant|c|^{-2}\leqslant 1.$$

这意味着 $\beta(\partial D)$ 到实轴的最远距离$\leqslant 1$，因而 $\beta(D)\cap D=\phi$.

由所证明了的事实立即推出，$G(D)/G$[1] 共形等价于 $D/\langle\gamma_1\rangle$；而 $D/\langle\gamma_1\rangle$ 是一个穿孔盘，可见 $G(D)/G$ 共形等价于穿孔盘.由此可见，$G(D)/G$ 是S的一个穿孔点的邻域.

显然，γ_1覆盖了围绕着这个穿孔点的一条简单闭曲线，比如D内任何长度为1的水平线段在S上的投影都是这样的曲线．这样，$\gamma=\gamma_1^m$ 覆盖了这样的简单闭曲线的m次方.

现在证明定理的充分性部份.

这个证明基于所谓广义 Schwarz 引理：若 $S_1\subset S_2$ 是 S_2 的子 Riemann 曲面，并且 S_1 与 S_2 上都有一个 Poincaré 度量，分别记为 ds_1 与 ds_2，则

$$ds_1\geqslant ds_2,$$

等号当且仅当 $S_1=S_2$ 时成立.

这个引理在单位圆的情况是大家所熟悉的．现在的叙述形式虽然与单位圆的情况形式上有很大不同，但是可以简单地由通常的 Schwarz 引理推出.

我们在 S_1 上任意考虑一点 p_0，并分别把 S_1 与 S_2 的万有覆盖取为 (Δ,π_1) 与 (Δ,π_2)，其中Δ代表单位圆．不失一般性，我们假定

$$\pi_1(0)=\pi_2(0)=p_0.$$

设 $f:S_1\to S_2$ 是恒同映射：$p\longmapsto p$．这时一定存在一个f的提升 $\tilde{f}:\Delta\to\Delta$，使得 $\tilde{f}(0)=0$．根据通常的 Schwarz 引理，我们有

$$|\tilde{f}'(0)|\leqslant 1.$$

---

1) 这里 $G(D)=\bigcup_{\gamma\in G}\gamma(D)$.

设 S_1 的整体单值化参数为 z，S_2 的整体单值化参数为 ζ. 因为 p_0 点在两个覆盖投影中均以原点为上方点，所以在 p_0 点处的两个 Poincaré 度量 ds_1 与 ds_2 可以分别用 $|dz|$ 与 $|d\zeta|$ 表示. 在 p_0 的充分小的邻域内的任意一点 p，如果限定用原点附近的参数表示，那么它的两个参数之间有关系式：$\zeta = \tilde{f}(z)$. 因此，

$$ds_1 = |dz| \geqslant |\tilde{f}'(0)||dz| = |d\zeta| = ds_2.$$

这就证明了广义 Schwarz 引理.

现在回到定理的证明上. 设 $N \subset S$ 是一个穿孔点的邻域，它共形等价于 $\{\zeta: 0 < |\zeta| < 1\}$. 设 α 是 N 内围绕穿孔点的一条闭曲线，$\gamma \in G$ 覆盖了一条曲线，自由同伦于 α. 我们应当证明 γ 是抛物型元素.

显然，只讨论 α 是简单闭曲线的情况就足够了.

由单值性定理或由群 G 的间断性不难看出，若 G 中的一个元素覆盖了曲线 β，则该元素也覆盖了 β 的自由同伦类中的一切曲线. 因此，我们不妨取 α 是 N 中这样的曲线，它在穿孔盘 $\{z: 0 < |\zeta| < 1\}$ 中对应于 $\{\zeta: |\zeta| = r\}$，其中 r 是充分小的正数.

现在用反证法证明 γ 是抛物型元素. 假定 γ 不是抛物型的，则它一定是双曲型的. 不失一般性，可将 γ 取为下列形式：

$$\gamma: z \longmapsto \lambda^2 z, \quad \lambda > 1.$$

记 α 为 $\alpha(r)$（依赖于 r），又记 $\alpha(r)$ 的提升为 $\tilde{\alpha}(r)$. 那么，$\alpha(r)$ 在 S 的 Poincaré 度量 ds 下的长度有正的下界：

$$\int_{\alpha(r)} ds = \int_{\tilde{\alpha}(r)} \frac{|dz|}{y} \geqslant \int_{y_r}^{\lambda^2 y_r} \frac{dy}{y} = \log \lambda^2.$$

但是，在另外一方面，$\alpha(r)$ 在 N 的 Poincaré 度量 ds' 下，其长度趋于零（当 $r \to 0$ 时）.

为了证明这一点，我们将上半平面 $\boldsymbol{H}$ 取为 N 的万有覆盖，其投影为

$$z \longmapsto \zeta = e^{iz},$$

这里我们用穿孔盘 $\{\zeta: 0 < |\zeta| < 1\}$ 中的 ζ 表示 N 的点.

显然，$\alpha(r)$ 在 N 的 Poincaré 度量下的长度为

$$\int_{\alpha(r)} ds' = \frac{2\pi}{\log r} \to 0 (r \to 0).$$

但由广义 Schwarz 引理，$ds' \geqslant ds$，也即有

$$\int_{\alpha(r)} ds' = \frac{2\pi}{\log r} \geqslant \int_{\alpha(r)} ds \geqslant \log \lambda^2 > 0.$$

当 r 足够小时，此式不成立，矛盾．引理证毕．

这个引理告诉了我们一个基本事实，紧致 Riemann 曲面对应的 Fuchs 群除单位元素外都是双曲型元素．这件事在前面用到，这里得到证明．

另外，从引理的证明中可以看出，一个双曲型元素 $\gamma: z \longmapsto \lambda^2 z$ $(\lambda > 1)$ 所覆盖的曲线的自由同伦类中最短线的长度 $\geqslant \log \lambda^2$．实际上，可以进一步说明这里等号总是成立．事实上，在 γ 的两个不动点所决定的非欧直线(在现在的情况下，这种非欧直线即虚轴)上，我们取一段弧，使其两个端点关于 γ 等价，例如虚轴上界于 i 与 $\lambda^2 i$ 之间的线段．这个线段的非欧长度恰好就是 $\log \lambda^2$，而它的投影在曲面上是一条闭曲线，为 γ 所覆盖．

现在讨论一般形式的双曲型元素

$$\gamma: z \longmapsto (az + b)/(cz + d), \quad ad - bc = 1.$$

因为 γ 是双曲型的，所以它的系数矩阵

$$\begin{pmatrix} a & b \\ c & d \end{pmatrix}$$

有两个实的特征根 λ_1 与 λ_2．由条件 $ad - bc = 1$ 可知，$\lambda_1 \cdot \lambda_2 = 1$．现在，不妨假设 λ_1 与 $\lambda_2 > 0$．又由于 γ 不是恒同映射，所以不可能 λ_1 与 λ_2 都是 1．设较大的特征根为 λ，那么上述矩阵相似于

$$\begin{pmatrix} \lambda & 0 \\ 0 & \frac{1}{\lambda} \end{pmatrix},$$

也就是说，γ 总可以经过一个实系数的共轭变换变成

$$z \longmapsto \lambda^2 z.$$

我们知道，元素 γ 所覆盖的曲线的自由同伦类中最短线上的

长度，就是上半平面上以γ的两个不动点为端点的非欧直线上，两个关于γ的等价点之间的非欧距离．非欧距离在上述共轭变换下不变．所以，我们证明了γ所覆盖的曲线族中最短线的长度为$\log \lambda^2$，其中λ是γ的系数矩阵的较大的特征值．将这个结果叙述为下列形式：

引理 30.2 设 $S = \boldsymbol{H}/G$，G 是一个无挠 Fuchs 群．又设$\gamma \in G$ 覆盖了S上的曲线α．则

$$l[\alpha] = \log \lambda^2,$$

其中λ是γ的系数矩阵的较大的特征根．

30.3 紧曲面的长度谱的离散性

定理 30.1 设S是亏格大于1的紧 Riemann 曲面．又设$\{\alpha_n\}$是S上的自由同伦群的所有元素的代表所组成的闭曲线序列．则对于任意一个正数M，满足条件

$$l[\alpha_n] \leqslant M$$

的项最多只有有限项．

证．设$(\boldsymbol{H}, \pi)$是S的万有覆盖．不失一般性，我们假定α_n本身就是它所在的自由同伦类中的最短线．取定一点$p_0 \in S$，我们自p_0点向α_n作连线，并设β_n是最短的连线，而p_n是β_n在α_n上的端点．在上半平面上取定p_0的一个上方点z_0．过z_0点提升β_n得到曲线$\tilde{\beta}_n$，设其终点为z_n（p_n的一个上方点）．再过z_n提升α_n得到曲线$\tilde{\alpha}_n$，设$\tilde{\alpha}_n$的另一个端点为ζ_n（p_n的另一个上方点）．设G是S对应的 Fuchs 群．那么对于每一个n，都存在一个$\gamma_n \in G$使得

$$\zeta_n = \gamma_n(z_n).$$

不难看出，过z_0提升$\beta_n\gamma_n\beta_n^{-1}$，其终点是$\gamma_n(z_0)$．用$d$表示非欧距离，那么我们有

$$d(z_0, \gamma_n(z_0)) \leqslant 2d(z_0, z_n) + l[\alpha_n].$$

假定子序列 $\{\alpha_{n_k}\}$ 使得$l[\alpha_{n_k}] \leqslant M$，$k = 1, 2, \cdots$．那么由$G$的间断性推出，

$$d(z_0, \gamma_{n_k}(z_0)) \to \infty \quad (k \to \infty),$$

从而 $d(z_0, z_{n_k}) \to \infty (k \to \infty)$. 但这是不可能的.因为 $d(z_0, z_{n_k})$ 表示 p_0 点到 p_{n_k} 点的非欧距离, S 是紧曲面, 因而 p_{n_k} 的任何极限点到 p_0 的非欧距离都是有穷的. 这一矛盾表明上述子序列不存在,因而证明了定理.

定理 30.1 表明了, 长度谱在实轴上没有极限点, 这一性质称为长度谱的离散性.

30.4 由长度谱确定 Riemann 曲面

由 Riemann 曲面可以确定一个长度谱. 现在反过来问, 由一个长度谱能否唯一地确定一个 Riemann 曲面. 回答是肯定的.事实上,只由长度谱中的有限项就能完全确定这个 Riemann 曲面.

定理 30.2 设 S_1 与 S_2 是两个亏格大于 1 的紧 Riemann 曲面, $f: S_1 \to S_2$ 是一个保向的同胚. 又设 $\{\alpha_n\}$ 是 S_1 上的一个闭曲线序列, 是由 $\pi_1(S_1)$ 的全体元素的代表组成; $\beta_n = f(\alpha_n)$, $n = 1, 2, \cdots$. 若

$$l[\alpha_n] = l[\beta_n], \quad n = 1, 2, \cdots, N,$$

则在 f 的同伦类中有一个共形映射, 这里 N 是一个只依赖于亏格 g 及序列 $\{\alpha_n\}$ 的项的次序的整数.

证. 设 $(\boldsymbol{H}, \pi_j)$ 是 S_j 的万有覆盖, $j = 1, 2$; 并假定 $S_j = \boldsymbol{H}/G_j$, G_j 是 Fuchs 群, $j = 1, 2$. 我们在 S_1 上取定一点 p_0, 并考虑基本群 $\pi_1(S_1, p_0)$ 的一个生成元组. 取 N' 充分大, 使得这个生成元组中的每一个元素都自由同伦于 $\{\alpha_n: 1 \leqslant n \leqslant N'\}$ 中的某个 α_n. 在 $\boldsymbol{H}$ 中取定一点 z_0, 它在 p_0 点的上方. 我们对群 G_1 中的元素作如下的编号:对任意的自然数 n, 假定曲线 τ_n 是 $\pi_1(S_1, p_0)$ 的某元素的代表, 它自由同伦于 α_n. 过 z_0 提升 τ_n, 设其终点为 z_n. 这时一定有一个唯一确定的元素 $\gamma \in G$ 使得 $\gamma(z_0) = z_n$, 我们把这个元素记为 γ_n. 显然, 集合 $\{\gamma_n: 1 \leqslant n \leqslant N'\}$ 包含着 G_1 的一个生成元组.

定理条件中的同胚 f 只是限定了同胚的同伦类, 没有其它意

义. 因此，不妨假定 f 是拟共形的，并且考虑它的规范化提升 $\tilde{f}$（必要时须调整投影 π_2）. $\tilde{f}$ 诱导了 G_1 到 G_2 的一个同构：$\gamma \longmapsto \tilde{f}\circ\gamma\circ\tilde{f}^{-1}$； 并且对于 G_2 中的元素也作了相应的编号：$\gamma'_n = \tilde{f}\circ\gamma_n\circ\tilde{f}^{-1}$.

如果我们证明了，假如 G_1 的这组标准生成元中的每一个元素 γ_n 都等于它所对应的 γ'_n，那么显然有 $G_1 = G_2$，并且

$$\gamma_n = \gamma'_n, \ \forall n = 1, 2, \cdots. \tag{30.1}$$

由此可以推出 $\tilde{f}$ 在 $\boldsymbol{R}$ 上是恒同映射(见 § 27.1)，从而使得 $\boldsymbol{H}$ 的恒同映射在曲面上的投影就是同伦于 $f: S_1 \to S_2$ 的共形映射（定理 27.1）.

现在我们来证明 (30.1). 为方便起见，我们假定 $\gamma_1, \gamma_2, \cdots, \gamma_{2g}$ 是 G_1 的生成元组，并且进一步假定它是标准生成元组（必要时应对投影 π_1 作适当调整）. 由于 $\tilde{f}$ 是规范化的，所以 $\gamma'_1, \gamma'_2, \cdots, \gamma'_{2g}$ 也是 G_2 的标准生成元组. 由生成元组标准化条件可知，γ_{2g} 及 γ'_{2g} 有下列形式：

$$\gamma_{2g}: z \longmapsto \lambda^2 z \ (\lambda > 1),$$
$$\gamma'_{2g}: z \longmapsto \lambda'^2 z \ (\lambda' > 1).$$

我们取 $N \geqslant N'$，由定理条件得 $l[\alpha_{2g}] = l[\beta_{2g}]$，从而 $\lambda = \lambda'$. 因此 $\gamma_{2g} = \gamma'_{2g}$.

对于任意的 n，$1 \leqslant n < 2g$，我们由 $l[\alpha_n] = l[\beta_n]$ 得到

$$\mathrm{tr}^2(A_n) = \mathrm{tr}^2(A'_n), \ 1 \leqslant n < 2g, \tag{30.2}$$

其中 A_n 与 A'_n 分别表示 γ_n 与 γ'_n 的系数矩阵，$\mathrm{tr}(\cdot)$ 表示矩阵的迹.

再进一步增大 N，使得每一个形如 $\alpha_n \cdot \alpha_{2g}(1 \leqslant n < 2g)$ 的元素都自由同伦于 $\{\alpha_m: 1 \leqslant m \leqslant N\}$ 中的某个 α_m. 这时，由 $l[\alpha_n \cdot \alpha_{2g}] = l[\beta_n \cdot \beta_{2g}](1 \leqslant n < 2g)$ 得到

$$\mathrm{tr}^2(A_{2g} \cdot A_n) = \mathrm{tr}^2(A'_{2g} \cdot A'_n) \ 1 \leqslant n < 2g. \tag{30.3}$$

同样的道理，N 的进一步增大还可保证

$$\mathrm{tr}^2(A_{2g}^{-1} \cdot A_n) = \mathrm{tr}^2((A'_{2g})^{-1} \cdot A_n), \ 1 \leqslant n < 2g. \tag{30.4}$$

设

$$A_n=\begin{pmatrix}a_n & b_n\\ c_n & d_n\end{pmatrix},\quad A'_n=\begin{pmatrix}a'_n & b'_n\\ c'_n & d'_n\end{pmatrix}$$

其中

$$a_nd_n-b_nc_n=1,\quad a'_nd'_n-b'_nc'_n=1.$$

这时，(30.2)，(30.3) 及(30.4) 可写成

$$(a_n+d_n)^2=(a'_n+d'_n)^2,\qquad 1\leqslant n<2g;$$
$$(\lambda a_n+d_n/\lambda)^2=(\lambda a'_n+d'_n/\lambda)^2,\quad 1\leqslant n<2g;$$
$$(\lambda d_n+a_n/\lambda)^2=(\lambda d'_n+a'_n/\lambda)^2,\quad 1\leqslant n<2g.$$

由这三个式子立即推出，当 $1\leqslant n<2g$ 时，

$$a_nd_n=a'_nd'_n,$$
$$a_n^2+d_n^2=(a'_n)^2+(d'_n)^2,$$
$$\lambda^2a_n^2+d_n^2/\lambda^2=\lambda^2(a'_n)^2+(d'_n)^2/\lambda^2,$$
$$\lambda^2d_n^2+a_n^2/\lambda^2=\lambda^2(d'_n)^2+(a'_n)^2/\lambda^2.$$

由这些式子立即得到

$$a_n^2=(a'_n)^2,\quad d_n^2=(d'_n)^2.$$

为了使分式线性变换的系数矩阵确定起见，我们规定 $a_n\geqslant 0$，$a'_n\geqslant 0$. 在这样的规定下，$a_n=a'_n$. 再注意到 $a_nd_n=a'_nd'_n$，可知 d_n 与 d'_n 有相同的符号. 这样，我们又有 $d_n=d'_n$.

另外，我们知道标准生成元组的第 $2g-1$ 个生成元以 1 为不动点. 因此，

$$a_{2g-1}+b_{2g-1}=c_{2g-1}+d_{2g-1},$$
$$a'_{2g-1}+b'_{2g-1}=c'_{2g-1}+d'_{2g-1}.$$

由此推出，$b_{2g-1}-b'_{2g-1}=c_{2g-1}-c'_{2g-1}$，也即

$$b_{2g-1}-c_{2g-1}=b'_{2g-1}-c'_{2g-1}.$$

此外，由系数的规范条件 $|A_{2g-1}|=|A'_{2g-1}|=1$ 又得到

$$b_{2g-1}c_{2g-1}=b'_{2g-1}c'_{2g-1}.$$

由此进一步推出

$$b_{2g-1}=b'_{2g-1},\quad c_{2g-1}=c'_{2g-1}.$$

这样，我们证明了：$\gamma_{2g-1}=\gamma'_{2g-1}$.

再一次增大 N，使之保证当 $1\leqslant n<2g-1$ 时，

$$\mathrm{tr}^2(A_{2g-1}\cdot A_n)=\mathrm{tr}^2(A'_{2g-1}\cdot A'_n),$$
$$\mathrm{tr}^2(A_{2g-1}^{-1}\cdot A_n)=\mathrm{tr}^2((A'_{2g-1})^{-1}\cdot A'_n).$$
应用 $A_{2g-1}=A'_{2g-1}$，我们得到，当 $1\leqslant n<2g-1$ 时，
$$(b_{2g-1}c_n+c_{2g-1}b_n)^2=(b_{2g-1}c'_n+c_{2g-1}b'_n)^2,$$
$$(c_{2g-1}c_n+b_{2g-1}b_n)^2=(c_{2g-1}c'_n+b_{2g-1}b'_n)^2.$$
注意到 $b_nc_n=b'_nc'_n(\because a_n=a'_n,d_n=d'_n)$，上述两式展开有
$$b_{2g-1}^2c_n^2+c_{2g-1}^2b_n^2=b_{2g-1}^2(c'_n)^2+c_{2g-1}^2(b'_n)^2,$$
$$c_{2g-1}^2c_n^2+b_{2g-1}^2b_n^2=c_{2g-1}^2(c'_n)^2+b_{2g-1}^2(b'_n)^2.$$
若 $b_{2g-1}^2\neq c_{2g-1}^2$，则由此推出
$$b_n^2=(b'_n)^2,\quad c_n^2=(c'_n)^2,\quad 1\leqslant n<2g-1.$$
若 $b_{2g-1}^2=c_{2g-1}^2$，则再增大 N，使得 $1\leqslant n<2g-1$ 时，
$$\mathrm{tr}^2(A_{2g-1}\cdot A_{2g}\cdot A_n)=\mathrm{tr}^2(A'_{2g-1}\cdot A'_{2g}\cdot A'_n),$$
$$\mathrm{tr}^2(A_{2g-1}^{-1}\cdot A_{2g}\cdot A_n)=\mathrm{tr}^2((A'_{2g-1})^{-1}\cdot A'_{2g}\cdot A'_n).$$
由此得到，当 $1\leqslant n<2g-1$ 时，
$$\lambda^2b_n^2+c_n^2/\lambda^2=\lambda^2(b'_n)^2+(c'_n)^2/\lambda^2,$$
$$\lambda^2c_n^2+b_n^2/\lambda^2=\lambda^2(c'_n)^2+(b'_n)^2/\lambda^2.$$
同样推出 $b_n^2=(b'_n)^2$，$c_n^2=(c'_n)^2$.

现在只要证明 b_n 与 b'_n，c_n 与 c'_n 的符号相同，就能推出 $b_n=b'_n$，$c_n=c'_n(1\leqslant n<2g-1)$.

我们知道，$\gamma_n(\infty)=a_n/c_n$，而
$$\gamma'_n(\infty)=\tilde{f}\circ\gamma\circ\tilde{f}^{-1}(\infty)=\tilde{f}\left(\frac{a_n}{c_n}\right).$$
由于 $\tilde{f}(0)=0$ 及 $\tilde{f}$ 在实轴上的保向性，$\tilde{f}(a_n/c_n)$ 与 a_n/c_n 有相同符号．但是，$\gamma'_n(\infty)=a'_n/c'_n$．所以，$a'_n/c'_n$ 与 a_n/c_n 有相同符号．我们已经知道，$a'_n=a_n$，因而推出在 $a_n\neq 0$ 时 c'_n 与 c_n 有相同符号．这时再注意到 $b_nc_n=b'_nc'_n$，又推出 b'_n 与 b_n 有相同符号．在 $a_n=a'_n=0$ 时将 γ_n 与 γ'_n 分别换成它们的逆，同样的讨论可推出 d_n/c_n 与 d'_n/c'_n 有相同符号，从而有 $c_n=c'_n$.

总之，我们证明了 G_1 与 G_2 中标准生成元组的对应元素都相等．因而证明了(30.1)．证毕．

30.5 模群作用的间断性

在讨论模群作用的间断性之前，我们先给出一个引理，它本身也有独立的意义.

引理 30.3 (Wolpert) 设 S_1 与 S_2 是两个 Riemann 曲面，其万有覆盖是双曲形的. 又设 $f:S_1\to S_2$ 是拟共形映射，α 是 S_1 上的任意一条闭曲线，则

$$l[\alpha]/K[f]\leqslant l[f(\alpha)]\leqslant K[f]l[\alpha]. \tag{30.5}$$

证. 设 $(\boldsymbol{H},\pi_j)$ 是 S_j 的万有覆盖曲面，并且 $S_j=\boldsymbol{H}/G_j$，G_j 是 Fuchs 群，$j=1,2$. 假定 $\gamma\in G_1$ 覆盖了曲线 α，那么 $\gamma'=\tilde{f}\circ\gamma\circ\tilde{f}^{-1}$ 覆盖了 $f(\alpha)$，这里 $\tilde{f}$ 是 f 的一个提升. 若 $l[\alpha]=0$，则 γ 是抛物型元素，因而 γ' 也是抛物型元素，由此推出 $l[f(\alpha)]=0$. 这时 (30.5) 成立. 当 $l[\alpha]\neq 0$ 时，γ 与 γ' 都是双曲型的. 不失一般性，我们可以假定它们具有下列形式:

$$\gamma: z\longmapsto \lambda^2 z,\quad \lambda>1;$$

$$\gamma': z\longmapsto (\lambda')^2 z,\quad \lambda'>1.$$

用 $\langle\gamma\rangle$ 与 $\langle\gamma'\rangle$ 分别表示 γ 与 γ' 生成的循环群. 这时 $\boldsymbol{H}/\langle\gamma\rangle$ 与 $\boldsymbol{H}/\langle\gamma'\rangle$ 分别是 S_1 与 S_2 的覆盖曲面. 显然，$f:S_1\to S_2$ 可以提升到这两个覆盖曲面上. 设 $F:\boldsymbol{H}/\langle\gamma\rangle\to\boldsymbol{H}/\langle\gamma'\rangle$ 是这样的提升. 那么，作为环域，$\boldsymbol{H}/\langle\gamma\rangle$ 与 $\boldsymbol{H}/\langle\gamma'\rangle$ 的共形模 $M(\boldsymbol{H}/\langle\gamma\rangle)$ 与 $M(\boldsymbol{H}/\langle\gamma'\rangle)$ 应有下列估计式:

$$1/K[F]\leqslant\frac{M(\boldsymbol{H}/\langle\gamma'\rangle)}{M(\boldsymbol{H}/\langle\gamma\rangle)}\leqslant K[F]. \tag{30.6}$$

很容易看出，如果我们把 $\boldsymbol{H}/\langle\gamma\rangle$ 写成环:

$$\{w: a<|w|<1\}\quad (a=\exp\{-M(\boldsymbol{H}/\langle\gamma\rangle)\}),$$

那么 $\boldsymbol{H}\to\boldsymbol{H}/\langle\gamma\rangle$ 的自然投影是

$$z\longmapsto w=\exp\{2\pi i(\log z)/\log\lambda^2\}.$$

而这个变换把 $\boldsymbol{H}$ 变为 $\{w:\exp(-2\pi^2/\log\lambda^2)<|w|<1\}$. 故

$$M(\boldsymbol{H}/\langle\gamma\rangle)=2\pi^2/\log\lambda^2. \tag{30.7}$$

类似地有

$$M(\boldsymbol{H}/\langle\gamma'\rangle) = 2\pi^2/\log(\lambda')^2. \tag{30.8}$$

由 (30.6) 至 (30.8) 即推出

$$1/K[F] \leqslant \frac{\log\lambda^2}{\log(\lambda')^2} \leqslant K[F]. \tag{30.9}$$

再注意到 $K[F] = K[f]$，$l[\alpha] = \log\lambda^2$ 和 $l[f(\alpha)] = \log(\lambda')^2$，则立即由 (30.9) 得到 (30.5)．证毕．

现在我们来讨论标记 Riemann 曲面的长度谱．假定 S_0 是亏格 >1 的紧 Riemann 曲面．在 S_0 上取定闭曲线序列 $\{\alpha_n\}$，这个序列是由全体 $\pi_1(S_0)$ 的元素的代表组成．在取定这组序列之后，任意一个标记 Riemann 曲面 (S, f) 都有一个相应的长度谱 $\{l[f(\alpha_n)]\}$（注意：这个序列的项唯一地由 $[f]$ 所确定．同一个曲面 S 的不同标记对应的长度谱序列可能是不同的，尽管它们作为集合来说是相同的．）很容易看出，等价的标记 Riemann 曲面的长度谱序列相同．因此，我们可以谈论 Teichmüller 空间 $T(S_0)$ 中的点的长度谱序列．

另外，由定理 30.2 及其证明不难看出，存在一个 N，当 $T(S_0)$ 中的两点的长度谱序列前 N 项均相等时，则这两点是同一点．

现在我们来讨论模群 Mod (S_0) 作用的间断性．我们说 Mod (S_0) 在 $T(S_0)$ 上作用是间断的，如果模群在任意一点 $\tau\in T(S_0)$ 的轨道 $\{\sigma^*(\tau): \sigma^*\in \mathrm{Mod}(S_0)\}$ 在 $T(S_0)$ 中没有极限点．

定理 30.3 设 S_0 是亏格 >1 的紧 Riemann 曲面．则 Mod (S_0) 在 $T(S_0)$ 的作用是间断的．

证．用反证法．设点 $\tau\in T(S_0)$ 的轨道有一个极限点 $\tau_1=[S_1, f_1]\in T(S_0)$，也就是说，存在着一个模变换序列 $\sigma_k^*\in$ Mod (S_0)，$k=1, 2, \cdots$；它有无穷个不同的元素，并使得

$$d_T(\sigma_k^*(\tau), \tau_1)\to 0 \quad (k\to\infty).$$

设 $\tau=[S, f]$．上式意味着在 Teichmüller 度量下，

$$[S, f\circ\sigma_k]\to[S_1, f_1] \quad (k\to\infty).$$

命 $g_k: S_1\to S$ 是 $f\circ\sigma_k\circ f_1^{-1}$ 的同伦类中的极值映射．那么，我们有

$$K[g_k]\to 1 \quad (k\to\infty).$$

由此我们看出 $\{g_k\}$ 存在一个子序列收敛于一个共形映射. 不妨设这个收敛子序列就是 $\{g_k\}$ 本身,其极限映射为 $h: S_1 \to S$.

因此,S_1 与 S 共形等价. 这样,我们无妨在 $[S_1, f_1]$ 中取 S_1 为 S. 这时 h 是 S 的共形自同构.

另一方面,由 Wolpert 引理,对于任意一条闭曲线 $\beta \in S$, 总有

$$l[\beta]/K[g_k] \leqslant l[g_k(\beta)] \leqslant K[g_k]l[\beta].$$

由 $K[g_k] \to 1\ (k \to \infty)$, 立即推出

$$l[g_k(\beta)] \to l[\beta]\ (k \to \infty). \tag{30.10}$$

对于任意给定的 $M > 0$, 满足

$$l[f_1(\alpha_n)] \leqslant M, \tag{30.11}$$

$$l[f \circ \sigma_k(\alpha_n)] \leqslant 2M \tag{30.12}$$

的仅有有限的值(因为它们都是 S 上的长度谱序列中的项). 这里 $\{\alpha_n\}$ 是前面所说的在 S_0 上取定的闭曲线序列.

由 (30.10) 看出,对于任意的 α_n,

$$l[f \circ \sigma_k(\alpha_n)] \to l[f_1(\alpha_n)]\ (k \to \infty).$$

若 α_n 满足 (30.11), 则对于充分大的 k, 它也满足 (30.12). 但是满足 (30.11) 与 (30.12) 仅有有限个值,可见对于这样的 α_n, 在 k 充分大时

$$l[f \circ \sigma_k(\alpha_n)] = l[f_1(\alpha_n)]. \tag{30.13}$$

取 M 充分大, 使得定理 30.2 中所要求的前 N 项都有 $l[f_1(\alpha_n)] \leqslant M (\forall n \leqslant N)$. 这时由 (30.13) 知道,当 k 充分大时,

$$[S, f \circ \sigma_k] = [S, f_1].$$

因此推出, 存在共形自同胚 $h_k: S \to S$, 同伦于 $f \circ \sigma_k \circ f_1^{-1}$(当 k 充分大). 由于 $\{\sigma_k^*\}$ 中有无穷多个不同的元素, 所以 $\{f \circ \sigma_k \circ f_1^{-1}\}$ 代表无穷多个同伦类. 这样, S 的共形自同胚 h_k 也便有无穷多个. 但这是不可能的,因为这与著名的 Hurwitz 定理矛盾[1],这个定理断言在亏格为 g 的紧 Riemann 曲面上,共形自同胚不超过 84(g-

1) Hurwitz 定理的证明见[40]

1). 这一矛盾表明上述的序列 $\{\sigma_k^*\}$ 不可能存在. **定理证毕.**

30.6 R_g 是 Hausdorff 空间

由模群 Mod_g 的间断性及模变换在 T_g 中的保距性, 我们很容易给出 R_g 的拓扑结构使之成为 Hausdorff 空间.

事实上,由于

$$R_g = T_g/\mathrm{Mod}_g,$$

所以 T_g 到 R_g 有一个自然投影. 对于任意一点 $[S]\in R_g$, 我们取它的一个上方点 $[S, f]\in T_g$, 并考虑它的一个 ε 邻域:

$$\{[S', f']:\alpha_T([S, f], [S', f'])<\varepsilon\}.$$

我们把这个邻域的投影称为 $[S]$ 的 ε 邻域. 由模变换的保距性可知, $[S]$ 的 ε 邻域与上方点 $[S, f]$ 的选取无关.

由模群的间断性很容易推出下面的定理:

定理 30.4 $R_g(g>1)$ 是 Hausdorff 空间.

第十章 有限型 Riemann 曲面上的极值问题

本章的主要内容是把有关 Teichmüller 极值问题的基本结果推广到所谓有限型的开 Riemann 曲面上. Teichmüller 空间的概念和有关结果也将得到推广.

§31 有限型 Riemann 曲面

31.1 基本概念

直观地说，所谓有限型曲面就是指一个紧曲面上挖去有限个点或洞所得到的曲面. 这种曲面的一个基本特征是它的基本群是有限生成的. 这一点在我们今后的讨论中起着本质的作用.

更确切地说，我们称 S 是一个有限型曲面，如果存在一个紧致曲面 S' 及一个连续单映射 $h:S\to S'$ 使得 $S'-h(S)$ 是有限个点组成. 这里，把 S' 的亏格也称作是 S 的亏格.

显然，$S'-h(S)$ 中的每一个点 p' 都对应于 S 的一个理想边界分支. 对于每一个这样的点 $p'\in S'-h(S)$，我们可以取一个邻域 U'，使得它同胚于平面上的一个圆盘，p' 对应于圆心. 当 U' 取得充分小时，可以使得 $U'-\{p'\}\subset h(S)$. 这时 $U=h^{-1}(U'-\{p'\})$ 就是 p' 所对应的理想边界分支的一个邻域. 正像我们过去所指出的，当 S 上具有复结构，也即 S 是 Riemann 曲面时，U 要么共形等价于一个穿孔盘 $\{z:0<|z|<1\}$，要么共形等价于一个环域 $\{z:0<a<|z|<1\}$. 对于前一种情况，我们称 p' 所对应的边界分支是一个穿孔点，对于后一种情况，我们称之为一个"洞".

一个有限型的 Riemann 曲面 S 称作 (g, n, m)型的，如果它

的亏格为 g，有 $n+m$ 个理想边界分支，其中有 n 个穿孔点.

$(g, n, 0)$ 型曲面有时也被称为共形有限型曲面. 这种曲面相当于在上述定义中要求 S' 是 Riemann 曲面而 h 是共形映射.

在讨论有限型曲面时，我们时常要用到一个曲面 S 的 Schottky 二重面. 我们将它记为 S^d. 在这样作时，将所考虑的有限型曲面视作带边曲面，而它的二重面是将它和其镜面像在洞的边缘作了粘合.

有几种曲面我们称之为例外型的，它们是以下几种类型:

$$(0, 0, 0),\ (0, 1, 0),\ (1, 0, 0),\ (0, 2, 0);$$
$$(0, 0, 1),\ (0, 1, 1),\ (0, 0, 2).$$

之所以要排除这几种类型的曲面，原因是它们本身或其二重面并不具有双曲型万有覆盖，不能运用单值化定理把它们提升到上半平面或单位圆考查. 不过这几种曲面已足够简单，排除它们对于讨论的一般性影响不大.

没有洞的有限型曲面也记作 (g, n) 型. 非例外的 (g, n) 型曲面和非例外的 (g, n, m) $(m \neq 0)$ 型的二重曲面具有双曲型万有覆盖曲面，因而可以谈论它们的 Poincaré 度量.

31.2 允许二次微分

设 S_0 是一个非例外 (g, n, m) 型 Riemann 曲面，当 $m \neq 0$ 时我们认为它是一个带边曲面.

我们考虑在 S_0 上满足下列条件的半纯二次微分:

i) 除在穿孔点可能是一阶极点外，在其它点处处是全纯的;

ii) 可以连续延拓到 S_0 的非穿孔边界，并沿每一个这样的分支取实值.

全体这样的二次微分，被称为 S_0 上的允许二次微分，并记作 $\tilde{Q}(S_0)$.

根据过去关于二次微分的讨论，我们知道只可能有一条水平轨线以穿孔点为端点，如果允许二次微分在该穿孔点是一阶极点. 条件 ii) 表明 S_0 的非穿孔边界总是由允许二次微分的水平轨线弧或垂直轨线弧组成(或两者混合组成).

显然,在 $m \neq 0$ 时,任意一个允许二次微分 ω 都可以对称延拓到 S_0^d 上,而成为 S_0^d 上至多有 $2n$ 个一阶极点的半纯二次微分.

在讨论 S_0 的 Teichmüller 空间时,我们需要知道 $\widetilde{Q}(S_0)$ 作为一个实数域上的线性空间的维数.

首先,像在计算紧曲面全纯二次微分的维数一样,不难应用 Riemann-Roch 定理计算出当 $m=0$ 时 $\widetilde{Q}(S_0)$ 的实维数为 $6g-6+2n$.

当 $m \neq 0$ 时,S_0^d 是 $(2g+m-1, 2n, 0)$ 型曲面. 所以 $\widetilde{Q}(S_0^d)$ 的实维数是

$$12g+6m-12+4n=2(6g-6+2n+3m). \tag{31.1}$$

我们已经知道,$\widetilde{Q}(S_0)$ 中的每个元素 ω 都可以对称延拓为 $\omega^d \in \widetilde{Q}(S_0^d)$. 全体这样延拓得到的元素形成 $\widetilde{Q}(S_0^d)$ 的一个子空间. 我们记之为 Ω,那么显然 $\widetilde{Q}(S_0)$ 同构于 Ω. 因此只要求出 Ω 的实维数即可.

由 S_0^d 的对称性可知,对于每一个 $\omega \in \widetilde{Q}(S_0^d)$ 可以定义 $\omega^* \in \widetilde{Q}(S_0^d)$,使得 ω^* 在 p 点的值恰好是 ω 在 p 的镜面像点 $\bar{p}$ 的值的共轭. 更具体一点说,设 $p \in S_0^d$ 的一个局部参数为 z,那么 $\zeta=\bar{z}$ 就是 p 的镜面像点 $\bar{p}$ 的一个局部参数. 若 ω 在 p 点附近的局部表示为 $\varphi(z)dz^2$,则 ω^* 在 $\bar{p}$ 点附近的局部表示为 $\overline{\varphi(\bar{\zeta})}d\zeta^2$. 这样的 ω^* 是由 ω 唯一确定的.

设 I 是 $\widetilde{Q}(S_0^d)$ 上的恒同映射,而 T 是上述 $*$ 号所确定的映射,即 $T: \omega \longmapsto \omega^*$. 这时映射

$$\omega \longmapsto \frac{1}{2}(I+T)\omega$$

是 $\widetilde{Q}(S_0^d)$ 到子空间 Ω 的一个线性映射,并且是映满的,即

$$\Omega=\left\{\frac{1}{2}(I+T)\omega : \omega \in \widetilde{Q}(S_0^d)\right\},$$

因为 Ω 中的元素在这个映射下不变. 命

$$\Omega' = \left\{\frac{1}{2}(I - T)\omega : \omega \in \widetilde{Q}(S_0^d)\right\},$$

那么，任何一个元素 $\omega \in \widetilde{Q}(S_0^d)$ 都可表为 Ω 与 Ω' 中的元素之和：

$$\omega = \frac{1}{2}(I + T)\omega + \frac{1}{2}(I - T)\omega.$$

另外一方面，Ω 与 Ω' 除了零元素外没有其它公共元素．事实上，若 $\omega \in \Omega \cap \Omega'$，则

$$\omega = \frac{1}{2}(I + T)\omega_1, \quad \omega = \frac{1}{2}(I - T)\omega_2$$

于是，注意到 $T^2 = I$，立即有

$$(I - T)\omega = \frac{1}{2}(I - T)(I + T)\omega_1$$

$$= \frac{1}{2}(I - T^2)\omega_1 = 0,$$

$$(I - T)\omega = \frac{1}{2}(I - T)^2\omega_2 = (I - T)\omega_2 = 2\omega.$$

这就推出 $\omega = 0$.

由此可见 $\widetilde{Q}(S_0^d)$ 可以表成 $\Omega \oplus \Omega'$.

但 Ω 与 Ω' 显然是同构的（$\omega \longmapsto i\omega$ 就是同构对应）．所以，Ω 的维数是 $\widetilde{Q}(S_0^d)$ 的维数的 1/2．这样，由 (31.1) 得到 $\widetilde{Q}(S_0)$ 的实维数是

$$\dim_R(\widetilde{Q}(S_0)) = 6g - 6 + 2n + 3m, \tag{31.2}$$

这里 S_0 是 (g, n, m) 型非例外曲面．

§32 有限型曲面的 Teichmüller 定理

32.1 (g, n) 型曲面的情况

定理 32.1 设 S_0 是 (g, n) 型非例外曲面，ω 是 S_0 上的一个允许二次微分．若 $f_0: S_0 \to S$ 是一个 Teichmüller 映射，其 Beltrami 微分为 $k\bar{\omega}/|\omega|$ $(k \in [0, 1))$，则 f_0 是它的同伦类中唯一极值映射，也即任意一个拟共形映射 $f: S_0 \to S$，$f \approx f_0$，一定有

$$K[f_0] \leqslant K[f], \tag{32.1}$$

其中等号仅当 $f = f_0$ 时成立.

证. 我们先讨论 $(g, 2n)$ 的情况，这里 g 与 n 满足下列条件: $g > 0, n \geqslant 1$ 或 $g = 0, n > 2$.

在这种情况下，由于穿孔点是偶数个，所以可以构造 S_0 与 S 的双层覆盖曲面 $\tilde{S}_0$ 与 $\tilde{S}$，使得它们在穿孔点处是分歧点[1]. 这时 $\tilde{S}_0$ 与 $\tilde{S}$ 的亏格为 $2g + n - 1 > 1$. 设 π_0 与 π 分别是 $\tilde{S}_0$ 与 $\tilde{S}$ 到 S_0 与 S 的投影. 现在考虑 f_0 与 f 的提升 $\tilde{f}_0$ 与 $\tilde{f}$. 显然，它们依然是拟共形的，而且 $\tilde{f}_0$ 还是 Teichmüller 映射. 现在来考査 $\tilde{f}_0$ 所伴随的二次微分. 由于上述双层覆盖曲面可以认为是沿着 n 条连结穿孔点的弧剪开后与同样复制曲面在剪开处交错粘合得到的，所以可以这样得到 ω 的提升 $\tilde{\omega}$; 在非穿孔点的上方点定义 $\tilde{\omega} = \omega$; 而在穿孔点 p_j 附近，若 ω 的局部表示为 $\varphi(z)dz^2$ (这里 z 是局部参数，p_j 对应于 $z = 0$)，则定义 $\tilde{\omega} = 4\zeta^2\varphi(\zeta^2)d\zeta^2$，这里 $\zeta = \sqrt{z}$ 是 p_j 的上方点 $\tilde{p}_j$ 的局部参数. 不难验证，这样确定的微分形式 $\tilde{\omega}$ 是 $\tilde{S}_0$ 上的全纯二次微分. 事实上，若原来的微分 ω 在穿孔点处的阶为 n (根据假定 $n \geqslant -1$)，那么在其上方点 $\tilde{\omega}$ 的阶为 $2n + 2$，总是非负的. 这就是说，虽然允许二次微分可能有一阶极点，但它的提升 $\tilde{\omega}$ 却是全纯的.

以上我们证明了 $\tilde{f}_0$ 是紧曲面 $\tilde{S}_0$ 到 $\tilde{S}$ 上的 Teichmüller 映射，其伴随二次微分 $\tilde{\omega}$ 是全纯的. 为了应用紧曲面上的 Teichmüller 定理，我们应当要求 $\tilde{f}$ 同伦于 $\tilde{f}_0$. 这是可以作到的，例如按照下述方法选择 $\tilde{f}$: 设 $\tilde{p}_0$ 是 $p_0 \in S_0$ 的一个上方点，而 $\tilde{p}_1 = \tilde{f}_0(p_0)$ 是 $p_1 = f_0(p_0)$ 的一个上方点. f 到 f_0 的同伦映射: $F(p, t): S_0 \times [0, 1] \to S$ $(F(p, 0) = f_0(p), F(p, 1) = f(p))$ 中点 $F(p_0, t)$ 的轨迹在 S 上描出了一条自 p_1 到 $p_2 = f(p_0)$ 的曲线，记之为 α. 过 $\tilde{p}_1$ 点提升 α，设提升后曲线的终点为 $\tilde{p}_2$ (p_2 的一个上方点). 那么，f 有一个唯一的提升 $\tilde{f}$ 使得 $\tilde{f}(\tilde{p}_0) = \tilde{p}_2$. 这个提升就同伦于 f_0.

---

1) 更确切地说，是把所有穿孔点补到曲面上，然后考虑它们的双层分歧覆盖.

根据定理 26.1，$K[\tilde{f}]\geqslant K[\tilde{f}_0]$，由此推出(32.1)，并且当且仅当 $f=f_0$ 时成立等号.

现在讨论 $(g, 2n-1)$ 型曲面的情况.

当 $(g, 2n-1)=(0, 3)$ 时，f_0 则是共形映射. 所以定理中的结论显然成立. 现在设 S_0 是 $(g, 2n-1)$ 型非例外曲面，且 $(g, 2n-1)\neq(0, 3)$. 这时我们作 S_0 与 S 的一个双层覆盖曲面 $\tilde{S}_0$ 与 $\tilde{S}$，使得它们在对应的 $2n-2$ 个穿孔点上是分歧点，这样 $\tilde{S}_0$ 与 $\tilde{S}$ 各有两个穿孔点(它们分别是 S_0 与 S 上的第 $2n-1$ 个穿孔点的上方点). 条件 $(g, 2n-1)\neq(0, 3)$ 保证了 $\tilde{S}_0$ 与 $\tilde{S}$ 是非例外曲面，因而问题归纳为已经讨论过的偶数穿孔点的情况. 再一次考虑 $\tilde{S}_0$ 与 $\tilde{S}$ 的双层有歧覆盖，并两次应用 Teichmüller 定理即得到(32.1).

上述讨论中唯一剩下了(0, 4)型曲面. 如果按照过去的办法，对这种曲面作双层覆盖，那么得到的是一个环面，而我们不能在环面上应用以前的 Teichmüller 定理. 为了克服这个困难，我们把环面上对应于穿孔点的点再一次看作穿孔点，这时就使 $\tilde{S}_0$ 与 $\tilde{S}$ 成为(1, 4)型曲面，又一次归结为已证明过的情况. 证毕.

定理 32.2 设 S_0 与 S_1 是两个 (g, n) 型非例外曲面，$f: S_0\to S_1$ 是给定的一个拟共形同胚. 则在 f 的同伦类中存在一个 Teichmüller 映射 f_0，其伴随二次微分是允许二次微分.

证. 像在上述定理的证明中一样，我们先讨论 n 是偶数的情况，并且假定 $(g, n)\neq(0, 4)$.

设 $\tilde{S}_0$ 与 $\tilde{S}_1$ 分别是 S_0 与 S_1 的一个双层覆盖曲面，在穿孔处是分歧点. 又设 $\tilde{f}$ 是 f 的一个提升. 在 $\tilde{S}_0$ 与 $\tilde{S}_1$ 上应用定理 27.1，可知在 $\tilde{f}$ 的同伦类中有一个 Teichmüller 映射 $\tilde{f}_0: \tilde{S}_0\to\tilde{S}_1$. 须要证明这个映射可以投影为 S_0 到 S 的映射.

设 $\tilde{\omega}$ 是 $\tilde{S}_0$ 上的全纯二次微分，是 $\tilde{f}_0$ 的伴随微分. 设 $h_j: \tilde{S}_j\to\tilde{S}_j$ 是关于投影 $\tilde{S}_j\to S_j$ 的非恒同覆盖变换，$j=0, 1$. 那么，由 h_0 与 h_1 的共形性可知

$$K[h_1\circ\tilde{f}_0\circ h_0^{-1}]=K[\tilde{f}_0].$$

另外一方面，显然有

$$h_1\circ\tilde{f}_0\circ h_0^{-1}\approx h_1\circ\tilde{f}\circ h_0^{-1}=\tilde{f}\approx\tilde{f}_0.$$

所以由唯一性定理推出

$$h_1\circ\tilde{f}_0\circ h_0^{-1}=\tilde{f}_0,$$

也即

$$h_1\circ\tilde{f}_0=\tilde{f}_0\circ h_0 \tag{32.2}$$

这表明 $\tilde{f}_0$ 可以投影为 $S_0\to S$ 的映射，记之为 f_0.

此外，$\tilde{f}_0$ 的伴随微分 $\tilde{\omega}$ 也是可以投影的. 事实上，(32.2)蕴含着 $\tilde{f}_0$ 的 Beltrami 微分对于 $\tilde{S}_0$ 的覆盖变换群是自守的，因而其伴随二次微分对于 $\tilde{S}_0$ 的覆盖变换群也是自守的，故可投影到 S_0 上.

命 ω 是 $\tilde{\omega}$ 的投影. 我们应当说明，ω 是 S_0 上的允许二次微分. 我们容易看出，这种投影的过程恰好是在上一个定理证明中二次微分提升过程的逆. ω 在非穿孔点处的全纯性是显然的；而在穿孔点处阶数变化如下[1]：假若 $\tilde{\omega}$ 在穿孔点的上方为正则点，则 ω 在该穿孔点为一阶极点；若 $\tilde{\omega}$ 在穿孔点的上方为零点，则 ω 在该穿孔点为正则点. 总之，ω 是允许二次微分.

对于其它情况（n 为奇数和 $(0,4)$ 型曲面）的讨论，完全类似于前一个定理的证明，可以归结于已证明的情况. 证毕.

32.2 (g,n,m) $(m\neq 0)$ 型曲面的情况

对于这种情况的讨论，方法上也很相似于 (g,n) 型曲面的情况，只不过是不考虑双层覆盖曲面，而考虑曲面的二重面.

设 $f_0:S_0\to S$ 是一个 Teichmüller 映射，其伴随二次微分 $\omega\in\tilde{Q}(S_0)$. 这里 S_0 与 S 都是非例外的 (g,n,m) 型曲面，$m\neq 0$. 又设 $f:S_0\to S$ 是拟共形映射，同伦于 f_0.

显然，f_0, ω, f 都可以对称延拓，使它们在 S_0^d 上有定义. 设 f_0, ω, f 的对称延拓分别是 f_0^d, ω^d, f^d, 那么 $f^d\approx f_0^d$（在 S_0^d 上）而 f_0^d 是以 ω^d 为伴随二次微分的 Teichmüller 映射. 于是根

1) 一般说来若 ω 在穿孔点为 n 阶的，则 $\tilde{\omega}$ 在该穿孔点的上方点为 $2(n+1)$ 阶的.

据定理 32.1，$K[f_0^d]\leqslant K[f^d]$． 再由对称性有 $K[f_0^d]=K[f_0]$，$K[f^d]=K[f]$．于是

$$K[f_0]\leqslant K[f].$$

这样，我们证明了

定理 32.3 对于非例外的有限型曲面而言，两个曲面间的 Teichmüller 映射(伴随二次微分是允许二次微分)是它的同伦类中唯一极值映射．

现在证明存在性定理．

设 S_0 与 S_1 是两个非例外 (g, n, m) 型曲面，$m\neq 0$．又设 $f:S_0\to S$ 是一个拟共形映射．

将 f 对称延拓为 $f^d:S_0^d\to S_1^d$． 那么在 f^d 的同伦类中一定有一个 Teichmüller 映射，其伴随二次微分为 S_0^d 上的允许二次微分．设它为 $f_0:S_0^d\to S_1^d$．我们要证明 $f_0|S_0$ 是 f 的同伦类中的 Teichmüller 映射，而其伴随二次微分是允许二次微分．

显然，问题的关键是证明 $f_0(S_0)=S_1$．

设 $g_j:S_j^d\to S_j^d$ 是对称映射，即将 p 点变成它的镜面像点 $\bar{p}$，$j=0, 1$．那么 g_0 与 g_1 是反共形映射． 因而 $g_1\circ f_0\circ g_0^{-1}$ 依然是拟共形的，并有

$$K[g_1\circ f_0\circ g_0^{-1}]=K[f_0].$$

另外一方面，

$$g_1\circ f_0\circ g_0^{-1}\approx g_1\circ f^d\circ g_0^{-1}=f^d\approx f_0.$$

由唯一性定理，$g_1\circ f_0\circ g_0^{-1}=f_0$，也即

$$g_1\circ f_0=f_0\circ g_0. \tag{32.3}$$

S_0 与 S_1 的每一条边界曲线分别在 g_0 与 g_1 变换下保持不变，并且反过来在 g_0 或 g_1 变换下保持不变的闭曲线一定是 S_0 或 S_1 的一条边界曲线．因此，由 (32.3) 推出，f_0 将 S_0 的边界曲线映射 S_1 的边界曲线，因而 f_0 将 S_0 映为 S_1．

这样，我们证明了

定理 32.4 设 S_0 与 S_1 是两个非例外的有限型曲面．又设 $f:S_0\to S_1$ 是一个拟共形映射．则在 f 的同伦类中一定有一个

Teichmüller 映射，其伴随二次微分为允许二次微分.

总之，我们把 Teichmüller 有关紧 Riemann 曲面上的结果推广到了非例外型的有限曲面上. 值得指出的是上述讨论方法是属于 Ahlfors 的.

对于非有限曲面，Teichmüller 的结果不一定成立. 这时问题十分复杂，我们甚至不知道在怎样的条件下，两个非有限曲面之间的一个同胚同伦类中一定有拟共形映射. 此外，这时曲面上的全纯二次微分的空间是无限维的，这带来了实质性的困难.

32.3 有限型曲面的 Teichmüller 空间

像过去对紧曲面的情形所做的那样，对于非例外 (g, n, m) 型曲面同样可以定义标记曲面和 Teichmüller 空间等概念，并且建立这种 Teichmüller 空间与某个高维欧氏空间的单位球的同胚.

设 S_0 是取定的一个非例外 (g, n, m) 型曲面. 又设 S 是同样类型的另一个曲面，$f: S_0 \to S$ 是一个拟共形同胚. 这时我们称 (S, f) 是一个标记 Riemann 曲面，或简称为标记曲面.

两个标记曲面 (S_1, f_1) 与 (S_2, f_2) 被称为是等价的，如果存在一个共形映射 $\varphi: S_1 \to S_2$ 同伦于 $f_2 \circ f_1^{-1}$.

标记曲面 (S, f) 的等价类记作 $[S, f]$. 全体这种等价类称为 S_0 的 Teichmüller 空间，记为 $T(S_0)$，或 $T_{g,n,m}$. 当 S_0 是 (g, n) 型曲面时，$T(S_0)$ 也记为 $T_{g,n}$.

根据这一节中我们已证明的定理，每一个标记曲面 (S, f) 对应于一个 Teichmüller 映射 $f_0: S_0 \to S$，其伴随二次微分属于 $\tilde{Q}(S_0)$. 换句话说，每一个标记曲面 (S, f) 都对应于一个 $\omega \in \tilde{Q}(S_0)$，而这个二次微分 ω 在忽略一个正的实数因子不计时是唯一确定的.

很容易看出，若 (S', f') 与 (S, f) 等价，则它们对应于同一个允许二次微分 ω. 事实上，若 $\varphi: S \to S'$ 是同伦于 $f' \circ f^{-1}$ 的共形映射，则 $\varphi \circ f_0$ 是 $f': S_0 \to S'$ 的同伦类中的 Teichmüller 映射. 由于拟共形映射复合以共形映射，其相应的复特征 (Beltrami 微分) 不

变，所以 $\varphi\circ f_0$ 的伴随二次微分与 f_0 的伴随二次微分相同（至多相差一个正的实常数因子）.

由此可见，每一个点 $\tau=[S, f]\in T_{g,n,m}$ 都对应于一个 $\omega\in\tilde{Q}(S_0)$.

为使 ω 唯一确定，我们要求它满足某种规范条件，比如

$$\iint_{S_0} dA_\omega=1,$$

或者是在 $\tilde{Q}(S_0)$ 选定一组基，要求 ω 在这组基下的坐标分量的平方和为 1.

现在我们采用后一种规范化的方法. 根据 (31.2) 可知，$\tilde{Q}(S_0)$ 是 $6g-6+2n+3m$ 维的实数域上的线性空间. 在作了上述规范化规定之后，每点 $[S, f]$ 所对应的 ω 可以看作是 $6g-6+2n+3m$ 维欧氏空间单位超球面上一个点. 另外一方面，(S, f) 所确定的 Teichmüller 映射还伴随一个实数 $k\in[0, 1)$、并且等价标记曲面对应于同一实数 k，也就是说每个 $[S, f]$ 对应于一个 k. 总之，每个点 $[S, f]\in T_{g,n,m}$ 都对应于一个 k 及 ω，而且不同的点 $[S, f]$ 对应于不同的 (k, ω). ω 可以视作是 $\boldsymbol{R}^{6g-6+2n+3m}$ 中单位超球面上的点（假定 ω 满足下列规范条件：在 $\tilde{Q}(S_0)$ 中的一组基下 ω 的坐标分量平方和为 1）. 这样一来，$T_{g,n,m}$ 就与 $\boldsymbol{R}^{6g-6+2n+3m}$ 中的单位球建立了一一对应. 显然，这种讨论完全与第八章中的讨论类似.

与过去一样，我们定义两点 $\tau_1=[S_1, f_1]$ 与 $\tau_2=[S_2, f_2]$ 的 Teichmüller 距离为

$$d_T(\tau_1, \tau_2)=\frac{1}{2}\log K[f_0],$$

其中 f_0 是 $f_2\circ f_1^{-1}: S_1\to S_2$ 的同伦类中的极值映射. 自然要问，这个度量是否是完备的？在这个度量之下，$T_{g,n,m}$ 与 $6g-6+2n+3m$ 维欧氏单位球的对应是否是同胚对应？这两个问题的回答都是肯定的. 在这里我们不打算写出证明，是想告诉读者，如果这样做，相当于重复第八章中的全部讨论，而没有任何实质性的差别.

与过去类似，可以定义 $T_{g,n,m}$ 的模群，记作 Mod(g, n, m). 如果用 $R_{g,n,m}$ 表示所有 (g, n, m) 型曲面的共形等价类，那么有

$$R_{g,n,m} = T_{g,n,m}/\text{Mod}\ (g, n, m).$$

这一点读者自己可以根据定义验证.

模群的离散性的证明要比过去复杂. 有兴趣的读者可以参阅 [1] 或其它文献.

最后我们指出，在 $m \neq 0$ 时 $T_{g,n,m}$ 空间与 $T_{g,n}$ 空间也有本质上的差别. 比如 $T_{g,n,m}$ 的维数可能是奇数，因而不可能把它看成复流形. 单从这一点就可以看出，一般说来 $T_{g,n,m}$ 空间上没有复解析理论. 但对于 $T_{g,n}$ 空间说来，其复解析理论与 T_g 空间有同样丰富的内容.

*　　*　　*　　*

注 1. 前三章中所讲的基本结果应归于 O. Teichmüller. 他的著名文章发表于30年代末及 40 年代初，但这些文章当时并没有引起人们的重视与承认. 这种情况一直到 Ahlfors 的文章 [2] (1954) 发表之后才告结束. Ahlfors 的文章促使人们用积极的态度去理解与消化 Teichmüller 的思想. 1960 年 Bers [11] 用现代的语言重新整理 Teichmuller 的证明. 在 Ahlfors 与 Bers 的带动与影响下，在 60 年代之后有不少人（见书末所列的文献）对于 Teichmüller 空间及与其有关的 Klein 群理论，进行了广泛而深入的研究，成为单复变理论最活跃的一个分支，并吸引着其它领域的数学家们的兴趣. 关于这方面的发展概况，请见 Ahlfors 在赫尔辛基世界数学家大会上的一小时报告"拟共形映射，Klein 群和 Teichmüller 空间"（见文献 [6] 或科学院数学所编的《数学译林》1978 年第 2 期). 更新一点的综合介绍有 Bers [20].

注 2. Teichmüller 的存在性定理现在已有了许多新的证明，如 Hamilton [39] 与 Klushkal [52]. Hamilton 的工作 [39] 给出了一般曲面上极值映射的复特征的必要条件，为开 Riemann 曲面上极值问题的研究奠定了基础. Klushkal 系统地发展了拟共形映射的变分方法，并把它用来研究各种极值问题. 在这方面有兴趣的读者可去阅读他的专著[53].

Teichmüller 的唯一性定理没有新的证明，现有的证明本质上都是属于 Teichmüller 本人的.

注 3. 半纯二次微分在 Teichmuller 定理的证明中和极值映射的描述上

都起着重要的作用.在 Teichmuller 把它引入到极值问题中来以后，Jenkins 与 Strebel 分别作了进一步深入的研究. Jenkins 的研究是为了讨论单叶函数问题，而 Strebel 的研究是为了讨论具有给定边界对应的拟共形映射的极值问题(参见 [44]，[75]).

注 4. Teichmüller 度量与 Riemann 曲面长度谱有密切的关系. 这一点已在 Wolpert 引理中看出. 利用 Riemann 曲面长度谱同样可以给出 Teichmüller 空间的一种度量. 这种度量的好处在于它的定义有明显的几何意义，并且不依赖于拟共形映射. 1972 年 Sorvali 曾提出这种度量是否拓扑等价于 Teichmüller 度量([78]).1975 年他证明了对于 T_1 (即环面的Teichmüller 空间)这是对的，并再一次提出对于 $T_g(g>1)$ 是否也成立的问题([79]).工作 [58] 完全肯定地回答了这个问题.

注 5. 1959 年 S.Kravetz [51] 研究了 T_g 空间的几何. 他证明了在 Teichmüller 度量下，$T_g(g>1)$ 空间是 Buseman 意义的直空间. 简单地说，过任意两点都有一条直线 (实轴到 T_g 空间的保距像)，而这条直线是唯一的过这两点的测地线.

Kravetz 在他的文章中宣称证明了 T_g 空间在下述意义下是负曲率的：任意三角形(边为直线段)的两腰中点的距离小于底边长度的一半，并应用这个结论解决了一个拓扑上的问题. 后来人们发现他的文章是错的. 1975 年 Masur 又以反例推翻了 T_g 空间是负曲率的结论. Masur 的工作基于 Jenkins-Strebel 微分([59]).

第十一章 Bers 有界嵌入定理

我们已经证明了 $T_g(g>1)$ 空间同胚于 $6g-6$ 维欧氏空间中的单位球. 尽管我们可以把这个单位球看作是 $\boldsymbol{C}^{3g-3}$ 中的一个区域,并由此给出 T_g 空间的一个复结构. 然而这样得到的复结构不是自然的,它依赖于原点的选取及其它许多人为的因素.

T_g 空间的自然的复结构首先由 Ahlfors 给出.后来 Bers 用拟共形映射的方法证明了 $T_g(g>1)$ 空间可以全纯嵌入到 $\boldsymbol{C}^{3g-3}$ 中的一个有界域.

本章的主要内容是介绍 Bers 的方法与结果

§33 Bers 嵌 入

33.1 T_g 空间的几个模型

设 S_0 是一个亏格为 $g(g>1)$ 的曲面. 又设 $(\boldsymbol{H}, \pi)$ 是 S_0 的万有覆盖曲面, G_0 (Fuchs 群)是覆盖变换群.

设 (S, f) 是一个标记曲面, $\tilde{f}$ 是 $f: S_0 \to S$ 的规范化提升, 即 $\tilde{f}$ 是 f 的提升,且满足条件

$$\tilde{f}(0)=0, \quad \tilde{f}(1)=1, \quad \tilde{f}(\infty)=\infty.$$

设 μ 是 $\tilde{f}$ 的复特征. 那么 μ 将满足下列条件

$$\left.\begin{aligned} \mu(\gamma(z))\frac{\overline{\gamma'(z)}}{\gamma'(z)} &= \mu(z), \quad \forall z\in \boldsymbol{H},\ \gamma\in G_0, \\ \|\mu\|_\infty &< 1. \end{aligned}\right\} \qquad (33.1)$$

我们用 $\mathscr{M}(G_0)$ 表示上半平面上全体满足 (33.1) 的有界可测函数的集合. 那么,每个标记曲面都对应于 $\mathscr{M}(G_0)$ 中的一个函数.

设 (S, f) 与 (S', f') 等价. 那么 $\mathscr{M}(G_0)$ 中的两个相应的函

数 $\mu=\mu_f$ 与 $\mu'=\mu_{f'}$ 有什么关系呢？我们知道，(S,f) 与 (S',f') 等价的充要条件是

$$\tilde{f}|R=\tilde{f}'|R. \tag{33.2}$$

（顺便指出：这个事实不仅对紧曲面成立，而且对一切第一类 Fuchs 群对应的曲面都成立，特别地，对非例外的 (g,n) 型曲面成立．这一点可由前面证明这个结论的过程看出．）

将 μ 按照下述公式

$$\mu(z)=\overline{\mu(\bar{z})},\quad z\in L. \tag{33.3}$$

对称延拓到下半平面 L．这时在全平面上以 μ 为复特征的并满足规范条件的拟共形映射被记为 f^μ．由 μ 的对称性很容易推出 $f^\mu|\boldsymbol{H}$ 是上半平面到自身的映射．按照这个记法．我们有

$$\tilde{f}=f^\mu|\boldsymbol{H},\quad \tilde{f}'=f^{\mu'}|\boldsymbol{H}.$$

于是 (33.2) 可写成

$$f^\mu|\boldsymbol{R}=f^{\mu'}|\boldsymbol{R} \tag{33.4}$$

这就是说，(S,f) 与 (S',f') 等价，则它们所对应的 μ 与 μ' 应满足关系 (33.4)．反之亦然．因此，我们很自然地把满足 (33.4) 的 μ 与 μ' 称为等价，并记为 $\mu\sim\mu'$．

这样，$T(S_0)$ 中的每一点 $[S,f]$ 都对应于 μ 的一个等价类 $[\mu]$．如果我们再证明了每一个等价类 $[\mu]$ 都有一个点 $[S,f]$ 与之对应，那么我们就可以用 $\mathscr{M}(G_0)/\sim$ 作为 $T(S_0)$ 的一个模型．

设 $\mu\in\mathscr{M}(G_0)$ 是任意给定的一个函数．那么 $f^\mu\circ\gamma(\gamma\in G_0)$ 与 f^μ 都是 Beltrami 方程

$$\partial_{\bar{z}}w=\mu\partial_z w,\quad z\in\boldsymbol{H}$$

的解．于是由相似原理，存在一个上半平面上的全纯函数 φ，使得 $f^\mu\circ\gamma=\varphi\circ f^\mu$，也即

$$\varphi=f^\mu\circ\gamma\circ(f^\mu)^{-1}.$$

这也就是说，$f^\mu\circ\gamma\circ(f^\mu)^{-1}$ 是共形映射．由于它是 $\boldsymbol{H}$ 到自身的映射，所以它一定是分式线性变换．

不难看出，$\{f^\mu\circ\gamma\circ(f^\mu)^{-1}:\gamma\in G_0\}$ 构成了一个与 G_0 同构的分式线性变换群．这个群记为 G^μ，并称为 G_0 的形变，

G_0 的每一个形变 G^μ 都是一个 Fuchs 群，而且由于 G_0 是第一类的，G^μ 也是第一类的.

我们考虑 $S^\mu = \boldsymbol{H}/G^\mu$. 这时 f^μ 可以投影为 $S_0 \to S^\mu$ 的一个拟共形映射，记之为 f. 那么，按照前面的定义，(S^μ, f) 就对应于给定的 μ. 因此，标记曲面到 $\mathscr{M}(G_0)$ 的对应是映满的. $T(S_0)$ 可以与 $\mathscr{M}(G_0)/\sim$ 建立一个满的一一对应.

$T(S_0)$ 的另一个模型就是 G_0 到 G^μ 的同构对应所组成的集合

$$T(G_0) = \{\chi_\mu: G_0 \to G^\mu, \mu \in \mathscr{M}(G_0)\}, \qquad (33.5)$$

其中 χ_μ 是同构对应 $\gamma \longmapsto f^\mu \circ \gamma \circ (f^\mu)^{-1}$.

现在我们来证明 $T(S_0)$ 与 $T(G_0)$ 有一个映满的一一对应. 事实上只要证明对应

$$[\mu] \longmapsto \chi_\mu \qquad (33.6)$$

是一一的就足够了.

首先应该说明 $[\mu] \longmapsto \chi_\mu$ 的定义的合理性，也即 χ_μ 应不依赖于 μ 的选取. 设 $\mu \sim \mu'$，那么根据定义，μ 与 μ' 满足条件 (33.4)，因而在实轴上 $f^\mu \circ \gamma \circ (f^\mu)^{-1}$ 与 $f^{\mu'} \circ \gamma \circ (f^{\mu'})^{-1}$ 有相同的边界值. 立即推出

$$f^\mu \circ \gamma \circ (f^\mu)^{-1} = f^{\mu'} \circ \gamma \circ (f^{\mu'})^{-1}, \quad \forall \gamma \in G_0,$$

也即 $\chi_{\mu_1} = \chi_{\mu_2}$.

其次证明对应 $[\mu] \longmapsto \chi_\mu$ 是一一的. 设 $[\mu_1] \neq [\mu_2]$，那么

$$f^{\mu_1}|\boldsymbol{R} \neq f^{\mu_2}|\boldsymbol{R}. \qquad (33.7)$$

假若 $\chi_{\mu_1} = \chi_{\mu_2}$，则有

$$f^{\mu_1} \circ \gamma \circ (f^{\mu_1})^{-1} = f^{\mu_2} \circ \gamma \circ (f^{\mu_2})^{-1}, \quad \forall \gamma \in G_0.$$

对等式双方作 n 次复合即得

$$f^{\mu_1} \circ \gamma^n \circ (f^{\mu_1})^{-1} = f^{\mu_2} \circ \gamma^n \circ (f^{\mu_2})^{-1}, \quad \forall \gamma \in G_0.$$

令 $n \to \infty$，$\gamma^n \circ (f^{\mu_1})^{-1}$ 与 $\gamma^n \circ (f^{\mu_2})^{-1}$ 趋于 γ 的同一不动点 $x \in \boldsymbol{R} \cup \{\infty\}$. 因此，对于 G_0 的全体元素（单位元素除外）的不动点 x 都有

$$f^{\mu_1}(x) = f^{\mu_2}(x).$$

这样的 x 的全体在 $\boldsymbol{R}$ 上是稠密的，因而 f^{μ_1} 与 f^{μ_2} 在实轴上有相同边界值．这与 (33.7) 矛盾．这就证明了 $\chi_{\mu_1}\neq\chi_{\mu_2}$，从而证明了 $T(S_0)$ 与 $T(G_0)$ 之间的对应 $[\mu]\longmapsto\chi_\mu$ 是一一的．

从这个讨论中可以看出，$T(S_0)$ 中的每一个点 $[S, f]$ 由 f 的规范化提升 $\tilde{f}$ 在实轴上的限制所唯一确定．因此，也可以把

$$\{f^\mu|\boldsymbol{R}: \mu\in\mathscr{M}(G_0)\} \tag{33.8}$$

作为 $T_{g,n}$ 的模型．

像过去一样，我们记 f_μ 是 $\bar{\boldsymbol{C}}$ 到自身的拟共形映射，满足规范条件

$$f_\mu(0)=0,\ f_\mu(1)=1,\ f_\mu(\infty)=\infty,$$

并且其复特征在上半平面为给定的函数 μ，在下半平面为 0．在这样的记法下，我们有

引理 33.1 设 μ_1 与 μ_2 是上半平面上的两个有界可测函数，$\|\mu_1\|_\infty<1$，$\|\mu_2\|_\infty<1$．则等式

$$f^{\mu_1}|\boldsymbol{R}=f^{\mu_2}|\boldsymbol{R} \tag{33.9}$$

成立的充要条件是

$$f_{\mu_1}|\boldsymbol{R}=f_{\mu_2}|\boldsymbol{R}. \tag{33.10}$$

证．假定 (33.9) 成立，我们证明 (33.10)．命

$$g(z)=\begin{cases}(f^{\mu_2})^{-1}\circ f^{\mu_1}, & z\in\boldsymbol{H};\\ z, & z\in L,\end{cases}$$

其中 L 表示下半平面．则 g 是 $\bar{\boldsymbol{C}}$ 到自身的拟共形映射．又命 $h(z)=f_{\mu_1}\circ g^{-1}(z)$，则 $w=h(z)$ 满足 Beltrami 方程：

$$\partial_{\bar{z}}w=\mu_2\partial_z w,\ z\in\boldsymbol{H};$$

而在下半平面上，$w=h(z)$ 是共形映射，因为 f_{μ_1} 在 L 上是共形映射．此外，$w=h(z)$ 显然满足规范条件．所以，根据定义 $h(z)=f_{\mu_2}(z)$，也即

$$f_{\mu_1}\circ g^{-1}(z)=f_{\mu_2}(z),\ \forall z\in\bar{\boldsymbol{C}}.$$

特别地，$f_{\mu_1}\circ g^{-1}|\boldsymbol{R}=f_{\mu_2}|\boldsymbol{R}$．注意到 g 在实轴上是恒同映射，即得到 (33.10)．

反过来，现在假定 (33.10) 成立，证明 (33.9) 成立．由于 f_{μ_1}

与 f_{μ_2} 在实轴上取相同的值，所以，$f_{\mu_1}\circ(f^{\mu_1})^{-1}$ 与 $f_{\mu_2}\circ(f^{\mu_2})^{-1}$ 把上半平面变成相同的区域. 另一方面，由于 f_{μ_1} 与 f^{μ_1} 在上半平面上有相同的复特征，所以 $f_{\mu_1}\circ(f^{\mu_1})^{-1}$ 在上半平面上是共形的. 同理，$f_{\mu_2}\circ(f^{\mu_2})^{-1}$ 也是如此. 再注意到 f_{μ_1}, f^{μ_1} 的规范性条件，可知 $f_{\mu_1}\circ(f^{\mu_1})^{-1}$ 保持 0, 1, ∞ 不动. 当然 $f_{\mu_2}\circ(f^{\mu_2})^{-1}$ 也是如此. 这样，在上半平面上 $f_{\mu_1}\circ(f^{\mu_1})^{-1}$ 与 $f_{\mu_2}\circ(f^{\mu_2})^{-1}$ 是同一个共形映射. 特别地，它在实轴上取相同的值，即

$$f_{\mu_1}\circ(f^{\mu_1})^{-1}|\boldsymbol{R}=f_{\mu_2}\circ(f^{\mu_2})^{-1}|\boldsymbol{R}.$$

而 f_{μ_1} 与 f_{μ_2} 在 $\boldsymbol{R}$ 上取相同的值，立即推出 (33.9). 证毕.

由这个引理可知，可以用 $f_\mu|\boldsymbol{R}$ 来替代 $f^\mu|\boldsymbol{R}$ 作为 $T(S_0)$ 空间中点的代表. 由于 f_μ 在下半平面是共形的，所以单叶函数 $f_\mu|L$ 与 $f_\mu|\boldsymbol{R}$ 是一一对应的. 总之，我们又可把

$$\{f_\mu|L:\mu\in\mathscr{M}(G_0)\}$$

作为 $T(S_0)$ 或 $T(G_0)$ 的一个模型.

33.2 Fuchs 群的 Teichmüller 空间

我们把上半平面 $\boldsymbol{H}$ 上满足 (33.1) 的有界可测函数 μ 称为关于 G_0 的 Beltrami 微分. 任意给定关于 G_0 的一个 Beltrami 微分，则 G_0 有一个相应的形变 G^μ，并有一个 G_0 到 G^μ 的同构对应

$$\chi_\mu:\gamma\longmapsto f^\mu\circ\gamma\circ(f^\mu)^{-1}.$$

前面的讨论表明，全体这样的同构所组成的集合 $T(G_0)$，在 $\boldsymbol{H}/G_0$ 是一个亏格 >1 的紧曲面 S_0 时，与 $T(S_0)$ 有一个双方的一一对应.

现在，如果我们不是从曲面 $S_0=\boldsymbol{H}/G_0$ 出发，而是从群 G_0 出发，并且不限定 $\boldsymbol{H}/G_0$ 是个紧曲面，甚至也不限定 G_0 是第一类 Fuchs 群，只假定 G_0 是一个 Fuchs 群或保持上半平面的初等群，这时我们同样可以定义它的 Beltrami 微分，变形以及 $T(G_0)$. 我们称 $T(G_0)$ 为 G_0 的 Teichmüller 空间.

显然，$T(G_0)$ 是 $T(S_0)$ 的一个自然推广.

特别地，当 G_0 只包含一个单位元素时，任何一个函数 μ，

$\|\mu\|_\infty < 1$，都是 G_0 的 Beltrami 微分．而这时 $\mathscr{M}(G_0)$ 正是在 § 21 中定义的 $\mathscr{M}$，$T(G_0)$ 就是那里的万有 Teichmüller 空间 T.

33.3 Bers 嵌入的定义

现在我们仍然假定 G_0 是相应于亏格 $g > 1$ 的紧 Riemann 曲面 S_0 的 Fuchs 群．我们已经知道，$T(S_0)$ 可以用下半平面上的一族单叶函数

$$\{f_\mu | L : \mu \in \mathscr{M}(G_0)\}$$

作为它的模型．命

$$\varphi_\mu = S_{f_\mu | L},$$

其中 S 表示 Schwarz 导数，并用 $\|\varphi_\mu\|$ 表示 φ_μ 在下半平面的范数：

$$\|\varphi_\mu\| = \sup_{z \in L}\{|y|^2 |\varphi_\mu(z)|\}.$$

由 φ_μ 的单叶性可知，

$$\|\varphi_\mu\| < 3/2.$$

这也就是说，映射

$$\Psi : [\mu] \longmapsto \varphi_\mu \equiv S_{f_\mu | L}$$

把 Teichmüller 空间中的点映入到 Banach 空间 $A(L)$ （定义见 § 21.3）中的一个球内．这个映射在研究万有 Teichmüller 空间中就考虑过．但是，现在的 μ 不是任意的可测函数，而是与群 G_0 有关．所以我们应该比万有 Teichmüller 空间得到更多的信息．

对于任意一个 $\mu \in \mathscr{M}(G_0)$，不难看出

$$\gamma_\mu = f_\mu \circ \gamma \circ f_\mu^{-1}$$

是分式线性变换．由 Schwarz 导数的性质，我们有

$$\begin{aligned} \varphi_\mu &= S_{\gamma_\mu \circ f_\mu} \equiv S_{f_\mu \circ \gamma} \\ &= (S_{f_\mu} \circ \gamma)\gamma'^2 \\ &= (\varphi_\mu \circ \gamma)\gamma'^2, \quad \forall \gamma \in G_0. \end{aligned}$$

这表明 $\varphi_\mu dz^2$ 关于群 G_0 满足一种自守关系．我们称 $\varphi_\mu dz^2$ 为关于 G_0 的一个二次微分．一般地说，若 G_0 是一个 Fuchs 群，则称满足关系式

$$\varphi(z)=\varphi(\gamma(z))[\gamma'(z)]^2,\ \forall\gamma\in G_0,\ z\in L,$$

并在 L 上全纯微分 $\varphi(z)dz^2$ 为关于 G_0 的一个二次微分. 全体这种二次微分中使得

$$\|\varphi\|=\sup_{z\in L}|y^2\varphi(z)|<\infty\quad(y=\operatorname{Im}z)$$

的元素所组成的集合记作 $Q(G_0, L)$. 以 $\|\varphi\|$ 为范数 $Q(G_0, L)$ 就构成了一个 Banach 空间. 显然,它是 $A(L)$ 的一个子集合.

现在我们仍然假定 G_0 是 S_0 对应的 Fuchs 群,我们把 $T(S_0)$ 中的点看作是关于 G_0 的 Beltrami 微分的等价类 $[\mu]$. 映射

$$\Psi:[\mu]\longmapsto\varphi_\mu\equiv S_{f_\mu|L}$$

称为 Bers 嵌入. 它把 $T(S_0)$ 映入到 $Q(G_0, L)$ 之中,并成为其中的有界集合.

33.4 Bers 嵌入定理

现在我们进一步证明 Ψ 是连续映射,而像集合是一个区域(连通开集).

当我们用 $[\mu]$ 表示 $T(S_0)$ 中的点时, $T(S_0)$ 中任意两点的 Teichmüller 距离可写成如下形式

$$d_T([\mu],[\nu])=\frac{1}{2}\log\inf_{\substack{\tilde\mu\in[\mu]\\ \tilde\nu\in[\nu]}}\left[\frac{1+\left\|\dfrac{\tilde\mu-\tilde\nu}{1-\bar{\nu}\tilde\mu}\right\|_\infty}{1-\left\|\dfrac{\tilde\mu-\tilde\nu}{1-\bar{\tilde\nu}\tilde\mu}\right\|_\infty}\right].$$

这个公式的推导完全与 (21.4) 相同.

引理 33.2 Ψ 是一个连续映射.

证. 设 $[\mu]$ 与 $[\nu]$ 是 $T(S_0)$ 中的任意两个点. 那么,

$$\|\varphi_\mu-\varphi_\nu\|=\|S_{f_\mu\circ f_\nu^{-1}}\|_{f_\nu(L)}.$$

又根据引理 21.1,

$$\|S_{f_\mu\circ f_\nu^{-1}}\|_{f_\nu(L)}\leqslant 3\left\|\frac{\mu-\nu}{1-\bar{\nu}\mu}\right\|_\infty.$$

显然,当 $d_T([\mu],[\nu])<\delta/2$ 时,我们可以在 $[\mu]$ 与 $[\nu]$ 的等价类中选择适当的 μ 与 ν 使得

$$\left\|\frac{\mu-\nu}{1-\bar{\nu}\mu}\right\|_{\infty}\leqslant\frac{e^{\delta}-1}{e^{\delta}+1}<\frac{1}{2}(e^{\delta}-1).$$

这就是说，我们证明了

$$d_T([\mu],[\nu])<\delta/2\Rightarrow\|\varphi_\mu-\varphi_\nu\|<\frac{3}{2}(e^{\delta}-1).$$

即证明了Ψ的连续性．证毕．

由Ψ的连续性及$T(S_0)$的弧连通性立即推出$\Psi(T(S_0))$是弧连通的．

引理 33.3 $\Psi([0])$是$\Psi(T(S_0))$的内点．

证．点[0]是包含$\mu\equiv 0$的等价类，因而$\Psi([0])=0$，即$Q(G_0,L)$的处处为零的微分．事实上，当$\mu\equiv 0$时，$f_\mu\equiv z$，$\varphi_\mu\equiv 0$．

为了证明$\Psi([0])$是$\Psi(T(S_0))$是内点，我们证明任意一个$\varphi\in Q(G_0,L)$，只要$\|\varphi-0\|<1/2$，则$\varphi\in\Psi(T(S_0))$．

设w_1与w_2是方程式

$$w''+\frac{1}{2}\varphi w=0$$

的两个解，且满足条件$w_1'w_2-w_1w_2'=1$．根据过去对 Schwarz 导数的讨论可知：

$$S_{\frac{w_1}{w_2}}=\varphi.$$

令$\phi=w_1/w_2$，则

$$\|S_\phi\|=\|\varphi\|<1/2.$$

这意味着ϕ是个单叶函数，且能拟共形开拓到全平面．(注意φ是定义在L内的，所以ϕ是L内的单叶解析函数．)根据§20中的结果，ϕ的拟共形延拓的复特征可以取为[1]

$$\mu(z)=-2y^2\varphi(\bar{z}),\quad z=x+iy\in\boldsymbol{H}.$$

显然，只要我们证明了$\mu\in\mathscr{M}(G_0)$就足够了．因为这时ϕ与f_μ只差一个分式线性变换，而分式线性变换不改变 Schwarz 导

1) 见定理 20.3 的证明，只要将其中的拟共形反射g取为关于实轴的对称变换$z\mapsto\bar{z}$即可．

数的值，也即

$$S_{f_\mu|L} = S_\psi = \varphi.$$

这就推出 $\varphi = \varphi_\mu \in \Psi(T(S_0))$.

现在证明 $\mu \in \mathscr{M}(G_0)$. 首先，我们有

$$\|\mu(z)\|_\infty = 2\|\varphi\| < 1$$

其次，对于任意一个 $\gamma \in G_0$,

$$\begin{aligned}(\mu\circ\gamma)\frac{\overline{\gamma'(z)}}{\gamma'(z)} &= -2(\operatorname{Im}\gamma(z))^2\varphi(\overline{\gamma(z)})\frac{\overline{\gamma'(z)}}{\gamma'(z)}\\ &= -2(\operatorname{Im}\gamma(z))^2\varphi(\bar{z})/|\gamma'(z)|^2\\ &= -2y^2\varphi(\bar{z}) = \mu(z),\end{aligned}$$

即 $\mu \in \mathscr{M}(G_0)$. 引理证毕.

引理 33.4 (Earle) 设 μ 是上半平面上的可测函数，且 $\|\mu\|_\infty < 1$. 则 $\varphi_\mu \equiv S_{f_\mu|L}$ 是 $Q(G_0, L)$ 的元素的充要条件是

$$f^\mu\circ\gamma\circ(f^\mu)^{-1}|\boldsymbol{R}(\forall\gamma \in G_0)$$

是分式线性变换.

证. 先证充分性. 设 $f^\mu\circ\gamma\circ(f^\mu)^{-1}|\boldsymbol{R}$ 是分式线性变换 h. 则在 $f_\mu(\boldsymbol{R})$ 上有

$$f_\mu\circ\gamma\circ f_\mu^{-1} = f_\mu\circ(f^\mu)^{-1}\circ h\circ f^\mu\circ f_\mu^{-1}.$$

这个等式左端在 $f_\mu(\boldsymbol{L})$ 上全纯，而右端在 $f_\mu(\boldsymbol{H})$ 内全纯，从而使得 $f^\mu\circ\gamma\circ f_\mu^{-1}$ 在整个复平面上全纯. 这样，它是一个分式线性变换.

由此推出

$$S_{f_\mu\circ\gamma|_L} = S_{f_\mu|L}, \ \forall\gamma \in G_0. \tag{33.11}$$

但是，根据 Schwarz 导数的性质，我们又有

$$S_{f_\mu\circ\gamma|L} = (S_{f_\mu|L}\circ\gamma)\gamma'^2.$$

所以，

$$(S_{f_\mu|L}\circ\gamma)\gamma'^2 = S_{f_\mu|L}, \ \forall\gamma \in G_0,$$

也即 $\varphi_\mu \in Q(G_0, L)$.

反过来，现在假定 $\varphi_\mu = S_{f_\mu|L} \in Q(G_0, L)$, 我们证明 $f^\mu\circ\gamma\circ(f^\mu)^{-1}|\boldsymbol{R}$ 是分式线性变换（对于一切的 $\gamma \in G_0$). $\varphi_\mu \in Q(G_0, L)$ 蕴含着 (33.11) 成立，而这意味着 $f_\mu\circ\gamma|L = h\circ f_\mu|L$, h 是一个分

式线性变换，也即 $f_\mu\circ\gamma\circ f_\mu^{-1}$ 在 $f_\mu(L)$ 上是分式线性变换．另外一方面，在实轴上有

$$f^\mu\circ\gamma\circ(f^\mu)^{-1}=f^\mu\circ f_\mu^{-1}\circ h\circ f_\mu\circ(f^\mu)^{-1}.$$

这个等式右端是上半平面的共形映射，且保持上半平面不变，因此在上半平面是分式线性变换．特别地，上式右端在实轴上是分式线性变换．由此推出 $f^\mu\circ\gamma\circ(f^\mu)^{-1}$ 也是如此．证毕．

定理 33.1 (Bers) $\Psi(T(S_0))$ 是一个连通开集．

证．连通性已由引理 33.2 及 $T(S_0)$ 的连通性所保证．现在只须要证明 $\Psi(T(S_0))$ 是一个开集．

设 φ_{μ_0} 是 $\Psi(T(S_0))$ 中任意取定的一点，$\mu_0\in\mathscr{M}(G_0)$．这时 μ_0 定义了一个变换

$$\chi:\varphi_\mu\longmapsto\varphi_\lambda,$$

其中 $\mu\in\mathscr{M}$（定义见 § 21)，λ 是根据下列关系式确定的：

$$f^\lambda=f^\mu\circ(f^{\mu_0})^{-1}.$$

若 $\varphi_\mu=\varphi_\nu$，则 $f^\mu|\boldsymbol{R}=f^\nu|\boldsymbol{R}$．因此，

$$f^\mu\circ(f^{\mu_0})^{-1}|\boldsymbol{R}=f^\nu\circ(f^{\mu_0})^{-1}|\boldsymbol{R}.$$

我们假定 λ 与 λ' 分别是 $f^\mu\circ(f^{\mu_0})^{-1}$ 与 $f^\nu\circ(f^{\mu_0})^{-1}$ 的复特征．上式可写为

$$f^\lambda|\boldsymbol{R}=f^{\lambda'}|\boldsymbol{R}.$$

由此又推出

$$f_\lambda|\boldsymbol{R}=f_{\lambda'}|\boldsymbol{R}.$$

因而 $f_\lambda|L=f_{\lambda'}|L$，也即 $\varphi_\lambda=\varphi_{\lambda'}$．这就证明 $\chi(\varphi_\mu)=\chi(\varphi_\nu)$．由此可见，$\chi$ 的定义是合理的，没有二义性；也就是说，φ_μ 的像不依赖于 μ 的选取．

显然，χ 是一个一一的映射，并且把 φ_{μ_0} 变成 0 点(即 $\varphi\equiv 0$)．

现在证明 χ 是连续的．设

$$\|\varphi_{\mu_n}-\varphi_\mu\|\to 0\ (n\to\infty).$$

那么

$$\|S_{f_{\mu_n}\circ f_\mu^{-1}}\|_{f_\mu(L)}\to 0\ (n\to\infty).$$

设 f_μ 是 K 拟共形映射．则 $f_\mu(L)$ 是一个 K 拟圆．由定理 20.3 可

知,存在一个 $\varepsilon(K)>0$ 及 ν_n 使得

$$f_{\nu_n}|L=f_{\mu_n}\circ f_\mu^{-1}|L$$

且当 n 充分大时有

$$\|\nu_n\|_\infty\leqslant\|S_{f_{\mu_n}\circ f_\mu^{-1}}\|_{f_\mu(L)}/\varepsilon(K).$$

显然,我们可以在 μ_n 的等价类中选取适当的 $\tilde{\mu}_n$ 使得 $f_{\nu_n}=f_{\tilde{\mu}_n}\circ f_\mu^{-1}$ 在全平面上成立. 我们不妨设原来的 μ_n 就有这样的性质. 这时,

$$\|\nu_n\|_\infty=\left\|\frac{\mu-\mu_n}{1-\bar{\mu}_n\mu}\right\|_\infty.$$

因此,对于这样取的 μ_n, $\|\mu_n-\mu\|_\infty\to 0\ (n\to\infty)$. 设 $\varphi_{\lambda_n}=\chi(\varphi_{\mu_n})$, $\varphi_\lambda=\chi(\varphi_\mu)$, 则

$$\|\varphi_{\lambda_n}-\varphi_\lambda\|=\|S_{f_{\lambda_n}\circ f_\lambda^{-1}}\|_{f_\lambda(L)}.$$

根据定理 21.1 有

$$\|S_{f_{\lambda_n}\circ f_\lambda^{-1}}\|_{f_\lambda(L)}\leqslant 3\|\tilde{\nu}_n\|_\infty,$$

这里 $\tilde{\nu}_n$ 是 $f_{\lambda_n}\circ f_\lambda^{-1}$ 的复特征. 但是,根据定义,

$$f_{\lambda_n}\circ f_\lambda^{-1}=f_{\mu_n}\circ f_{\mu_0}^{-1}\circ f_{\mu_0}\circ f_\mu^{-1}=f_{\mu_n}\circ f_\mu^{-1}.$$

所以,$\tilde{\nu}_n$ 就是 ν_n. 我们已经证明了 $\|\nu_n\|\to 0\ (n\to\infty)$, 因此,$\|\varphi_{\lambda_n}-\varphi_\lambda\|\to 0\ (n\to\infty)$. 这就证明了 χ 的连续性.

现在我们讨论 χ 在 $Q(G_0, L)$ 上的作用[1].

首先,若 $\varphi_\mu\in Q(G_0, L)$, 则 $\chi(\varphi_\mu)\in Q(G^{\mu_0}, L)$, 其中 G^{μ_0} 是 G_0 的形变:

$$G^{\mu_0}=\{f^{\mu_0}\circ\gamma\circ(f^{\mu_0})^{-1}:\forall\gamma\in G_0\}.$$

事实上,对于 G^{μ_0} 中任意一个元素 $\tilde{\gamma}=f^{\mu_0}\circ\gamma\circ(f^{\mu_0})^{-1}$, 我们有

$$f^\lambda\circ\tilde{\gamma}\circ(f^\lambda)^{-1}=f^\mu\circ\gamma\circ(f^\mu)^{-1},\tag{33.12}$$

其中 λ 是 $\chi(\varphi_\mu)=\varphi_\lambda$ 确定的. 根据引理 33.4 及 $\varphi_\mu\in Q(G_0, L)$ 可知,(33.12) 右方对一切 $\gamma\in G_0$ 都在实轴上是分式线性变换.由此推出,(33.12)的左方在实轴上对任意 $\tilde{\gamma}\in G^{\mu_0}$ 都是分式线性变换. 再一次应用引理 33.4, 即推出 $\varphi_\lambda\in Q(G^{\mu_0}, L)$.

其次,我们注意到 χ^{-1} 可以按照下述方式定义:$\chi^{-1}:\varphi_\lambda\longmapsto\varphi_\mu$,

---

1) 前面的讨论中只要求 $\mu\in\mathscr{M}$, 而没有要求 $\mu\in\mathscr{M}(G_0)$. 所以 χ 实际上是万有 Teichmuller 空间上的自映射.

其中 μ 是根据 λ 依下列关系式决定:

$$f^{\mu} = f^{\lambda}\circ f^{\mu_0}.$$

我们可将这一关系式写成

$$f^{\mu} = f^{\lambda}\circ(f^{\lambda_0})^{-1}$$

其中 λ_0 是 f^{μ_0} 的逆映射的复特征. 由此可见 χ^{-1} 在形式上完全与 χ 一致. 因此, χ^{-1} 也是连续的, 并且每一个 $\varphi_\lambda \in Q(G^{\mu_0}, L)$ 都有 χ 的逆像.

总之, 我们证明 $\chi | Q(G_0, L)$ 是 $Q(G_0, L)$ 到 $Q(G^{\mu_0}, L)$ 的同胚.

设 $S^{\mu_0} = H/G^{\mu_0}$, 则 $\chi(\Psi(T(S_0))) = \Psi(T(S^{\mu_0}))$, 而且 χ 把 φ_{μ_0} 变成 0, 即 $T(S^{\mu_0})$ 的原点在 Ψ 下的像. 根据引理 33.3, 这个点在 $\Psi(T(S^{\mu_0}))$ 中是内点. 由 χ 的同胚性可知, φ_{μ_0} 是 $\Psi(T(S_0))$ 的内点. 定理证毕.

以上我们证明了 $T(S_0)$ 同胚于 $Q(G_0, L)$ 中的一个有界域. 但是, $Q(G_0, L)$ 实际上是曲面 L/G_0 上的全纯二次微分的提升的全体,所以 $Q(G_0, L)$ 是一个 $3g-3$ 维复域上的线性空间. 取 $Q(G_0, L)$ 的一组基 $\varphi_1, \cdots, \varphi_{3g-3}$. 那么, $T(S_0)$ 的 Bers 嵌入像 $\Psi(T(S_0))$ 中的任何一点 φ_μ 都可以表示为

$$\varphi_\mu = t_1\varphi_1 + \cdots + t_{3g-3}\varphi_{3g-3}.$$

这样复数坐标 $(t_1, \cdots, t_{3g-3})$ 就可以相应地作为 $T(S_0)$ 中的点的复参数.

这组复参数使亏格为 $g(g>1)$ 的 Riemann 曲面构成一个全纯族. 这是下一节要证的事实.

§34 Bers 纤维空间

34.1 全纯族的概念与 Bers 纤维空间

依照 Kodaira 与 Spencer, 闭 Riemann 曲面的全纯族定义如下:

设 V 是一个 $(n+1)$ 维复流形, 而 M 是一个 n 维复流形. 若

有一个V到M的满的全纯映射 $\pi: V \to M$，满足下列条件：

(i) π 的微分处处是一个满射；

(ii) 每个紧集的逆像是紧集；

(iii) 每个 $\tau \in M$ 使得纤维 $\pi^{-1}(\tau)$ 是一个闭的 Riemann 曲面，则 (V, M, π) 被称作构成了闭 Riemann 曲面的全纯族.

现在我们来考虑怎样利用前一节的结果做成这样的全纯族.

我们将 $T(S_0)$ 在 Bers 嵌入下的像 $\Psi(T(S_0))$ 记作 T_{G_0}. 对于每一个 $\varphi \in T_{G_0}$, 则存在一个 $\mu \in \mathscr{M}(G_0)$ 使得 $\varphi = \varphi_\mu$, 并且有一个区域 $f_\mu(\boldsymbol{H})$ 与φ相对应. 这个区域是一个拟圆，它不依赖于μ的选择，而由φ唯一确定. 我们把它记为D_φ.

此外，对于每一个 $\varphi = \varphi_\mu \in T_{G_0}$, 还有一个唯一确定的 Fuchs 群 $f_\mu G_0 f_\mu^{-1}$, 记之为 G_φ.

显然，D_φ/G_φ 就代表着φ所对应的 $T(S_0)$ 的点的 Riemann 曲面.

我们定义

$$F(G_0) = \{(\varphi, z): \varphi \in T_{G_0}, z \in D_\varphi\}$$

并定义群 G_0 在 $F(G_0)$ 上的作用是

$$\gamma(\varphi, z) = (\varphi, \gamma_\varphi(z)), \quad \forall \gamma \in G_0,$$

其中

$$\gamma_\varphi = f_\mu \circ \gamma \circ f_\mu^{-1} \in G_\varphi, \quad \varphi = \varphi_\mu.$$

我们考虑商空间 $V(G_0) = F(G_0)/G_0$. 那么投影 $(\varphi, z) \longmapsto \varphi$ 诱导了 $V(G_0) \to T_{G_0}$ 的一个投影 π. 这时 $\pi^{-1}(\varphi)$ 就是 D_φ/G_φ.

$F(G_0)$ 被称为 Bers 纤维空间.

我们将证明 $(V(G_0), T_{G_0}, \pi)$ 是全纯族.

34.2 Bers 定理

为了证明 $(V(G_0), T_{G_0}, \pi)$ 是全纯族，首先应该说明 $V(G_0) = F(G_0)/G_0$ 是一个 $3g-2$ 维复流形. 这一点只要说明 G_0 在 $F(G_0)$ 上的作用是间断的就足够了. 为此目的，我们以下证明，对于任意一点 $(\varphi_0, z_0) \in F(G_0)$, 存在一个邻域$N$, 使得 $\gamma(N) \cap N = \phi$,

对于一切非单位元素 $\gamma \in G_0$ 成立. 事实上，如果此事不成立，则存在 $(\varphi_n, z_n) \in F(G_0)$ 及 $\gamma_n \in G_0 - \{I\}$，使得 $z_n \to z_0\ (n \to \infty)$ 且

$$\gamma_n(\varphi_n, z_n) \to (\varphi_0, z_0)\ \ (n \to \infty).$$

这意味着

$$(\varphi_n, (\gamma_n)_{\varphi_n}(z_n)) \to (\varphi_0, z_0)\ \ (n \to \infty),$$

其中

$$(\gamma_n)_{\varphi_n} = f_{\mu_n} \circ \gamma_n \circ f_{\mu_n}^{-1},\ \ \varphi_n = S_{f_{\mu_n}|L}.$$

$\varphi_n \to \varphi_0$ 蕴含着可取 μ_n 满足下述条件

$$\|\mu_n - \mu_0\|_\infty \to 0\ \ (n \to \infty),\ \ \varphi_0 = S_{f_{\mu_0}|L}.$$

由这一点又推出，在 $\boldsymbol{C}$ 内任意闭集上 f_{μ_n} 一致收敛于 f_{μ_0}. 因此，我们有

$$(\gamma_n)_{\varphi_0}(z_n) \to z_0\ \ (n \to \infty).$$

注意到 $z_n \to z_0\ (n \to \infty)$，由上式推出，对 z_0 的任意小的邻域 U，当 n 充分大时，

$$(\gamma_n)_{\varphi_0}(U) \cap U \neq \phi,\ \ \gamma_n \in G_0 - \{I\}.$$

这与 Fuchs 群 G_{φ_0} 的间断性矛盾（注意 G_{φ_0} 中没有椭圆型元素）. 这样我们证明了 G_0 在 $F(G_0)$ 上是间断群.

现在我们来说明 $V(G_0)$ 是 $3g-2$ 维复流形. 我们用 $[\varphi, z]$ 来代表 $V(G_0)$ 中的点，它实际上是 $F(G_0)$ 中全体与 (φ, z) 等价（关于 G_0）的点的集合. 设 $[\varphi_0, z_0]$ 是 $V(G_0)$ 中任意一点. 我们依据它的代表 (φ_0, z_0) 来给出它的局部参数. 对于点 (φ_0, z_0)，存在一个邻域 $N \subset F(G_0)$，使得 $(\varphi_0, z_0) \in N$，且

$$\gamma(N) \cap N = \phi,\ \ \forall \gamma \in G_0 - \{I\}.$$

这也就是说，集合 N 与 $N' = \{[\varphi, z] : (\varphi, z) \in N\}$ 可以建立一一对应 $(\varphi, z) \longmapsto [\varphi, z]$. 这样，我们可以用点 (φ, z) 在邻域 N 中的局部参数

$$(t_1, \cdots, t_{3g-3}, z)$$

作为点 $[\varphi, z]$ 在 N 中的局部参数，这里 $t_1, \cdots, t_{3g-3}$ 是 φ 在 $Q(G_0, L)$ 的一组基 $\varphi_1, \cdots, \varphi_{3g-3}$ 下的坐标：$\varphi = t_1\varphi_1 + \cdots +$

$t_{3g-3}\varphi_{3g-3}$. 假定同一点 $[\varphi, z]$ 从不同的邻域内获得不同的局部参数,那么,这两组参数的前 $3g-3$ 个相同，而最后一个不同,并有关系式 $\zeta=\gamma_{\varphi}(z)$. 这样,为了说明 $V(G_0)$ 在这样的参数下构成复流形,应该说明 $\zeta=\gamma_{\varphi}(z)$ 是 $(t_1, \cdots, t_{3g-1}, z)$ 的全纯函数. 它对 z 的全纯性是显然的,只须证明它是 $t_j(1\leqslant j\leqslant 3g-3)$ 的全纯函数. 这里不详细验证这一点,只是指出它基于下列的事实: 若复特征中有若干个复参数,并且复特征是它们的全纯函数,则具有这个复特征的规范化拟共形映射全纯依赖于这些复参数. 这个事实可由表示定理推出.

在上述参数下,显然投影 π 的局部表示可写为 $(t_1, \cdots, t_{3g-3}, z)\longmapsto(t_1, \cdots, t_{3g-3})$. 由此可见 π 是全纯的.

对于任意一个 $\varphi\in T_{G_0}$,

$$\pi^{-1}(\varphi)=\{[\varphi, z]: z\in D_{\varphi}\}.$$

根据 $[\varphi, z]$ 的定义，在 φ 固定的条件下, $[\varphi, z]$ 实际上就是 D_{φ} 中的点关于 G_{φ} 的等价点类,即 $\pi^{-1}(\varphi)=D_{\varphi}/G_{\varphi}$.

总结上面已证得的结果,我们有

定理 34.1 (**Bers**) $F(G_0)$ 是一个 $3g-2$ 维复流形, G_0 是 $F(G_0)$ 到自身的全纯同胚间断群. 商空间 $V(G_0)=F(G_0)/G_0$ 是一个 $3g-2$ 维复流形. $F(G_0)$ 到 T_{G_0} 的投影 $(\varphi, z)\longmapsto\varphi$ 诱导了全纯投影:

$$\pi: V(G_0)\to T_{G_0},$$

使得 $\pi^{-1}(\varphi)$ 是闭 Riemann 曲面 D_{φ}/G_{φ}.

显然, $(V(G_0), T_{G_0}, \pi)$ 是 Kodaira-Spencer 意义下的全纯族.

*　　*　　*　　*

注 1. Bers 嵌入的结论也适用于 $T_{g,n}$ 空间,其复维数为 $3g-3+n$.

T_g 空间或者更一般的 $T_{g,n}$ 空间，作为复流形已被广泛地研究. 例如, Bers 与 Ehrenpreis 证明了 $T_{g,n}$ 是一个全纯域 ([21]), 又如 Royden 证明了当 $\dim(T_{g,n})>1$ 时(即 $(g, n)\neq(1, 1)$ 时), $T_{g,n}$ 不是对称域甚至不是齐性域 ([70]).

注 2. Royden 的工作[69]是有重要意义的. 他证明了, $T_{g,n}$ 空间作为复流形,其 Kobayashi 伪度量恰好就是 Teichmüller 度量,这表明由极值拟共形映射定义的 Teichmüller 度量是一种自然度量.

目前我们尚不知道 $T_{g,n}$ 的 Carathéodory 度量是否重合于 Teichmüller 度量,我们只知道它是完备的 (Earle [28]).

第十二章　开 Riemann 曲面上的极值问题

在这一章中，我们将讨论两个开 Riemann 曲面之间的拟共形映射，在指定的模边界的同伦类中何时达到极值．与紧 Riemann 曲面的情况不同，这时的极值映射不一定是 Teichmüller 映射，也不一定是唯一的．因此，要研究的中心问题是在怎样的条件下这种极值问题有唯一解，并且是 Teichmüller 映射．

§35　圆盘上的 Teichmüller 映射

35.1　二次微分的边界性质

像过去一样我们用Δ表示单位圆盘．设φ是Δ内的一个全纯函数，那么$\omega=\varphi(z)dz^2$就是Δ内的一个全纯二次微分．显然，ω的一条非临界轨线(即不趋于临界点的轨线)α总可以分解为两条半射线α^+与α^-，其中α^+表示自某点$p\in\alpha$开始沿着某个方向前进的轨线，而α^-表示自$p\in\alpha$开始沿相反方向前进的轨线．这里关心的是α^+与α^-的收敛性，而p的位置并不重要，因此一般不标明起点p．又因为α^+与α^-是完全对称的，所以只讨论α^+就够了．

我们将曲线α^+用它的ω长度s作参数表为：$z=\alpha^+(s)$，$0\leqslant s<s_0$，s_0是α^+的总长度．当α是一条非临界轨线时，显然当$s\to s_0$时$\alpha^+(s)$趋于Δ的边界．

我们称α^+收敛于边界点$\zeta\in\partial\Delta$，如果

$$\alpha^+(s)\to\zeta\ \ (s\to s_0).$$

否则我们称α^+发散．

下面的引理是我们讨论极值问题时所必须的．

引理 35.1　设$\omega=\varphi(z)dz^2$是Δ内的一个非零全纯二次微

分，且其范数有穷，即

$$\|\omega\| = \iint_{\Delta} |\varphi(z)|dxdy < \infty.$$

则ω的任意一条非临界轨线的射线α^+都收敛于$\partial\Delta$的某点.

证. 设A是α^+的极限集，即A是全体这样的点ζ：存在$s_n \in (0, s_0)$，$n = 1, 2, \cdots$；使得

$$s_n \to s_0(n \to \infty) \text{ 且 } \alpha^+(s_n) \to \zeta.$$

显然，$A \subset \partial\Delta$. 若A不是一个点组成的集合，则A必定是$\partial\Delta$上的一个连通弧.

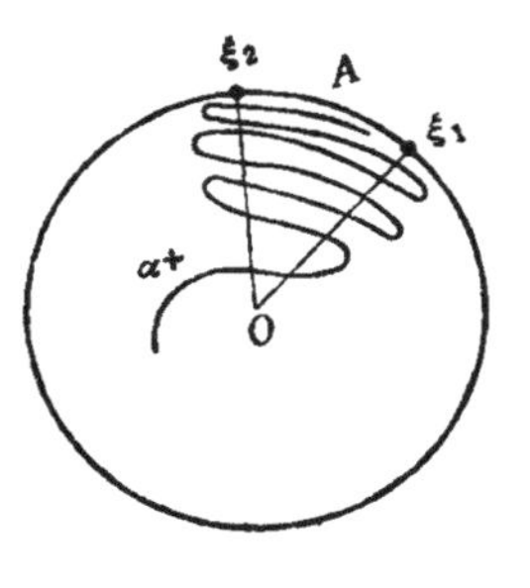

图 35.1

要证明定理，只要证明A中只包含一个点.

用反证法. 假若A不是一个点，而是$\partial\Delta$上的一段弧，则A中至少包两点

$\zeta_1 = e^{i\theta_1}$，$\zeta_2 = e^{i\theta_2}$，$0 \leqslant \theta_1 < \theta_2 < 2\pi$，使得$\alpha^+(s)$当$s \to s_0$时无限次穿越以下的矢径

$$\{z = re^{i\theta_1}: 0 < r < 1\}$$

与

$$\{z = re^{i\theta_2}: 0 < r < 1\}.$$

(见图 35.1)

另一方面，注意到

$$\left(\int_0^{2\pi} d\theta \int_{\rho_0}^1 |\varphi(re^{i\theta})|^{\frac{1}{2}} dr\right)^2 \leqslant \frac{2\pi(1-\rho_0)}{\rho_0} \int_0^{2\pi} d\theta \int_{\rho_0}^1 |\varphi(re^{i\theta})| r dr$$

$$= \frac{2\pi(1-\rho_0)}{\rho_0} \iint_{\rho_0 < |z| < 1} |\varphi(z)| dxdy < \infty,$$

可以看出，积分

$$\int_{\rho_0}^1 |\varphi(re^{i\theta})|^{\frac{1}{2}} dr < \infty$$

对于几乎所有的$\theta \in [0, 2\pi]$成立. 这也就表明对于几乎所有的$\theta \in [0, 2\pi]$，矢径$\{z = re^{i\theta}: 0 < r < 1\}$的$\omega$长度是有穷的.

因此，我们可以不失一般性地选取上述的θ_1与θ_2使得

$$\int_0^1 |\varphi(re^{i\theta_j})|^{\frac{1}{2}} dr < \infty, \ j = 1, 2. \tag{35.1}$$

设 α^+ 与矢径 $\{z = re^{i\theta_j}: 0 < r < 1\}$ 的交点依次为 $z_n^{(j)}, j = 1, 2; n = 1, 2, \cdots$. 我们将界于 $z_n^{(1)}$ 与 $z_n^{(2)}$ 之间的 α^+ 的子弧记为 τ_n, 并将界于 $z_n^{(1)}$ 与 $z_{n+1}^{(1)}$ 之间的子弧记为 σ_n. 显然，由于 α 是测地线，

$$\left|\int_{r_n}^{r_{n+1}} |\varphi(re^{i\theta_1})|^{\frac{1}{2}} dr\right| \geqslant \int_{\sigma_n} |\varphi(z)|^{\frac{1}{2}} |dz|,$$

其中 $r_n = |z_n^{(1)}|$. 不失一般性可假定 r_n 递增. 由 (35.1) 得

$$\sum_{n=1}^{\infty} \int_{\sigma_n} |\varphi(z)|^{\frac{1}{2}} |dz| < \infty.$$

这表明 α^+ 的 ω 长度是有穷的，并且由此推出

$$\int_{\tau_n} |\varphi(z)|^{\frac{1}{2}} |dz| \to 0 (n \to \infty). \tag{35.2}$$

由 (35.1) 及 (35.2) 可以看出，φ 在扇形区域

$$\{z = re^{i\theta}: 0 < r < 1, \ \theta_1 \leqslant \theta \leqslant \theta_2\}$$

内属于 $E^{\frac{1}{2}}$ 空间(其定义见 [27]). 由 E^p 空间的性质，对于几乎所有的 $\theta \in [\theta_1, \theta_2]$, 极限

$$\lim_{r \to 1-0} \varphi(re^{i\theta}) = \varphi(e^{i\theta})$$

存在. 下面证明 $\varphi(e^{i\theta}) = 0$ (对几乎所有的 $\theta \in [\theta_1, \theta_2]$). 如其不然，则存在一个集合 $F \subset [\theta_1, \theta_2]$ 使得

$$|\varphi(e^{i\theta})| \geqslant \delta > 0, \ \forall \vartheta \in F; \ \text{mes}(F) > 0.$$

由 Egoroff 定理可知，存在一个集合 $F_1 \subset F$, 使得

$$\text{mes}(F - F_1) < \frac{1}{2} \text{mes}(F),$$

且 $\varphi(re^{i\theta})$ 在 F_1 上一致收敛于 $\varphi(e^{i\theta})$ (当 $r \to 1$). 但这样一来，

$$\lim_{n \to \infty} \int_{\tau_n} |\varphi(z)|^{\frac{1}{2}} |dz| \geqslant \delta^{\frac{1}{2}} \cdot \frac{1}{2} \text{mes}(F) > 0.$$

这与 (35.2) 矛盾，所以，$\varphi(e^{i\theta}) = 0$ 对于几乎所有的 $\theta \in [\theta_1, \theta_2]$ 成立. 由此进一步推出 $\varphi \equiv 0$. 这与假定矛盾，矛盾表明 A 只能

包含一个点．引理证毕．

引理 35.2 设 $\omega=\varphi(z)dz^2$ 是Δ内的一个非零全纯二次微分，且ω的范数是有穷的．则ω的任意一条非临界轨线α的两条相反方向的射线不可能收敛于同一点．

证．设α^+与α^-是α的两条相反方向的射线．假定α^+与α^-同时收敛于点$\zeta\in\partial\Delta$．由于ω的范数是有穷的，所以

$$\iint_{\Delta\cap\{|z-\zeta|<\rho_0\}}|\varphi(z)|dxdy<\infty,\quad \rho_0<1.$$

因此，

$$\int_0^{\rho_0}[l_\omega^2(\Gamma_r)/r]dr\leqslant\pi^2\iint_{\Delta\cap\{|z-\zeta|<\rho_0\}}|\varphi(z)|dxdy<\infty,$$

其中 $\Gamma_r=\{z\in\Delta:|z-\zeta|=r\}$，而 $l_\omega(\Gamma_r)$ 是Γ_r的ω长度，即

$$l_\omega(\Gamma_r)=\int_{\Gamma_r}|\varphi(z)|^{\frac{1}{2}}|dz|.$$

因此，存在 $r_n:0<r_n<\rho_0,\ n=1,2,\cdots$；使得

$$r_n\to0\ (n\to\infty),$$

$$l_\omega(\Gamma_{r_n})\to0\ (n\to\infty).$$

设α^+与α^-分别与Γ_{r_n}相交于z_n'与z_n''，并记α_n为α上界于z_n'与z_n''的子弧，这时α_n的ω长度

$$l_\omega(\alpha_n)\leqslant l_\omega(\Gamma_{r_n}).$$

这表明 $l_\omega(\alpha_n)\to0(n\to\infty)$．但是，

$$l_\omega(\alpha_n)\to l_\omega(\alpha)$$

而 $l_\omega(\alpha)\neq0$，矛盾．这就证明了引理．

以上两个引理说明了范数有穷的全纯二次微分的任意一条非临界轨道线都在$\partial\Delta$上有两个端点．

引理 35.3 设 $\omega=\varphi(z)dz^2$ 是Δ内的一个非零全纯二次微分，其范数是有穷的．则对于任意一条非临界轨线α，过α的两个端点 ζ_1 与 ζ_2 的任意一条曲线$\beta\subset\Delta$的ω长度不小于α的ω长度．

证．由引理 35.2 的证明可以看出，存在两组弧 $\{\Gamma_{r_n}^{(1)}\}$ 与

$\{\Gamma^{(2)}_{\rho_n}\}$:

$$\Gamma^{(1)}_{r_n} = \{z \in \Delta: |z - \zeta_1| = r_n\},$$

$$\Gamma^{(2)}_{\rho_n} = \{z \in \Delta: |z - \zeta_2| = \rho_n\}.$$

使得 $r_n \to 0(n \to \infty)$, $\rho_n \to 0(n \to \infty)$, 且

$$l_\omega(\Gamma^{(1)}_{r_n}) \to 0(n \to \infty),\ l_\omega(\Gamma^{(2)}_{\rho_n}) \to 0(n \to \infty).$$

设 $\Gamma^{(1)}_{r_n}$ 与 α 和 β 分别相交于 $z^{(1)}_n$ 与 $w^{(1)}_n$, 而 $\Gamma^{(2)}_{\rho_n}$ 与 α 和 β 分别相交于 $z^{(2)}_n$ 与 $w^{(2)}_n$. 我们记 α_n 为 α 的子弧, 其端点为 $z^{(1)}_n$ 与 $z^{(2)}_n$, 又记 β_n 为 β 的子弧, 其端点为 $w^{(1)}_n$ 与 $w^{(2)}_n$, 这时,

$$l_\omega(\alpha_n) \leqslant l_\omega(\beta_n) + l_\omega(\Gamma^{(1)}_{r_n}) + l_\omega(\Gamma^{(2)}_{\rho_n}).$$

令 $n \to \infty$ 即得 $l_\omega(\alpha) \leqslant l_\omega(\beta)$. 证毕.

35.2 主要不等式

设 f 与 f_0 都是 Δ 到自身的拟共形映射, 且在边界上有相同的值. 又设 $\omega = \varphi(z)dz^2$ 是 Δ 内的一个非零全纯二次微分, $\|\omega\| < \infty$. 我们考虑映射 $f^{-1}\circ f_0$, 那么任意一条 ω 的非临界轨线[1] α 在 $f^{-1}\circ f_0$ 下的像 β 与 α 有相同的端点. 由引理 35·3 有: $l_\omega(\alpha) \leqslant l_\omega(\beta)$, 也即

$$\int_\alpha |\varphi(z)|^{\frac{1}{2}}|dz| \leqslant \int_{f^{-1}\circ f_0(\alpha)} |\varphi(z)|^{\frac{1}{2}}|dz|. \qquad (35.3)$$

记 $g = f^{-1}\circ f_0$, 并记

$$\lambda_{g,\omega}(z) = \lim_{\substack{l_\omega(\tau)\to 0\\ z\in\tau}} \frac{l_\omega(g(\tau))}{l_\omega(\tau)},$$

其中 τ 是水平轨线弧. $\lambda_{g,\omega}(z)$ 在 g 的可微点均存在. 当我们用 ω 的自然参数 ζ 表示 g 时,

$$\lambda_{g,\omega}(z) = \left|\frac{\partial \tilde{g}}{\partial \xi}\right|_{\Phi(z)}, \qquad (35.4)$$

其中 $\zeta = \Phi(z)$ 是 ω 的局部自然参数, 而 $\tilde{g}$ 是 g 在自然参数下的表

---

1) 这里以及后面所说的轨线如无特殊说明均指水平轨线.

示，$\xi=\mathrm{Re}\zeta$.

这样，$l_\omega(\beta)$ 可以表示为

$$\int_\beta \lambda_{g,\omega}(z)|\varphi(z)|^{\frac{1}{2}}|dz|,$$

因而 (35.3) 变成

$$\int_\beta |\varphi(z)|^{\frac{1}{2}}|dz| \leqslant \int_\beta |\varphi(z)|^{\frac{1}{2}}\lambda_{g,\omega}(z)|dz|. \qquad (35.5)$$

我们将 Δ 中全部 ω 的临界轨线挖去，所余下的部分就是若干（至多可数个）带形域 $\Sigma_1, \Sigma_2, \cdots$，其中每个 Σ_k 由非临界轨线所布满，而 Σ_k 共形等价于 ζ 平面的一个带形域

$$S_k=\{\zeta=\xi+i\eta: 0<\eta<\eta_k,\ h_1(\eta)<\xi<h_2(\eta)\},$$

而 S_k 中的每条水平线段对应于 Σ_k 的一条水平轨线，S_k 中的每条垂直线段对应于 Σ_k 的一条垂直轨线，$\zeta=\xi+i\eta$ 是 ω 的自然参数. 设 α_η 是对应于 S_k 中纵坐标为 η 的水平线段的轨线，那么

$$\int_0^{\eta_k} l_\omega(\alpha_\eta)d\eta=\iint_{\Sigma_k}|\varphi(z)|dxdy.$$

由 (35.5) 即得

$$\iint_{\Sigma_k}|\varphi(z)|dxdy \leqslant \iint_{\Sigma_k}|\varphi(z)|\lambda_{g,\omega}(z)dxdy.$$

对所有的 k 求和即又得

$$\iint_{\Delta}|\varphi(z)|dxdy \leqslant \iint_{\Delta}|\varphi(z)|\lambda_{g,\omega}(z)dxdy.$$

根据定义，我们有[1)]

$$\tilde{g}=\Phi_1\circ g\circ\Phi^{-1},$$

其中 $\zeta=\Phi(z)$ 与 $\zeta_1=\Phi_1(w)$ 分别是 ω 在 z 与 w 处的自然参数. 因此，

$$\begin{aligned}\lambda_{g,\omega}&=|\varphi(g(z))|^{\frac{1}{2}}|\partial_\zeta(g\circ\Phi^{-1})+\partial_{\bar\zeta}(g\circ\Phi^{-1})|\\&=|\varphi(g(z))|^{\frac{1}{2}}|\partial_z g+(\partial_{\bar z}g)\varphi^{\frac{1}{2}}/\bar\varphi^{\frac{1}{2}}|\cdot|\varphi(z)|^{-\frac{1}{2}}.\end{aligned}$$

---

1) 自然参数是局部定义的，一般说来没有统一表达式.

这样，我们有

$$\iint_{\Delta} |\varphi(z)| dxdy \leqslant \iint_{\Delta} |\varphi(z)|^{\frac{1}{2}} \cdot |\varphi(g(z))|^{\frac{1}{2}} \cdot \left|\partial_z g + \partial_{\bar z} g \frac{\varphi}{|\varphi|}\right| dxdy.$$

应用 *Schwarz* 不等式，又有

$$\left(\iint_{\Delta} |\varphi(z)| dxdy\right)^2$$

$$\leqslant \left(\iint_{\Delta} |\varphi(z)|^{\frac{1}{2}} \frac{\left|\partial_z g + \partial_{\bar z} g \frac{\varphi}{|\varphi|}\right|}{J_g^{\frac{1}{2}}} \cdot |\varphi(g(z))|^{\frac{1}{2}} J_g^{\frac{1}{2}} dxay\right)^2$$

$$\leqslant \iint_{\Delta} |\varphi(z)| \frac{\left|\partial_z g + \partial_{\bar z} g \cdot \frac{\varphi}{|\varphi|}\right|^2}{|\partial_z g|^2 - |\partial_{\bar z} g|^2} dxdy \cdot \iint_{\Delta} |\varphi(g(z))| J_g dxdy$$

$$= \iint_{\Delta} |\varphi(z)| \frac{\left|\partial_z g + \partial_{\bar z} g \cdot \frac{\varphi}{|\varphi|}\right|^2}{|\partial_z g|^2 - |\partial_{\bar z} g|^2} dxdy \cdot \iint_{\Delta} |\varphi(z)| dxdy,$$

其中 J_g 是 g 的 Jacobi 行列式. 由此推出

$$\iint_{\Delta} |\varphi(z)| dxdy \leqslant \iint_{\Delta} |\varphi(z)| \frac{|1 + \mu_g \cdot \varphi/|\varphi||^2}{1 - |\mu_g|^2} dxdy,$$

其中 μ_g 是 g 的复特征. 注意到 $g = f^{-1} \circ f_0$，我们可以将 μ_g 用 $\mu_{f^{-1}}$ 与 μ_{f_0} 表出. 为方便起见，我们记 $\kappa_1 = \mu_{f^{-1}} \circ f_0$，$\kappa = \mu_{f_0}$，$\tau = \overline{\partial_z f_0} / \partial_z f_0$，这时有

$$\mu_g = \frac{\kappa + \kappa_1 \tau}{1 + \bar\kappa \kappa_1 \tau}.$$

因此，

$$\frac{|1 + \mu_g \varphi/|\varphi||^2}{1 - |\mu_g|^2} = \frac{|(\kappa + \kappa_1 \tau)\varphi/|\varphi| + 1 + \bar\kappa \kappa_1 \tau|^2}{|1 + \bar\kappa \kappa_1 \tau|^2 - |\kappa + \kappa_1 \tau|^2}$$

$$= \{|1 + \kappa\varphi/|\varphi||^2 \cdot |1 + \kappa_1 \tau(\varphi/|\varphi|)$$

$$\times (1 + \bar\kappa \bar\varphi/|\varphi|)/(1 + \kappa\varphi/|\varphi|)|^2\}/$$

$$\{|1+\bar{\kappa}\kappa_1\tau-\kappa-\kappa_1\tau||1+\kappa\kappa_1\tau+\kappa+\kappa_1\tau|\}.$$

注意到上式分母可化为

$$|(1-\kappa)[1-\kappa_1\tau(1-\bar{\kappa})/(1-\kappa)]||(1+\kappa)[1+\kappa_1\tau(1+\bar{\kappa})/(1+\kappa)]|\geqslant(1-|\kappa|^2)(1-|\kappa_1|^2),$$

我们便得到

$$\frac{|1+\mu_g\varphi/|\varphi||^2}{1-|\mu_g|^2}\leqslant\{|1+\kappa\varphi/|\varphi||^2\cdot|1+\kappa_1\tau(\varphi/|\varphi|)(1+\bar{\kappa}\bar{\varphi}/|\varphi|)/(1+\kappa\varphi/|\varphi|)|^2\}/\{(1-|\kappa|^2)(1-|\kappa_1|^2)\}.$$

因此，

$$\iint_\Delta|\varphi(z)|dxdy\leqslant\iint_\Delta|\varphi(z)|\frac{|1+\kappa\varphi/|\varphi||^2}{1-|\kappa|^2}\frac{|1+\kappa_1\tau(1+\kappa\bar{\varphi}/|\varphi|)/(1+\kappa\varphi/|\varphi|)|^2}{1-|\kappa_1|^2}dxdy.$$

这个不等式对于一切范数有限的二次微分 φ 都成立．通常为了方便，将上述不等式中的 φ 换成 $-\varphi$，即有

$$\iint_\Delta|\varphi(z)|dxdy\leqslant\iint_\Delta|\varphi(z)|\frac{|1-\kappa\varphi/|\varphi||^2}{1-|\kappa|^2}\cdot\frac{|1+\kappa_1\tau(1-\bar{\kappa}\bar{\varphi}/|\varphi|)/(1-\kappa\varphi/|\varphi|)|^2}{1-|\kappa_1|^2}dxdy.$$

这个不等式被称为主要不等式，它属于 Reich 与 Strebel（见[68]）．它的一个简化形式是

$$\iint_\Delta|\varphi(z)|dxdy\leqslant K[f]\iint_\Delta|\varphi(z)|\frac{|1-\kappa\varphi/|\varphi||^2}{1-|\kappa|^2}dxdy.$$

在下面有关极值问题的讨论中将显示这个不等式的重要作用．

35.3 具有给定边界对应的拟共形映射的极值问题

设 $h:\partial\Delta\to\partial\Delta$ 是一个保向同胚，且是一个拟共形映射 f:

$\Delta \to \Delta$ 的边界值. 我们考虑所有以 h 为边界值的拟共形映射,并把这个集合记为 F.

我们提出这样的问题: F 中的映射 f 何时使得 $K[f]$ 最小? 更确切地说,怎样的 $f_0 \in F$ 使得下式成立:

$$K[f_0] = \inf_{f \in F}\{K[f]\}.$$

使得上式成立的映射 f_0 被称之为极值映射. 下面的定理 35.1 回答了极值映射的存在性; 而极值映射的唯一性及其特征刻划是较困难的,是极值问题讨论的重点.

定理 35.1 在上述极值问题中,极值映射总是存在的.

证. 取 $f_n \in F$, $n = 1, 2, \cdots$, 使得

$$\lim_{n\to\infty} K[f_n] = \inf_{f \in F}\{K[f]\}.$$

由于 $\{f_n\}$ 一致有界, 所以 $\{f_n\}$ 中有一个内闭一致收敛的子序列 ($\{f_n\}$ 构成正常族). 不妨假定 $\{f_n\}$ 本身在 Δ 内闭一致收敛. 设其极限函数为 f_0. 对于任意的 $\varepsilon > 0$, 存在一个 N 使得 $n \geqslant N$ 时,

$$K[f_n] \leqslant \inf_{f \in F}\{K[f]\} + \varepsilon.$$

由此可见,极限映射 f_0 是 $K_0 + \varepsilon$ — 拟共形映射, $K_0 = \inf\{K[f]: f \in F\}$. 因此,

$$K[f_0] \leqslant K_0 + \varepsilon.$$

由 ε 的任意性即得 $K[f_0] \leqslant K_0$. 但另一方面, 显然有 $f_0 \in F$, 因而 $K[f_0] \geqslant K_0$. 总之, $K[f_0] = K_0$. 证毕.

在紧 Riemann 曲面的情况,极值映射总是 Teichmüller 映射, 并且总是唯一的. 因此, 人们很自然地要问: 现在的问题中极值映射是否唯一地存在并且是 Teichmüller 映射? 对此问题, K. Strebel 首先举出例子, 表明极值映射不一定是唯一的, 也不一定是 Teichmüller 映射. 后来, P. P. Belinskiy 也举出了类似的例子,其中极值映射的局部伸缩商甚至不是常数.

因此,在怎样的条件下,极值映射唯一地是 Teichmüller 映射, 这个问题是很值得研究的.

下面的定理属于 E. Reich 与 K. Strebel[68]:

定理 35.2 设 φ 在 Δ 内全纯，且

$$\|\varphi\| = \iint_{\Delta} |\varphi(z)| dxdy < \infty.$$

又设 $f_0: \Delta \to \Delta$ 是一个 Teichmüller 映射，其复特征为 $k\bar{\varphi}/|\varphi|$. 若 $f: \Delta \to \Delta$ 是任意一个拟共形映射，且 $f|_{\partial\Delta} = f_0|_{\partial\Delta}$，则

$$K[f_0] \leqslant K[f],$$

等号当且仅当 $f = f_0$ 时成立.

证. 将主要不等式应用于现在的 f_0 及 f，这时其中的 $\kappa = k\bar{\varphi}/|\varphi|$，并且有

$$\frac{|1 - \kappa\varphi/|\varphi||^2}{1 - |\kappa|^2} = \frac{1-k}{1+k} = (K[f_0])^{-1}$$

于是我们得到

$$\iint_{\Delta} |\varphi(z)| dxdy \leqslant K[f] \iint_{\Delta} |\varphi(z)| (K[f_0])^{-1} dxdy,$$

也即 $K[f_0] \leqslant K[f]$.

下面证明仅当 $f = f_0$ 时 $K[f] = K[f_0]$.

重复主要不等式的证明步骤，并且将其中的 φ 换成 $-\varphi$，不难看出对于现在的 f 及 f_0 有

$$\frac{|1 - \mu_g\varphi/|\varphi||^2}{1 - |\mu_g|^2} \leqslant K[f](K[f_0])^{-1}.$$

现在假定 $K[f] = K[f_0]$. 这时，我们有

$$\frac{|1 - \mu_g\varphi/|\varphi||^2}{1 - |\mu_g|^2} \leqslant 1 \text{ (几乎处处)}.$$

另外一方面，$K[f] = K[f_0]$ 蕴含着主要不等式成立等号，从而有

$$\iint_{\Delta} |\varphi(z)| dxdy = \iint_{\Delta} |\varphi(z)| \frac{|1 - \mu_g\varphi/|\varphi||^2}{1 - |\mu_g|^2} dxdy.$$

这样我们又推出，函数

$$\frac{|1 - \mu_g\varphi/|\varphi||^2}{1 - |\mu_g|^2}$$

不可能在一个非零测度集上小于 1. 于是它只能几乎处处等于 1. 而这意味着几乎处处有

$$|\mu_g|^2 = \mathrm{Re}\mu_g\varphi/|\varphi|,$$

也即 μ_g 几乎处处为零(注意 $|\mu_g| < 1$).

这就是说 $g = f^{-1}\circ f_0$ 是共形映射. 但 g 保持 Δ 的边界点不动,所以 g 是恒同映射,也即 $f = f_0$. 证毕.

在这个定理中,φ 的范数有穷这一条件是重要的. 一般说来,没有这个条件则对应的 Teichmüller 映射不一定是极值映射. 例如,设 h 是右半平面 $\{z = x + iy : x > 0\}$ 的拉伸变换:

$$x + iy \longmapsto Kx + iy, \ K > 1.$$

当我们把右半平面共形映射到单位圆时, h 就对应于一个 Δ 到自身的 Teichmüller 映射,而且保持边界点不动. 它显然不是极值映射.

35.4 极值映射的充要条件

上面的讨论仅限于唯一极值性的充分条件. 现在我们一般地刻划极值映射(不一定唯一,也不一定是 Teichmüller 映射)的特征.

首先引入几个记号:

$$I[\kappa] = \sup_{\|\varphi\|=1} \left| \iint_{\Delta} \frac{\kappa\varphi}{1 - |\kappa|^2} dxdy \right|,$$

$$H[\kappa] = \sup_{\|\varphi\|=1} \left| \iint_{\Delta} \kappa\varphi dxdy \right|,$$

$$\Delta[\kappa] = \sup_{\|\varphi\|=1} \iint_{\Delta} |\varphi| \frac{|\kappa|^2}{1 - |\kappa|^2} dxdy,$$

其中的 φ 是 Δ 内的全纯函数.

现在假定 $f_0 : \Delta \to \Delta$ 是任意一个具有给定边界对应的拟共形映射,其复特征为 κ. 那么,对于任意一个具有相同边界对应的拟共形映射 f 都有

$$\frac{1}{K[f]} \leqslant \iint_{\Delta} |\varphi(z)| \frac{|1-\kappa\varphi/|\varphi||^2}{1-|\kappa|^2} dxdy$$

其中 φ 是任意一个全纯函数，$\|\varphi\|=1$. 特别地，我们有

$$\frac{1}{K_0} \leqslant \iint_{\Delta} |\varphi(z)| \frac{|1-\kappa\varphi/|\varphi||^2}{1-|\kappa|^2} dxdy, \tag{35.6}$$

其中 K_0 是极值映射的伸缩商. 命 $k_0=(K_0-1)/(K_0+1)$，则上述不等式可改写成下列形式:

$$I[\kappa] \leqslant \frac{k_0}{1-k_0} + \Delta[\kappa]. \tag{35.7}$$

事实上，由 (35.6) 立即推出

$$\frac{1-k_0}{1+k_0} \leqslant \iint_{\Delta} |\varphi| \frac{1+|\kappa|^2}{1-|\kappa|^2} dxdy - 2\mathrm{Re} \iint_{\Delta} \frac{\kappa\varphi}{1-|\kappa|^2} dxdy,$$

注意到 $\|\varphi\|=1$，并用 2 除上述不等式两端，立即得到

$$\mathrm{Re} \iint_{\Delta} \frac{\kappa\varphi}{1-|\kappa|^2} dxdy \leqslant \frac{k_0}{1+k_0} + \iint_{\Delta} |\varphi| \frac{|\kappa|^2}{1-|\kappa|^2} dxdy.$$

由于 φ 可以差任意的常数因子 $e^{i\theta}$，所以

$$\left|\iint_{\Delta} \frac{\kappa\varphi}{1-|\kappa|^2} dxdy\right| \leqslant \frac{k_0}{1+k_0} + \iint_{\Delta} |\varphi| \frac{|\kappa|^2}{1-|\kappa|^2} dxdy.$$

取上确界即得到 (35.7).

定理 35.3 设 $f_0: \Delta \to \Delta$ 是一个拟共形映射，其复特征为 κ. 当 κ 满足下列条件时:

$$I[\kappa] = k/(1-k^2) \quad (k = \|\kappa\|_\infty),$$

f_0 是极值映射.

证. 因为

$$\Delta[\kappa] \leqslant k^2/(1-k^2), \tag{35.8}$$

所以由 (35.7) 有

$$I[\kappa] \leqslant \frac{k_0}{1+k_0} + \frac{k^2}{1-k^2}. \tag{35.9}$$

如果 $I[\kappa] = k/(1-k^2)$，则

$$\frac{k}{1-k^2} \leqslant \frac{k_0}{1+k_0} + \frac{k^2}{1-k^2},$$

也即

$$\frac{k-k^2}{1-k^2} = \frac{k}{1+k} \leqslant \frac{k_0}{1+k_0}.$$

由此可见 $k \leqslant k_0$，从而 $k = k_0$. 证毕.

下面进一步将极值性的充分条件简化为

$$H[\kappa] = k.$$

引理 35.4 设 φ_n 是Δ内的全纯函数，$\|\varphi_n\| = 1$，$n = 1, 2, \cdots$，且使得

$$\lim_{n\to\infty} \iint_{\Delta} \frac{\kappa\varphi_n}{1-|\kappa|^2} dxdy = \frac{k}{1-k^2},\quad k = \|\kappa\|_\infty,$$

或

$$\lim_{n\to\infty} \iint_{\Delta} \kappa\varphi_n dxdy = k,$$

或

$$\lim_{n\to\infty} \iint_{\Delta} |\varphi_n| \frac{|\kappa|^2}{1-|\kappa|^2} dxdy = \frac{k^2}{1-k^2},$$

则对于任意一个 $k': 0 < k' < k = \|\kappa\|_\infty$ 都有

$$\lim_{n\to\infty} \iint_{E} |\varphi_n| dxdy = 0, \tag{35.10}$$

其中 $E = \{z: |\kappa(z)| \leqslant k'\}$.

证. 只对第一种情况证明引理，其它情况完全类似. 我们有

$$\left|\iint_{\Delta} \frac{\kappa\varphi_n}{1-|\kappa|^2} dxdy\right| \leqslant \left|\iint_{E} \frac{\kappa\varphi_n}{1-|\kappa|^2} dxdy\right| + \iint_{\Delta\setminus E} \left|\frac{\kappa\varphi_n}{1-|\kappa|^2} dxdy\right|$$

$$\leqslant \frac{k'}{1-(k')^2} \|\varphi_n\|_E + \frac{k}{1-k^2} \|\varphi_n\|_{\Delta\setminus E}$$

$$= \frac{k}{1-k^2} - \left(\frac{k}{1-k^2} - \frac{k'}{1-(k')^2}\right) \|\varphi_n\|_E$$

令 $n\to\infty$ 并注意到不等式左端趋于 $k/(1-k^2)$，

立即看出 $\|\varphi_n\|_E \to 0(n\to\infty)$. 证毕.

引理 35.5 设 $\{\varphi_n\}$ 是 Δ 内的一个全纯函数序列, $\|\varphi_n\|=1$, 且对任意的 $k':0<k'<k$,

$$\lim_{n\to\infty}\iint_E |\varphi_n| \frac{|\kappa|^2}{1-|\kappa|^2}dxdy=0, \tag{35.11}$$

这里 $E=\{z:|\kappa(z)|\leqslant k'\}$. 则

$$\lim_{n\to\infty}\iint_\Delta |\varphi_n| \frac{|\kappa|^2}{1-|\kappa|^2}dxdy=\frac{k}{1-k^2}.$$

证. 注意到 (35.11), 很容易看出

$$\lim_{n\to\infty}\iint_\Delta |\varphi_n| \frac{|\kappa|^2}{1-|\kappa|^2}dxdy\geqslant\frac{k'}{1-(k')^2}.$$

由 k' 的任意性, 立即得到

$$\underline{\lim}_{n\to\infty}\iint_\Delta |\varphi_n| \frac{|\kappa|^2}{1-|\kappa|^2}dxdy\geqslant\frac{k}{1-k^2}.$$

由于不等式右端的积分 $\leqslant k/(1-k^2)$, 所以 (35.11) 成立. 证毕.

引理 35.6 $I[\kappa]=k/(1-k^2)$ 的充要条件为 $H[\kappa]=k$.

证. 若 $I[\kappa]=k/(1-k^2)$ 成立, 则存在全纯函数序列 $\{\varphi_n\}$, $\|\varphi_n\|=1$, $n=1,2,\cdots$, 使得

$$\lim_{n\to\infty}\iint_\Delta \frac{\kappa\varphi_n}{1-|\kappa|^2}dxdy=k/(1-k^2).$$

这样的 φ_n 是存在的, 因为存在全纯函数序列 $\{\tilde\varphi_n\}$, $\|\tilde\varphi_n\|=1$, 使得

$$\lim_{n\to\infty}\left|\iint_\Delta \frac{\kappa\tilde\varphi_n}{1-|\kappa|^2}dxdy\right|=I[\kappa]=k/(1-k^2).$$

因此, $\tilde\varphi_n$ 乘以适当的常数 $e^{i\theta_n}$ 就是 φ_n. 注意到

$$\lim_{n\to\infty}\|\varphi_n\|_E=0,\quad E=\{z:|\kappa(z)|\leqslant k'<k\},$$

很容易看出:

$$\left|\iint_\Delta \frac{\kappa\varphi_n}{1-|\kappa|^2}dxdy-\frac{1}{1-k^2}\iint_\Delta \kappa\varphi_n dxdy\right|$$

$$\leqslant \left|\iint_E \frac{\kappa\varphi_n}{1-|\kappa|^2}dxdy\right| + \frac{1}{1-k^2}\|\varphi_n\|_E$$

$$+ \left|\iint_{\Delta\setminus E} \frac{\kappa\varphi_n}{1-|\kappa|^2}dxdy - \frac{1}{1-k^2}\iint_{\Delta\setminus E}\kappa\varphi_n dxdy\right|$$

$$\leqslant \frac{2}{1-k^2}\|\varphi_n\|_E + \frac{2(k-k')}{(1-k^2)^2}.$$

对于任意的 $\varepsilon > 0$，先取 k' 使得上述不等式右端第二项 $<\varepsilon/2$，然后可以找到N使得当 $n \geqslant N$ 时上式右端第一项 $<\varepsilon/2$. 这样我们就证明了

$$\lim_{n\to\infty} \frac{1}{1-k^2}\iint_\Delta \kappa\varphi_n dxdy = k/(1-k^2),$$

也即

$$\lim_{n\to\infty} \iint_\Delta \kappa\varphi_n dxdy = k.$$

因此，$H[\kappa] = k$.

反过来由 $H[\kappa] = k$ 推出 $I[\kappa] = k/(1-k^2)$，其证明完全类似. 证毕.

由这个引理立即得出下面的定理:

定理 35.4 设 $f_0:\Delta \to \Delta$ 是一个拟共形映射，其复特征 κ 满足下列条件: $H[\kappa] = k$，也即

$$\sup_{\|\varphi\|=1} \left|\iint_\Delta \kappa\varphi dxdy\right| = \|\kappa\|_\infty. \tag{35.12}$$

则 f_0 是极值映射.

这个定理是属于 Reich 与 Strebel 的([68]).

条件 (35.12) 也是极值性的必要条件.

定理 35.5 设 $f_0:\Delta \to \Delta$ 是关于它的边界值的极值拟共形映射,则其复特征 κ 使得 $H[\kappa] = \|\kappa\|_\infty$.

这个定理是 Hamilton 定理的一个特殊情况. 由于我们将在下节中证明 Hamilton 定理，所以这里不叙述这个定理的证明.

35.5 极值 Teichmüller 映射的存在性

在怎样的条件下才存在唯一的极值 Teichmüller 映射？Strebel 给出了一个判定条件.

先引进若干定义. 设 κ 是一个极值映射的复特征，又设 φ_n $(n=1,2,\cdots)$ 是Δ内的全纯函数，$\|\varphi_n\|=1$. 若 φ_n 使得

$$\lim_{n\to\infty}\iint_{\Delta}\varphi_n\kappa dxdy=\|\kappa\|_{\infty},$$

则称 $\{\varphi_n\}$ 为一个 Hamilton 序列. 如果 φ_n 在Δ内闭一致收敛于零，则称之为退化的 Hamilton 序列.

在单位圆Δ的边界给定了一个保向自同胚 $h:\partial\Delta\to\partial\Delta$. 假定 h 可以拟共形扩张到Δ内，换句话说 h 是一个拟共形映射 f: $\Delta\to\Delta$ 的边界值. 现在我们定义边界对应 h 的最大伸缩商的概念. 对于任给的 $r:0<r<1$，考虑环 $B_r=\{z:r<|z|<1\}$ 及 h 到 B_r 的拟共形扩张 $\tilde{h}$，也即 B_r 到Δ内的一个拟共形映射，且 $\tilde{h}|\partial\Delta=h$. 我们称

$$H=\inf\{K[\tilde{h}]:\tilde{h}|\partial\Delta=h\}$$

为 h 的最大伸缩商，其中 $\tilde{h}$ 跑遍一切可能的 h 的环域扩张(相对于一切 $r\in(0,1)$).

另外，我们记 K_0 是关于边界值 h 的极值映射的最大伸缩商.

定理 35.6 若关于边界值 h 的极值映射的复特征 κ 有退化 Hamilton 序列 $\{\varphi_n\}$，则

$$H=K_0. \tag{35.13}$$

证. 设 f_0 是以 κ 为复特征的极值映射，$\tilde{h}$ 是 h 到环域 $B_r=\{z:r<|z|<1\}$ 的任意一个拟共形扩张. 那么 $\tilde{h}$ 可以延拓为Δ内的一个拟共形映射 f，使得 $f|B_{r_0}=\tilde{h}$，$r_0\in(r,1)$[1]. 应用主要不等式，我们有

$$1\leqslant\iint_{\Delta}|\varphi_n|\frac{|1-\kappa\varphi_n/|\varphi_n||^2}{1-|\kappa|^2}D[f]dxdy,$$

1）这个事实的证明基于 Beurling-Ahlfors 定理. 详细证明见 Lehto 的书[54].

其中 φ_n 是定理假定的退化 Hamilton 序列，$D[f]$ 表示 f 的局部伸缩商. 注意到

$$\iint_{|z|\leqslant r_0} |\varphi_n| dxdy \to 0 \ (n \to \infty),$$

立刻得到，对于任意 $\varepsilon > 0$，存在N使得当 $n \geqslant N$ 时，

$$1 - \varepsilon \leqslant \iint_{r_0<|z|<1} |\varphi_n| \frac{|1 - \kappa\varphi_n/|\varphi_n||^2}{1 - |\kappa|^2} D[f]dxdy$$

$$\leqslant K[\tilde{h}] \iint_{r_0<|z|<1} |\varphi_n| \frac{|1 - \kappa\varphi_n/|\varphi_n||^2}{1 - |\kappa|^2} dxdy$$

$$\leqslant K[\tilde{h}] \iint_{\Delta} |\varphi_n| \frac{|1 - \kappa\varphi_n/|\varphi_n||^2}{1 - |\kappa|^2} dxdy.$$

注意 $\{\varphi_n\}$ 是 Hamilton 序列，不难看出当 $n \to \infty$时，上述不等式的最后项趋向于 $K[\tilde{h}] \cdot K_0^{-1}$. 这样，

$$K_0 \leqslant K[\tilde{h}]/(1 - \varepsilon).$$

由 ε 的任意性又得 $K_0 \leqslant K[\tilde{h}]$. 由此推出

$$K_0 \leqslant H.$$

但是，由H的定义显然有 $H \leqslant K_0$. 这就证明了等式 (35.13). 证毕.

定理 35.7 若 $f_0: \Delta \to \Delta$ 是关于给定边界对应 h 的极值映射，κ 是它的复特征，并且关于 κ 没有任何退化的 Hamilton 序列. 则 f_0 是唯一极值映射，并且是 Teichmüller 映射.

证. 设 $\{\varphi_n\}$ 是 κ 的一个非退化的 Hamilton 序列. 由条件 $\|\varphi_n\| = 1$ 及平均值定理可知，$\{\varphi_n\}$ 在Δ内任意一个闭子集上一致有界，从而可以在 $\{\varphi_n\}$ 中选取一个子序列内闭一致收敛. 不失一般性，我们设这样的子序列就是 $\{\varphi_n\}$ 本身.

设 φ_n 的极限函数为 φ. 则φ在Δ内全纯，并且φ不恒为零(因为 $\{\varphi_n\}$ 是非退化的). 对于任意的 $r: 0 < r < 1$，都有

$$\iint_{|z|\leqslant r} |\varphi| dxdy = \lim_{n\to\infty} \iint_{|z|\leqslant r} |\varphi_n| dxdy \leqslant 1.$$

由此推出

$$\|\varphi\| = \iint_{\Delta} |\varphi| dxdy \leqslant 1.$$

很容易证明

$$\lim_{n\to\infty} \|\varphi_n - \varphi\| = 1 - \|\varphi\|. \tag{35.14}$$

事实上，$\|\varphi_n - \varphi\| \geqslant \|\varphi_n\| - \|\varphi\| = 1 - \|\varphi\|$. 另一方面，

$$\|\varphi_n - \varphi\| = \iint_{|z|\leqslant r} |\varphi_n - \varphi| dxdy + \iint_{r<|z|<1} |\varphi_n - \varphi| dxdy$$

$$\leqslant \iint_{|z|\leqslant r} |\varphi_n - \varphi| dxdy + \iint_{r<|z|<1} |\varphi_n| dxdy$$

$$+ \iint_{r<|z|<1} |\varphi| dxdy$$

$$\leqslant \iint_{|z|<r} |\varphi_n - \varphi| dxdy + 1 - \iint_{|z|\leqslant r} |\varphi_n| dxdy$$

$$+ \iint_{r<|z|<1} |\varphi| dxdy$$

取 r 充发靠近 1，使得上式最后一项 $<\varepsilon$. 取定 r 之后令 $n \to \infty$，即得

$$\overline{\lim_{n\to\infty}} \|\varphi_n - \varphi\| \leqslant 1 - \iint_{|z|\leqslant r} |\varphi| dxdy + \varepsilon$$

$$\leqslant 1 - \|\varphi\| + 2\varepsilon.$$

由 ε 的任意性即得

$$\overline{\lim_{n\to\infty}} \|\varphi_n - \varphi\| \leqslant 1 - \|\varphi\|.$$

注意到 $\|\varphi_n - \varphi\| \geqslant 1 - \|\varphi\|$ 立即得到 (35.14).

当 $\|\varphi\| = 1$ 时，$\|\varphi_n - \varphi\| \to 0\ (n \to \infty)$. 因此，由

$$\lim_{n\to\infty} \iint_{\Delta} \kappa\varphi_n dxdy = k,\ k = \|\kappa\|_\infty$$

推出

$$\iint_{\Delta} \kappa\varphi dxdy = k.$$

因此，我们有

$$\iint_{\Delta} |\varphi| \left(\frac{\kappa\varphi}{k|\varphi|}\right) dxdy = 1.$$

注意到 $\|\varphi\| = 1$ 及 $|\kappa\varphi|/k|\varphi| \leqslant 1$，立即推出几乎处处有

$$\mathrm{Re}\left(\frac{\kappa\varphi}{k|\varphi|}\right) = 1,$$

也即 $\mathrm{Re}(\kappa\varphi) = k|\varphi|$. 再一次应用 $|\kappa| \leqslant k$ 即得

$$\kappa\varphi = k|\varphi|,$$

也即 $\kappa = k|\varphi|/\varphi = k\bar{\varphi}/|\varphi|$. 这也就是说，映射 f_0 是一个 Teichmüller 映射，只要 $\|\varphi\| = 1$.

下面我们说明 $\|\varphi\| < 1$ 的情况是不可能的. 假若 $\|\varphi\| < 1$，考虑序列 $\{\tilde{\varphi}_n\}$,

$$\tilde{\varphi}_n = (\varphi_n - \varphi)/\|\varphi_n - \varphi\|.$$

这时 $\tilde{\varphi}_n$ 也是一个 Hamilton 序列. 事实上,

$$\mathrm{Re}\iint_{\Delta} \kappa\tilde{\varphi}_n dxdy \geqslant \mathrm{Re}\iint_{\Delta} \frac{\kappa\varphi_n}{\|\varphi_n - \varphi\|} dxdy - k\iint_{\Delta} \frac{|\varphi|}{\|\varphi_n - \varphi\|} dxdy$$

于是，

$$\varliminf_{n\to\infty} \mathrm{Re}\iint_{\Delta} \kappa\tilde{\varphi}_n \geqslant (k - k\|\varphi\|)/(1 - \|\varphi\|) = k.$$

另一方面，

$$\left|\iint_{\Delta} \kappa\tilde{\varphi}_n dxdy\right| \leqslant k.$$

所以，

$$\lim_{n\to\infty} \iint_{\Delta} \kappa\tilde{\varphi}_n dxdy = k.$$

然而 $\tilde{\varphi}_n$ 在 Δ 中内闭一致收敛于零，因此它是一个退化 Hamilton

序列. 这与 κ 没有退化序列的假定矛盾. 矛盾表明 $|\varphi|<1$ 是不可能的. 这也就是说, 唯一的可能是 $\|\varphi\|=1$, 从而 f_0 是 Teichmüller 映射. 根据定理 35.2, f_0 是唯一极值映射. 证毕.

由定理 35.6 及定理 35.7 立刻推出下面的定理:

定理 35.8 若关于给定的边界对应 $h:\partial\Delta\to\partial\Delta$ 成立下述不等式

$$H<K_0,$$

则极值问题的解是 Teichmüller 映射, 并且极值映射是唯一的.

§ 36 Hamilton 定理

36.1 模边界同伦

设 S 是一个 Riemann 曲面, 其万有覆盖曲面共形等价于上半平面或单位圆. 如果我们将 S 等同为 Δ/G, 其中 G 是一个保持 Δ 不变的 Fuchs 群, 那么我们可以将 S 视为一个带边 Riemann 曲面的内部. 设 $\Lambda(G)$ 是群 G 的极限集, 这时 $\Lambda(G)$ 是 $\partial\Delta$ 上的一个完全子集. 记 $b(G)=\partial\Delta-\Lambda(G)$, 那么 $S^*=\Delta\cup b(G)/G$ 是一个带边界的 Riemann 曲面, 其内部就是 S.

设 $f:S\to S_1$ 是一个拟共形映射, 这里的曲面 S_1 同样地表成商 Δ/G_1, 并把 S_1 作为 $S_1^*=[\Delta\cup b(G_1)]/G_1$ 的内部. 很明显, f 可以同胚地扩充到边界而成为 $S^*\to S_1^*$ 的一个同胚映射.

我们说两个拟共形映射 f_0 与 $f_1:S\to S_1$ 是模边界同伦的, 如果在 S^*-S 上 $f_0=f_1$, 且存在一个同伦 $F:S^*\times[0,1]\to S_1^*$ 使得

$$F(p,0)=f_0(p),\ F(p,1)=f_1(p),$$

且 $F|(S^*-S)\times[0,1]=f_0(p)$, 与 $t\in[0,1]$ 无关.

定理 36.1 设 f_0 与 f_1 是 S 到 S_1 的两个拟共形映射. 则 f_0 与 f_1 模边界同伦的充要条件是它们能被提升为单位圆到自身的且边界值相等的拟共形映射 $\tilde{f}_0$ 与 $\tilde{f}_1$.

证. 设 f_0 与 f_1 模边界同伦, 而且 F 就是这样的同伦. 设

$\tilde{F}(z, t)$ 是 $F(p, t)$ 的同伦提升，那么显然 $\tilde{F}$ 限制在 $b(G)$ 上是与 t 无关的，也就是 $\tilde{f}_0 = \tilde{F}(z, 0)$ 与 $\tilde{f}_1 = \tilde{F}(z, 1)$ 在 $b(G)$ 上有相同的值．下面证明 $\tilde{f}_0$ 与 $\tilde{f}_1$ 在 $\partial\Delta - b(G)$ 上也相等．

设 $\gamma \in G$ 是任意一个元素，那么存在 $\gamma_1 \in G_1$ 使得 $\tilde{f}_0 \circ \gamma = \gamma_1 \circ \tilde{f}_0$．在 Δ 内任意固定一点 z，考虑两条曲线 $\tilde{F}(\gamma(z), t)$ 与 $\gamma_1 \circ \tilde{F}(z, t)$．因为它们都是 S_1 上同一条曲线的提升并且有相同的始点，所以它们必定重合，即

$$\tilde{F}(\gamma(z), t) = \gamma_1 \circ \tilde{F}(z, t), \quad \forall t \in [0, 1].$$

将上式中的 z 换成 $\gamma(z)$，并记 $\gamma^2 = \gamma \circ \gamma$ 和 $\gamma_1^2 = \gamma_1 \circ \gamma_1$，则有

$$\tilde{F}(\gamma^2(z), t) = \gamma_1^2 \circ \tilde{F}(z, t), \quad \forall t \in [0, 1].$$

一般地，我们有

$$\tilde{F}(\gamma^n(z), t) = \gamma_1^n \circ \tilde{F}(z, t), \quad \forall t \in [0, 1].$$

令 $n \to \infty$ 即得

$$\tilde{F}(\zeta, t) = \zeta_1, \quad \forall t \in [0, 1],$$

其中 ζ 是 γ 的不动点，而 ζ_1 是 γ_1 的不动点．这样，$\tilde{f}_0(\zeta) = \tilde{f}_1(\zeta)$ 对于 G 中一切元素的不动点 ζ 均成立．我们知道，$\Lambda(G)$ 是由一切不动点 ζ 及其极限点组成．所以

$$\tilde{f}_0(\zeta) = \tilde{f}_1(\zeta), \quad \forall \zeta \in \Lambda(G).$$

我们已经证明了上式在 $\partial\Delta - \Lambda(G)$ 上成立，因此它在 $\partial\Delta$ 上处处成立．

反过来，假定 $\tilde{f}_0(\zeta) = \tilde{f}_1(\zeta)$ 在 $\partial\Delta$ 处处成立，这里 $\tilde{f}_0$ 与 $\tilde{f}_1$ 分别是 f_0 与 f_1 的提升．这时，我们令 $\tilde{F}(z, t)$ 是 $\tilde{f}_0(z)$ 到 $\tilde{f}_1(z)$ 的非欧线段的一点，它到 $\tilde{f}_0(z)$ 与 $\tilde{f}_1(z)$ 的非欧距离为 $t:(1-t)$．这样定义的同伦 $\tilde{F}(z, t)$ 在 $\partial\Delta$ 上与 t 无关，并且它可投影为 f_0 到 f_1 的一个同伦 $F(p, t)$，后者使得

$$F(p, 0) = f_0(p), \quad F(p, 1) = f_1(p).$$

（详见第八章）证毕．

设 $g: S \to S_1$ 是给定的一个拟共形映射．自然可以提出这样的极值问题：在模边界的同伦类中，何种映射 f 使得最大伸缩商达到最小值？

这个问题显然是上一节中极值问题的推广，并且也是 Teichmüller 极值问题(那时仅相当于 $S^* - S = \phi$) 的推广.

类似于定理 35.1，我们不难证明对于这种极值问题而言，极值映射总是存在的.

36.2 Hamilton 定理的叙述与推论

定理 36.2 (Hamilton) 设 f_0 是 S 到 S_1 的一个模边界同伦类中的极值映射，κ 是 f_0 的复特征. 则

$$\sup_{\|\omega\|=1} \left| \iint_S \kappa\omega \right| = \|\kappa\|_\infty,$$

其中 ω 遍历 S 上的 L_1 范数为 1 的全纯二次微分.

像过去一样，我们用 $Q(S)$ 表示 S 上的全体全纯二次微分. 又用 $\mathscr{A}(S)$ 表示 $Q(S)$ 的一个子集:

$$\mathscr{A}(S) = \{\omega \in Q(S): \|\omega\| < \infty\}.$$

定理 36.2 表明，若 $f_0: S \to S_1$ 是极值映射，则存在 $\omega_n \in \mathscr{A}(S)$，$\|\omega_n\| = 1$，使得

$$\lim_{n\to\infty} \int_S \kappa\omega_n = \|\kappa\|_\infty,$$

其中 κ 为 f_0 的复特征.

当 S 是一个紧 Riemann 曲面挖去有限个点时，任意一个 $\omega \in \mathscr{A}(S)$ 在这些被挖去的点处至多是一阶极点. 因此，$\mathscr{A}(S)$ 是有穷维线性空间. 这时，在序列 $\{\omega_n\}$ 中有一个子序列依范数收敛于一个二次微分 $\omega \in \mathscr{A}(S)$. 由此推出

$$\int_S \kappa\omega = \|\kappa\|_\infty.$$

像在上节一样，这意味着 $\kappa = k\bar{\omega}/|\omega|$，其中 $k = \|\kappa\|_\infty$. 这就是前面证明过的 Teichmüller 定理.

Hamilton 定理的另一个推论是

推论 若 κ 是极值映射 $f_0: S \to S_1$ 的复特征，则对于任意的紧致集 $K \subset S$ 都有

$$\|\kappa | S - K\|_\infty = \|\kappa\|_\infty.$$

证. 选取 $\omega_n\in\mathscr{A}(S)$, $n=1,2,\cdots$, 使得

$$\lim_{n\to\infty}\int_S\kappa\omega_n=\|\kappa\|_\infty.$$

对于任意的紧致集 $K\subset S$, 我们有

$$\left|\int_S\kappa\omega_n\right|\leqslant\|\kappa\|_\infty\int_K|\omega_n|+\|\kappa|S-K\|_\infty\int_{S-K}|\omega_n|.$$

很容易看出，我们可以选取一个子序列使它在任意一个紧致集上一致收敛. 现在不妨假定这样的子序列就是 $\{\omega_n\}$ 本身. 设 $\{\omega_n\}$ 的极限为 ω. 像在上节一样,容易证明 $\|\omega\|\leqslant1$ 且

$$\lim_{n\to\infty}\|\omega_n-\omega\|=1-\|\omega\|.$$

假定 $\|\kappa|S-K\|_\infty<\|\kappa\|_\infty$, 则

$$\begin{aligned}\lim_{n\to\infty}\left|\int_S\kappa\omega_n\right|&\leqslant\|\kappa\|_\infty\int_K|\omega|+\|\kappa|S-K\|\left(1-\int_K|\omega|\right)\\&\leqslant\|\kappa\|_\infty\int_S|\omega|+\|\kappa|S-K\|\left(1-\int_S|\omega|\right).\end{aligned}$$

上述不等式左边为 $\|\kappa\|_\infty$, 因而 $\|\omega\|=1$, 否则右边将小于 $\|\kappa\|_\infty$.

这样,我们得到

$$\lim_{n\to\infty}\|\omega_n-\omega\|=1-\|\omega\|=0.$$

因而

$$\int_S\kappa\omega=\lim_{n\to\infty}\int_S\kappa\omega_n=\|\kappa\|_\infty,$$

也即 $\kappa=k\bar{\omega}/|\omega|$, $k=\|\kappa\|_\infty$. 这与前面的假设 $\|\kappa|S-K\|_\infty<\|\kappa\|_\infty$ 矛盾. 证毕.

这个推论告诉我们，极值映射的局部伸缩商在边界附近不可能处处小于 $K[f_0]-\varepsilon\ (\varepsilon>0)$, 换句话说,在边界附近总有这样的点,其局部伸缩商充分接近 $K[f_0]$.

36.3 Hamilton 定理的证明

Hamilton 定理的证明基于下述的一个一般性结果.

引理 36.1 设 B 是一个 Banach 空间, B^* 是它的对偶空间.

又设M是B^*中的一个C^1子流形. 假定B^*的对偶范数在一点$x \in M$取到它在M中的最小值或最大值，并且存在一个闭子空间$A \subset B$使得M在x处的切空间是B^*的一个垂直于A的子空间.则$\|x|A\| = \|x\|$.

证. 假定$\|x|A\| < \|x\|$. 根据 Hahn-Banach 定理，A上的线性泛函数x可以扩充为B^*上的一个线性泛函y使得$y|A = x|A$，且$\|y\| = \|x|A\| < \|x\|$. 由于$y - x$在A上为零，所以$y - x \in T_xM$并可作一条C^1道路$\alpha:(-\delta, \delta) \to M$使得$\alpha(0) = x$，且$D_\alpha(0)(1) = y - x$，其中$D_\alpha(0)(t) = \lim_{\rho \to 0} [\alpha(\rho t) - \alpha(0)]/\rho$.

这时，对于充分小的正数t，我们有

$$\|\alpha(t) - \alpha(0) - D_\alpha(0)(t)\|/t < \|x\| - \|y\|.$$

(因为$\|x\| - \|y\| > 0$.) 由此推出

$$\begin{aligned}\|\alpha(t)\| &< \|\alpha(0) + D_\alpha(0)(t)\| + (\|x\| - \|y\|)t \\ &\leqslant \|x + t(y - x)\| + (\|x\| - \|y\|)t \\ &\leqslant (1 - t)\|x\| + t\|y\| + t\|x\| - t\|y\| = \|x\|.\end{aligned}$$

这样一来，范数不能在x处取到它在M上的最小值. 类似地，对于充分小的负t，我们有

$$\|\alpha(t)\| > \|x\|.$$

它表明范数不能在x处取到它在M上的最大值. 这与题设矛盾，即证明了$\|x|A\| < \|x\|$不可能. 证毕.

如果在引理 36.1 中进一步假定B是 Hilbert 空间，那么立即推出大家熟知的结果：即这时的x垂直于M在x的切空间. 事实上，由$\|x|A\| = \|x\|$推出$x \in A$.

为了证明 Hamilton 定理，我们还需要几个有关拟共形映射的引理. 它们本身也是重要的.

引理 36.2 设N是S到自身的模边界同伦于恒同映射的拟共形自同胚的 Beltrami 微分组成的集合. 那么N是$\mathscr{M}(S)$的一个解析子流形，且它在零点的切空间垂直于$\mathscr{A}(S)$.

这里的$\mathscr{M}(S)$表示S上的一切 Beltrami 微分所组成的空

间，$\mathscr{A}(S)$ 的意义与前面相同.

证. 设 $S=\Delta/G$，其中G是一个保持Δ不变的 Fuchs 群.我们用 $\mathscr{M}(\Delta, G)$ 表示Δ内关于G的全体 Beltrami 微分，$\mathscr{A}(\Delta, G)$ 表示Δ内关于G的全体满足下述条件的全纯二次微分 φdz^2:

$$\iint_{\Delta/G} |\varphi(z)|dxdy<\infty.$$

显然,我们可以用 $\mathscr{M}(\Delta, G)$ 与 $\mathscr{A}(\Delta, G)$ 来分别替代 $\mathscr{M}(S)$ 与 $\mathscr{A}(S)$.

对于任意一个 $\mu\in\mathscr{M}(\Delta, G)$，我们用 f_μ 表示这样的拟共形映射：它在Δ内以μ为复特征而在单位圆外部 Δ^* 是共形映射,并且满足下述规范化条件:

$$f_\mu(z)=z+O(|z|^{-1}),\quad z\to\infty.$$

我们知道,这样的 f_μ 是唯一确定的,并且解析依赖于 μ.

考虑 Bers 嵌入

$$\Phi:\mu\longmapsto\varphi_\mu=S_{f_\mu|\Delta^*},$$

其中 $S_{f_\mu|\Delta^*}$ 表示 $f_\mu|\Delta^*$ 的 Schwarz 导数. 这样Φ是 $\mathscr{M}(\Delta, G)$ 到 $Q(\Delta^*, G)$ 内的一个映射,这里 $Q(\Delta^*, G)$ 表示全体在 Δ^* 中满足下列条件的解析函数φ:$\varphi=(\varphi\circ\gamma)(\gamma')^2(\forall\gamma\in G)$, φ 在无穷远点至少是 4 阶零点,并且

$$\|\varphi\|=\sup_{z\in\Delta^*}[(|z|^2-1)^2|\varphi(z)|/4]<\infty.$$

根据过去的讨论，$\|\varphi_\mu\|\leqslant 3/2$.

现在我们进一步证明 $\Phi:\mathscr{M}(\Delta, G)\to Q(\Delta^*, G)$ 是一个复解析映射,并且求出 $D\Phi(0)$.

根据拟共形映射的表示定理,对于任意固定一点 $z\in\Delta^*$, f_μ以及 f_μ 在 z 点的各阶导数都是 μ 的解析函数[1]，从而 $\varphi_\mu(z)$ 也是如此. 现在设Γ是 t 平面上的一个单位圆周,而 $\nu\in\mathscr{M}(\Delta, G)$，且

1) 更确切地说,若μ是某个参数 t 的全纯函数，则 f_μ 及其各阶导数也是 t 的全纯函数.

$\|\nu\| < 1 - \|\mu\|$，这样，对于一切 $t: |t| \leqslant 1$，$\mu + t\nu \in \mathscr{M}(\Delta, G)$，并且 $\Phi(\mu + t\nu)$ 是 t 的解析函数. 由 Cauchy 公式，我们有

$$D\Phi(\mu)(\nu) = \lim_{t \to 0} [\Phi(\mu + t\nu) - \Phi(\mu)]/t$$

$$= \frac{1}{2\pi i}\int_\Gamma \Phi(\mu + t\nu)/t^2 dt.$$

由于 $\|\Phi(\mu + t\nu)\| \leqslant 3/2$，所以 $D\Phi(\mu)$ 是一个有界的线性变换. 当 $|c| \leqslant 1/2$ 时，对于每一点 $z \in \Delta^*$，

$$|\Phi(\mu + c\nu)(z) - \Phi(\mu)(z) - D\Phi(\mu)(c\nu)(z)|$$

$$\leqslant \frac{1}{2\pi}\int_\Gamma |\Phi(\mu + t\nu)(z)||(t - c)^{-1} - t^{-1} - ct^{-2}|dt$$

$$\leqslant 3|c|^2(|z|^2 - 1)^{-2},$$

所以 $\|\Phi(\mu + c\nu) - \Phi(\mu) - D\Phi(\mu)(c\nu)\| \leqslant 3|c|^2/4$，即 Φ 是可微的[1)]，并且导数为 $D\Phi(\mu)$.

现在我们计算 $D\Phi(0)(\mu)$. 由拟共形映射的表示定理，

$$f_{t\mu}(z) = z + \sum_{n=1}^{\infty} t^n \sigma_n(z)$$

其中

$$\sigma_n(z) = T(\underbrace{\mu H(\mu H(\mu \cdots H(\mu}_{n\text{个}\mu})))))(z).$$

特别地，

$$\sigma_1(z) = -\frac{1}{\pi}\iint_\Delta \frac{\mu(\zeta)}{\zeta - z} d\xi d\eta, \zeta = \xi + i\eta.$$

因此，当 $z \in \Delta^*$ 时，我们有

$$\frac{d}{dz} f_{t\mu}(z) = 1 + t\sigma_1'(z) + o(|t|),$$

$$\frac{d^2}{dz^2} f_{t\mu}(z) = t\sigma_1''(z) + o(|t|),$$

1）对于任意一个充分接近 μ 的 $\tilde{\mu} = \mu + \tilde{\nu}$，我们总可取 $\tilde{\nu} = c\nu$，其中 ν 使得 $\|\nu\| = (1 - \|\mu\|)/2$. 这时不等式可写成:

$$\|\Phi(\mu + \tilde{\nu}) - \Phi(\mu) - D\Phi(\mu)(\tilde{\nu})\| \leqslant \frac{3}{2}\|\tilde{\nu}\|^2/(1 - \|\mu\|).$$

$$\frac{d^2}{dz^2} f_{t\mu}(z) \Big/ \frac{d}{dz} f_{t\mu}(z) = t\sigma_1''(z) + o(|t|).$$

由此推出

$$S_{f_{t\mu}(z)} = t\sigma_1'''(z) + o(|t|).$$

所以，对于任意的 $z \in \Delta^*$

$$D\Phi(0)(\mu)(z) = \sigma_1'''(z) = -\frac{6}{\pi} \iint_{\Delta} \frac{\mu(\zeta)}{(\zeta - z)^4} d\xi d\eta.$$

命

$$P(\mu)(z) = -\frac{6}{\pi} \iint_{\Delta} \frac{\mu(\zeta)}{(\zeta - z)^4} d\xi d\eta, \ \forall z \in \Delta^*.$$

则 $D\Phi(0)(\mu) = P(\mu)$，也即 $D\Phi(0) = P$.

我们定义一个映射 $F: Q(\Delta^*, G) \to \mathscr{M}(\Delta, G)$:

$$F(\varphi)(z) = c(1 - |z|^2)^2 \bar{z}^{-4} \varphi\left(\frac{1}{\bar{z}}\right).$$

利用解析函数的一个公式(见 Bers [13], p. 6)，可以看出，只要适当选取常数 c，就可使 $F \circ P$ 是恒同映射. 由此可知，导数 $D\Phi(0)$ 是 $\mathscr{M}(\Delta, G)$ 到 $Q(\Delta^*, G)$ 的满射，并且它的核是一个闭的子空间. 根据反函数定理，$\Phi^{-1}(0)$ 是一个解析子流形.

以下我们证明: $\Phi^{-1}(0) = N$.

首先，若 $\mu \in \Phi^{-1}(0)$，那么

$$\varphi_\mu = S_{f_\mu|\Delta^*} \equiv 0.$$

所以 $f_\mu|\Delta^*$ 是一个分式线性变换 A. 考虑映射 $w = A^{-1} \circ f_\mu$，那么 w 在 Δ 内为拟共形映射，其复特征仍为 μ，而 w 在 Δ^* 内为恒同变换. 所以，$\mu \in N$(当我们把 $\mathscr{M}(S)$ 等同为 $\mathscr{M}(\Delta, G)$ 时，N 则等同为 $\mathscr{M}(\Delta, G)$ 中一个子集，其中每个元素 μ 都是某个边界值为恒同映射的拟共形映射的复特征. 现在我们仍用 N 表示 $\mathscr{M}(\Delta, G)$ 的这个子集). 反过来，若 $\mu \in N$，则 μ 是一个拟共形映射 $w: \Delta \to \Delta$ 的复特征，w 在边界上的对应是恒同映射. 于是，w 可以延拓为 $\boldsymbol{C} \to \boldsymbol{C}$ 的拟共形映射，只要定义 w 在 Δ^* 为恒同映射. 这时，$f_\mu \circ w^{-1}$ 在全平面为共形映射，因而是一个分式线性变

换. 设该分式线性变换为 A, 那么 $f_\mu = A\circ w$. 因此,

$$\varphi_\mu = S_{f_\mu|\Delta^*} = S_{A\circ w|\Delta^*} = S_{A|\Delta^*} = 0,$$

即 $\mu\in\Phi^{-1}(0)$. 总之, $N = \Phi^{-1}(0)$.

最后我们证明N在 0 点的切空间 T_0N 垂直于 $\mathscr{A}(S) = \mathscr{A}(\Delta, G)$. 由于对 $z\in\Delta^*$,

$$D\Phi(0)(\mu) = -\frac{6}{\pi}\iint_\Delta \frac{\mu(\zeta)}{(\zeta - z)^4}d\xi d\eta$$

$$= \sum_{n=3}^{\infty} c_n z^{-(n+1)}$$

其中

$$c_n = -\frac{6}{\pi}n(n-1)(n-2)\iint_\Delta \zeta^{n-3}\mu(\zeta)d\xi d\eta,$$

所以 $D\Phi(0)(\mu) = 0$ 的充要条件是 $c_n = 0(\forall n\geqslant 3)$, 而后者成立当且仅当

$$\iint_\Delta \mu(\zeta)f(\zeta)d\xi d\eta = 0$$

对于一切多项式成立. 注意到Δ内可积的解析函数可由多项式平均逼近, 立即看出上述 f 可换为Δ内的可积的解析函数. 另一方面,由于 $\mu\in\mathscr{M}(\Delta, G)$, 所以

$$\iint_\Delta \mu(z)f(z)dxdy = \sum_{\gamma\in G}\iint_{\gamma(D)} \mu(z)f(z)dxdy = \iint_D \mu(z)\Theta f(z)dxdy$$

其中D是G的基本域, Θf 是 f 的 Poincaré ζ 函数,即

$$\Theta f = \sum_{\gamma\in G}(f\circ\gamma)(\gamma')^2.$$

对于Δ内的每一个可积函数 f, $\Theta f\in\mathscr{A}(\Delta, G)$. 反之, 每一个 $\varphi\in\mathscr{A}(\Delta, G)$ 也都能表成这种形式[1]. 因此, 我们证明了 $D\Phi(0)(\mu) = 0$ 的充要条件是

$$\iint_{\Delta/G} \mu(z)\varphi(z)dxdy = 0, \ \forall\varphi\in\mathscr{A}(\Delta, G).$$

---

1) 这是一个已知结果,见 Harvey [40] 第三章.

这也就是说，$D\Phi(0)$ 的核 $\mathrm{Ker}D\Phi(0)$ 垂直于 $\mathscr{A}(\Delta, G)$.

另一方面，N 是 $\Phi(\mu)$ 的核. 所以，N 在 0 点的切空间 $T_0N=\mathrm{Ker}D\Phi(0)$. 因此，$T_0N$ 垂直于 $\mathscr{A}(\Delta,G)$. 证毕.

通常人们把 N 中的 Beltrami 微分称为平凡的，而把 T_0N 中的 Beltrami 微分称为局部平凡的.

令 $d(z, w)$ 是单位圆 Δ 内的 Poincaré 度量，也即

$$d(z, w)=\frac{1}{2}\log\frac{1+r}{1-r},\quad r=\left|\frac{z-w}{1-\bar{z}w}\right|.$$

设 ν 与 π 是 $\mathscr{M}(\Delta, G)$ 中的任意两元素. 我们定义

$$\tau(\nu,\pi)=\operatorname*{ess\,sup}_{z\in\Delta} d(\nu(z), \pi(z)).$$

设 $g:\Delta\to\Delta$ 是以 π 为复特征的拟共形映射，$f:\Delta\to\tilde{\Delta}$ ($\tilde{\Delta}$ 是任意一个单连通域) 是以 ν 为复特征的拟共形映射. 那么 $f\circ g^{-1}$ 的复特征 μ 依然是 $\mathscr{M}(\Delta, G)$ 中的元素，并且有

$$\frac{1}{2}\log D_{f\circ g^{-1}}(z)=d(\nu(z), \pi(z))$$

因此，$\tau(\nu, \pi)=(\log K[f\circ g^{-1}])/2$.

引理 40.3 设 ν 与 π 是 Beltrami 微分. 则

$$\tau(\nu, \pi)-\tau(\nu, 0)\leqslant\|\nu-\pi\|-\|\nu\|+0(\|\pi\|).$$

证. Poincaré 度量 d 在原点附近接近于欧氏度量，所以

$$d(z, w)-d(z, 0)\leqslant|z-w|-|z|+o(|w|),$$

其中 o 表示一个无穷小量 $\alpha(|w|)\geqslant 0$,

$$\alpha(|w|)\to 0\quad(|w|\to 0).$$

直接通过计算证明上述不等式也是容易的. 令

$$\beta(t)=\sup_{0<|w|<t}\{\alpha(|w|)\}.$$

显然，$\beta(t)\to 0\,(t\to 0+)$. 我们有

$$\begin{aligned}\tau(\nu, \pi)&=\operatorname{ess\,sup} d(\nu(z), \pi(z))\\&\leqslant\operatorname{ess\,sup}\{d(\nu(z), 0)+|\nu(z)-\pi(z)|\\&\qquad-|\nu(z)|+\alpha(|w|)|w|\}\\&\leqslant\operatorname{ess\,sup}\{d(\nu(z),0)-|\nu(z)|\}\end{aligned}$$

$$+\|\nu-\pi\|+\beta(\|\pi\|)\|\pi\|.$$

注意到 $d(x, 0)=|x|$ 是 $|x|$ 的单调递增函数，立即得到

$$\tau(\nu, \pi)\leqslant\tau(\nu, 0)-\|\nu\|+\|\nu-\pi\|+o(\|\pi\|).$$

证毕.

Hamilton 定理的证明:

设 $f:S\to S_1$ 是极值映射，其 Beltrami 微分为 μ. 记 $\langle\mu, \omega\rangle$ 为积分

$$\int_S\mu\omega,\ \forall\omega\in\mathscr{A}(S).$$

那么 $\langle\mu, \cdot\rangle$ 是 $\mathscr{A}(S)$ 上的一个线性泛函算子，其范数记为 $\|\mu|\mathscr{A}(S)\|$. 我们要证明:

$$\|\mu|\mathscr{A}(S)\|=\|\mu\|.$$

用反证法，假定 $\|\mu|\mathscr{A}(S)\|<\|\mu\|$. 由 Hahn-Banach 定理可知，存在一个 Beltrami 微分 ν 使得 $\langle\nu, \omega\rangle=\langle\mu, \omega\rangle$ 对于一切 $\omega\in\mathscr{A}(S)$ 成立，且 $\|\mu|\mathscr{A}(S)\|=\|\nu\|<\|\mu\|$. 这样，$\langle\mu-\nu, \omega\rangle=0$ $(\forall\omega\in\mathscr{A}(S))$, 也即 $\mu-\nu\in\mathscr{A}(S)^{\perp}$. 根据引理 36.2, $\mathscr{A}(S)^{\perp}=T_0N$, 所以 $\mu-\nu\in T_0N$. 由此推出，我们可以找到一条光滑道路 $\alpha:(-\delta, \delta)\to N(\delta>0)$, 使得 $\alpha(0)=0$ 且 $D\alpha(0)(1)=\mu-\nu$. 我们有

$$\begin{aligned}&\|\alpha(t)-\alpha(0)-D\alpha(0)(t)\|/t\\&\quad=\|\alpha(t)-t\mu+t\nu\|/t\to 0\ (t\to 0+).\end{aligned}$$

这意味着 $\|\alpha(t)\|\leqslant Kt$ 对于充分小的正的 t.

由引理 36.3，下列估计式成立

$$\begin{aligned}&\tau(\mu, \alpha(t))-\tau(\mu, 0)\\&\quad\leqslant\|\mu-\alpha(t)\|-\|\mu\|+o(\|\alpha(t)\|).\end{aligned}$$

另一方面 $\|\alpha-\alpha(t)\|\leqslant(1-t)\|\mu\|+t\|\nu\|+\|\alpha(t)-t\mu+t\nu\|$. 这样，

$$\begin{aligned}\tau(\mu, \alpha(t))-\tau(\mu, 0)\leqslant&\|\alpha(t)-t\mu+t\nu\|-t(\|\mu\|\\&-\|\nu\|)+o(Kt).\end{aligned}$$

由于 $\|\alpha(t)-t\mu+t\nu\|=o(t)\ (t\to 0+)$, 上述不等式表明存在

一个充分小的 $t_1>0$ 使得

$$\tau(\mu, \alpha(t_1))<\tau(\mu, 0).$$

设 $\pi=\alpha(t_1)$，那么 $\pi\in N$，即存在一个拟共形映射 $g:S\to S$ 模边界同伦于恒同映射，且以 π 为其 Beltrami 微分．我们考虑复合映射 $f\circ g^{-1}:S\to S_1$，那么 $f\circ g^{-1}$ 模边界同伦于 f．记 $f\circ g^{-1}$ 的 Beltrami 微分为 μ_1．根据前面的说明，

$$\frac{1}{2}\log K[f\circ g^{-1}]=\tau(\mu, \pi)=\tau(\mu, \alpha(t_1)).$$

因此，不等式 $\tau(\mu, \alpha(t_1))<\tau(\mu, 0)$ 表明了

$$K[f\circ g^{-1}]<K[f].$$

这与 f 的极值性矛盾，证毕．

应当指出，K. Strebel[77] 证明了 Hamilton 条件也是极值映射的充分条件．这个证明主要是基于对开 Riemann 曲面上的全纯二次微分轨线整体结构的讨论．

尽管我们知道了 Hamilton 条件是极值映射的充要条件，然而对于开 Riemann 曲面上模边界同伦的极值问题，仍有许多基本问题是不清楚的．例如，极值映射唯一性问题．E. Reich 就平面区域的情况曾作了不少研究．有兴趣的读者可参考他近年来的文章．

参考文献

[1] W. Abikoff, Topics in the real analytic theory of Teichmüller space, Lecture Notes in Math., Vol. 820, Springer-Verlag, Berlin and New York, 1980.

[2] L. V. Ahlfors, On quasiconformal mappings, *J. d'Analyse Math.*, 3(1953/54), 1—58.

[3] L. V. Ahlfors, The complex analytic structure of the space of closed Riemann surfaces, R. Nevanlinna et al., Analytic Functions, Princeton Univ. Press, Princeton, N. J., 1960, 45—66.

[4] L. V. Ahlfors, Quasiconformal reflections, *Acta Math.*, 109(1963), 291—301.

[5] L. V. Ahlfors, Lectures on quasiconformal mappings, Van Nostrand, New York, 1966.

[6] L. V. Ahlfors, Quasiconformal mappings, Teichmüller spaces, and Kleinian groups, Proc. Internat. Congr. Math. (Helsinki 1978), 71—84.

[7] L. V. Ahlfors and L. Bers, Riemann's mapping theorem for variable metrics, *Ann. of Math.*, (2)72(1960), 385—404.

[8] S. A. Ahmedoff, A generalization of the Li Zhong theorem, *Редколлегия Ж., Изв. АН Уз СССР, Сер. физ-мат. н., Ташкент* (1977), 10c.或见 *Реф. Жун.* (1977), 11 Б#370.

[9] J. Becker, Conformal mappings with quasiconformal extensions, Aspects of Contemporary Complex Analysis, Academic Press (1981), 37—77.

[10] L. Bers, On a theorem of Mori and the definition of quasicon-formality, *Trans. Amer. Math. Soc.*, 84(1957), 78—84.

[11] L. Bers, Quasiconformal mappings and Teichmüller's theorem, R. Nevanlinna et al., Analytic Functions, Princeton Univ. Press, Princeton, N. J., 1960, 89—119.

[12] L. Bers, Simultaneous uniformization, *Bull. Amer. Math. Soc.*, 66(1960), 94—97.

[13] L. Bers, On moduli of Riemann surfaces, Lecture notes, E. T. H., Zurich, 1964.

[14] L. Bers, Automorphic forms and general Teichmüller spaces, Proc. Conf. Complex Analysis (Minneapolis, 1964), 109—113, Springer-Verlag, Berlin and New York, 1965.

[15] L. Bers, Automorphic forms and Poincaré series for infinitely generated Fuchsian groups, *Amer. J. Math.*, 87(1965), 196—214.

[16] L. Bers, A non-standard integral equation with applications to quasiconformal mappings, *Acta Math.*, 116(1966), 113—134.

[17] L. Bers, Fiber spaces over Teichmüller spaces, *Acta Math.*, 130(1973), 89—126.

[18] L. Bers, Quasiconformal mappings, with applications to differential equations, function theory and topology, *Bull. Amer. Math. Soc.*, 83(1977), 1083—1100.

[19] L. Bers, An extremal problem for quasiconformal mappings and a theorem by Thurston, *Acta Math.*, **141**(1978), 73—98.

[20] L. Bers, Finite dimensional Teichmüller spaces and generalizations, *Bulletin (New Series) of the Amer. Math. Society*, Vol. **5**, No. **2**(1981), 131—172.

[21] L. Bers and L. Ehrenpreis, Holomorphic convexity of Teichmüller spaces, *Bull. Amer. Math. Soc.*, **70**(1964), 761—764.

[22] L. Bers and L. Greenberg, Isomorphisms between Teichmüller spaces, Advances in the theory of Riemann surfaces, *Ann. of Math. Studies*, No. **66**, 1971, 53—79.

[23] L. Bers and I. Kra (eds), A crash course on Kleinian groups, Lecture Notes in Math., Vol. 400, Springer-Verlag, Berlin and New York, 1974.

[24] A. Beurling and L. V. Ahlfors, The boundary correspondence under quasiconformal mappings, *Acta Math.*, **96**(1956), 125—142.

[25] V. B. Boyarskiy, Gomeomorfnye rešenija sistem Bel'trami, *Dokl. Akad. Nauk SSSR.*, **102**(1957), 661—664.

[26] 陈怀惠，冬耐利意义下的绝对连续函数及K-拟共形性的一个充分条件，数学进展，**7**(1964)，84—93.

[27] P. L. Duren, Theory of H^p spaces, Academic Press, 1970, New York.

[28] C. J. Earle, On the Carathéodory metric in Teichmüller spaces, *Ann. of Math. Studies*, No. 79, Princeton Univ. Press, Princeton, 1974, 99—103.

[29] 方爱农，非线性拟共形映照的黎曼式存在定理，数学学报，**23**(1980)，241—353.

[30] L. Ford, Automorphic functions (second ed.), Chelsea, New York, 1951.

[31] R. Fricke and F. Klein, Vorlesungen über die Theorie der automorphen Funktionen (two volumes), B. G. Teubner, 1889 and 1926.

[32] C. F. Gauss, "Astronomische Abhandlungen", Vol. 3 (H. C. Schumacher ed.), Altona, 1825. Or "Carl Friedrich Gauss Werke", Vol. IV, 189—216. Dieterichsche Universitats-Druckerei, Göttingen, 1880.

[33] F. W. Gehring, Univalent furctions and the Schwarzian derivative, *Comment. Math. Helv.*, **52**(1977), 561—572.

[34] F. W. Gehring, Spirals and the universal Teichmüller space, *Acta Math.*, **141**(1978), 99—113.

[35] F. W. Gehring, and O. Lehto, On the total differentiability of functions of a complex variable, *Ann. Acad. Sci. Fenn.*, A I(1959), 272.

[36] F. W. Gehring, and J. Väisälä, Hausdorff dimension and quasiconformal mappings, *J. London Math. Soc.*, **6**, (1973), 504—512.

[37] H. Grötzsch, Ueber einige Extremalprobleme der konformen Abbildung, *Ber. Verh. Sächs. Akad. Wiss. Leipzig*, **80**(1928), 367—376.

[38] 戈鲁金，复变函数的几何理论，科学出版社，1956，北京.

[39] R. S. Hamilton, Extremal quasiconofrmal mappings with prescribed boundary values, *Trans. Amer. Math. Soc.*, **138**(1969), 399—406.

[40] W. J. Harvey (ed.), Discrete groups and automorphic functions, Academic Press, New York, 1977.

[41] 何成奇，拟似共形映照的模偏差定理，数学学报，Vol **15**. No. 4(1965), 487—494.

[42] He Cheng-Qi (何成奇) and Li Zhong (李忠), Quasiconformal mappings, Contemporary Math., Vol. 48(1985), 129—150.

[43] J. Hubbard and H. Masur, Quadratic differentials and foliations, *Acta Math.*, **142**(1979), 221—274.

[44] J. A. Jenkins, On the existence of certain general extremal metrics, *Ann. of Math.*, **66**(1957), 440—453.

[45] S. P. Kerckboff, The asymptotic geometry of Teichmüller space, *Topology*, **19** (1980), 23—41.

[46] S. Kobayashi, Hyperbolic manifolds and holomorphic mappings, M. Dekker, New York, 1970.

[47] I. Kra, Automorphic forms and Kleinian groups, Benjamin, New York, 1972.

[48] I. Kra, On new kinds of Teichmüller spaces, *Israel J. Math.*, **16**(1973), 237—257.

[49] I. Kra, On the Nielsen-Thurston-Bers type of some self-maps of Riemann surfaces, *Acta Math.*, **146**(1981), 231—270.

[50] I. Kra and B. Maskit, Involutions on Kleinian groups, *Bull. Amer. Math. Soc.*, **78**(1972), 801—805.

[51] S. Kravetz, On the geometry of Teichmüller spaces and the structure of their modular groups, *Ann. Acad. Sci. Fenn.*, **278**(1959), 1—35.

[52] S. L. Krushkal, On Teichmüller's theorem on extremal quasiconformal mappings, *Mat. Sb.*, 8(1967), 313—332.

[53] S. L. Krushkal, Quasiconformal mappings and Riemann surfaces, V. H. Winston and Sons, 1979.

[54] O. Lehto and K. I. Virtanan, Quasiconformal mappings in the plane, Springer-Verlag, Berlin, 1973.

[55] M. Lehtinen, The dilatation of Beurling-Ahlfors extension of quasisymmetric functions, *Ann. Acad. Sci. Fenn. Ser. A. I. Math.*, **8**(1983), 187—191.

[56] 李忠,关于一阶拟线性椭圆型偏微分方程组同胚解的存在性定理,数学学报,**13** (1963),454—461.

[57] Li Zhong (李忠), On the existence of extremal Teichmüller mapping, *Comm. Math. Helv.*, **57**(1982), 511—517.

[58] Li Zhong (李忠), Teichmüller metric and length spectrums of Riemann surfaces, *Scientia Sinica (Series A)*, Vol., **29**, No. 3(1986), 255—274.

[59] H. Masur, On a class of geodesics in Teichmüller space, *Ann. of Math.*, **102** (1975), 205—221.

[60] D. Menchoff, Sur les differentelles totals des functions univalentes, *Math. Ann.*, **105**(1931), 75—85.

[61] A. Mori, On quasi-conformality and pseudo-analyticity, *Trans. Amer. Math. Soc.*, **84**(1957), 56—77.

[62] B. C. Morrey, On the solution of quasilinear elliptic partial differential equations, *Trans. Amer. Math. Soc.* **43**, (1938), 126—166.

[63] V. N. Monahoff, Mappings of multiply connected domains by solutions of non-linear L-elliptic systems of equations, *Soviet Math. Dokl.* Vol., **16**(1975), 109—113.

[63'] Z. Nehari, Schwarzian derivatives and schlicht functions, *Bull. Amer. Math Soc.*, **55**(1949), 545—551.

[64] Pfluger, A.: Quasikonforme Abbildungen und logarithmische Kapazität, *Ann. Inst. Feurier Grenoble* **2**(1951), 69—80.

[65] A. Pfluger, Ueber die Aequivalenz der geometrischen und der analytischen Definition quasikonformer Abbildungen, *Comment. Math. Helv.*, **33**(1959), 23—33.

[66] Pfluger, A.: Ueber die Konstruktion Riemannscher Flächen durch Verheftung, *J. Indian Math. Soc.*, **24**(1961), 401—412.

[67] E. Reich and K. Strebel, Extremal quasiconformal mappings with given boundary values, *Bull. Amer. Math. Soc.*, **79**(1973), 488—490.

[68] E. Reich and K. Strebel, Extremal quasiconformal mappings with given boundary values, Contributions to Analysis, Academic Press, New York, 1974, 375—391.

[69] H. L. Royden, Report on the Teichmüller metric, *Proc. Nat. Acad. Sci. U. S. A.*, **65**(1970), 497—499.

[70] H. L. Royden, Automorphisms and isometries of Teichmüller space, Advances in the Theory of Rieman Surfaces, 1971, 369—383.

[71] K. Strebel, On the maximal dilatation of quasiconformal mappings, Proc. Amer. Math. Soc., **6**(1955), 903—909; *or Bull. Amer. Math. Soc.*, **61**(1955), *225*.

[72] K. Strebel. Zur Frage der Eindeutigkeit extremaler quasikonformer Abbildungen des Einheitskreises, *Comment. Math. Helv.*, **36**(1961—62), 306—343; **39**(1964), 77—89.

[73] K. Strebel, über quadratische Differentiale mit geschlossenen Trajektorien und extremale quasikonforme Abbildungen, Festband zum 70 Geburtstag von Rolf Nevanlinna, Springer, Berlin, 1966, 105—127.

[74] K. Strebel, On quadratic differential and extremal quasiconformal mappings, *Proc. Int. Cong. Math.* (Vancouver, 1974), 223—227.

[75] K. Strebel, On quadratic differentials with closed trajectories on open Riemann surfaces, *Ann. Acad. Sci. Fennicae*, **2**(1976), 533—551.

[76] K. Strebel, On the existence of extremal Teichmüller mappings, *J. d'analysis Math.*, **30**(1976), 464—480.

[77] K. Strebel, On quasiconformal mappings of open Riemann surfaces, *Comm. Math. Helv.*, **53**(1976), 301—321.

[78] T. Sorvali, The boundary mapping induced by an isomorphism of covering groups, *Ann. Acad. Sci. Fenn., Series A, I Math.*, **526**(1972), 1—31.

[79] T. Sorvali, On Teichmüller space of tori, *Ann. Acad. Sci. Fenn., Series A. I. Math.* Vol., **1**(1975), 7—11.

[80] D. Sullivan, Quasiconformal homeomorphisms and dynamics I., *Annals of Mathematics*, **122**(1985), 401—418.

[81] O. Teichmüller, Extremale quasikonforme Abbildungen und quadratische Differentiale, *Preuss. Akad.*, **22**(1939).

[82] O. Teichmüller, Bestimmung der extremalen quasi konformen Abbildungen bei geschlassenen orientierten Riemannschen Flächen, *Preuss Akad.*, **4**(1943).

[83] O. Teichmüller, Veränderliche Riemannsche Flächen Deutsche Mathematik, *Preuss Akad.*, 7(1949), 344—359.
[84] W. P. Thurston, The geometry and topology of threemanifolds, Lecture Notes, Princeton University.
[85] 维库阿，广义解析函数论，人民教育出版社，1960，北京.
[86] 王传芳，关于Q- 映射的 Mori 定理的精确形式，科学记录，4(1960)，334—337.
[87] 伍鸿熙、吕以辇、陈志华，紧黎曼曲面引论，科学出版社，1983，北京.
[88] 闻国椿，椭圆型复方程的同胚解与边值问题，河北化工学院学报，2(1980)，33—48.
[89] 夏道行，拟共形映照的参数表示，科学记录，9(1956)，323—329.

《现代数学基础丛书》已出版书目

1 数理逻辑基础(上册) 1981.1 胡世华 陆钟万 著
2 数理逻辑基础(下册) 1982.8 胡世华 陆钟万 著
3 紧黎曼曲面引论 1981.3 伍鸿熙 吕以辇 陈志华 著
4 组合论(上册) 1981.10 柯 召 魏万迪 著
5 组合论(下册) 1987.12 魏万迪 著
6 数理统计引论 1981.11 陈希孺 著
7 多元统计分析引论 1982.6 张尧庭 方开泰 著
8 有限群构造(上册) 1982.11 张远达 著
9 有限群构造(下册) 1982.12 张远达 著
10 测度论基础 1983.9 朱成熹 著
11 分析概率论 1984.4 胡迪鹤 著
12 微分方程定性理论 1985.5 张芷芬 丁同仁 黄文灶 董镇喜 著
13 傅里叶积分算子理论及其应用 1985.9 仇庆久 陈恕行 是嘉鸿 刘景麟 蒋鲁敏 编
14 辛几何引论 1986.3 J.柯歇尔 邹异明 著
15 概率论基础和随机过程 1986.6 王寿仁 编著
16 算子代数 1986.6 李炳仁 著
17 线性偏微分算子引论(上册) 1986.8 齐民友 编著
18 线性偏微分算子引论(下册) 1992.1 齐民友 徐超江 编著
19 实用微分几何引论 1986.11 苏步青 华宣积 忻元龙 著
20 微分动力系统原理 1987.2 张筑生 著
21 线性代数群表示导论(上册) 1987.2 曹锡华 王建磐 著
22 模型论基础 1987.8 王世强 著
23 递归论 1987.11 莫绍揆 著
24 拟共形映射及其在黎曼曲面论中的应用 1988.1 李 忠 著
25 代数体函数与常微分方程 1988.2 何育赞 萧修治 著
26 同调代数 1988.2 周伯壎 著
27 近代调和分析方法及其应用 1988.6 韩永生 著
28 带有时滞的动力系统的稳定性 1989.10 秦元勋 刘永清 王 联 郑祖庥 著
29 代数拓扑与示性类 1989.11 [丹麦] I. 马德森 著
30 非线性发展方程 1989.12 李大潜 陈韵梅 著

31　仿微分算子引论　1990.2　陈恕行　仇庆久　李成章　编
32　公理集合论导引　1991.1　张锦文　著
33　解析数论基础　1991.2　潘承洞　潘承彪　著
34　二阶椭圆型方程与椭圆型方程组　1991.4　陈亚浙　吴兰成　著
35　黎曼曲面　1991.4　吕以辇　张学莲　著
36　复变函数逼近论　1992.3　沈燮昌　著
37　Banach 代数　1992.11　李炳仁　著
38　随机点过程及其应用　1992.12　邓永录　梁之舜　著
39　丢番图逼近引论　1993.4　朱尧辰　王连祥　著
40　线性整数规划的数学基础　1995.2　马仲蕃　著
41　单复变函数论中的几个论题　1995.8　庄圻泰　杨重骏　何育赞　闻国椿　著
42　复解析动力系统　1995.10　吕以辇　著
43　组合矩阵论(第二版)　2005.1　柳柏濂　著
44　Banach 空间中的非线性逼近理论　1997.5　徐士英　李　冲　杨文善　著
45　实分析导论　1998.2　丁传松　李秉彝　布　伦　著
46　对称性分岔理论基础　1998.3　唐　云　著
47　Gel'fond-Baker 方法在丢番图方程中的应用　1998.10　乐茂华　著
48　随机模型的密度演化方法　1999.6　史定华　著
49　非线性偏微分复方程　1999.6　闻国椿　著
50　复合算子理论　1999.8　徐宪民　著
51　离散鞅及其应用　1999.9　史及民　编著
52　惯性流形与近似惯性流形　2000.1　戴正德　郭柏灵　著
53　数学规划导论　2000.6　徐增堃　著
54　拓扑空间中的反例　2000.6　汪　林　杨富春　编著
55　序半群引论　2001.1　谢祥云　著
56　动力系统的定性与分支理论　2001.2　罗定军　张　祥　董梅芳　著
57　随机分析学基础(第二版)　2001.3　黄志远　著
58　非线性动力系统分析引论　2001.9　盛昭瀚　马军海　著
59　高斯过程的样本轨道性质　2001.11　林正炎　陆传荣　张立新　著
60　光滑映射的奇点理论　2002.1　李养成　著
61　动力系统的周期解与分支理论　2002.4　韩茂安　著
62　神经动力学模型方法和应用　2002.4　阮　炯　顾凡及　蔡志杰　编著
63　同调论——代数拓扑之一　2002.7　沈信耀　著
64　金兹堡-朗道方程　2002.8　郭柏灵　黄海洋　蒋慕容　著

65　排队论基础　2002.10　孙荣恒　李建平　著
66　算子代数上线性映射引论　2002.12　侯晋川　崔建莲　著
67　微分方法中的变分方法　2003.2　陆文端　著
68　周期小波及其应用　2003.3　彭思龙　李登峰　谌秋辉　著
69　集值分析　2003.8　李　雷　吴从炘　著
70　强偏差定理与分析方法　2003.8　刘　文　著
71　椭圆与抛物型方程引论　2003.9　伍卓群　尹景学　王春朋　著
72　有限典型群子空间轨道生成的格(第二版)　2003.10　万哲先　霍元极　著
73　调和分析及其在偏微分方程中的应用(第二版)　2004.3　苗长兴　著
74　稳定性和单纯性理论　2004.6　史念东　著
75　发展方程数值计算方法　2004.6　黄明游　编著
76　传染病动力学的数学建模与研究　2004.8　马知恩　周义仓　王稳地　靳　祯　著
77　模李超代数　2004.9　张永正　刘文德　著
78　巴拿赫空间中算子广义逆理论及其应用　2005.1　王玉文　著
79　巴拿赫空间结构和算子理想　2005.3　钟怀杰　著
80　脉冲微分系统引论　2005.3　傅希林　闫宝强　刘衍胜　著
81　代数学中的 Frobenius 结构　2005.7　汪明义　著
82　生存数据统计分析　2005.12　王启华　著
83　数理逻辑引论与归结原理(第二版)　2006.3　王国俊　著
84　数据包络分析　2006.3　魏权龄　著
85　代数群引论　2006.9　黎景辉　陈志杰　赵春来　著
86　矩阵结合方案　2006.9　王仰贤　霍元极　麻常利　著
87　椭圆曲线公钥密码导引　2006.10　祝跃飞　张亚娟　著
88　椭圆与超椭圆曲线公钥密码的理论与实现　2006.12　王学理　裴定一　著
89　散乱数据拟合的模型、方法和理论　2007.1　吴宗敏　著
90　非线性演化方程的稳定性与分歧　2007.4　马　天　汪宁宏　著
91　正规族理论及其应用　2007.4　顾永兴　庞学诚　方明亮　著
92　组合网络理论　2007.5　徐俊明　著
93　矩阵的半张量积:理论与应用　2007.5　程代展　齐洪胜　著
94　鞅与 Banach 空间几何学　2007.5　刘培德　著
95　非线性常微分方程边值问题　2007.6　葛渭高　著
96　戴维-斯特瓦尔松方程　2007.5　戴正德　蒋慕蓉　李栋龙　著
97　广义哈密顿系统理论及其应用　2007.7　李继彬　赵晓华　刘正荣　著
98　Adams 谱序列和球面稳定同伦群　2007.7　林金坤　著

99　矩阵理论及其应用　2007.8　陈公宁　编著
100　集值随机过程引论　2007.8　张文修　李寿梅　汪振鹏　高　勇　著
101　偏微分方程的调和分析方法　2008.1　苗长兴　张　波　著
102　拓扑动力系统概论　2008.1　叶向东　黄　文　邵　松　著
103　线性微分方程的非线性扰动(第二版)　2008.3　徐登洲　马如云　著
104　数组合地图论(第二版)　2008.3　刘彦佩　著
105　半群的 S-系理论(第二版)　2008.3　刘仲奎　乔虎生　著
106　巴拿赫空间引论(第二版)　2008.4　定光桂　著
107　拓扑空间论(第二版)　2008.4　高国士　著
108　非经典数理逻辑与近似推理(第二版)　2008.5　王国俊　著
109　非参数蒙特卡罗检验及其应用　2008.8　朱力行　许王莉　著
110　Camassa-Holm 方程　2008.8　郭柏灵　田立新　杨灵娥　殷朝阳　著
111　环与代数(第二版)　2009.1　刘绍学　郭晋云　朱　彬　韩　阳　著
112　泛函微分方程的相空间理论及应用　2009.4　王　克　范　猛　著
113　概率论基础(第二版)　2009.8　严士健　王隽骧　刘秀芳　著
114　自相似集的结构　2010.1　周作领　瞿成勤　朱智伟　著
115　现代统计研究基础　2010.3　王启华　史宁中　耿　直　主编
116　图的可嵌入性理论(第二版)　2010.3　刘彦佩　著
117　非线性波动方程的现代方法(第二版)　2010.4　苗长兴　著
118　算子代数与非交换 L_p 空间引论　2010.5　许全华　吐尔德别克　陈泽乾　著
119　非线性椭圆型方程　2010.7　王明新　著
120　流形拓扑学　2010.8　马　天　著
121　局部域上的调和分析与分形分析及其应用　2011.4　苏维宜　著
122　Zakharov 方程及其孤立波解　2011.6　郭柏灵　甘在会　张景军　著
123　反应扩散方程引论(第二版)　2011.9　叶其孝　李正元　王明新　吴雅萍　著
124　代数模型论引论　2011.10　史念东　著
125　拓扑动力系统——从拓扑方法到遍历理论方法　2011.12　周作领　尹建东　许绍元　著
126　Littlewood-Paley 理论及其在流体动力学方程中的应用　2012.3　苗长兴　吴家宏　章志飞　著
127　有约束条件的统计推断及其应用　2012.3　王金德　著
128　混沌、Mel'nikov 方法及新发展　2012.6　李继彬　陈凤娟　著
129　现代统计模型　2012.6　薛留根　著
130　金融数学引论　2012.7　严加安　著
131　零过多数据的统计分析及其应用　2013.1　解锋昌　韦博成　林金官　著

132　分形分析引论　2013.6　胡家信　著
133　索伯列夫空间导论　2013.8　陈国旺　编著
134　广义估计方程估计方程　2013.8　周　勇　著
135　统计质量控制图理论与方法　2013.8　王兆军　邹长亮　李忠华　著
136　有限群初步　2014.1　徐明曜　著
137　拓扑群引论(第二版)　2014.3　黎景辉　冯绪宁　著
138　现代非参数统计　2015.1　薛留根　著